3. Der Kapitelabschluss – Kompetenzcheck und Klausurtraining

Kompetenzcheck

Der Kompetenzcheck am Ende eines Kapitels dient der Festigung der im Rahmen der Thematik erworbenen Kompetenzen. Die Inhalte der Thematik werden über einen Sachtext und eine Mindmap zusammengefasst. Die Kompetenzen werden durch Selbstdiagnose, „Prüfen Sie sich selbst!", überprüft. Dabei helfen Lösungen zu Basiskompetenzfragen, die über QR-Codes abgerufen werden können, sowie die Zusammenstellung der Arbeitsbegriffe zum Thema.

Klausurtraining

Im abschließenden Klausurtraining können Sie dann Ihre Fähigkeiten und methodischen Fertigkeiten überprüfen und vertiefen.

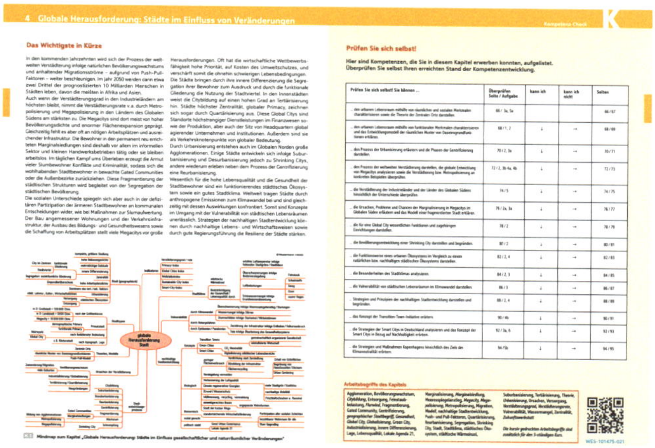

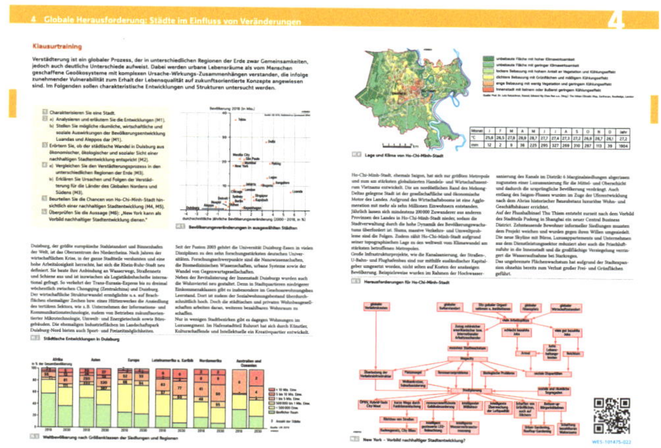

4. Der Anhang zum Nachschlagen – Methoden, Arbeitsanweisungen und Geolexikon

Ein kompakter **Methodenanhang** mit Anwendungsbeispielen dient der Schulung der prozessbezogenen Kompetenzen, die in den Kapiteln des Buches gefordert sind.

Die Erklärung der operationalisierten Aufgaben erfolgt im Seitenaufschlag „Die **Arbeitsanweisungen** im Seydlitz".

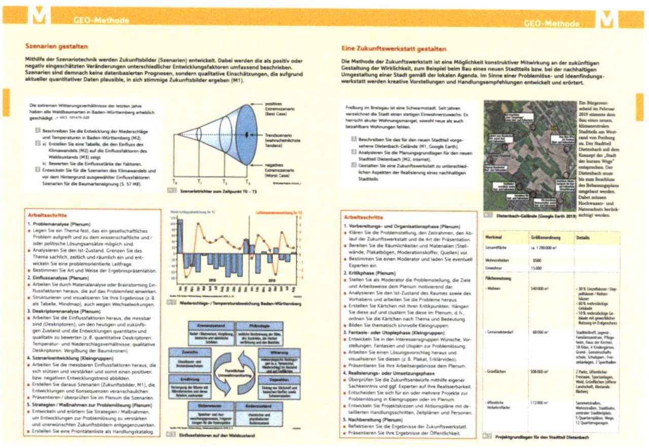

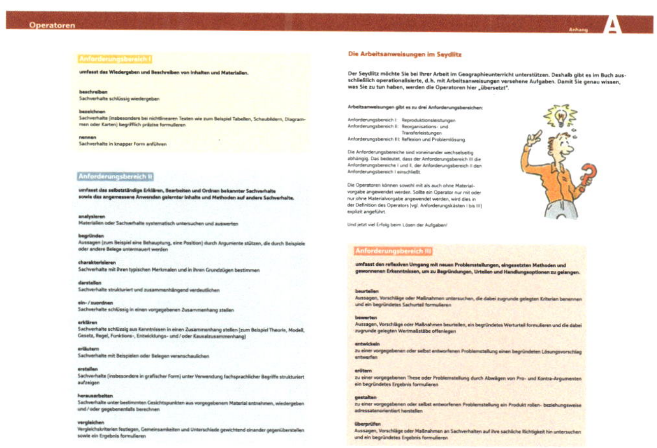

Das **Geolexikon** ist der „Vokabelanhang" der Geographie. Alle wichtigen Arbeitsbegriffe werden dort definiert und verlinkt.

***Anthroposphäre** (S. 8)
der vom Menschen gestaltete Raum.

***Anthropozän** (S. 12)
vorgeschlagenes, aktuelles Erdzeitalter, in dem die Einflüsse des Menschen auf die Umwelt eine mit den Gewalten der Natur vergleichbare Dimension erreicht haben und damit einen neuen Abschnitt der jüngsten Erdgeschichte markieren. Als Merkmale gelten z. B. Klimawandel, globaler Wandel und das sogenannte sechste Massenaussterben.

City (S. 68)
Zentrum einer größeren Stadt, geprägt durch Dienstleistungen wie Banken und Behörden sowie kulturelle Einrichtungen und Handel. Hier gibt es viele Arbeitsplätze, aber kaum Wohnungen.

****Citybildung** (S. 69)
durch Abwanderung der Wohnbevölkerung und Umwandlung der Wohngebäude in Standorte des tertiären Wirtschaftssektors kommt es zur Ausbildung einer City

Arbeitsbegriffe mit *: für den 2-stündigen Kurs

5. Diercke-Links, Weblinks, QR-Codes

www.diercke.de
100800-274

Durch Eingabe des Karten-Codes unter diercke.westermann.de gelangen Sie auf die passende Seite im Diercke Weltatlas (2015). Dort erhalten Sie Hinweise zu ergänzenden Atlaskarten sowie weiterführenden Materialien.

↗ *WES-101475-001*

Durch Eingabe des Weblinks auf der Seite www.westermann.de/webcode erhalten Sie Zugriff auf Aufgabenlinks und Zusatzmaterialien.

WES-101475-004

Das verlinkte Material können Sie mithilfe eines QR-Code-Readers herunterladen oder Sie geben den Webcode auf der Internetseite www.westermann.de/webcode ein.

westermann

Seydlitz Kursstufe
GEOGRAPHIE

Globale Herausforderungen im System Erde

Gymnasium
Baden-Württemberg

Autorinnen und Autoren

Jürgen Bauer
Franziska Dillinger
Annerose Fehrenbacher
Inge Hamm
Felix Kietz
Marianne Schmidt
Joachim Traub

unter Mitwirkung
der Verlagsredaktion

Ernst von Seydlitz-Kurzbach (geboren in Tschöplau/ Kreis Freystadt) lebte von 1784 bis 1849. Mit der Herausgabe des Lehrbuches „Leitfaden der Geographie" im Jahre 1824 begründete er das traditionsreiche Unterrichtswerk „Seydlitz".

Cover oben: Stadt der Künste und Wissenschaft in Valencia – Projekt nachhaltiger Stadtentwicklung
(Alamy Stock Photo, Abingdon/Oxfordshire: Guzman, Susana)

Cover unten: Luftbildaufnahme eines Solarparks
(Getty Images, München: Michael H)

westermann GRUPPE

Druck A[1] / Jahr 2021
Alle Drucke der Serie A sind im Unterricht parallel verwendbar.

Redaktion: Jens Gläser
Layout: Yvonne Behnke, Berlin
Druck und Bindung: Westermann Druck GmbH, Braunschweig

ISBN 978-3-14-101475-4

[5] : für den 5-stündigen Kurs

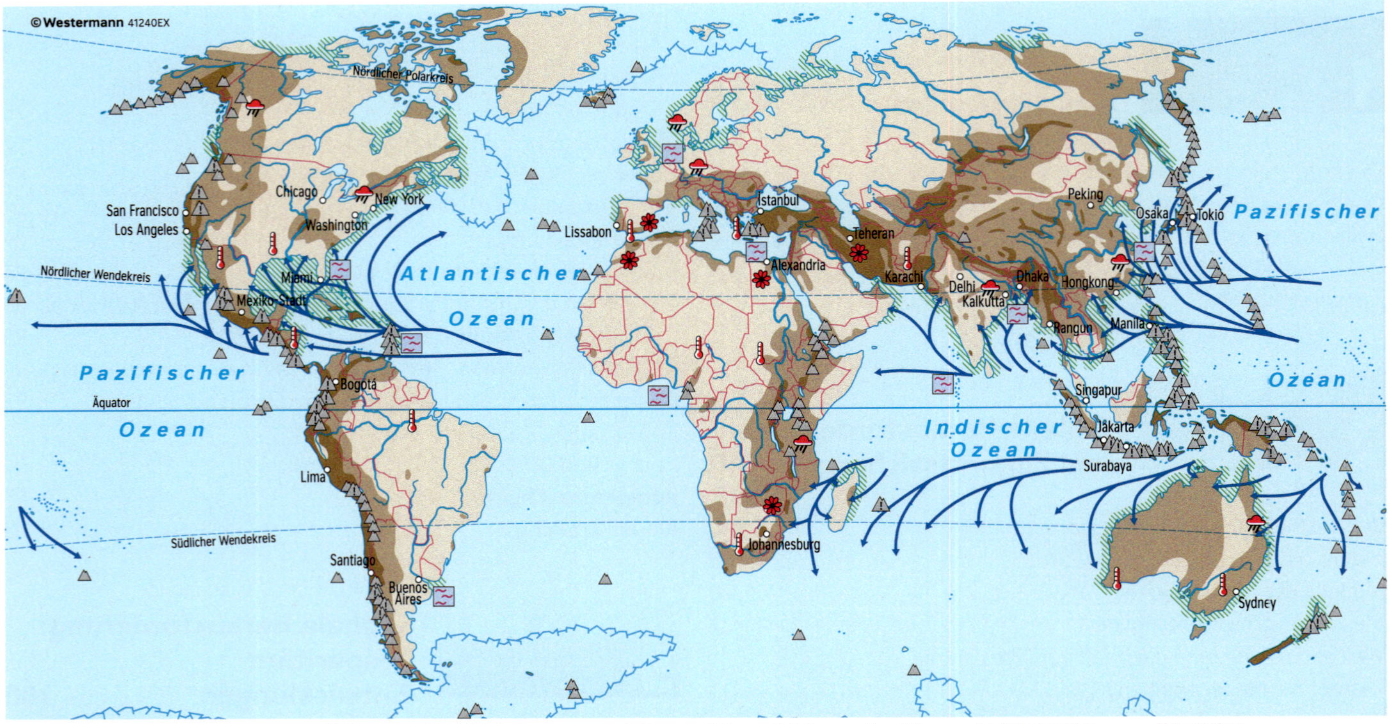

Erdbebengefahr

erwartete Wiederkehrperiode: 475 Jahre, wahrscheinliche Maximalintensität nach der modifizierten Mercalli-Skala (MM)

- mäßig stark (bis MM V)
- zerstörend (MM VI–VII)
- katastrophal (über MM VIII)

Gefahr tropischer Wirbelstürme

erwartete Wiederkehrperiode: 100 Jahre Intensitäten zwischen 76–252 km/h

- typische Zugbahnen tropischer Wirbelstürme
- Sturmflutgefahr

Gefahr von Vulkanausbrüchen

- letzter Ausbruch nach 1800 n. Chr.
- besonders gefährlicher Vulkan

Auswirkungen des Klimawandels

- Zunahme von Starkniederschlägen
- Zunahme von Dürren
- bedrohlicher Meeresspiegelanstieg
- Landwirtschaft erschwert

Naturrisiken

- Großstadt / Megastadt in riskanter Lage: hohe Schäden befürchtet
- Grenze beobachteter Eisbergvorstöße: Risiken für die Seeschifffahrt

M 1 Naturgefahren und Naturrisiken

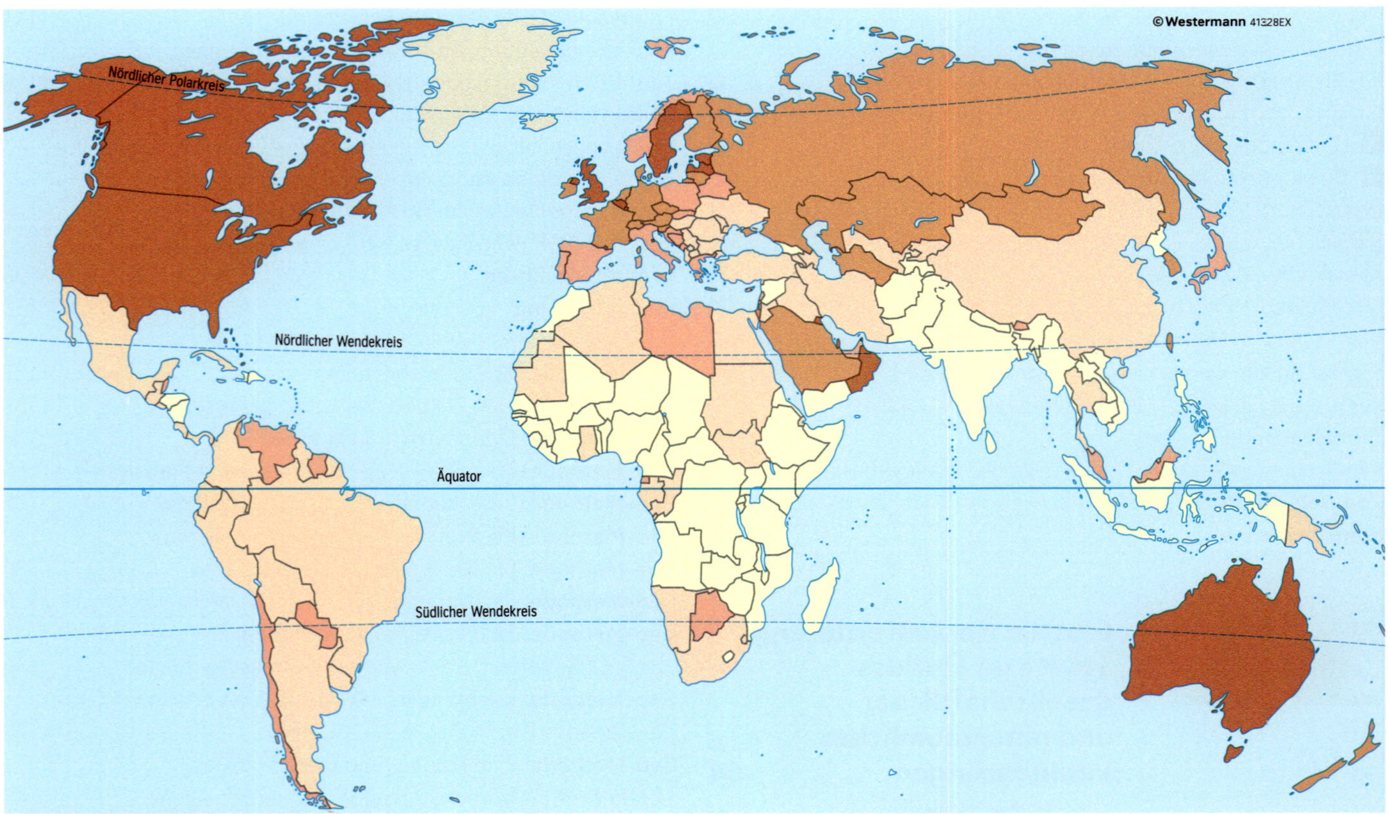

ökologischer Fußabdruck pro Kopf (in gha, 2020)

- > 6,7
- 5,1 – 6,7
- 3,4 – 5,1
- 1,7 – 3,4
- < 1,7

Quelle: Global Footprint Network 2020

ökologischer Fußabdruck:
berechneter Flächenanspruch einer Person je nach ihrem Verbrauch an natürlichen Ressourcen und produziertem Abfall

M 2 Ökologischer Fußabdruck

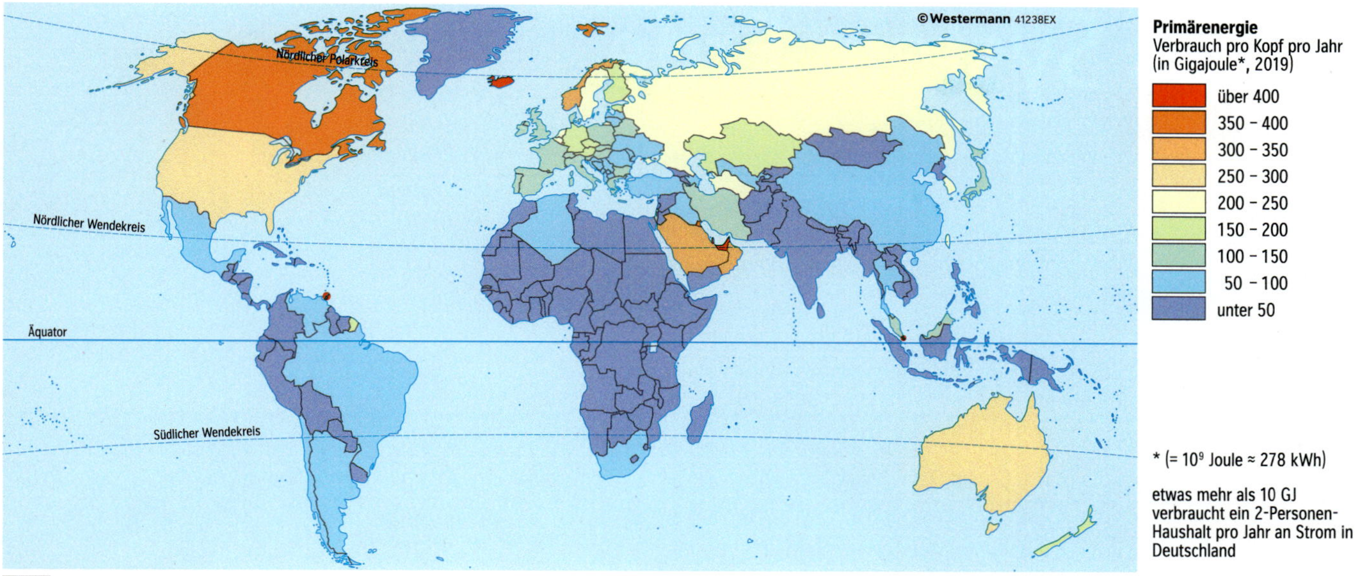

M 3 **Energieverbrauch**

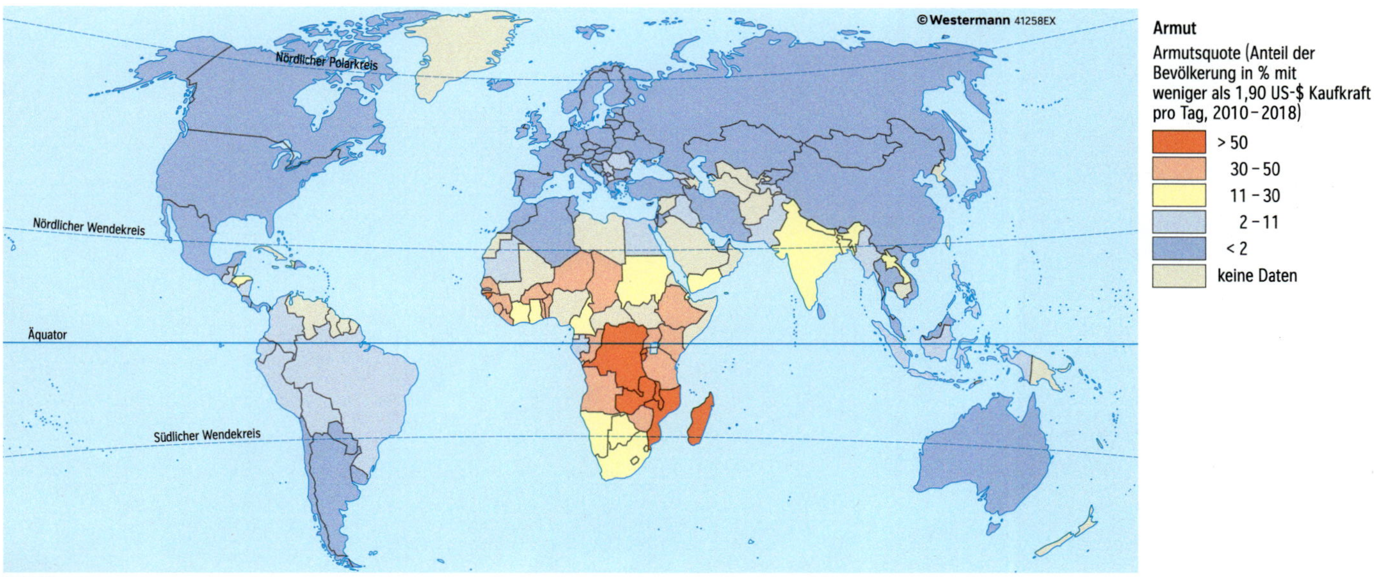

M 4 **Armut**

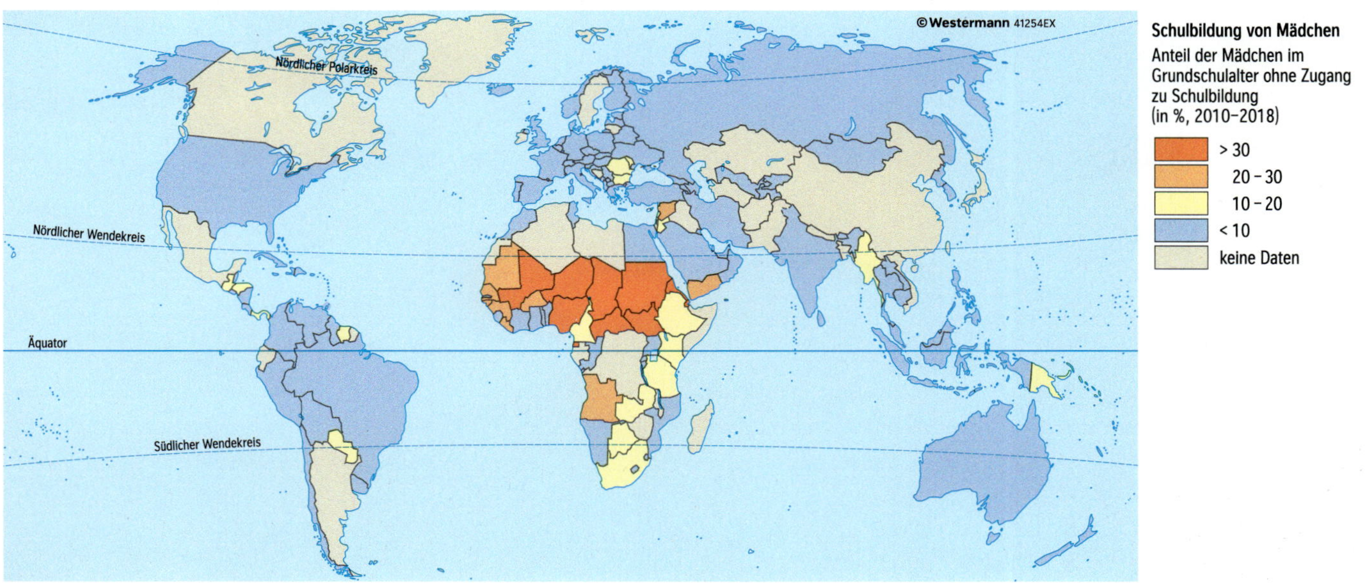

M 5 **Ausbildung von Mädchen**

Das System Erde

Erde und Mond im Weltall

1

Der Blick auf den Planeten Erde offenbart viele faszinierende Details, einzelne Landschaften und Lebensräume. Um den Lebensraum des Planeten zu verstehen, muss die Erde jedoch als System betrachtet werden, dessen einzelne Elemente wie die Atmosphäre, die Ozeane und die Kontinente in Wechselwirkung zueinander stehen. Durch seine vielfältigen Eingriffe verändert und beeinflusst der Mensch dieses System. Inwiefern gerät das System Erde dadurch zunehmend unter Druck?

Die Erde – ein komplexes System

Unsere Erde ist die Heimat von Millionen Formen des Lebens, uns Menschen eingeschlossen. Doch damit sich Leben überhaupt entwickeln kann, sind bestimmte Voraussetzungen notwendig. Die Erde, ein komplexes Geosystem, ermöglicht diese Voraussetzungen. Wie funktioniert das Geosystem, das die Erde zu diesem einzigartigen Lebensraum macht?

1 Beschreiben Sie das Foto „Earthrise“ und erklären Sie dessen Besonderheit (M1, M2).

2 Charakterisieren Sie die Geosphären und ihre Vernetzung im „System Erde“ (M4, M7).

3 a) Erstellen Sie ausgehend von M3 ein einfaches Wirkungsgefüge, das die Vernetzung der einzelnen Geosphären aufzeigt (M4).
b) „Die Geosphären sind im System Erde durch Stoffkreisläufe miteinander verbunden." Erläutern Sie diese Aussage am Beispiel des globalen Wasserkreislaufs (M5 – M7).

4 Überprüfen Sie, inwiefern der Begriff der „Anthroposphäre“ in das System Erde passt.

z 5 Der Mensch beeinflusst mit der Verbrennung fossiler Energieträger das System Erde. Nennen Sie weitere Beispiele dafür, wie der Mensch das System Erde langfristig beeinflusst.

M 1 „Earthrise“ – erstes Foto der Erde aus dem Weltall, 24.12.1968

Als das Raumschiff „Apollo 8“ am 24. Dezember 1968 den Mond umkreiste, sahen die drei amerikanischen Astronauten als erste Menschen die Erde wie eine blaue Kugel in der Weite des Weltraums am Horizont aufsteigen (M1). Das Foto, das Astronaut William Anders vom „Erdaufgang“ machte und das von der NASA unter der schlichten Nummer „AS08-14-2383“ veröffentlicht wurde, veränderte die Sicht vieler Millionen Menschen auf unseren Planeten.

„Wir sind den ganzen weiten Weg gereist, um den Mond zu erforschen. Und was wir tatsächlich entdeckt haben, war die Erde“, erzählte der Astronaut William Anders in einem Interview mit der „Seattle Times“. Das Nachrichtenmagazin „Time“ zählte Bill Anders‘ Foto „Earthrise“ zu einem der einflussreichsten des 20. Jahrhunderts, weil es ein Gefühl für die Empfindlichkeit der Erde wecke. Es habe damit das Entstehen des Umweltbewusstseins vieler Menschen wesentlich gefördert. Kein anderer bisher entdeckter Planet hat auch nur annähernd vergleichbare Bedingungen, die als Voraussetzung für die Existenz von Leben erforderlich sind.

Um den Lebensraum Erde zu verstehen, muss die Erde als System betrachtet werden. Dessen einzelne Elemente wie die Ozeane, die Atmosphäre und die feste Erde, einschließlich aller Prozesse im Zusammenhang mit Lebewesen, wirken in ihrer **Vernetzung** zusammen und beeinflussen sich gegenseitig. Die in diesem System Erde ablaufenden Prozesse bilden vielfältige Zusammenhänge von Ursachen und Wirkungen, die der Mensch im System Erde zunehmend durch seine Eingriffe in die natürlichen Kreisläufe beeinflusst. Der Teil des Erdsystems, der durch die Eingriffe des Menschen verändert und beeinflusst wird, wird dabei als **Anthroposphäre** bezeichnet.

Das Verständnis der Vernetzung der verschiedenen Geosphären und ein nachhaltiges Handeln sind Voraussetzung für den Erhalt unseres einzigartigen Lebensraumes, sowohl für die jetzige, als auch für zukünftige Generationen.

M 2 Basisinformation

Das Leben, wie wir es heute auf der Erde kennen, verdanken wir nicht zuletzt einer Lebensform, die vor mehr als 2,4 Milliarden Jahren im warmen Ozean lebte und von dort aus die Welt veränderte: den Cyanobakterien. Diese winzigen Organismen hatten eine völlig neuartige Lösung für ein Problem entwickelt, das bis heute jede Lebensform täglich lösen muss: Alles Lebendige benötigt Energie, um existieren zu können. Durch die damals neue und effiziente Fotosynthese besaßen die Bakterien ein Verfahren, sich mithilfe von Sonnenenergie des Wassers zu bedienen, dessen Wasserstoffionen abzuspalten und dabei Energie zu erzeugen. Dass dabei ein auf der Erde damals kaum existierendes Gas mit dem Namen Sauerstoff als giftiges Abfallprodukt entwich, war anfangs kein Problem.

Zunächst wurde der Sauerstoff in großen Mengen in den Ozeanen gespeichert. Doch dann reicherte sich der überschüssige freie Sauerstoff in der damaligen Stickstoffatmosphäre an und brachte diese allmählich aus dem Gleichgewicht. Dieses Ereignis, das Wissenschaftler als die „große Sauerstoffkatastrophe“ bezeichnen, stürzte die Erde in eine Klimakrise: Es wurde immer kälter, denn der Sauerstoff zerstörte das in der Atmosphäre vorhandene Treibhausgas Methan, das entscheidend dazu beitrug, die Erde warm zu halten. Dadurch sank die Temperatur auf der Erde unaufhaltsam und es kam zu einer Millionen Jahre andauernden Vereisung des Planeten. Das dadurch verursachte Massensterben von Lebewesen war vermutlich eines der schwersten der Erdgeschichte, währenddessen auch der Großteil der Cyanobakterien selbst verschwand.

Zum Segen wurde der erhöhte Sauerstoffgehalt erst später, als die Erde wieder auftaute. Die Evolution der Lebewesen eröffnete neue Wege und brachte schließlich als neuen Herrscher der Welt den Menschen hervor.

M 3 Die große „Sauerstoffkatastrophe“ – wie Bakterien das System Erde veränderten

Atmosphäre: Die Lufthülle der Erde: Sie besteht aus einem Gemisch verschiedener Gase und Aerosole, dessen mengenmäßige Zusammensetzung wegen der ständigen Luftmassenbewegungen annähernd konstant bleibt.

Hydrosphäre: Die Wasserhülle der Erde: Sie bedeckt etwa 71 Prozent der Erdoberfläche und ist damit zweieinhalbmal so groß wie der festländische Bereich. Dazu gehören die Ozeane, das Wasser des Festlandes, wie Seen, Flüsse und Grundwasser sowie Eis und Schnee, also das Süßwasser.

Biosphäre: Sie umfasst jenen Bereich der Erde, der von lebenden Organismen bewohnt ist. Sie umfasst Teile der Erdkruste, des Wassers der Ozeane, der Gewässer auf dem Festland und der Atmosphäre.

Reliefsphäre: Sie ist Bestandteil der Landschaftshülle der Erde und umfasst jene Kräfte und Prozesse der Landschaftshülle, die an der Herausbildung des Georeliefs beteiligt sind.

Pedosphäre: Sie ist der Grenzbereich der Erdoberfläche, in dem sich die Lithosphäre, die Hydrosphäre, die Atmosphäre und die Biosphäre durchdringen. In der Pedosphäre finden die bodenbildenden Prozesse statt.

Lithosphäre: Sie ist die Gesteinshülle der Erde.

Leser, H.: Diercke Wörterbuch Geographie, 2011, leicht verändert

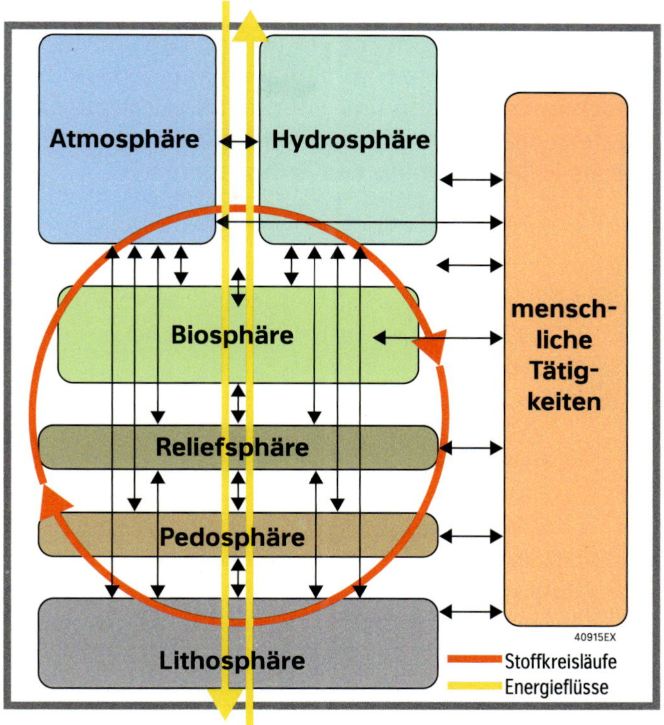

M 4 Geosphären im System Erde

Im Vergleich mit den anderen Planeten unseres Sonnensystems nimmt die Erde eine Sonderstellung ein. Sie ist ein Planet mit einer besonderen Zusammensetzung der Atmosphäre und hat einen Abstand zur Sonne, der das Vorkommen von Wasser ermöglicht. Auf der Erde kommt Wasser in den drei Aggregatzuständen flüssig, fest und gasförmig vor. Daher findet sich das Wasser auf der Erde nicht nur in Flüssen, Seen, im Meer oder eisförmig in Gletschern, sondern zu großen Teilen auch in der Atmosphäre. Und das Wasser ist auch für den Menschen von großer Bedeutung. Er besteht selbst zu rund 70 Prozent aus Wasser und kann nur wenige Tage ohne Wasser überleben. Ohne Wasser gäbe es kein Leben. Das Leben auf der Erde entstand wahrscheinlich im Wasser und besiedelte erst später das Festland der Erde.

M 5 Wasser auf der Erde

Die auf die Erde treffende Strahlung der Sonne ist die wichtigste Energiequelle für zahlreiche Stoffströme der Erde.
Der Wasserkreislauf ist einer der bedeutendsten Kreisläufe im System Erde. Wasser spielt für die globalen Austauschprozesse eine zentrale Rolle, denn u. a. Kohlenstoff, Stickstoff, Phosphor und Sauerstoff werden durch dieses Medium transportiert. Der größte Speicher des hydrologischen Kreislaufs sind die Ozeane. Sie enthalten etwa 97 Prozent des irdischen Wassers und bilden für die Atmosphäre eine beinahe unerschöpfliche Feuchtequelle.
An Land hat die räumliche Verteilung von Verdunstung, Niederschlag und Abfluss direkten Einfluss auf die Biosphäre und Reliefsphäre. Auf seinem Weg zum Meer transportiert das Wasser zudem gelöste und ungelöste Stoffe. Dies verbindet Land und Ozeane. Durch Erwärmung, Abkühlung und Energieumsetzungen beim Wechsel zwischen den Aggregatzuständen ist das Wasser der Erde auch mit dem regionalen und globalen Wärmehaushalt gekoppelt.

M 7 Der Wasserkreislauf im System Erde

Zahlen: transportierte Wassermenge in 1000 km³/Jahr

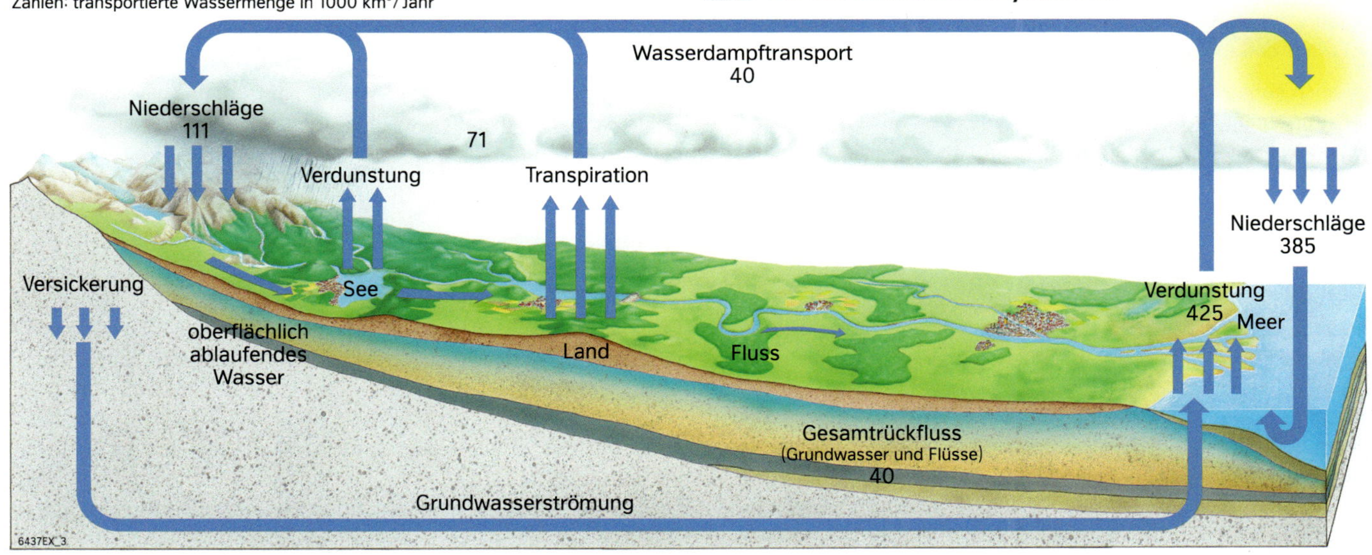

M 6 Der globale Wasserkreislauf – Beispiel für die Vernetzung der Geosphären

Das System Erde unter Druck

Über einen langen Zeitraum hinweg besaß die Menschheit eine eher passive Rolle im System Erde. Der Mensch nutzte die ihn umgebenden natürlichen Gegebenheiten, um sein Überleben zu sichern. Inwiefern nimmt der Mensch heute über den zunehmenden Einfluss auf die vernetzten Geosphären eine zentrale Rolle innerhalb des Erdsystems ein?

1 Beschreiben Sie das Foto und erklären Sie, inwiefern es das Thema dieser Seite zum Ausdruck bringt (M1, M2).

2 a) Beschreiben Sie anhand des Beispiels M3, inwiefern der Mensch in das System Erde eingreift.
b) Erstellen Sie am Beispiel M3 ein Wirkungsgefüge, das mögliche Folgen des Einwirkens des Menschen auf seine Umwelt zeigt.

3 Erläutern Sie die auf das System Erde einwirkenden Druckkräfte (M4).

4 Charakterisieren Sie die Entwicklung des menschlichen Einwirkens auf das Erdsystem (M5).

M1 Braunkohleabbau in Deutschland

Das System Erde ist, um zu funktionieren, nicht auf die menschliche Spezies angewiesen. Der Mensch, als intelligentes, soziales und wirtschaftendes Wesen, ist aber in der Lage, die innerhalb des Erdsystems ablaufenden Prozesse zu beeinflussen, in dessen Stoff- und Energiekreisläufe einzugreifen und darüber hinaus selbst neue technische Systeme hervorzubringen. Die Eingriffe des Menschen in das Erdsystem verändern im globalen Maßstab seine Umwelt, weil dabei auch wichtige Regelmechanismen und Selbstregulierungskräfte des Systems überfordert werden können. Die unsere Lebensgrundlage darstellenden naturräumlichen Bedingungen hinsichtlich Klima, Böden, Hydrosphäre oder Artenvielfalt ändern sich dadurch massiv.

Klimawandel, kollabierende Ökosysteme durch übermäßige Ressourcenausbeutung sowie plötzliche, unvorhersehbare Veränderungen innerhalb des Erdsystems sind die andere Seite der Medaille einer Entwicklung, die der Menschheit enorme gesellschaftliche Vorteile und wirtschaftlichen Wohlstand gebracht hat. Die Menschheit ist heute wohlhabender als je zuvor. Es werden mehr Grundnahrungsmittel produziert, als eigentlich benötigt würden, die Menschen produzieren viermal mehr Energie als vor 50 Jahren und die Lebenserwartung liegt meist über 65 Jahre.

Zugleich nehmen jedoch die Entwicklungsunterschiede weltweit zu. Hunger und Armut sowie Migration, Flucht und ein oft damit verbundener, rasanter Verstädterungsprozess sind Folgen dieser ungleichen Entwicklung. Der Einfluss des Menschen auf das System Erde hat einen „Schraubstock“ an globalen Auswirkungen hervorgebracht. Es ist zu beobachten, dass diese Veränderungen immer schneller voranschreiten, sodass der Druck auf das System Erde dessen Widerstands- und Regenerationsfähigkeit gefährdet. Wissenschaftler unterscheiden als hauptsächliche Verursacher „vierfache Druckkräfte“. Eine nachhaltige Entwicklung der Menschheit hängt nicht nur davon ab, diese Druckkräfte auf das komplexe System Erde und die darin ablaufenden Prozesse zunehmend besser zu erfassen und zu verstehen, sondern sie wird auch davon beeinflusst, dass daraus die notwendigen Entscheidungen getroffen und entsprechende Handlungen für langfristige und nachhaltige Lösungen vorgenommen werden.

M2 Basisinformation

Eine Malariaplage im Regenwald Borneos bedrohte das Überleben eines dort ansässigen Stammes. Um der Plage Herr zu werden, ließ die Weltgesundheitsorganisation tonnenweise DDT (ein Insektizid) versprühen. Doch das DDT vernichtete nicht nur die Malariamücken, sondern zugleich eine Wespenart, die sich von gefräßigen, insbesondere Dachstroh verzehrenden Raupen ernährte. Mit dem Tod der Wespen vermehrten sich deren Beutetiere so stark, dass dem zuvor malariageplagten Stamm nun die Dächer der Häuser buchstäblich über dem Kopf weggefressen wurden.
Außerdem reicherte sich das DDT durch die Nahrungskette in den Katzen an und vergiftete sie. Durch das Katzensterben kam es zu einer fürchterlichen Rattenplage. Um die Ratten zu bekämpfen, entschloss sich die Weltgesundheitsorganisation, lebende Katzen per Fallschirm über dem Regenwald Borneos abzusetzen.
Es kam auch zur Anreicherung des DDT im Boden, und die unzähligen chemischen Wechselwirkungen, die bei tropischen Temperaturen im Regenwaldboden abliefen, führten zu erheblichen Belastungen des gesamten Ökosystems und der Menschen. Die Medizinmänner des Stammes machten das versprühte DDT für die Erkrankungen der Menschen verantwortlich, doch die angeklagte Weltgesundheitsorganisation wies darauf hin, dass international anerkannte Grenzwerte eingehalten wurden. Dass der Stamm vor dem DDT-Einsatz bereits stark mit Schadstoffen belastet wurde, die aus Chemieunfällen in benachbarten Regionen stammten, falle nicht in ihren Zuständigkeitsbereich, erklärte die Weltgesundheitsorganisation.

Steger, U. (Hrg.): Globalisierung der Wirtschaft, Springer-Verlag Berlin, 1996, S. 56

M3 Was haben fliegende Katzen mit einer Malariaplage zu tun?

www.diercke.de
100800-276-02

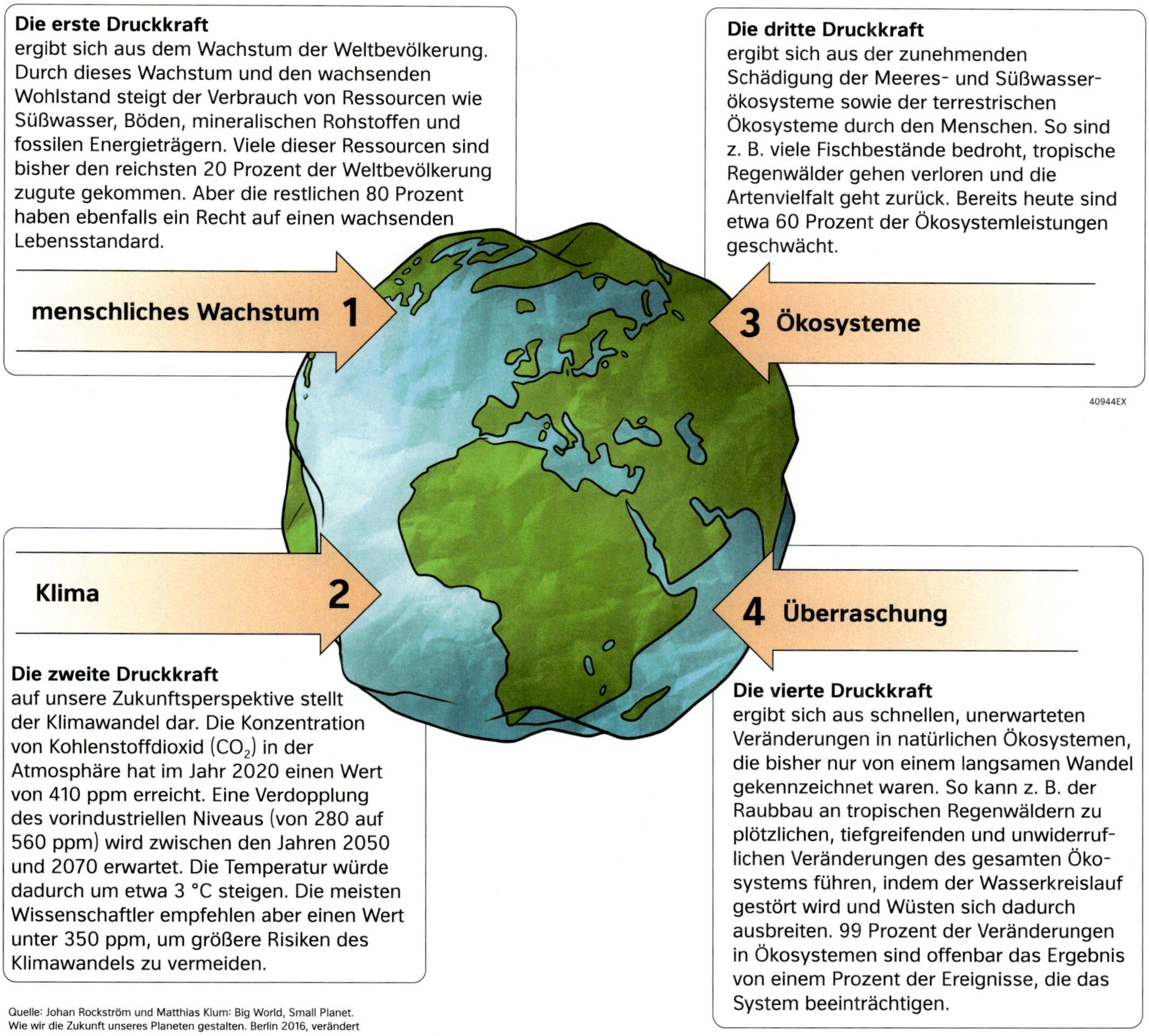

Quelle: Johan Rockström und Matthias Klum: Big World, Small Planet. Wie wir die Zukunft unseres Planeten gestalten. Berlin 2016, verändert

M 4 Druckkräfte auf das System Erde

Die Abbildung veranschaulicht die Entwicklung der menschlichen Druckkräfte auf das Erdsystem.

Das menschliche Einwirken auf das System Erde (I = Impact) hängt entscheidend von der Anzahl der Menschen (P = People), ihrem Wohlstandsniveau (A = Affluence, das ist der Pro-Kopf-Verbrauch von Ressourcen, Energie und Geld) und von der technologisch bedingten Schädigung durch den Gebrauch von Wirtschaftsgütern (T = Technology, Zahl der Technologiepatente) ab.
Daraus lässt sich die IPAT-Gleichung herleiten: $I = P \cdot A \cdot T$.

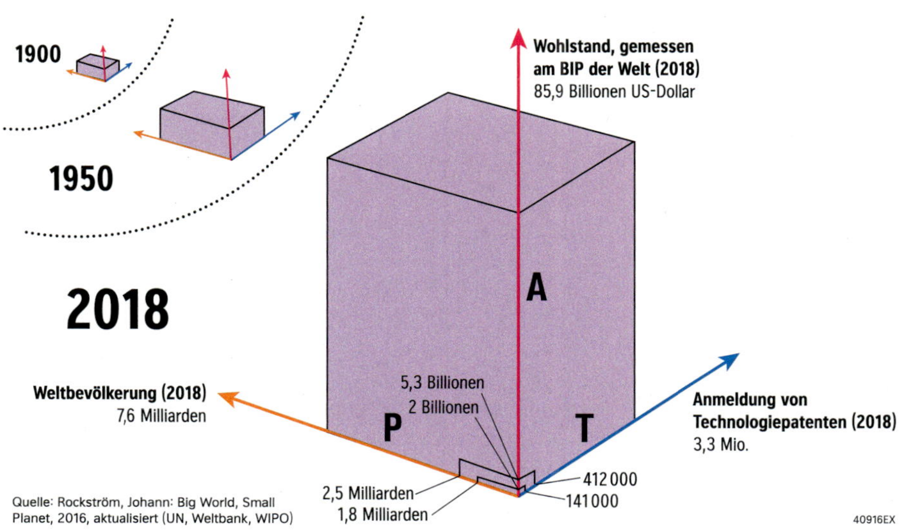

Quelle: Rockström, Johann: Big World, Small Planet, 2016, aktualisiert (UN, Weltbank, WIPO)

M 5 Entwicklung menschlicher Druckkräfte auf das Erdsystem

Willkommen im Anthropozän?

Noch nie hat ein Lebewesen das Gesicht des Planeten Erde in so kurzer Zeit so grundlegend verändert. Der Mensch ist durch sein Einwirken auf das Erdsystem heute zu einer entscheidenden Größe geworden. Denn der Einfluss des Menschen auf die Erde hat sich seit der Mitte des 20. Jahrhunderts enorm ausgeweitet und beschleunigt. Inwiefern kann daher vom Anthropozän, einer neuen Epoche der Erdgeschichte, gesprochen werden?

1 Beschreiben Sie das Satellitenbild (M1).
2 Stellen Sie das Konzept des Anthropozäns dar (M1 – M3, M6).
3 **a)** Beschreiben Sie die Diagramme (M5).
b) Erklären Sie das 1950er-Jahre-Syndrom und den damit verbundenen Begriff der „großen Beschleunigung" (M7).
4 Stellen Sie mögliche Zusammenhänge zwischen den Erdsystemstrends und sozioökonomischen Trends in Form eines Fließschemas oder eines Wirkungsgefüges dar (M5).
Z 5 In der Wissenschaft ist es umstritten, ob und wann das Anthropozän begonnen hat. Erklären Sie, welcher Beginn für Sie am nachvollziehbarsten wäre (M3).
Z 6 Entwickeln Sie einen Lexikoneintrag zum Begriff „Anthropozän".

M 1 Falschfarbensatellitenbild: ländlicher Raum in Deutschland

Der Mensch verändert das System Erde in unübersehbarer Weise. Es gibt viele Anzeichen dafür, dass wir in ein neues Zeitalter der Menschheit eingetreten sind. Der niederländische Atmosphärenforscher und Nobelpreisträger Paul Crutzen brachte im Jahr 2000 daher den Begriff des **„Anthropozäns"** (griechisch: Anthropos = der Mensch und zän = neu) in die Diskussion. Der Einfluss des Menschen auf die Erde sei global nachweisbar und teils unumkehrbar.

Während bis zur geologischen Epoche des Holozäns die Natur allmächtig gewesen sei, habe im Anthropozän der Mensch den größten Einfluss auf das Erdsystem übernommen. Von Bedeutung für die Ausweisung einer neuen erdgeschichtlichen Epoche sei dabei nicht die Tatsache, dass der Mensch die Erde seit vielen Jahrtausenden mitgestaltet habe, sondern dass die Menschheit mitlerweile durch ihre Hinterlassenschaften in Form von Millionen und Milliarden Tonnen Kohlenstoffdioxid, Beton, Plastik, Chemikalien und vielem mehr selbst zu einer bedeutenden Größe geworden sei. Tatsache ist beispielsweise, dass heute mehr als 50 Prozent der Landoberflächen durch direkte menschliche Einwirkung verändert wurden. Das hat erhebliche Auswirkungen auf die Geosphären, vor allem auf die biologische Vielfalt, die Stoffkreisläufe und das Klima.

Doch ob die letzten Jahrzehnte tatsächlich die Anforderungen dafür erfüllen, eine neue geologische Epoche auszurufen, wird unter Wissenschaftlern kontrovers diskutiert. Im Jahr 2016 hat sich die Mehrheit einer Arbeitsgruppe internationaler Wissenschaftler für die Benennung eines neuen Erdzeitalters ausgesprochen.
Das Anthropozän ist von den zuständigen geologischen Instanzen jedoch noch nicht vollständig anerkannt. Die Zeit vor der endgültigen Anerkennung könnte aber wichtiger sein als der Akt der Benennung, sagte einst der niederländische Wissenschaftler Paul Crutzen: „Am wichtigsten ist, dass wir verstehen, welche ungeheure Verantwortung wir haben."

M 2 Basisinformation

Der Ausdruck Anthropozän bezeichnet ein Konzept, das eine neue geologische Epoche begründen soll. Es soll verdeutlichen, dass die Menschheit das gesamte Erdsystem so weit verändert habe, dass dieses nun außerhalb der Zustandsbedingungen des Holozäns liege. Das Holozän ist die Epoche innerhalb der geologischen Zeitskala, dessen Beginn nach dem Ende der letzten Eiszeit vor ca. 11 600 Jahren datiert wird.

Allerdings besteht keine Einigkeit darüber, wann das Anthropozän begonnen hat. So wird von einigen die Ausbreitung der Landwirtschaft und die Nutztierhaltung vor etwa 5000 Jahren (neolithische Revolution), von anderen der verstärkte Bergbau vor 3000 Jahren und von wieder anderen der Beginn der Industrialisierung vor etwa 250 Jahren vorgeschlagen. Doch keiner dieser drei Prozesse hat sich rund um den Globus zeitgleich in geologischen Schichten niedergeschlagen.
Ein weiterer Vorschlag beschäftigte sich mit der deutlich abgesenkten CO_2-Konzentration in der Atmosphäre zwischen den Jahren 1570 und 1620, die mit dem Tod von 50 Millionen Ureinwohnern Amerikas bei der Ankunft der Europäer begründet wurde. Kohlenstoffdioxid aufnehmende Wälder überwucherten damals Millionen Hektar verlassener Ackerflächen der Ureinwohner, was 1610 zu einem in Eisbohrkernen messbaren Tiefpunkt des atmosphärischen CO_2-Gehalts führte. Es wurde auch darüber diskutiert, den Einfluss des Atomzeitalters seit der ersten Atombombenexplosion am 16. Juli 1945 als Beginn der neuen Epoche zu datieren. Tausende weitere Atomwaffentests seit der Mitte des 20. Jahrhunderts lassen sich noch über Tausende von Jahren durch Plutonium nachweisen und bilden eine Schicht radioaktiven Materials in den Sedimenten.

Gleichzeitig hinterlässt der Fortschritt der modernen Welt v. a. seit 1950 in Form von Plastik, Aluminium, Kunstdünger oder Beton seine Spuren in den Sedimenten.

M 3 Wann begann das Anthropozän?

Das Anthropozän unterscheidet sich in einem zentralen Punkt von seinen Vorgängern: Erdzeitalter werden in der Regel rückblickend bestimmt und in den meisten Fällen nach dem ausgestorbenen Leitfossil benannt. Im Gegensatz dazu bringt das Anthropozän die erdgeschichtliche Gegenwart auf einen Begriff, und die Menschheit ist (bisher) noch nicht ausgestorben. Aus diesen beiden Gründen kommt das Anthropozän nicht ohne eine Form der menschlichen Selbstreflexion aus. [...] Wenn der Mensch zu einem zentralen geologischen Faktor der Erde geworden ist, muss er zugleich eine konzeptionelle Vorstellung davon entwickeln, wie er seiner erdgeschichtlichen „Rolle" gerecht werden will. Diese Reflexivität* des Anthropozän-Konzepts lässt sich in vier Dimensionen entfalten. Erstens ist das Anthropozän in zeitlicher Hinsicht reflexiv: Es ist die vergängliche Erdzeit der Menschen. Zweitens ist das Anthropozän in räumlicher Sicht reflexiv. Die Menschen werden sich der räumlichen Endlichkeit der Erde als „ihres" Planeten bewusst. Drittens ist das Anthropozän im Hinblick auf den Menschen als seinen zentralen Akteur reflexiv: Die Menschen greifen in die ökologischen Arten, Kreisläufe, Ressourcen und Systeme ein und verändern damit zugleich auch ihre eigene Welt. Viertens ist das Anthropozän im Hinblick auf menschliches Wissen reflexiv: Vor allem die Wissenschaft kann versuchen, die (un-)vorhersehbaren Folgen menschlichen Handelns im Anthropozän zu bestimmen und mit ihnen konstruktiv umzugehen.

* Unter Reflexivität versteht man in der Alltagssprache die Fähigkeit des Menschen, das eigene Denken und Handeln zum Gegenstand des Nachdenkens zu machen.

Jens Kersten: Das Anthropozän-Konzept. In: Zeitschrift für rechtswissenschaftliche Forschung, Heft 3, 2014, S. 380 f.

M 4 Das Anthropozänkonzept

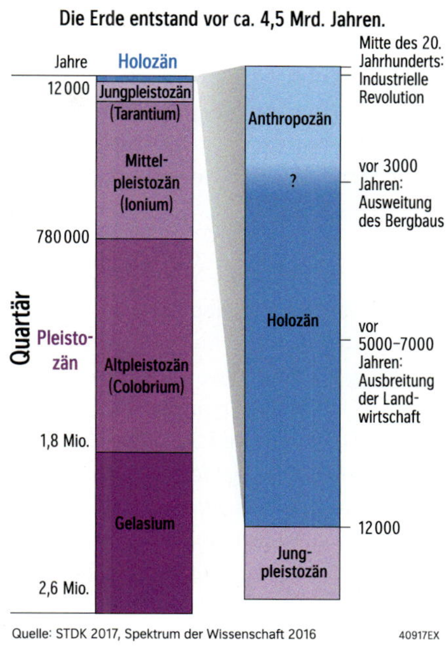

M 6 Ausschnitt aus der geologischen Zeitskala der Erde

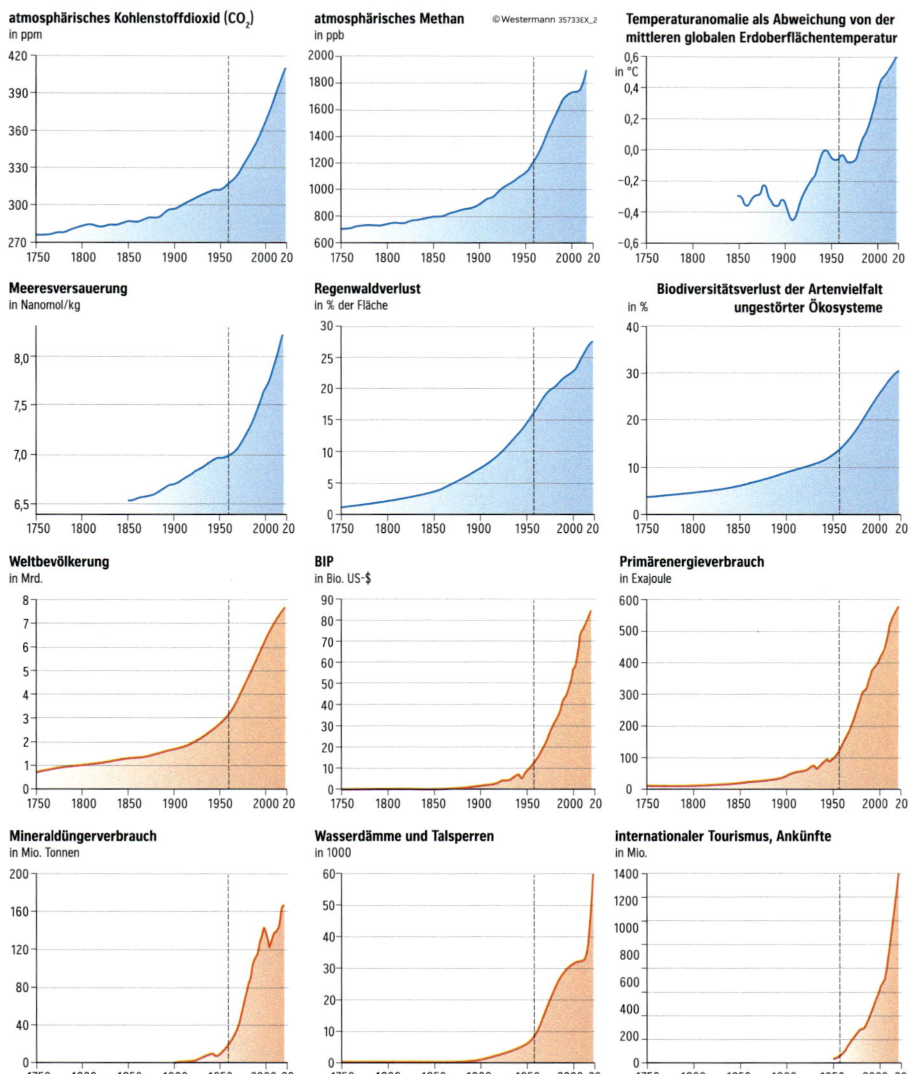

M 5 Ausgewählte Indikatoren des Anthropozäns (ab 1750): Erdsystemtrends (blau) und sozioökonomische Trends (rot)

Von unmittelbarer Relevanz für die heutige Situation ist zweifelsohne die Industrialisierung ab 1770. [...] In ihrem Kontext erfolgte der folgenschwere Übergang von einer auf regenerativen Energieträgern fußenden Welt zum fossilen Zeitalter [...]. Eine neue Dimension erfuhr der globale Wandel in der Nachkriegszeit, als mit dem Wertewandel im Rahmen der Wirtschaftswunderjahre Massenkonsum, Massenmobilisierung und Massentourismus zum Maßstab der westlichen Hemisphäre wurden – mit all den Konsequenzen und Auswirkungen. Die beschleunigte Konsumption in dieser Zeit mit vielfältigen negativen Folgewirkungen wird heute als 1950er-Jahre-Syndrom bezeichnet – oder im internationalen Sprachgebrauch als „große Beschleunigung" (Great Acceleration). Sie dokumentiert sich in einer enormen, meist sogar exponentiellen Zunahme aller Verbrauchs- und Produktionszahlen. Nahezu jeder beliebige Parameter, der für die heutige globalisierte Welt steht, erfuhr nach 1950 eine rasante Zunahme.

Glaser, R.: Global Change. Das neue Gesicht der Erde, Darmstadt 2014, S. 26 f.

M 7 Die große Beschleunigung

Der globale Wandel und die Belastbarkeitsgrenzen unseres Planeten

Der Mensch übt aufgrund seiner Lebensweise massiven Druck auf das System Erde aus. Und er schädigt dadurch dessen Regenerationsfähigkeit in vielen Bereichen und hohem Maße. Die Grenzen der Belastbarkeit unseres Planeten zu erkennen und entsprechend zu handeln, ist eine zentrale Menschheitsaufgabe. Inwiefern werden heute, durch den Menschen verursacht, kritische Bereiche im System Erde erreicht?

1 Beschreiben und erklären Sie das Logo einer Ausstellung zum Anthropozän in München (M1).

2 a) Erläutern Sie die Konzepte „globaler Wandel" (M2–M4) und „planetare Belastungsgrenzen" (M2, M5).
b) Vergleichen Sie beide Konzepte miteinander.

3 Nennen Sie jeweils mögliche Beispiele für die im Konzept des „globalen Wandels" angesprochenen Perspektiven und Alternativen (M4).

4 Ein Interview mit einem Geobiologen zum Thema „planetarische Belastbarkeitsgrenzen" überschreibt eine Zeitung mit dem Titel „Wir Weltgärtner", während eine andere ein eigenes Interview mit „Wir sind auf der Erde das dominierende Raubtier" veröffentlicht. Vergleichen Sie die Überschriften und begründen Sie, welche Perspektive Sie als passender erachten (M4, M5).

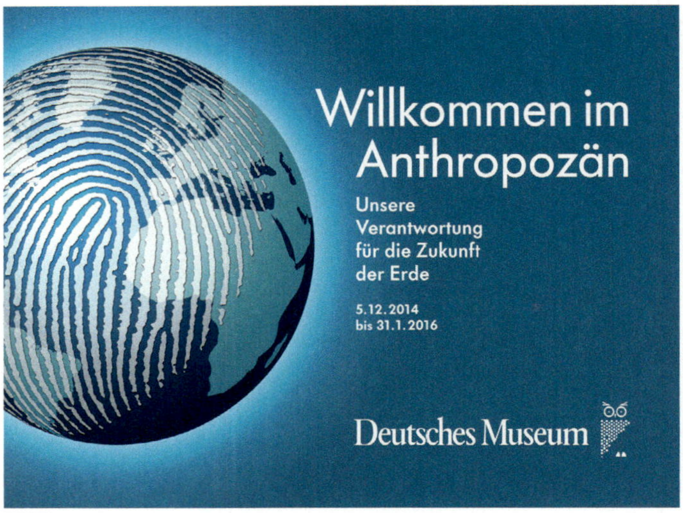

M 1 Plakat einer Ausstellung zum Anthropozän

Geologische Zeitgrenzen sind stets menschliche Konstrukte, die einen Übergang von einer ganzen Reihe von Erdsystembedingungen in jeweils andere kennzeichnen. Solche Übergänge waren in der Regel komplex und zogen sich über Jahrtausende bis Jahrmillionen hin. Auch das Anthropozän ist nicht plötzlich aufgetreten, sondern der Begriff soll vom Menschen ausgelöste elementare Veränderungen des Erdsystems beschreiben, die womöglich mehrere Jahrtausende zurückreichen. Doch die Menschheit hat seit der Mitte des 20. Jahrhunderts, dem Zeitalter der „großen Beschleunigung", zum ersten Mal in ihrer Geschichte Techniken, Stoffe und Verhaltensweisen in einer Form entwickelt, die zu einer starken Veränderung des bestehenden Erdsystems führen könnten. Der Begriff des Anthropozäns ist daher eng verknüpft mit den Konzepten des „globalen Wandels" und der „planetarischen Belastbarkeitsgrenzen".

Der globale Wandel (Global Change) zeigt sich in unterschiedlichen zeitlichen Dimensionen, räumlichen und sozialen Maßstabsebenen und ist gekennzeichnet von verschiedenen Triebkräften, die die menschlichen Einwirkungen auf die Änderungen im gesamten Erdsystem kennzeichnen.

Unter Federführung des schwedischen Wissenschaftlers Johan Rockström wurde 2009 das Konzept der ökologischen Belastungsgrenzen der Erde veröffentlicht. Es soll zeigen, in welchen Dimensionen die menschliche Entwicklung im System Erde einen derart massiven Druck ausübt, dass die Menschheit damit ihren sicheren Handlungsraum verlässt bzw. die Regenerations- und Widerstandsfähigkeit des Erdsystems bereits so geschädigt ist, dass die Gefahr irreversibler Schäden an der Umwelt und somit an den Lebensgrundlagen der Menschen besteht. Die Konzepte des „globalen Wandels" und der „planetaren Belastbarkeitsgrenzen" verdeutlichen aber auch, dass die Menschheit derzeit wahrscheinlich noch die Möglichkeit hat gegenzusteuern. Denn anders als noch zu Beginn des letzten Jahrhunderts können die modernen Wissenschaften helfen, den gegenwärtigen tiefgreifenden Wandel zu erkennen und zu verstehen, dass es kein „Weiter wie bisher" geben kann.

M 2 Basisinformation

Der globale Wandel kann als der bis dato tiefgreifendste und umfassendste Transformationsprozess aufgefasst werden, der vom Menschen ausgelöst wurde und in einem noch nicht abschätzbaren Maße auf ihn und das Erdsystem rückkoppelt. Die zentrale Frage ist dabei, inwieweit und in welchen Bereichen der Mensch das System Erde derart überstrapaziert, dass seine ureigene Existenzgrundlage […] – basierend auf sauberer Luft und Trinkwasser, gesunder und ausreichender Nahrung, nachhaltiger Energieversorgung und Rohstoffsicherung – gefährdet ist. […]

Neben diese Versorgungs- treten ebenso drängende Entsorgungsfragen: Müll, Altlasten, devastierte [zerstörte] Landstriche, belastete Bäche und verbaute Flüsse, Dead Zones in den Meeren und Ozeanen, Smog und Feinstaubbelastung zählen zu den […] Auswüchsen der unangepassten Eingriffe und Begehrlichkeiten des Menschen. Infolgedessen sind der Verlust an Biodiversität, Klimawandel, Landschaftsdegradation, Desertifikation sowie die Veränderung der Stoffkreisläufe von Ozon, Kohlenstoff und Stickstoff zu drängenden Fragen unserer Zukunftsfähigkeit geworden. […] Bemerkenswert sind das Ausmaß und das rasante Tempo, in welchem diese Veränderungen seit Beginn der Industrialisierung voranschreiten und wie sie sich vor allem in den letzten 50 Jahren beschleunigt haben.

Auch wenn der Themenkanon des globalen Wandels stark problembefrachtet wirkt, gibt es doch Perspektiven und Alternativen […]. Es gibt Handlungsalternativen zwischen einem „Weiter wie bisher", über das Nachsteuern im Sinne einer Mitigation [Milderung negativer Einflüsse] und Adaption [Anpassung an gegebene Bedingungen], bis zum Gegenmodell einer nachhaltigen Gestaltung, bestimmt von Idealen der Einsicht, des Ausgleichs und der Genügsamkeit.

Glaser, Rüdiger: Global Change. Das neue Gesicht der Erde, Darmstadt 2014, S. 7–11

M 3 Der globale Wandel

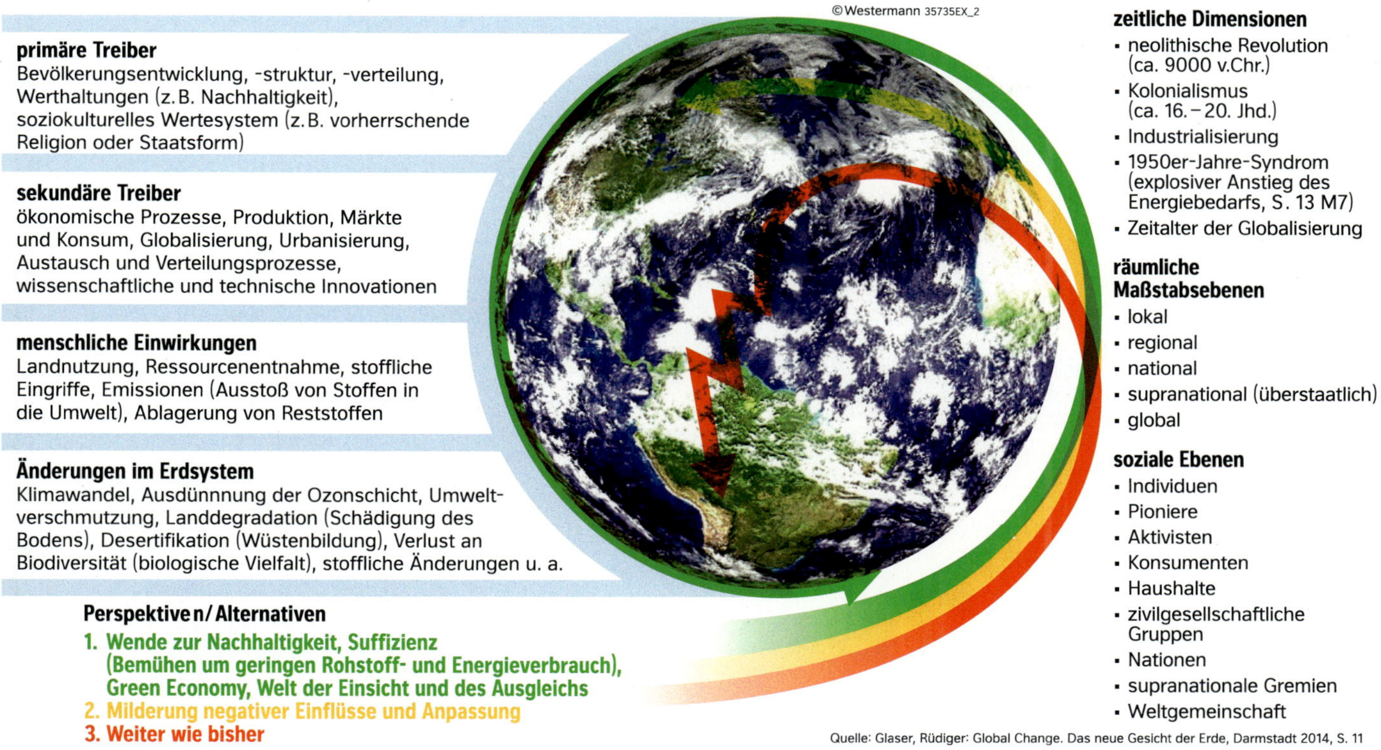

Quelle: Glaser, Rüdiger: Global Change. Das neue Gesicht der Erde, Darmstadt 2014, S. 11

M 4 **Der globale Wandel**

• Landnutzungswandel: Die Umwandlung von Naturlandschaften zu Agrarland und menschlichen Siedlungen führt zu einem Verlust an biologischer Vielfalt und greift u. a. in den Wasserhaushalt ein.

• Biochemische Flüsse: Als Düngemittel eingesetzter Stickstoff und Phosphor gelangen in Gewässer oder in die Luft. Dort kommt es z. T. zu Vergiftungen oder zur Massenvermehrung von Algen, was zu Sauerstoffverlust und zum Absterben anderer Organismen führt.

• Aerosolgehalt: Kleinste, häufig giftige Schwebeteilchen in der Luft haben durch ihre Reflektion bzw. Absorption der Sonnenstrahlung großen Einfluss auf die globale Temperatur.

• Ozonverlust: Die Ozonschicht schützt vor lebensbedrohlicher UV-Strahlung. Das weltweite Verbot von Substanzen, die die Ozonschicht in der Atmosphäre angreifen, hat dazu geführt, dass sich das große Ozonloch über der Antarktis wieder schließt.

• Klimawandel: Die Grenze von 350 ppm CO_2 in der Atmosphäre sollte nicht überschritten werden, wenn sich das Erdklima nicht stark wandeln soll. Im Jahr 2016 überschritt der Wert erstmals 400 ppm.

• Versauerung der Meere: Ein Großteil des vom Menschen freigesetzten CO_2 ist bis heute in den Ozeanen als Kohlensäure gelöst. Beim Erreichen der Belastungsgrenze wird der Klimawandel besonders verstärkt.

• Neue Substanzen und modifizierte Lebensformen: Der Ausstoß giftiger Substanzen hat stark zugenommen. Durch gentechnische Veränderungen greift der Mensch zudem in das Erbgut von Bakterien, Pflanzen und Tieren ein, wodurch diese eine Gefahr für den ursprünglichen Bestand darstellen können.

• Süßwassernutzung: Bevölkerungswachstum und zunehmender Wasserverbrauch in der Landwirtschaft erhöhen den Druck auf die globalen Süßwasserreserven. Durch effiziente Wassernutzung und technologische Innovationen gilt dieser Bereich insgesamt noch als sicher, auch wenn regionale Belastbarkeitsgrenzen häufig schon erreicht sind.

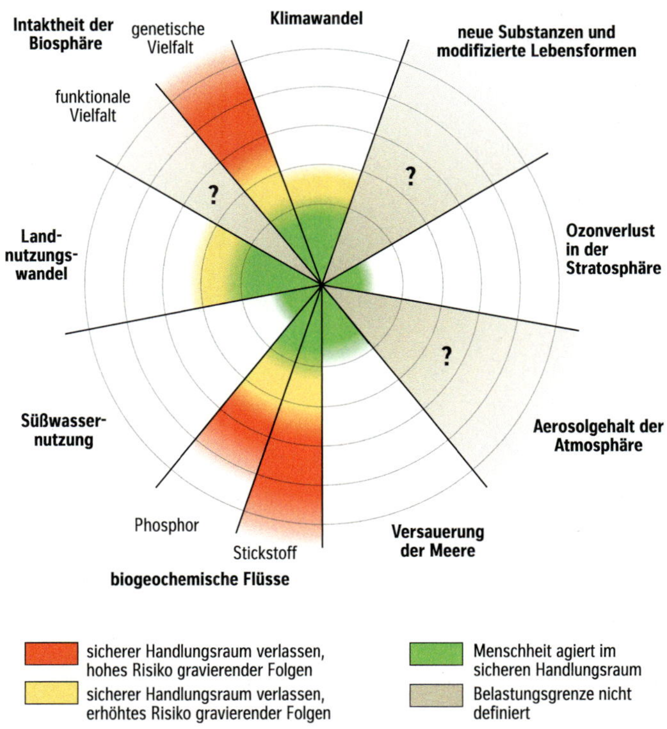

Quelle: nach Will Steffen et al., erschienen in Science 16.01.2015 ©Westermann 35940EX_3

• Intakte Biosphäre: Die genetische Vielfalt ist bei Pflanzen und Tieren z. B. durch Landwirtschaft und Überfischung sowie durch die Zerstörung von Lebensräumen eingeschränkt. Die funktionale Vielfalt bezieht sich auf die von Ökosystemen erbrachte und für den Menschen lebensnotwendige Bereitstellung fruchtbarer Böden, Trinkwasserreservoirs oder die Bestäubungsleistung durch Insekten.

M 5 **Die planetaren Belastbarkeitsgrenzen**

Globale Herausforderungen und Zukunftssicherung

2

Der Mensch verändert durch Eingriffe in das Erdsystem in regionalem und globalem Maßstab seine Umwelt. Dadurch verändern sich seine Lebensgrundlagen massiv. Dies stellt die Menschheit vor globale Herausforderungen.
Die Verabschiedung der Ziele einer nachhaltigen Entwicklung durch die Vereinten Nationen im Jahr 2015 war ein wichtiger Meilenstein, um auf diese Herausforderungen zu reagieren.
Mit welchen globalen Herausforderungen ist die Menschheit im 21. Jahrhundert konfrontiert und wie können diese im Sinne einer nachhaltigen Entwicklung bewältigt werden?

Vor welchen globalen Herausforderungen steht die Menschheit?

Die Gegenwart der Menschheit ist geprägt von massiven Umweltveränderungen und zahlreichen Herausforderungen. Für den Fortbestand der Lebensgrundlagen kommt es darauf an, diese globalen Herausforderungen im Sinne einer nachhaltigen Gestaltung der Zukunft zu meistern.

1 a) Beschreiben Sie die globale Bedeutung des „Svalbard Global Seed Vault" (M1, M3).
b) Erklären Sie, inwiefern der „Global Seed Vault" als Sinnbild globaler Herausforderungen der Menschheit gelten kann (M1 – M3).

2 a) Stellen Sie mithilfe einer Umfrage in Ihrer Lerngruppe dar, welches die fünf größten Herausforderungen für die Menschheit im 21. Jh. sein könnten.
b) Vergleichen Sie Ihr Ergebnis aus Aufgabe 2a mit dem aus dem Global Risk Report (M5).

3 a) Charakterisieren Sie das Netz der globalen Herausforderungen (M4).
b) Nennen Sie Risiken, die den Bereichen Klimawandel, Ressourcenknappheit, Stadtentwicklung und Disparitäten zugeordnet werden können (M4).

4 Vergleichen Sie die größten globalen Risiken im aktuellen „Global Risk Report" mit den Risiken und Herausforderungen des Jahres 2020 (M5).
↗ *WES-101475-001*

5 Entwickeln Sie in Gruppen Ideen zur Bewältigung verschiedener globaler Herausforderungen (M4).

M1 **Eingang zum „Global Seed Vault" auf Spitzbergen (Norwegen)**

Die Menschheit wird wohl bis zum Jahr 2050 auf fast zehn Milliarden Menschen anwachsen. Die Ökosysteme als Grundlage des Lebens stehen daher zunehmend unter Druck. Gleichzeit kann die Globalisierung im Bereich von Wirtschaft und Gesellschaft der Menschheit vielfältige Chancen bieten, die Welt zukunftsfähig zu gestalten. Es zeigen sich durch die globalen Verflechtungen aber auch negative Entwicklungen, die sowohl das soziale Miteinander innerhalb der Weltgemeinschaft, als auch die Erhaltung einer intakten Umwelt gefährden oder zu globalen Krisen, wie der Coronavirus Pandemie im Jahr 2020, führen. Die Herausforderung der Zukunft ist deshalb eine bessere Integration der Wirtschaft in einen ökologischen und sozialen Rahmen, der eine nachhaltige Entwicklung ermöglicht.

Die **globalen Herausforderungen** des 21. Jahrhunderts ergeben sich nicht zuletzt aus den vom Menschen verursachten, existenziellen Bedrohungen. Sie gefährden die Befriedigung der Grundbedürfnisse der Menschen und beeinflussen die Entwicklungschancen nachfolgender Generationen in mehreren Regionen der Erde gleichzeitig negativ. Die Menschheit verfügt jedoch über so viel Wissen, Technologie und Kapital zur Lösung der dringendsten Menschheitsprobleme wie nie zuvor. Entscheidend ist, diese im Sinne einer nachhaltigen Gestaltung unserer Zukunft einzusetzen. So haben beispielsweise fast alle Länder der Welt mit dem Pariser Übereinkommen von 2015 vereinbart, die Erderwärmung auf deutlich unter zwei Grad Celsius zu begrenzen, weil die Folgen eines andauernden **Klimawandels** bedrohlich sind. Neben der Bewältigung weiterer globaler Herausforderungen wie der **Ressourcenknappheit** sind auch die Überwindung der globalen **Disparitäten** und die nachhaltige **Stadtentwicklung** Voraussetzungen für eine nachhaltig gestaltete Zukunft.

M2 **Basisinformation**

Tief im Eis der Arktis, auf Spitzbergen, liegt der „Svalbard Global Seed Vault" (Weltsaatgut-Tresor). Er ist ein unterirdischer Speicher und eine Art Lebensversicherung, eine „Arche Noah", der Menschheit. In seinem Inneren ruhen Schätze, die unbezahlbar sind: Samen, als „Sicherungskopien" unserer Nahrungspflanzen in all ihrer Vielfalt, die die Menschheit in den vergangenen Jahrtausenden gezüchtet hat. Bei globalen Krisen könnten sie dafür sorgen, dass die Menschheit überlebt. Permafrost und dicke Gesteinslagen sorgen seit der Eröffnung im Jahre 2008 dafür, dass das Saatgut ohne zusätzliche Kühlung eingefroren bleibt. Denn die Menschheit hat seit dem Beginn des 20. Jahrhunderts bereits bis zu 90 Prozent ihrer Nutzpflanzenvielfalt verloren.
Vor allem im Zusammenhang mit der steigenden Weltbevölkerungszahl und der zunehmenden Ressourcenknappheit werden die Kulturpflanzen und ihr „gentechnisches Potenzial" eine wichtige Rolle spielen. Deshalb ist die Sicherung der Vielfalt an Saatgut für die landwirtschaftliche Produktion wichtig für eine weltweite Nahrungssicherung. Eine große zusätzliche Herausforderung ist dabei der Klimawandel. Denn niemand kann vorhersagen, wie sich steigende Temperaturen auf die Nutzpflanzen auswirken. Mithilfe des Materials aus der Samenbank könnten aber neue angepasste Pflanzen gezüchtet werden.

Fast alle Staaten der Erde haben Kopien ihres Saatgutes eingelagert. Dies bietet zukünftigen Generationen die Möglichkeit, sich Krisen zu stellen. Denn im Falle von Katastrophen oder veränderten Umweltbedingungen bleiben die Pflanzen im Saatguttresor erhalten und können nachgezüchtet werden. Ein aktuelles Beispiel ist die Nachzüchtung des Saatgutes, welches im Bürgerkrieg in Syrien zerstört wurde.

M3 **Der „Global Seed Vault" – eine moderne Arche Noah**

www.diercke.de
100800-252

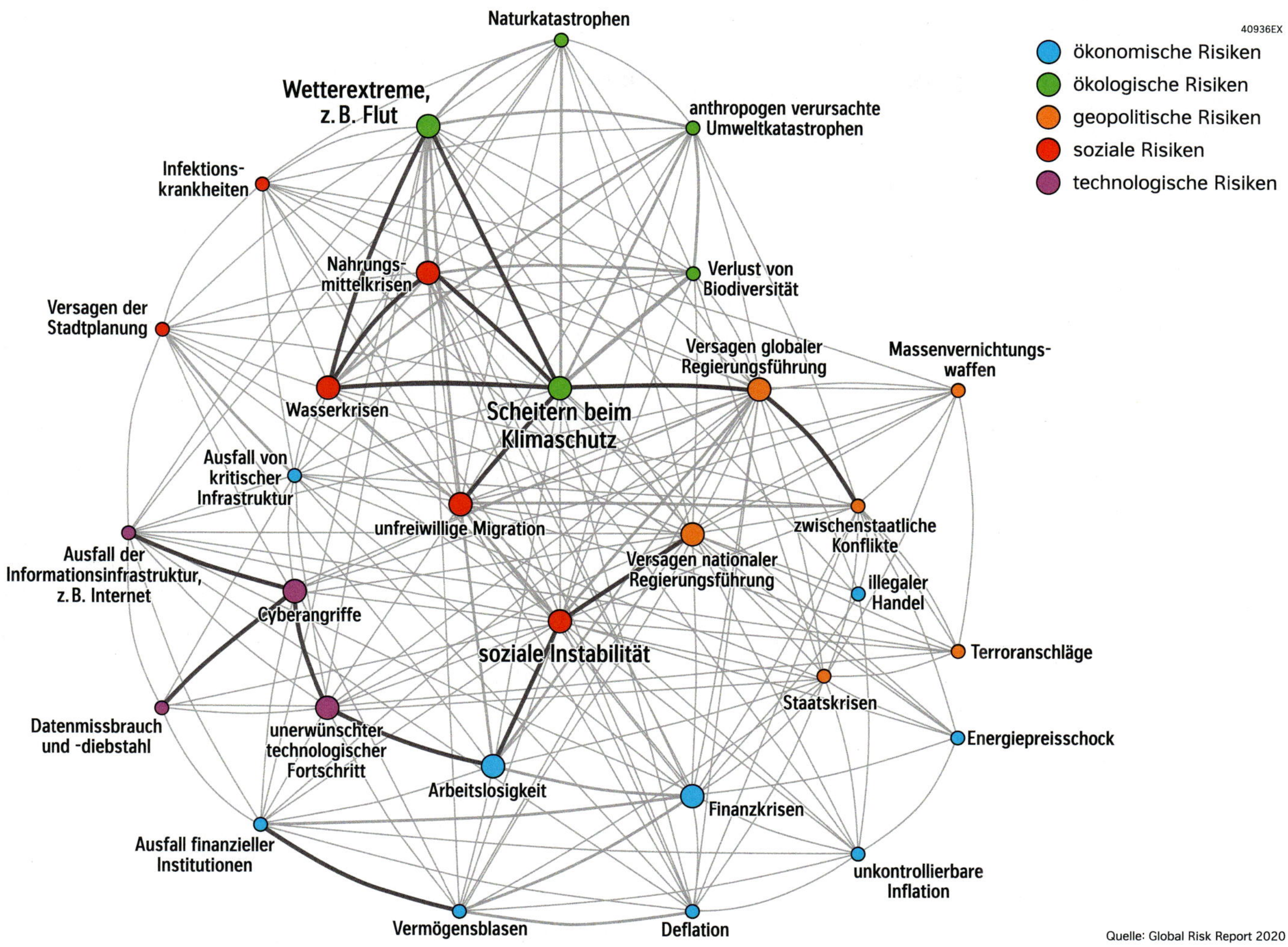

Quelle: Global Risk Report 2020

Der Ermittlung der globalen Risiken der Stiftung des Weltwirtschaftsforums liegen Risikokategorien aus Wirtschaft, Geopolitik, Umwelt, Gesellschaft und Technologie zugrunde. Durch eine jährliche Umfrage unter etwa 1000 international anerkannten Experten aus aller Welt werden diese Risiken sowohl hinsichtlich der Wahrscheinlichkeit, dass sie wirklich eintreten, als auch hinsichtlich ihrer möglichen Auswirkungen auf Wirtschaft, Gesellschaft und Umwelt eingestuft. Ziel ist, die langfristigen Risiken für die nächsten zehn Jahre zu prognostizieren. Nach welchen Kriterien die Experten und Kategorien ausgewählt werden, verrät der Bericht nicht. Weil er aber die globalen Risikotreiber und deren Vernetzung identifiziert werden, können die Staaten Strategien zur Eindämmung der globalen Risiken entwickeln.

M 4 Das Netz der globalen Risiken und Herausforderungen im Jahr 2020

Top-Ten-Risiken in Bezug auf die Eintrittswahrscheinlichkeit

1. Wetterextreme
2. Scheitern beim Klimaschutz
3. Naturkatastrophen
4. Artensterben
5. vom Menschen verursachte Umweltkatastrophen
6. Datenmissbrauch oder -diebstahl
7. Cyberangriffe
8. Wassermangel
9. Scheitern globaler Krisenpolitik
10. Aktienblase

Quelle: Global Risk Report 2020

Top-Ten-Risiken in Bezug auf die Wirkungsstärke im Falle des Eintritts

1. Scheitern beim Klimaschutz
2. Massenvernichtungswaffen
3. Artensterben
4. Wetterextreme
5. Wassermangel
6. Ausfall der Informationsinfrastruktur
7. Naturkatastrophen
8. Cyberangriffe
9. vom Menschen verursachte Umweltkatastrophen
10. Infektionskrankheiten

40936EX_1

M 5 Die globalen Risiken und Herausforderungen im Jahr 2020

Modelle der Nachhaltigkeit

Der Begriff Nachhaltigkeit ist in aller Munde. Diesem Begriff und einer damit verbundenen nachhaltigen, also zukunftsfähigen Entwicklung der Menschheit liegen vielfältige Kriterien, unterschiedliche Konzepte und Strategien zur Umsetzung zugrunde. Was genau bedeutet nachhaltige Entwicklung?

1 Beschreiben Sie, inwiefern das Handeln des Bauern als nachhaltig bezeichnet werden kann (M1).
2 Erklären Sie, wie die bei der Konferenz der Vereinten Nationen 1992 in Rio beschlossene Agenda 21 zu einer nachhaltigen Entwicklung der Weltgemeinschaft beitragen kann (M2, M3).
3 Erläutern Sie die Leitidee einer nachhaltigen Entwicklung anhand der Modelle der Nachhaltigkeit (M4).
4 Stellen Sie ausgehend von M4 und M5 mögliche Konflikte zwischen den Zieldimensionen der Nachhaltigkeit in einem Schaubild dar.
z 5 Entwickeln Sie ausgehend von M5 mögliche Ideen und Maßnahmen, wie an Ihrer Schule das Prinzip der Nachhaltigkeit umgesetzt werden könnte (M2).

Auf einer Reise in Italien begegnet der Kaiser einem Bauern, der Dattelbäume pflanzt. Er findet das ungewöhnlich, schließlich hat der Bauer selbst gar nichts davon: Junge Dattelbäume tragen erst nach Jahrzehnten Früchte.

„Männlein, was machst du?", fragt er verwundert. „Ich thue es", so antwortet der Bauer, „Gott und denen Nachkömlingen zu gefallen".

Der Kaiser ist beeindruckt, er dankt es mit 100 Talern.

Hans Carl von Carlowitz: Sylvicultura oeconomica oder Haußwirthliche Nachricht und Naturmäßige Anweisung zur Wilden Baum-Zucht, Oekom-Verlag, München 2013, S. 218

M1 Eine Anekdote zu Kaiser Maximilian II. im 16. Jh.

„Es war einmal eine Stadt im Herzen Amerikas, in der alle Geschöpfe in Harmonie mit ihrer Umwelt zu leben schienen." Dies ist der erste Satz eines Buches, das als wesentlicher Auslöser der weltweiten Umweltbewegung gilt. Am 27. September 1962 erschien in Amerika die Erstausgabe von „Silent Spring" (Der stumme Frühling). Darin beschreibt die amerikanische Biologin Rachel Carlsson (1907 – 1964) das Verschwinden der Vögel im Mittleren Westen aufgrund des Einsatzes von Pestiziden in der Landwirtschaft. Zum ersten Mal wurden hier in einem eindringlichem Appell die Fragwürdigkeit und die Gefährlichkeit des chemischen Pflanzenschutzes auch für den Menschen dargelegt. Das Werk hat die Umweltwahrnehmung einer ganzen Generation verändert.

Seit den 1970er-Jahren beschäftigen sich Wissenschaftler und Politiker daher zunehmend mit der Frage nach der Zukunft unseres Planeten und des menschlichen Zusammenlebens auf der Erde. Heutige Veränderungen in der Gesellschaft und der Umwelt, wie z. B. der Klimawandel und das weltweite Artensterben, globale Disparitäten, die Missachtung von Menschenrechten oder Kriege sind aktuelle ökologische, soziale, politische und ökonomische Herausforderungen der Menschheit.

Doch erst gegen Ende des 20. Jahrhunderts erkannte und akzeptierte die Menschheit, dass die für ihre Existenz notwendigen natürlichen Ressourcen letztlich begrenzt sind.
Die UN-Konferenz für Umwelt und Entwicklung in Rio de Janeiro 1992 markiert einen entscheidenden Wendepunkt in der Bewusstseinsbildung und Willensbekundung der Menschheit: Erstmals verpflichtete sich die große Mehrheit der Staaten auf eine langfristig angelegte Politik der Nachhaltigkeit. Das aus der Forstwirtschaft entlehnte Prinzip der Nachhaltigkeit bedeutet dort, dass aus einem Wald dauerhaft nicht mehr Holz entnommen werden darf als nachwächst, um den Bestand nicht zu bedrohen. Seit 1992 gilt dieses Prinzip als Leitlinie für eine zukunftsfähige, d. h. **nachhaltige Entwicklung** (Sustainable Development), die die Menschheit durch das 21. Jahrhundert führen soll. Die Prinzipien der Nachhaltigkeit wurden in der vergangenen Jahren immer wieder in neuen Modellen dargestellt und erweitert.

M2 Basisinformation

Die Konferenz der Vereinten Nationen für Umwelt und Entwicklung in Rio de Janeiro 1992 war der Ausgangspunkt für die internationale Anerkennung des Prinzips der nachhaltigen Entwicklung als eine Kombination von Entwicklungs- und Umweltaspekten, einschließlich sozialer und ökonomischer Dimensionen. Der Gipfel führte zur Verabschiedung der Agenda 21 [Agenda = was zu tun ist; 21 meint das 21. Jahrhundert] für eine weltweite nachhaltige Entwicklung. Unter nachhaltiger Entwicklung wurde verstanden, dass das Recht auf Entwicklung gewährleistet sein muss, um die Entwicklungs- und Umweltbedürfnisse heutiger und zukünftiger Generationen auf gerechte Weise zu erfüllen. Mit der Agenda 21 und dem Leitbild der nachhaltigen Entwicklung sind die folgenden Grundprinzipien verbunden:

- Generationenverantwortung: die Verantwortung für nachfolgende Generationen, aber auch für den Ausgleich innerhalb heute lebender Generationen,
- das Kohärenzprinzip: die Verknüpfung von sozialen, ökonomischen und ökologischen Zielen,
- das Partizipationsprinzip: die stärkere Einbeziehung verschiedener Akteure (Wirtschaft, Wissenschaft, gesellschaftliche Gruppen, einzelne Bürgerinnen und Bürger) in die Entwicklung und Umsetzung von Nachhaltigkeitsstrategien,
- die gemeinsame, aber unterschiedliche Verantwortung der Industrie- und Entwicklungsländer.

Die Resolutionen, die 1992 in Rio und auf den Folgekonferenzen, wie Johannesburg (2002) und Rio+20 (2012), verabschiedet wurden, sind wesentlicher Bestandteil des politischen Bezugsrahmens der internationalen Gemeinschaft geworden […], wenn auch von vielen Seiten bemängelt wird, dass in den 20 Jahren zwischen den Gipfeln in Rio kaum programmatische bzw. verbindliche politische Fortschritte erzielt wurden.

BMZ: Orientierungsrahmen für den Lernbereich Globale Entwicklung, 2016, S. 28, gekürzt und verändert

M3 Meilensteine der nachhaltigen Entwicklung

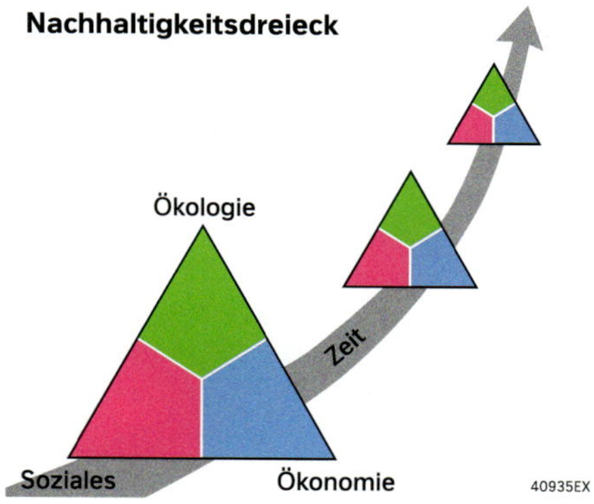

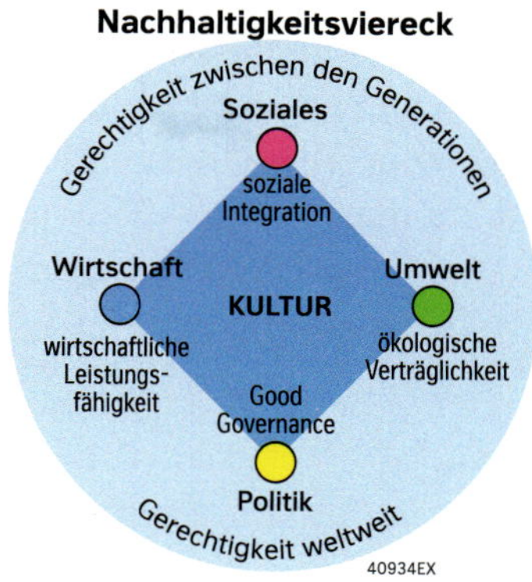

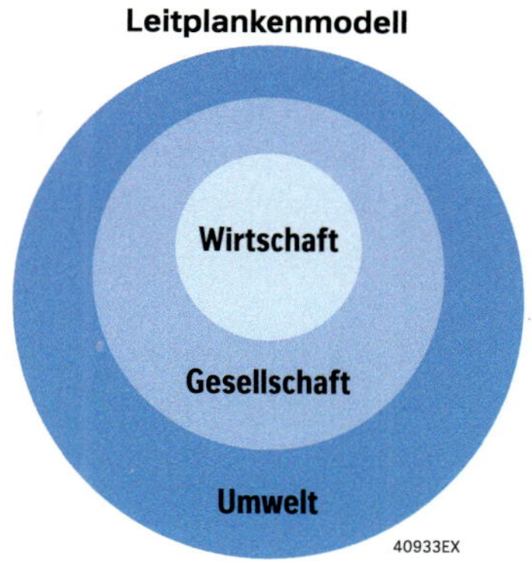

Die Weltkonferenz der Vereinten Nationen in Rio de Janeiro 1992 war der Ausgangspunkt für die internationale Anerkennung des Leitbildes nachhaltiger Entwicklung und der Notwendigkeit, soziale, wirtschaftliche und ökologische Zieldimensionen aufeinander abzustimmen. Die Verknüpfung der drei Dimensionen wird im Nachhaltigkeitsdreieck dargestellt.

Das Dreieck legt nahe, dass diese drei Dimensionen im Zusammenhang, also vernetzt und systemisch, zu betrachten sind – das eine geht nicht ohne das andere. Das bedeutet, dass diese drei Dimensionen bei allen Entscheidungen möglichst in Einklang gebracht werden sollen.

Darüber hinaus verdeutlicht die Dimension der Zeit, dass jede Generation so handeln soll, dass die nachfolgende Generation die gleichen Entwicklungschancen hat wie die vorangegangene Generation.

Im Einklang mit den Beschlüssen des von den Vereinten Nationen gesteuerten Folgeprozesses wurde in Deutschland, insbesondere vom Bundesministerium für wirtschaftliche Zusammenarbeit und Entwicklung (BMZ) und vom Verband Entwicklungspolitik und Humanitäre Hilfe (VENRO), die politische Perspektive „Good Governance" (gute Regierungsführung bzw. demokratische Politikgestaltung) als weitere wichtige Zieldimension hervorgehoben.

Das Viereck wird zudem durch die Dimension der Kultur ergänzt. Das bedeutet, dass auf der Basis der jeweiligen kulturellen Auffassungen einer Gesellschaft eine nachhaltige Entwicklung nur zu erreichen ist, wenn bei Entscheidungen und Handlungen alle Dimensionen möglichst in Einklang gebracht werden.

Die bildhafte Verwendung eines Drei- oder Vierecks suggeriert eine Gleichwertigkeit der Dimensionen. Es setzt sich jedoch zunehmend die Erkenntnis durch, dass nachhaltige wirtschaftliche Entwicklung und Wohlstand nur innerhalb planetarer Belastungsgrenzen zu erreichen sind. Das bedeutet, dass wirtschaftliches Wachstum und Wohlstand sich nur im Rahmen von sozialer Gerechtigkeit und ökologischer Tragfähigkeit dauerhaft verwirklichen lassen.

Eine wichtige Entscheidung wurde 2012 bei der Weltkonferenz der Vereinten Nationen zur nachhaltigen Entwicklung getroffen. In der Abschlusserklärung mit dem Titel „The Future We Want" (Die Zukunft, die wir wollen) bekennt sich die Staatengemeinschaft erstmals zum Konzept der „Green Economy". Ziel dieses Wirtschaftsmodells ist, das wirtschaftliche Wachstum ökologisch und sozialverträglich zu gestalten.

M 4 Dimensionen der Nachhaltigkeit im Modell

M 5 Dimensionen der Nachhaltigkeit konkret

Messung von Nachhaltigkeit

Unternehmen, Länder, Kommunen und Individuen, die die Notwendigkeit einer nachhaltigen Entwicklung anerkennen, sind in der Lage, sich den Herausforderungen des 21. Jahrhunderts zu stellen. Welche Möglichkeiten gibt es aber, nachhaltige Entwicklung zu messen?

1 Beschreiben Sie die Entwicklung des „Erdüberlastungstages" (M1) und nennen Sie das aktuelle Datum. ↗ *WES-101475-002*

2 Erläutern Sie das Konzept des ökologischen Fußabdrucks (M2, M3, M5, M7).

3 Vergleichen Sie den ökologischen Fußabdruck der Staaten der Erde (M3).

4 Beurteilen Sie folgendes Zitat (M6, M8): „Um das Ziel einer nachhaltigen Entwicklung zu erreichen, müssen die wirtschaftlich schwächeren Staaten ihren HDI erhöhen, die wirtschaftlich stärkeren Staaten jedoch ihren ökologischen Fußabdruck verringern."

Z 5 Arbeiten Sie mithilfe eines Fußabdruckrechners im Internet ihren persönlichen Weltüberlastungstag oder ökologischen Fußabdruck heraus. ↗ *WES-101475-003*

Z 5 Arbeiten Sie aus dem Ergebnis von Aufgabe 5 Ihr persönliches Einsparpotenzial heraus.

Am 29. Juli des Jahres 2019 hatte die Menschheit alle regenerativen Ressourcen der Erde bereits aufgebraucht. Dieser Tag wird auch „Earth Overshoot Day" oder „Erdüberlastungstag" genannt. Die Menschheit nutzt demnach die natürlichen Ressourcen derzeit 1,75-mal schneller, als sich die Ökosysteme regenerieren können.

Jahr	Earth Overshoot Day	Verbrauch in Erde-Einheiten
1970	29. Dezember	1,01
1971	20. Dezember	1,03
(...)	(...)	(...)
1990	11. Oktober	1,29
1995	04. Oktober	1,32
2000	23. September	1,38
2005	25. August	1,54
2010	07. August	1,67
2015	05. August	1,69
2017	01. August	1,70
2019	29. Juli	1,75

M 1 Der Erdüberlastungstag

Berechnungen zur sogenannten Tragfähigkeit der Erde sollen die Frage beantworten, wie viele Menschen die Erde tragen und ernähren kann. Mitte des 20. Jahrhunderts wurde diese Frage ökologisch präziser gefasst: „Wie viele Menschen kann die Erde ertragen?"

Um die nachhaltige Entwicklung zu messen und zu visualisieren, wurde vom Wuppertal Institut für Klima, Umwelt und Energie das Konzept des ökologischen Rucksacks entwickelt. Damit kann auf Grundlage einer Ökobilanz verdeutlicht werden, welche ökologischen Folgen die Produktion von Wirtschaftsgütern mit sich bringt. Mit dem ökologischen Fußabdruck entwickelten Mathis Wackernagel und dessen Kollege William Rees 1994 ein weiteres Konzept, mit dessen Hilfe der Natur- und Ressourcenverbrauch einer Person oder Gesellschaft dargestellt werden kann. Der ökologische Fußabdruck berechnet sich aus den Flächen, die für die Produktion von Kleidung, Nahrungsmitteln und anderen Wirtschaftsgütern sowie für die Gewinnung von Energie und zur Entsorgung von Abfall erforderlich sind. Dabei werden auch die nötigen Vegetationsflächen, die das vom Menschen freigesetzte Kohlenstoffdioxid wieder aufnehmen, zum ökologischen Fußabdruck hinzugerechnet. Die Inanspruchnahme der Umwelt wird als Flächenbedarf in globalen Hektar (gha) angegeben. Dies bringt zum Ausdruck, dass wir nicht nur im eigenen Land Flächen für unseren Konsum beanspruchen, sondern auch große Flächen in anderen Regionen der Erde benötigen, um beispielsweise unseren Konsum von Lebensmitteln zu decken. Die Fläche, die zur Bereitstellung von Ressourcen aus der Umwelt und zur Aufnahme der Abfälle benötigt wird, kann dann mit der Fläche verglichen werden, die als sogenannte Biokapazität tatsächlich zur Verfügung steht. Das Konzept des ökologischen Fußabdrucks misst also die aktuell notwendige Fläche pro Kopf. Global gesehen standen pro Person im Jahr 2019 1,7 gha zur Verfügung. Es wurden aber 2,7 gha pro Person verbraucht.

M 2 Basisinformation

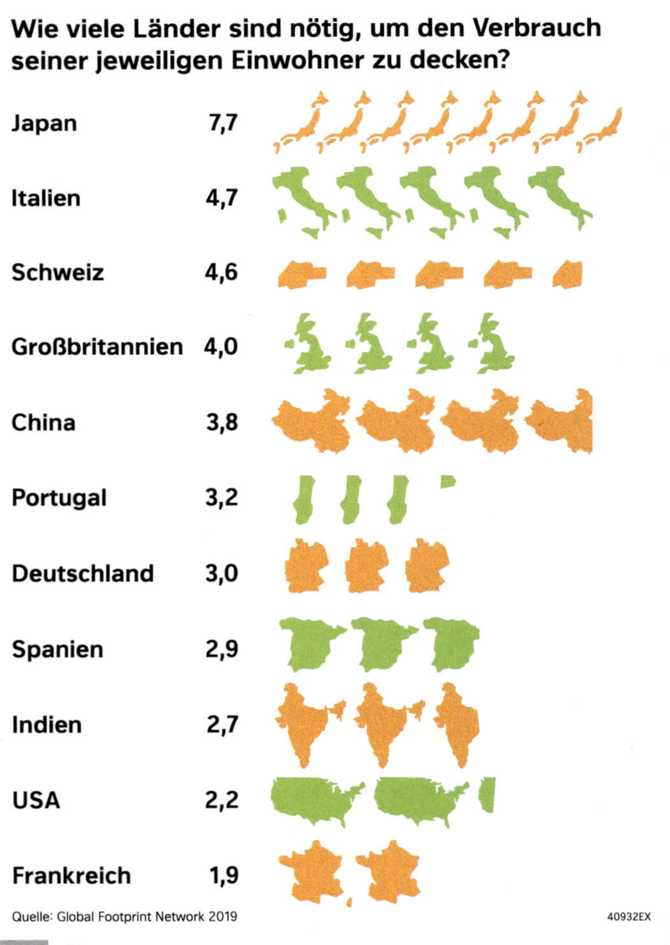

M 3 Ökologischer Fußabdruck im Verhältnis zur Biokapazität (2019)

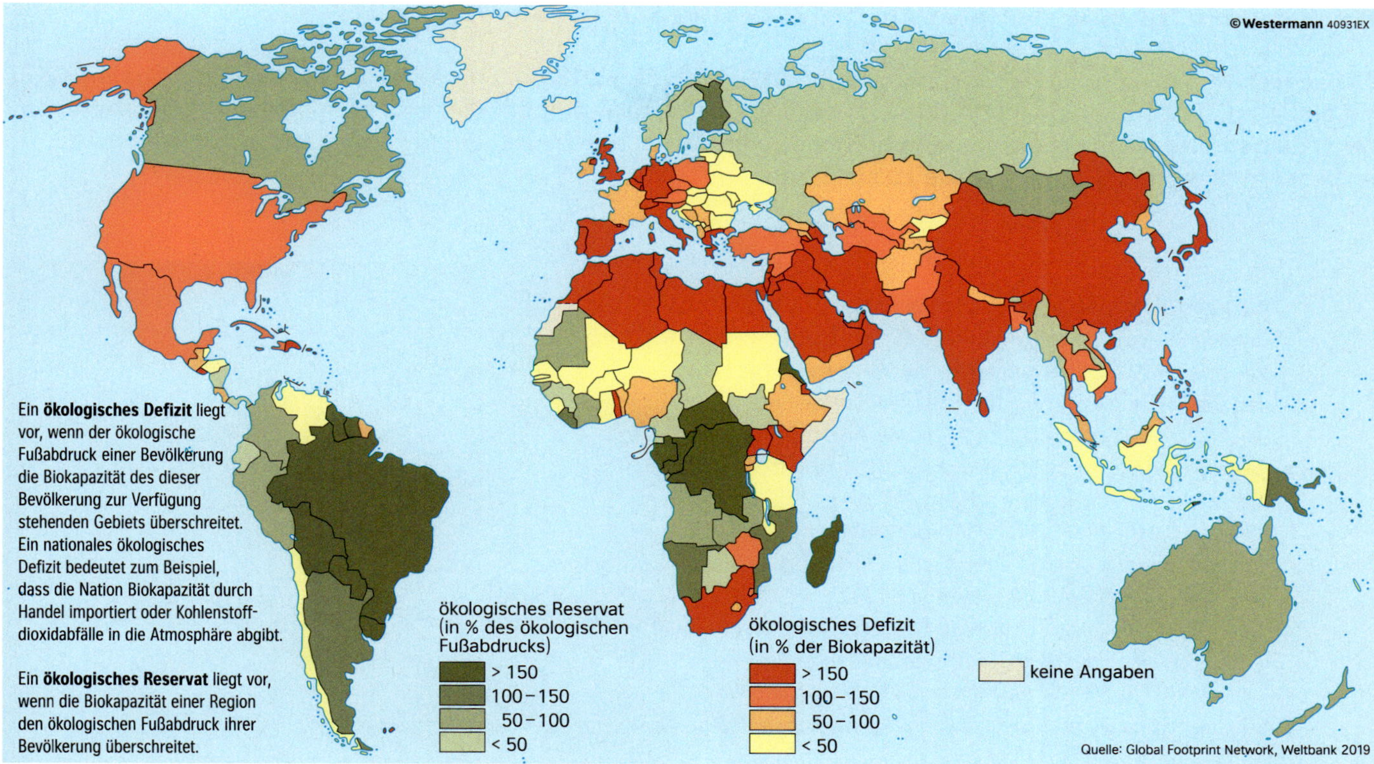

M 5 **Ökologischer Fußabdruck der Staaten der Erde im Jahr 2016**

In die Berechnung des ökologischen Fußabdrucks fließt die Biokapazität mit ein. Diese gibt an, welche Flächen tatsächlich zur Verfügung stehen, um für den Menschen biologisch nutzbringendes Material zu produzieren und Kohlenstoffdioxid aufzunehmen.

Ihre Größe ergibt sich aus dem Produkt der biologischen Produktivität pro Hektar, der Menge an nutzbaren Land- und Seeflächen (wie Ackerflächen für die Nahrungsmittelproduktion, Weideland, Waldfläche für Holzprodukte, Fischgründe, bebautes Land) und der Menge an Kohlenstoffdioxid, die gebunden werden kann. Der Fußabdruck für Kohlenstoffdioxidemissionen wird als Flächenverbrauch in Form von Waldfläche dargestellt, die nötig wäre, um das erzeugte Kohlenstoffdioxid biologisch zu binden.

M 4 **Ökologischer Fußabdruck nach Bestandteilen**

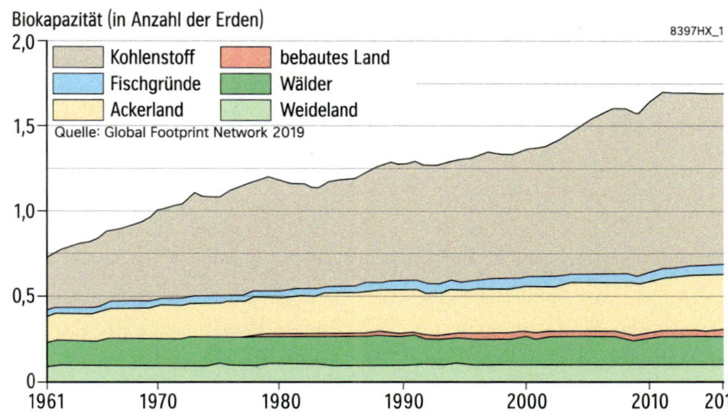

M 7 **Entwicklung des globalen ökologischen Fußabdrucks**

Eine wirklich nachhaltige Entwicklung aller Menschen kann erreicht werden, wenn Gesundheit, Bildung und wirtschaftlicher Wohlstand sich innerhalb der ökologischen Belastungsgrenzen des Planeten entwickeln. Dies muss letztlich das Ziel einer nachhaltigen Entwicklung sein.

Nachhaltigkeit kann z. B. anhand von zwei übergeordneten Indikatoren gemessen und bewertet werden: Um zu messen, wie gut Menschen leben, erfasst der Human Development Index (HDI) der Vereinten Nationen die Erfolge eines Landes in Bezug auf die Gesundheit und Lebenserwartung der Menschen eines Staates, deren Zugang zu Bildung und deren wirtschaftlichen Wohlstand. Ein HDI von mehr als 0,7 gilt als „hohe menschliche Entwicklung". Um zu messen, ob die Menschheit im Rahmen der ökologischen Belastungsgrenzen lebt, kann der ökologische Fußabdruck als Messinstrument verwendet werden. Ein Wert von weniger als 1,7 gha oder einem Planeten gilt im ökologischen Bereich als nachhaltig. Die Kombination dieser beiden Indikatoren als Ziel einer globalen nachhaltigen menschlichen Entwicklung und die gegenwärtige Entwicklung in den verschiedenen Weltregionen zeigt Abbildung M8.

M 6 **Human Delopment Index (HDI) und ökologischer Fußabdruck**

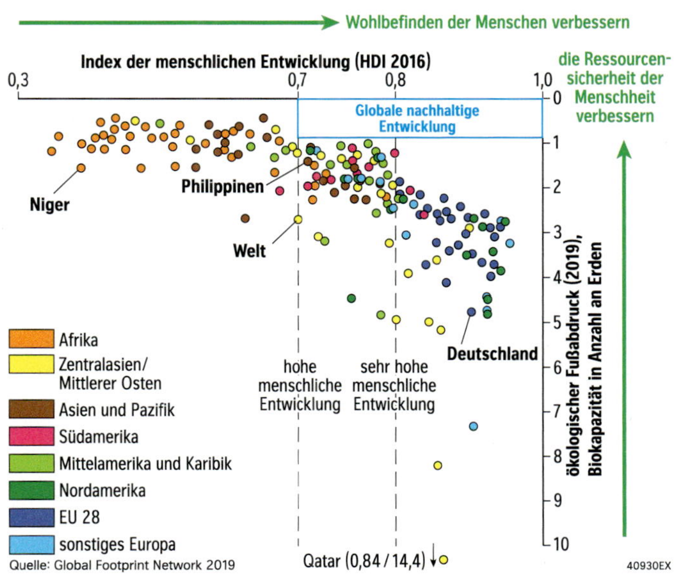

M 8 **Human Development Index und ökologischer Fußabdruck**

Welche Ziele für eine nachhaltige Entwicklung strebt die Menschheit an?

Die Generalversammlung der Vereinten Nationen hat im Jahr 2015 die Sustainable Development Goals (SDG), die globalen Ziele für eine nachhaltige Entwicklung, verabschiedet. Mit diesen Zielen streben die Staaten der Erde gemeinsam an, die Lebensverhältnisse aller Menschen heute und in künftigen Generationen zu verbessern sowie den Planeten Erde zu schützen.

1 a) Erklären Sie die Aussage des Fotos (M1).
b) Stellen Sie mithilfe einer Umfrage in ihrer Lerngruppe und ausgehend von M2 dar, welches für Sie die drei wichtigsten Ziele für eine nachhaltige Entwicklung der Menschheit im 21. Jahrhundert sind.

2 a) Vergleichen Sie Ihr Ergebnis aus Aufgabe 1b mit den Zielen einer nachhaltigen Entwicklung (M6).
b) Ordnen Sie die 17 SDG (M6) ihren jeweiligen Zielvorgaben (M4) und Kernbotschaften (M3) zu.

3 Arbeiten Sie ausgehend von folgendem Zitat Zusammenhänge zwischen den SDG heraus (M4, M6):
„So lasst uns denn den Kampf aufnehmen gegen Analphabetismus, Armut und Terror und dazu unsere Bücher und Stifte in die Hand nehmen. Sie sind unsere wirksamsten Waffen. Ein Kind, ein Lehrer, ein Stift und ein Buch können die Welt verändern. Bildung ist die einzige Lösung. Bildung steht am Anfang von allem."
(Malala Yousafzai, Friedensnobelpreisträgerin)

4 Analysieren Sie den SDG-Stand Deutschlands (M5, M7).

Z **5** Entwickeln Sie in Gruppen Ideen, wie Sie selbst zur Umsetzung der Zielvorgaben beitragen können (M4, M7, Handy-App „NachhaltICH").

M1 Protestkundgebung

„Wir können die erste Generation sein, der es gelingt, die Armut zu beseitigen, ebenso wie wir die letzte sein könnten, die die Chance hat, unseren Planeten zu retten." Mit diesen Worten drückte der ehemaligen Generalsekretärs der Vereinten Nationen Ban-Ki Moon stellvertretend für die internationale Staatengemeinschaft die Überzeugung aus, dass sich die globalen Herausforderungen nur gemeinsam lösen lassen. Im Jahr 2015 verabschiedete die Weltgemeinschaft die Agenda 2030. Sie ist ein „Fahrplan" für eine nachhaltige Entwicklung der Menschheit und schafft die Grundlage für den weltweiten wirtschaftlichen Fortschritt im Einklang mit sozialer Gerechtigkeit und im Rahmen der ökologischen Grenzen. Die Agenda 2030 gilt für alle Staaten der Welt, also für die Länder des Globalen Südens ebenso wie für die des wohlhabenderen Globalen Nordens.

Den Kern dieser Agenda bilden 17 gleichrangige Ziele für eine nachhaltige Entwicklung, die **Sustainable Development Goals** (SDG). Als handlungsleitende Prinzipien sind den 17 SDG **problemlösungs- und zukunftsorientierte** Kernbotschaften vorangestellt, die unter fünf Aspekten zusammengefasst werden: Mensch, Planet, Wohlstand, Frieden und Partnerschaft.

Um Fortschritte in diesem Bestreben zu messen und um Auskunft über den Erfolg oder Misserfolg der Entwicklung geben zu können, hat eine internationale Arbeitsgruppe unter Beteiligung des deutschen Statistischen Bundesamtes einen Katalog von 244 messbaren Indikatoren entwickelt, die jährlich im SDG-Index (SDGI) aufgeschlüsselt werden. In Deutschland ist das Statistische Bundesamt dafür verantwortlich, die Daten zu veröffentlichen.

M2 Basisinformation

- People: Wir sind entschlossen, Armut und Hunger in allen ihren Formen und Dimensionen ein Ende zu setzen und sicherzustellen, dass alle Menschen ihr Potenzial in Würde und Gleichheit und in einer gesunden Umwelt voll entfalten können.
- Planet: Wir sind entschlossen, den Planeten vor Schädigung zu schützen, unter anderem durch nachhaltigen Konsum und nachhaltige Produktion, die nachhaltige Bewirtschaftung seiner natürlichen Ressourcen und umgehende Maßnahmen gegen den Klimawandel voranzutreiben, damit die Erde die Bedürfnisse der heutigen und der kommenden Generationen decken kann.
- Prosperity: Wir sind entschlossen, dafür zu sorgen, dass alle Menschen ein von Wohlstand geprägtes und erfülltes Leben genießen können und dass sich der wirtschaftliche, soziale und technische Fortschritt in Harmonie mit der Natur vollzieht.
- Peace: Wir sind entschlossen, friedliche, gerechte und inklusive Gesellschaften zu fördern, die frei von Furcht und Gewalt sind. Ohne Frieden kann es keine nachhaltige Entwicklung geben und ohne nachhaltige Entwicklung keinen Frieden.
- Partnership: Wir sind entschlossen, die für die Umsetzung dieser Agenda benötigten Mittel durch eine mit neuem Leben erfüllte globale Partnerschaft für nachhaltige Entwicklung zu mobilisieren, die auf einem Geist verstärkter globaler Solidarität gründet, insbesondere auf die Bedürfnisse der Ärmsten und Schwächsten ausgerichtet ist und an der sich alle Länder, alle Interessenträger und alle Menschen beteiligen.

UN: Resolution der Generalversammlung – Transformation unserer Welt: Die Agenda 2030 für nachhaltige Entwicklung, 25.09.2015, S. 2

M3 Fünf Kernbotschaften der Ziele für nachhaltige Entwicklung

a Inklusive, gleichberechtigte und hochwertige Bildung und Möglichkeiten lebenslangen Lernens für alle fördern.
b Die globale Partnerschaft für nachhaltige Entwicklung mit neuem Leben füllen.
c Nachhaltige Konsum- und Produktionsmuster sicherstellen.
d Dauerhaftes, inklusives und nachhaltiges Wirtschaftswachstum, produktive Vollbeschäftigung und menschenwürdige Arbeit für alle fördern.
e Städte und Siedlungen inklusiv, sicher, widerstandsfähig und nachhaltig gestalten.
f Landökosysteme schützen, wiederherstellen und ihre nachhaltige Nutzung fördern, Wälder nachhaltig bewirtschaften, Wüstenbildung bekämpfen, Bodendegradation beenden und dem Verlust der biologischen Vielfalt ein Ende setzen.
g Friedliche Gesellschaften fördern, allen Menschen Zugang zur Justiz ermöglichen und leistungsfähige, rechenschaftspflichtige Institutionen auf allen Ebenen aufbauen.
h Armut in allen Formen und überall beenden.
i Ein gesundes Leben für alle Menschen jeden Alters gewährleisten und ihr Wohlergehen fördern.
j Eine widerstandsfähige Infrastruktur aufbauen, inklusive und nachhaltige Industrialisierung fördern und Innovationen unterstützen.
k Ungleichheit in und zwischen Ländern verringern.
l Ozeane, Meere und Meeresressourcen erhalten.
m Zugang zu bezahlbarer, verlässlicher, nachhaltiger und moderner Energie für alle sichern.
n Hunger beenden, Ernährungssicherheit und eine bessere Ernährung erreichen und eine nachhaltige Landwirtschaft fördern.
o Verfügbarkeit und nachhaltige Bewirtschaftung von Wasser und Sanitärversorgung für alle gewährleisten.
p Maßnahmen zur Bekämpfung des Klimawandels und seiner Auswirkungen ergreifen.
q Geschlechtergleichstellung erreichen und alle Frauen und Mädchen zur Selbstbestimmung befähigen.

Statistisches Bundesamt: Indikatoren der UN-Nachhaltigkeitsziele, http://sdg-indikatoren.de, Zugriff: 18.06.2020, verändert

M 4 Ausgewählte Zielvorgaben zu den SDG

M 6 Die 17 Entwicklungsziele (SDG) der Agenda 2030

Land	SDGI-Score / Rang von 162	HDI-Rang von 190
Dänemark	85,2 / 1	11
Schweden	85,0 / 2	8
Finnland	82,8 / 3	12
Frankreich	81,5 / 4	26
Österreich	81,1 / 5	20
Deutschland	81,1 / 6	4
Tschechische Republik	80,7 / 7	26
Norwegen	80,7 / 8	1
Niederlande	80,4 / 9	10
Estland	80,2 / 10	30

Der SDG-Index bildet die Länderleistung in Bezug auf die Umsetzung der 17 Ziele für eine nachhaltige Entwicklung ab. Dabei werden alle 17 Ziele gleich gewichtet. Die Punktzahl gibt die Position eines Landes zwischen dem schlechtesten (0) und dem besten (100) Ergebnis an.

Der Human Development Index (abgekürzt HDI) der Vereinten Nationen (UN) ist ein Entwicklungsindikator für Staaten.

M 5 Der Sustainable Development Index und HDI-Rang (2019)

UN-Nachhaltigkeitsziele	SDGI-Wert
Ziel 1: keine Armut	99,6
Ziel 2: kein Hunger	68,7
Ziel 3: Gesundheit und Wohlergehen	94,8
Ziel 4: hochwertige Bildung	89,0
Ziel 5: Geschlechtergerechtigkeit	77,0
Ziel 6: sauberes Wasser und Sanitäreinrichtungen	89,4
Ziel 7: bezahlbare und saubere Energie	93,2
Ziel 8: menschenwürdige Arbeit und Wirtschaftswachstum	84,4
Ziel 9: Industrie, Innovation und Infrastruktur	80,4
Ziel 10: weniger Ungleichheit	83,4
Ziel 11: nachhaltige Städte und Gemeinden	90,9
Ziel 12: nachhaltiger Konsum und nachhaltige Produktion	47,4
Ziel 13: Maßnahmen zum Klimaschutz	90,2
Ziel14: Leben unter Wasser	40,5
Ziel 15: Leben an Land	82,6
Ziel 16: Frieden, Gerechtigkeit und starke Institutionen	83,4
Ziel 17: Partnerschaften zur Erreichung der Ziele	83,1
SDG-Index (gesamt)	**81,1**

M 7 Deutschland im SDG-Index

Das Wichtigste in Kürze

Um den Lebensraum Erde zu verstehen, muss die Erde als System betrachtet werden, dessen Bestandteile wie die Ozeane, die Atmosphäre und die feste Erde einschließlich aller Lebensvorgänge in den Geosphären zusammenwirken und sich gegenseitig beeinflussen. Der Mensch greift zunehmend in die in diesem System ablaufenden Prozesse und natürlichen Kreisläufe ein und bringt darüber hinaus selbst neue technische Systeme hervor. Die Eingriffe des Menschen in das Erdsystem verändern in globalem Maßstab seine Umwelt, sodass die seine Lebensgrundlage darstellenden naturräumlichen Bedingungen hinsichtlich des Klimas, der Böden, der Hydrosphäre sowie der Artenvielfalt sich massiv verändern.

Das globale Bevölkerungswachstum, der Klimawandel, kollabierende Ökosysteme durch unangepasste Ressourcenausbeutung sowie dadurch ausgelöste plötzliche, kaum vorhersehbare Veränderungen innerhalb des Erdsystems sind nach Meinung von Wissenschaftlern die vier bedeutendsten Druckkräfte, die auf das System Erde einwirken. Vor allem seit den 1950er-Jahren hat sich die Entwicklung menschlicher Druckkräfte auf das Erdsystem beschleunigt. Die beschleunigte Konsumption in dieser Zeit mit vielfältigen negativen Folgewirkungen wird heute im internationalen Sprachgebrauch als „Great Acceleration“ bezeichnet. Ausgelöst u. a. durch Massenkonsum, Massenmobilisierung und Massentourismus dokumentiert sich diese Beschleunigung in einer enormen, meist sogar exponenziellen Zunahme aller Verbrauchs- und Produktionszahlen. Nahezu jeder beliebige Parameter, der für die heutige globalisierte Welt steht, erfuhr nach dem Zweiten Weltkrieg eine rasante Zunahme. Daher sprechen Wissenschaftler heute von einem globalen Wandel und vom Anthropozän, das ein neues geologisches Zeitalter begründen soll, das hauptsächlich vom Menschen beeinflusst ist. Dabei werden planetare Belastungsgrenzen teilweise schon überschritten. Vor diesem Hintergrund steht die Menschheit vor globalen Herausforderungen. Diese ergeben sich aus den vom Menschen verursachten existenziellen Bedrohungen, die die Befriedigung der Grundbedürfnisse der Menschen gefährden und die Entwicklungschancen heutiger und nachfolgender Generationen in vielen Regionen der Erde gleichzeitig negativ beeinflussen können.

Die Menschheit verfügt jedoch über so viel Wissen, Technologie und Kapital zur Lösung der dringendsten Menschheitsprobleme wie nie zuvor. Entscheidend ist, diese im Sinne einer nachhaltigen Gestaltung unserer Zukunft einzusetzen. Die UN-Konferenz für Umwelt und Entwicklung in Rio de Janeiro 1992 markierte daher einen Wendepunkt in der Bewusstseinsbildung der Menschheit: Erstmals verpflichtete sich die Mehrheit der Staaten auf eine langfristig angelegte Politik der Nachhaltigkeit. Zunehmend setzt sich die Erkenntnis durch, dass eine wirklich nachhaltige Entwicklung aller Menschen erreicht werden kann, wenn Gesundheit, Bildung und wirtschaftlicher Wohlstand sich innerhalb der ökologischen Belastungsgrenzen des Planeten entwickeln. Mithilfe der Kombination des Human Development Index und des ökologischen Fußabdrucks kann gemessen und bewertet werden, wie nachhaltig sich einzelne Staaten entwickeln. Die Verabschiedung der Sustainable Development Goals durch die Generalversammlung der Vereinten Nationen im Jahr 2015 war ein weiterer Meilenstein zur nachhaltigen Entwicklung. Mit 17 Zielen und Zielvorgaben streben die Staaten der Erde gemeinsam grundlegende Verbesserungen der Lebensverhältnisse aller Menschen heute und in künftigen Generationen sowie den Schutz des Planeten Erde an.

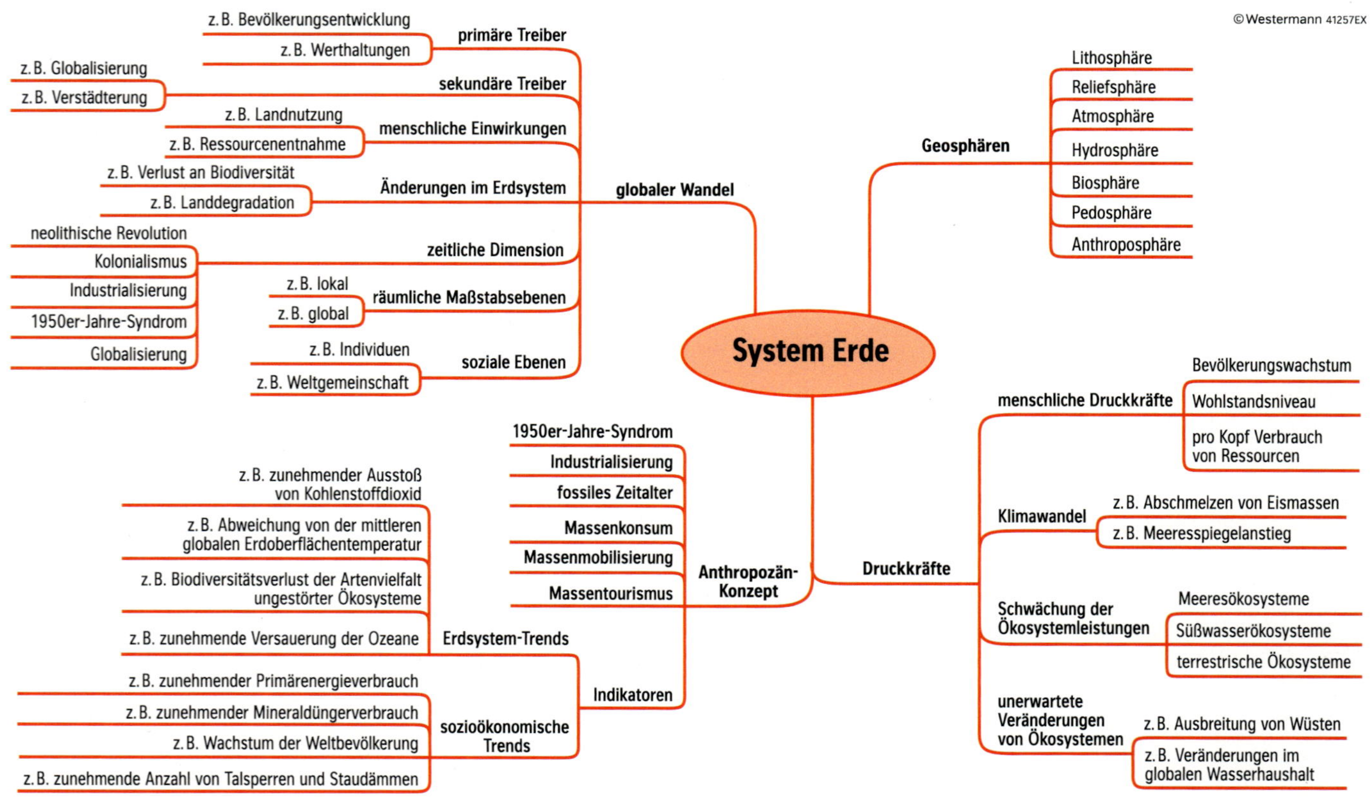

M 1 **Mindmap zum Kapitel „Das System Erde“**

Prüfen Sie sich selbst!

Hier sind Kompetenzen, die Sie in diesem Kapitel erwerben konnten, aufgelistet. Überprüfen Sie selbst Ihren erreichten Stand der Kompetenzentwicklung.

Prüfen Sie sich selbst! Sie können …	Überprüfen Seite / Aufgabe	kann ich	kann ich nicht	Seiten
Kapitel „System Erde“				
… die Geosphären des Systems Erde charakterisieren und in ihrer Vernetzung beschreiben.	8 / 2	↓	→	8 / 9
… die auf das System Erde wirkenden Druckkräfte erläutern.	10 / 3	↓	→	10 / 11
… das Anthropozän-Konzept darstellen.	12 / 2	↓	→	12 / 13
… das Konzept des globalen Wandels und der planetaren Belastungsgrenzen erläutern.	14 / 2a	↓	→	14 / 15
Kapitel „Globale Herausforderungen und Zukunftssicherung“				
… die aktuellen globalen Herausforderungen der Menschheit charakterisieren.	18 / 3a	↓	→	18 / 19
… die Leitidee einer nachhaltigen Entwicklung an verschiedenen Modellen erläutern.	20 / 3	↓	→	20 / 21
… das Konzept des ökologischen Fußabdrucks erläutern.	22 / 2	↓	→	22 / 23
… die 17 Ziele einer nachhaltigen Entwicklung darstellen.	24 / 2b	↓	→	24 / 25

Arbeitsbegriffe des Kapitels „Das System Erde“

Anthropsphäre, Anthropozän, Atmosphäre, Biosphäre, Hydosphäre, Lithosphäre, Pedosphäre, Reliefsphäre, Vernetzung

Arbeitsbegriffe des Kapitels „Globale Herausforderungen / Zukunftssicherung“

Globale Herausforderungen, Disparitäten, Klimawandel, nachhaltige Entwicklung, nachhaltige Entwicklungsziele, Problemlösungsorientierung, Ressourcenknappheit, Stadtentwicklung, Sustainable Development Goals, Zukunftsorientierung

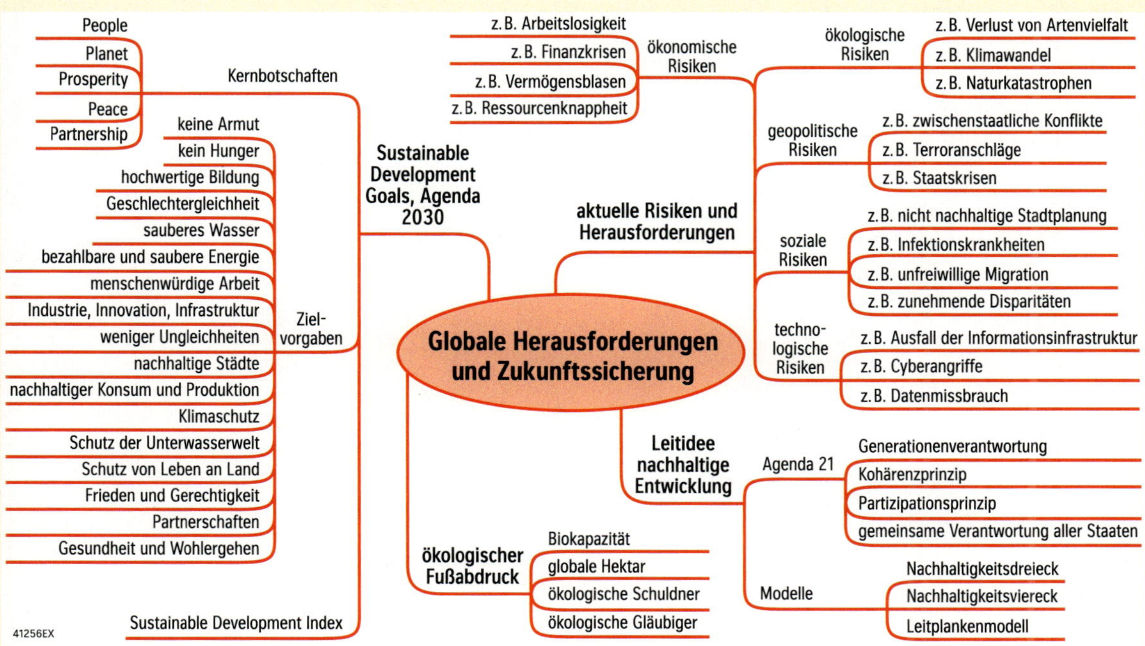

M 2 Mindmap zum Kapitel „Globale Herausforderungen und Zukunftssicherung“

WES-101475-004

Globale Herausforderung: Klimawandel

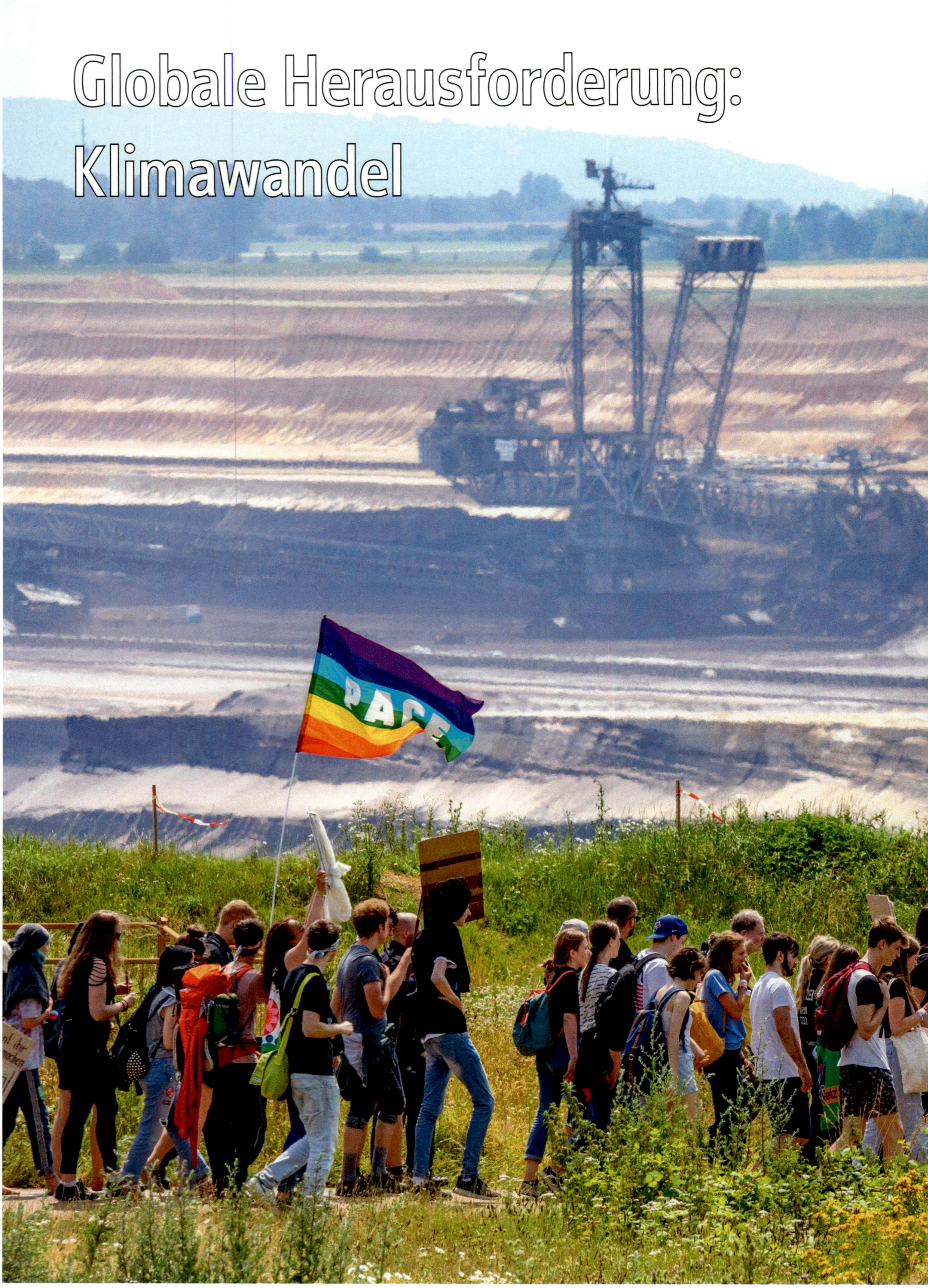

Internationale Klimaschutzdemonstration am Braunkohletagebau Garzweiler

3

Die Veränderungen des Teilsystems Klima verliefen in der Vergangenheit teils langsam und kontinuierlich, aber auch unvorhersehbar und abrupt. Sie hatten aber stets gravierende Auswirkungen auf die ökologischen Bedingungen des Planeten und damit die Lebewelt des jeweiligen Zeitalters. Die durch menschliche Aktivitäten bedingten Veränderungen der Zusammensetzung der Atmosphäre verursachen inzwischen einen sich beschleunigenden und immer umfassenderen globalen Klimawandel. Wird die Menschheit seine Ursachen beseitigen und die ökologischen, ökonomischen und sozialen Folgen ihrer bisher größten Herausforderungen bewältigen können?

Der Klimawandel – eine gemeinsame Verantwortung

Die Bekämpfung des globalen Klimawandels und seiner Auswirkungen ist eine der größten Herausforderungen des 21. Jahrhunderts. Vielen Menschen reichen aber die Maßnahmen zur Umsetzung des Nachhaltigkeitsziels 13 noch nicht aus. Andere dagegen bezweifeln gar die Verantwortung der Menschheit für die dramatischen Veränderungen im System Erde. Welche Herausforderungen sehen Sie im Klimawandel?

1 a) Beschreiben Sie das Foto (M1).
b) Bewerten Sie die Aussage des Plakats (M1).

2 a) Das Erdsystem ist komplex. Ordnen Sie die in Abbildung M5 gelisteten Veränderungen den Geosphären zu (S. 9 M4).
b) Erläutern Sie mögliche Auswirkungen der in Abbildung M5 genannten Trends.

3 a) Arbeiten Sie die Kernaussagen aus den Texten M2 und M4 heraus.
b) Nennen Sie mögliche Gründe für das dargestellte Umfrageergebnis (M3).

4 „Der Klimawandel ist die größte Herausforderung für die Menschheit, seine Bewältigung eine moralische Pflicht." Bewerten Sie diese Aussage

Z **5** Stellen Sie die Temperaturentwicklung in unterschiedlichen Maßstäben (räumlich, zeitlich) dar.
↗ *WES-101475-005*

M1 **Demonstration gegen den Klimawandel („Fridays for Future")**

Was 2018 mit eintägigen Schulstreiks der schwedischen Schülerin Greta Thunberg begann, hat sich binnen weniger Monate zur weltweiten Protestbewegung „Fridays for Future" entwickelt. Die Bewegung kritisiert die ihrer Meinung nach völlig unzureichenden Maßnahmen gegen die dramatische Erderwärmung. Deren Auswirkungen sind schon heute zu beobachten und zu messen.
Für mehr als 26 000 Wissenschaftler sind die Sorgen der Jugend zutiefst berechtigt, sie unterstützen als „Scientists for Future" seit 2019 die Schülerbewegung. Und mit friedlichem Ungehorsam protestieren auch andere Aktivisten gegen den aus ihrer Sicht drohenden Klimakollaps und gegen das damit verbundene massive Artensterben. Emotional hoch aufgeladene Diskussionen schwanken dabei nicht selten zwischen echten Zukunftsängsten und einer unterstellten Klimahysterie, dem Unwort des Jahres 2019.
Klimawandelskeptiker und Klimawandelleugner ficht dies indes nicht an. Doch selbst Donald Trump, 2015 gewählter US-Präsident, erkennt inzwischen den **Klimawandel** als Tatsache an, bezweifelt aber weiterhin die Analysen von Wissenschaftlern, wonach menschliches Handeln für die Erderwärmung verantwortlich sei.

M2 **Basisinformation**

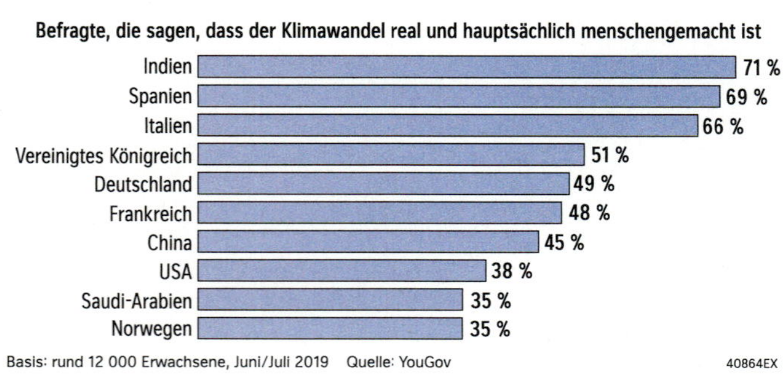

M3 **Umfrageergebnis**

Klimawandelskeptiker (K) bezweifeln, dass menschliche Aktivitäten den Klimawandel verursachen. Doch die Geschwindigkeit und das Ausmaß des seit 150 Jahren messbaren Klimawandels hat sich dramatisch verschärft. Nach Ansicht vieler Wissenschaftler (W) können die Veränderungen nicht anders plausibel erklärt werden. Das Plausibilitätsargument gilt in der Wissenschaft stets so lange, bis ein belastbares Gegenargument vorliegt.

K: Die unterschiedliche Abstrahlung der Sonne beeinflusst immer die Temperatur der Erdatmosphäre.
W: Das ist prinzipiell richtig. Allerdings war in den letzten Jahrzehnten die Sonnenaktivität konstant. Sie ist sogar etwas zurückgegangen. Die globale Temperatur auf der Erde ist dagegen gestiegen.

K: Wir kennen nicht erst seit heute unterschiedliche Wetter- und Klimazeiträume sowie Hitzewellen und Kältephasen, Dürren, Überflutungen usw. Auch fällt mal mehr und mal weniger Schnee.
W: Stimmt auch. Aber die Forschung kann heute Extremwetterlagen dem Klimawandel zuordnen. Sie vergleicht das „alte Klima" mit dem „neuen Klima" und setzt den Anteil von Treibhausgasen in der Atmosphäre vor und seit der Industrialisierung damit in Beziehung. Sie konnte so schon mehrfach zeigen, dass z. B. an einzelnen Orten deutlich mehr Regen fiel, als in einer Welt ohne Klimawandel zu erwarten gewesen wäre. An über 100 bisher analysierten Ereignissen wurde bei 65 Prozent ein Einfluss des Klimawandels auf Häufigkeit oder Intensität aufgezeigt.

K: Ein Drittel war aber so nicht erklärbar.
W: Auch richtig. Aber R. Neumann von der Universität Bern konnte 2019 zeigen, dass die Temperaturschwankungen der letzten 2000 Jahre regional stets unterschiedlich waren, seit der Industrialisierung aber auf der ganzen Welt alle gleichzeitig geschahen. Und die wärmste Phase fand im 20. Jahrhundert auf 98 Prozent der Erde statt, der beste Hinweis auf menschliche Ursachen der Erwärmung.

M4 **Streitpunkte und Argumente**

Globaltemperatur über Land

Seit den 1960er-Jahren war jede Dekade wärmer als die vorherige. Seit 1977 gab es auf der Erde kein Jahr, das kühler war als der Durchschnitt des 20. Jh. Seit Beginn der Aufzeichnungen bis zum Jahr 2020 traten 18 der 19 wärmsten Jahre nach dem Jahr 2000 auf. 2016 war das bis dahin wärmste Jahr.

Bufo periglenes

gilt als die erste Art, die vom Klimawandel ausgerottet wurde.
Die Goldkröte lebte im Monteverde-Bergregenwald in Costa Rica und verschwand 1989, weil sich die Feuchte spendende Nebelschicht dauerhaft über die Bergspitzen hinaus verschoben hatte.

Schmelzende Gebirgsgletscher

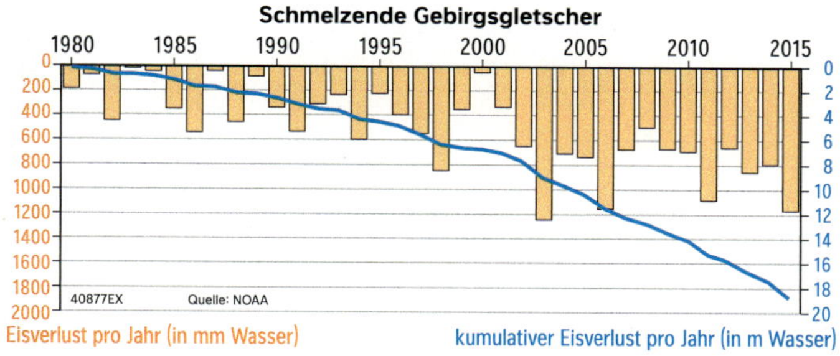

Globaltemperatur Ozeane

Die oberen Wasserschichten (0 bis −700 m) haben sich von 1980 bis 2015 um etwa 0,5 °C erwärmt.

Meeresspiegel

Durch das Schmelzwasser und die Ausdehnung der wärmer gewordenen Meere ist der Meeresspiegel im globalen Mittel zwischen 1901 und 2010 um 19 cm, zwischen 1993 und 2017 um etwa 8,5 cm gestiegen, die Anstiegsrate hat sich auf aktuell 3,4 mm pro Jahr (± 0,4 mm) beschleunigt.

pH-Wert der Ozeane

Der pH-Wert liegt an der Meeresoberfläche aktuell im weltweiten Mittel bei etwa pH 8,1. Er ist damit gegenüber der vorindustriellen Zeit um rund pH 0,1 gesunken.

Globale Erwärmung

Gegenüber der vorindustriellen Zeit hat sich die Atmosphäre im Schnitt um 1,1 °C erwärmt (über dem Meer um 0,75 °C, über Land um 1,44 °C). Derzeit steigt die globale Mitteltemperatur um weitere 0,2 Grad Celsius pro Jahrzehnt.

Grönlandeis

Das Grönlandeis verliert 250 bis 300 Milliarden Tonnen pro Jahr und trägt so jährlich rund 0,6 Millimeter zum Anstieg des Meeresspiegels bei – Tendenz steigend.

Arktisches Meereis

Eisdicke sowie Maximalausdehnung am Ende des Winters und Minimalausdehnung am Ende des Sommers gehen seit 1979 stetig zurück.

Gletscher und Schneedecke

Vier Fünftel der Gebirgsgletscher verlieren aktuell an Eismasse. Die Alpengletscher haben seit 1880 mehr als die Hälfte ihrer Masse verloren. Die Schneesaison in den Schweizer Alpen startet heute im Durchschnitt zwölf Tage später und endet 26 Tage früher als 1970.

Permafrost

Der Dauerfrostboden taut in den Hochgebirgen und den polaren und subpolaren Gebieten immer großflächiger und rascher auf.

Temperaturtrend und -abweichung in Deutschland

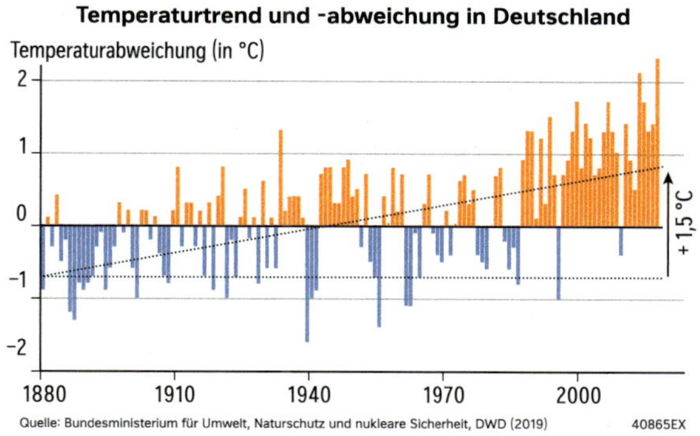

Flora und Fauna

Die Vegetationsperiode v. a. in den höheren Breiten der Nordhemisphäre hat sich verändert: Apfelbäume knospen, blühen und fruchten zum Beispiel rund 20 Tage früher als in den 1970er-Jahren. Doch weil es so früh im Jahr nachts häufig noch kalt wird, haben Obstbauern häufiger Frostschäden zu beklagen.
Die Verbreitungsareale von Pflanzen und Tieren verschieben sich polwärts und in die Höhe, Zugvögel kommen früher aus ihrem Winterquartier zurück, sie finden aber oft noch keine Nahrung für ihre Brut.

Hitzerekord Deutschland

42,6 °C wurden am 25. Juli 2019 in Lingen (Emsland) gemessen.

Hitzeereignisse Deutschland

Die Anzahl heißer Tage (Tagesmaximum ≥ 30 °C) ist seit den 1950er-Jahren von etwa drei auf durchschnittlich neun Tage im Jahr angestiegen.

Eistage Deutschland

Die mittlere Anzahl der Eistage (Tagesmaximum < 0 °C) ist im gleichen Zeitraum von 28 auf 19 Tage gesunken.

Invasive Stechmücken bringen Gefahr tropischer Krankheiten

Bis Februar 2019 war in Deutschland kein einziger Krankheitsfall bekannt, der durch tropische Stechmücken übertragen wurde. Doch die Mücken sind da: 2007 wurde die Asiatische Tigermücke erstmals in Deutschland entdeckt, kurz darauf dann auch die Asiatische Buschmücke. Beide übertragen gefährliche Krankheitserreger wie das Denguefieber-, das West-Nil-Fieber, das Gelbfieber-, das Zika- und Chikungunya-Virus sowie das die Japanische Enzephalitis verursachende Virus.

Anteile am Meeresspiegelanstieg pro Jahr (2007 – 2016)

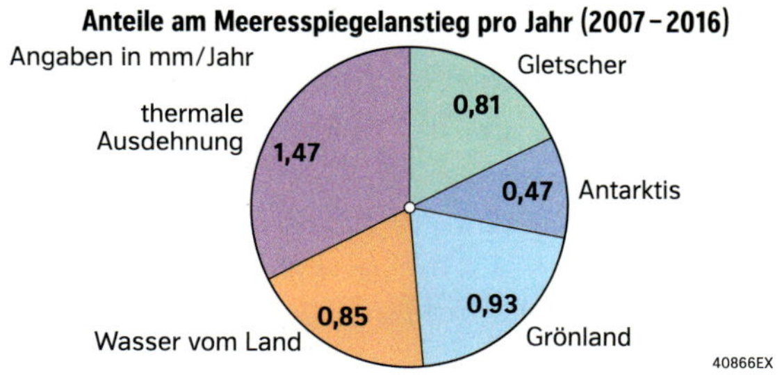

M5 Phänomene und Indizien des Klimawandels

Der natürliche Treibhauseffekt und natürliche Klimaschwankungen

Die Erde ist der einzige Planet des Sonnensystems in einer Umlaufbahn, in der wegen des „richtigen“ Abstands zur Sonne die Temperaturen so gemäßigt sind, dass das lebenswichtige Wasser im flüssigen Zustand vorkommt. Unter welchen Atmosphärenbedingungen entsteht ein Klima, das Leben auf der Erde ermöglicht?

1 Charakterisieren Sie die Zusammensetzung der irdischen Atmosphäre (M1).

2 Analysieren Sie den Strahlungs- und Wärmehaushalt (M2 – M4).

3 Begründen Sie folgende Aussagen:
- Die nächtliche Strahlungsbilanz ist immer negativ.
- Nächte mit Wolken sind meist wärmer als Nächte ohne Wolken (M4).

4 Erläutern Sie die Entstehung und die Bedeutung des natürlichen Treibhauseffektes (M2, M3).

5 Stellen Sie mögliche Auswirkungen unterschiedlicher Albedo der Erdoberfläche auf den Strahlungs- und Wärmhaushalt dar (M5).

6 Entwickeln Sie Möglichkeiten der Entstehung von Klimaschwankungen (M5 – M7).

7 Begründen Sie die unterschiedliche Wirkdauer klimarelevanter Prozesse (M9).

z 8 Entwickeln Sie Kurzreferate z. B. zu der Baumringmethode (Dendrochronologie) und anderen Klimaarchiven.

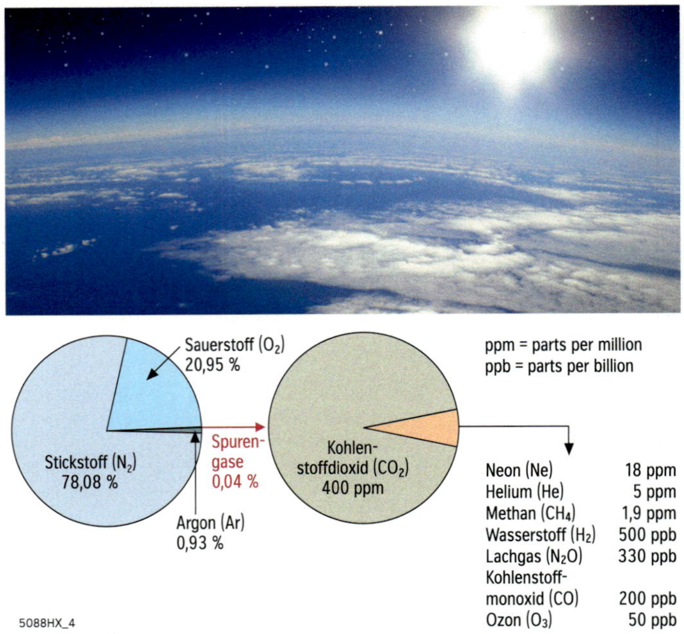

M 1 Die Atmosphäre der Erde und ihre Zusammensetzung

Die **Atmosphäre** der Erde ist ein Gemisch aus Gasen und Aerosolen (feste oder flüssige Teilchen, die in der Luft schweben). Die Atmosphäre wird durch die Erdanziehungskraft am Planeten gehalten und rotiert mit ihm. Sie lässt wie ein Glashaus die einfallende Sonnenstrahlung beinahe ungehindert bis zur Erdoberfläche durchdringen. Die Atmosphäre verhindert aber auch, dass die terrestrische Infrarotstrahlung ganz an den Weltraum abgegeben wird. Sie vermindert so die mit deren Ausstrahlung verbundene Abkühlung des Planeten. Die terrestrische Strahlung wird von den atmosphärischen „**Treibhausgasen**“ absorbiert und von ihnen als Wärme Richtung Weltraum sowie als Gegenstrahlung in Richtung Erdoberfläche zurückgestrahlt. Die Folge ist eine weitere Erwärmung der Erdoberfläche und der Luftschichten darüber.
Ohne diesen „Treibhauseffekt“ würde die errechnete **globale Durchschnittstemperatur** heute nicht +15 °C, sondern –18 °C betragen. Die Erde wäre dann nicht der blaue Planet, sondern eine lebensfeindliche Eiswüste. Die durch diesen **natürlichen Treibhauseffekt** bedingte Temperaturerhöhung beruht zu etwa zwei Dritteln auf dem Wasserdampf in der Atmosphäre. Den Rest erbringen v. a. Kohlenstoffdioxid (CO_2) sowie die **Spurengase** und Aerosole.

M 2 Basisinformation

- Jeder Körper – egal ob fest, flüssig, gasförmig – mit einer Temperatur oberhalb des absoluten Nullpunkts (– 273,15 °C) gibt elektromagnetische Strahlung ab.
- Diese elektromagnetische Strahlung kann andere Körper durchdringen, von ihnen reflektiert oder absorbiert werden.
- Absorptionen erhöhen die Temperaturen der Körper. Sie strahlen (emittieren) dann in einem leicht erhöhten Bereich des Spektrums.
- Die Sonne strahlt überwiegend im kurzwelligen, sichtbaren Bereich des Strahlungsspektrums, die Erde v. a. im langwelligen, unsichtbaren Infrarotbereich.
- Ein Körper, der genau so viel Energie aufnimmt, wie er abstrahlt, befindet sich im Strahlungsgleichgewicht. Er wird also weder wärmer noch kälter.

M 3 Strahlungsgesetzmäßigkeiten (Auswahl)

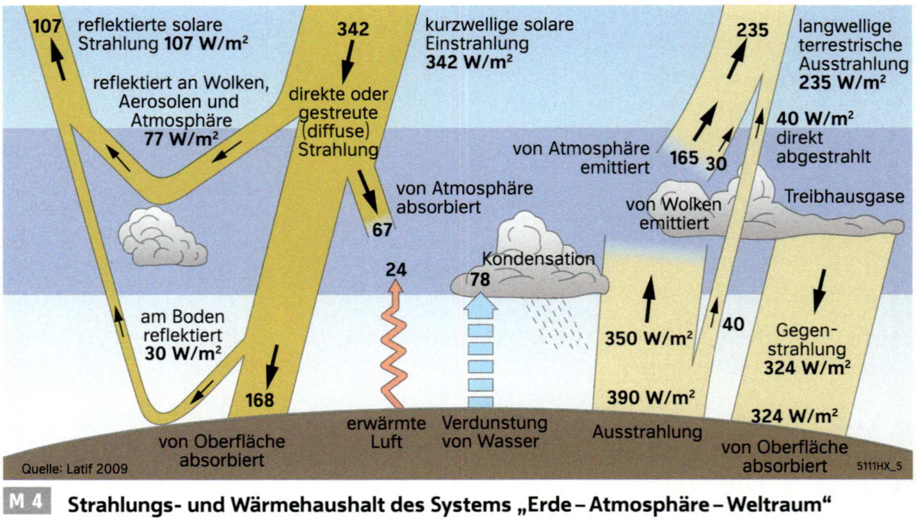

M 4 Strahlungs- und Wärmehaushalt des Systems „Erde – Atmosphäre – Weltraum“

Das Klimasystem der Erde gilt inklusive seiner Teilsysteme und deren Wechselwirkungen als äußerst komplex. Durch vielfache Rückkopplungen ist es aber innerhalb bestimmter Grenzen gut gepuffert und relativ stabil. Insgesamt geht dem System Erde – Atmosphäre an der Oberfläche der Atmosphäre durch die terrestrische Infrarot- und die reflektierte Solarstrahlung genauso viel Energie verloren, wie es durch die Einstrahlung der Sonne gewinnt. Diese ausgeglichene Bilanz garantiert, dass sich das System weder dauerhaft aufheizt noch dauerhaft abkühlt.

Dennoch gab es im Laufe der Erdgeschichte zahlreiche Klimaschwankungen von unterschiedlicher Dauer und Stärke. Diese waren stets eine Folge von Änderungen der Strahlungs- und Wärmebilanz der Erde. Die Ursachen dafür können jedoch unterschiedlich sein. Die solare Zustrahlung z. B. variiert wegen Schwankungen der Umlaufbahn der Erde, Veränderungen der Neigung der Erdachse und ihres kreiselartigen Taumelns jeweils mit bestimmten Periodizitäten, den nach einem serbischen Mathematiker genannten Milanković-Zyklen (M7). Hinzu kommen veränderte Abstrahlungsintensitäten der Sonne in einem etwa elfjährigen sogenannten Sonnenfleckenzyklus.
Neben diesen externen gibt es noch zahlreiche interne Ursachen für Klimaänderungen. Dazu zählen z. B. veränderte Größen und Konstellationen von Ozeanen und Kontinenten sowie von Luft- und Meeresströmungen. Kurzfristige Ereignisse wie Asteroideneinschläge oder große Vulkanausbrüche können durch Veränderungen der **Albedo** (Verhältnis einfallender zu reflektierter Sonnenstrahlung) langfristige Klimaänderungen ebenso auslösen wie Veränderungen der Quellen und Senken des für das Klima zentralen Kohlenstoffkreislaufs. Klimaschwankungen der Vergangenheit zeigen, dass warme Klimaphasen oft mit einem erhöhten und kalte meist mit einem niedrigeren Kohlestoffdioxidgehalt einhergingen. Ein durch hohe CO_2-Konzentrationen ausgelöster Treibhauseffekt, mit zum Teil Temperaturen bis 40 °Celsius und ein damit einhergehender geringer Sauerstoffgehalt, verursachte z. B. im Devon (vor ca. 360 Mio. Jahren), im Perm (vor ca. 250 Mio. Jahren) und in der Triaszeit (vor ca. 200 Mio. Jahren) Massensterben an Land und im Meer. Am Ende der Kreidezeit (vor ca. 66 Mio. Jahren) wurde ein Massensterben durch das Zusammenwirken von Treibhauseffekt und Asteroideneinschlag ausgelöst.

Allerdings gibt es erst seit etwa 300 Jahren verlässliche instrumentelle Messdaten der Wetterelemente und die auch nur punktuell. Für weiter zurückreichende Aufzeichnungen natürlicher Klimaänderungen sind daher andere Quellen nötig. Die dafür z. B. aus Baumringen, Bohrkernen (M8) und anderen Archiven gewonnenen sogenannten Proxidaten (engl.: proxy = Stellvertreter) liefern aber keine physikalisch exakten Messwerte, sondern nur indirekte Hinweise mit unterschiedlichen Genauigkeiten, zeitlichen Auflösungen und räumlicher Aussagekraft.

M 5 Ursachen und Rekonstruktion vergangener Klimaschwankungen

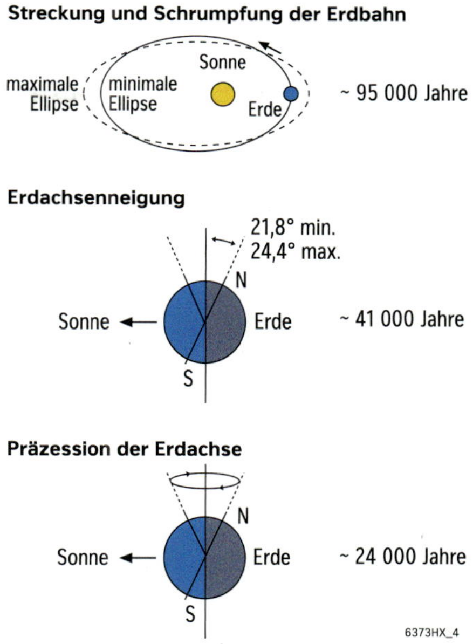

M 7 Die Milanković-Zyklen

M 8 Begutachtung eines Eisbohrkerns

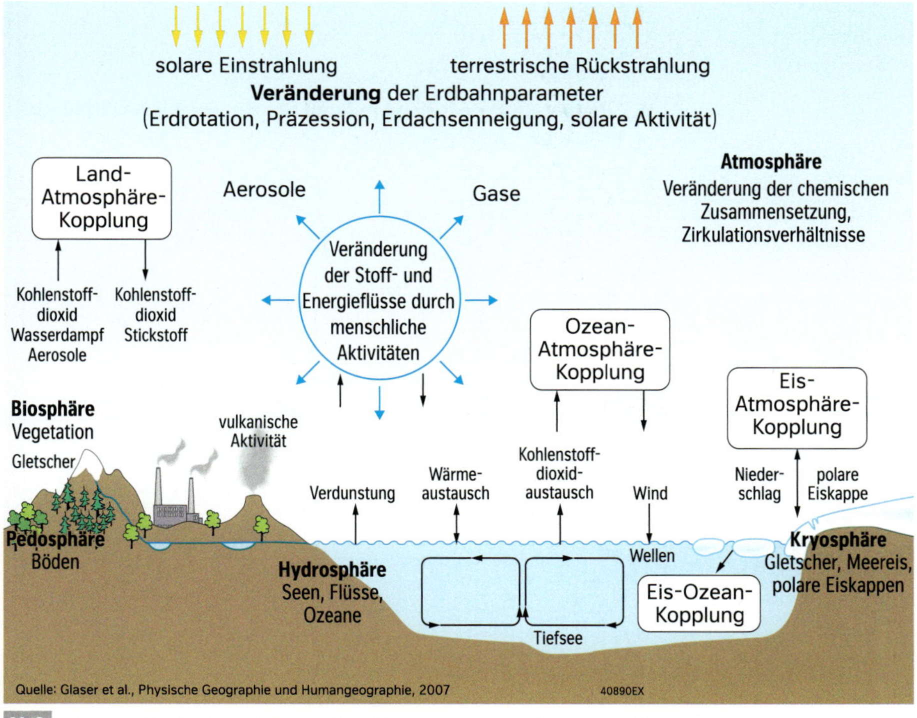

M 6 Schematische Darstellung des Klimasystems und seiner Teilsysteme

Prozesse	Zeit (Jahre)
Sonnenalterung (Energieabstrahlung)	Mio. – Mrd.
Zusammensetzung der Erdatmosphäre	natürlich: Mio anthrop.: 10 – 100
Plattentektonik	Mio. – Mrd.
Gebirgsbildung, Land-Meer-Verteilung	10 000 – Mio.
Schwankungen der Erdbahnparameter	10 000 – 100 000
Vegetationsänderungen	10 – 1000
Sonnenfleckenzyklus	10 bzw. 22
Wirkung von Vulkanausbrüchen	Monate – Jahre
großräumige Luftdruckverteilung	Tage bis Monate
Wettersysteme (z. B. Tiefdrucksysteme)	Tage bis Wochen

M 9 Klimarelevante Prozesse und die Zeiträume ihrer Wirkung auf das Klima

Der anthropogene Treibhauseffekt

Selbst viele Klimaskeptiker sind sich mit den meisten Wissenschaftlern einig: Das Klima der Erde wandelt sich. Die Wissenschaftler sind sich indes sicher, dass der registrierte Klimawandel eine Folge menschlicher Aktivitäten ist. Sie legten dafür zahlreiche Belege vor. Welche Prozesse sind aber mit dem Wandel verbunden?

1. Beschreiben Sie die in M1 dargestellten Messwerte.
2. Nennen Sie mögliche Gründe für die Schwankungen des Temperaturverlaufs (M1).
3. Arbeiten Sie Zusammenhänge von M1 und M3 heraus.
4. Vergleichen Sie den natürlichen und anthropogenen Treibhauseffekt (M1 – M4, S. 32).
5. Vergleichen Sie Herkunft und Relevanz der verschiedenen Treibhausgase (M4, M5).
6. Bewerten Sie den Einfluss natürlicher und anthropogener Faktoren auf den Klimawandel (M3, M5).
7. Analysieren Sie die Kohlenstoffflüsse und deren anthropogene Veränderungen innerhalb des Kohlenstoffkreislaufs (M7).
8. Begründen Sie die besondere Bedeutung des Kohlenstoffkreislaufs für das Klimasystem und den Klimawandel (M6 – M8).

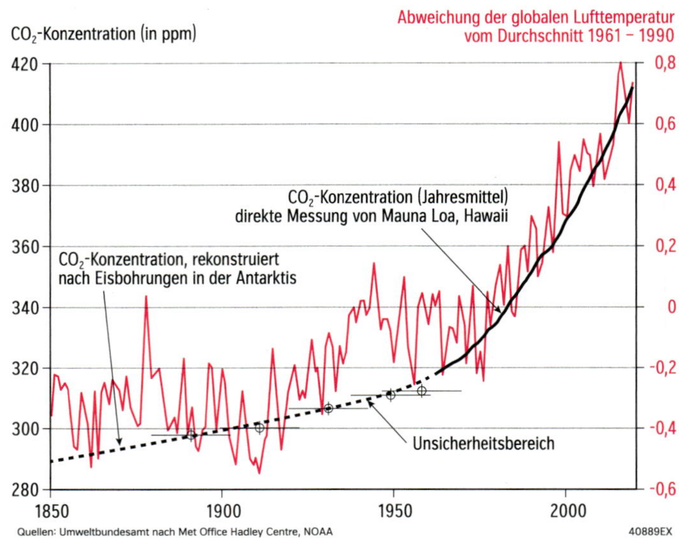

M 1 **CO_2-Konzentration in der Atmosphäre und globale Erwärmung**

Seit Beginn der Industrialisierung hat die Konzentration treibhausrelevanter Gase und Aerosole in der Atmosphäre erheblich zugenommen. Viele dieser Einträge stammen aus der Verbrennung fossiler Energieträger, aber auch aus verschiedenen anderen Quellen. Eine der heutigen vergleichbare CO_2-Konzentration hatte die Atmosphäre zum letzten Mal vor drei bis fünf Millionen Jahren. Damals war die Temperatur zwei bis drei Grad Celsius höher und der Meeresspiegel lag 10 bis 20 Meter höher als heute.

Die Anreicherung von Kohlenstoffdioxid in der Atmosphäre durch immer stärkere Eingriffe in die Kohlenstoffflüsse erfolgte jedoch nicht kontinuierlich, sondern nahm besonders in den letzten Jahrzehnten immer rascher zu. Parallel dazu wurde eine allmähliche, sich seit Mitte des vergangenen Jahrhunderts beschleunigende globale Temperaturerhöhung registriert (bis 2019 um mehr als ein Kelvin).
Die vom Menschen verursachte (anthropogene) Veränderung der Zusammensetzung der Atmosphäre bewirkt, zusätzlich zum natürlichen, den sogenannten **anthropogenen Treibhauseffekt**. Kohlenstoffdioxid und andere Spurengase absorbieren dabei einen immer größer werdenden Teil der langwelligen Abstrahlung der Erde. Die erhöhte Absorption in der Atmosphäre führt einerseits zu einer stärkeren Abstrahlung in das Weltall und so zu einer bereits messbaren Abkühlung der oberen Atmosphäre. Andererseits bewirkt die Absorption eine verstärkte Gegenstrahlung, sodass sich die untere Troposphäre sowie das Land und die Meere erwärmen. Dadurch ist die Energiebilanz der Erde bereits um 3,1 Watt pro Quadratmeter aus dem Gleichgewicht geraten.
Als Folge dieser zusätzlichen Energie im Klimasystem erwärmt sich die Erde derzeit um 0,2 °C pro Jahrzehnt. Prognosen rechnen sogar mit einer globalen Temperaturerhöhung von insgesamt 3 °C und mehr bis zum Jahr 2100. Selbst wenn die Zusammensetzung der Atmosphäre ab sofort unverändert bliebe, würde sich wegen der z. T. langen Verweildauer der Treibhausgase die bodennahe Luft global noch um weitere 0,4 bis 0,7 °C erwärmen.

M 2 **Basisinformation**

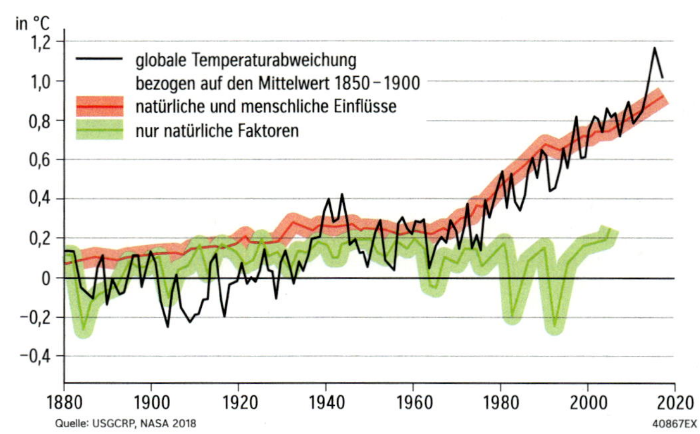

M 3 **Temperaturentwicklung mit und ohne menschliche Einflüsse**

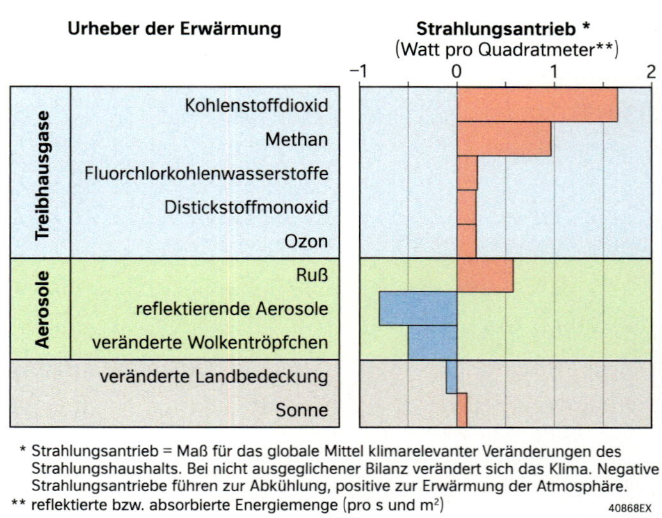

* Strahlungsantrieb = Maß für das globale Mittel klimarelevanter Veränderungen des Strahlungshaushalts. Bei nicht ausgeglichener Bilanz verändert sich das Klima. Negative Strahlungsantriebe führen zur Abkühlung, positive zur Erwärmung der Atmosphäre.
** reflektierte bzw. absorbierte Energiemenge (pro s und m²)
40868EX

M 4 **Die Urheber der Erwärmung**

Treibhausgase	Kohlenstoffdioxid (CO_2)	Methan (CH4)	Distickstoffmonoxid (N_2O)	Ozon (O_3)	Fluorchlorkohlenwasserstoffe (FCKW)	Wasserdampf
gegenwärtige Konzentration (ppm)	405	1,85	0,33	0,05	0,0005	variabel
Verweildauer in Atmosphäre (Jahre)	5 – 200	12	121	0,10	640	Tage bis Jahre
derzeitige Zunahme (% pro Jahr)	+0,4	+1,1	+0,25	ungewiss	+5	0,3
Klimawirksamkeit (bezogen auf CO_2)	1	28	265	2000	13 960	k. A.
Beitrag zum natürlichen Treibhauseffekt (in %)	20	3	4	7	0,00051	60
Beitrag zum anthropogenen Treibhauseffekt (in %)	50 – 60	15	4	9	10	k. A.
Hauptquellen	fossile Brennstoffe, Waldrodung, Bodenerosion	Reisanbau, Deponien, Rinderhaltung, Verbrennung von Biomasse, Moore	fossile Brennstoffe, Verbrennung von Biomasse, stickstoffhaltiger Dünger	indirekt durch NO_2, CH_4, CO und Kohlenwasserstoffe in Troposphäre	Kältemittel, Verschäumungsmittel, Treibgase	Verdunstung

M 5 Charakteristische Daten der Treibhausgase

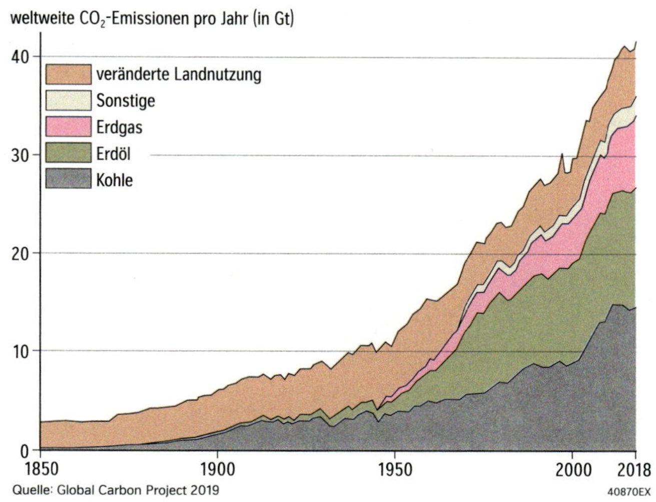

M 6 Entwicklung der globalen CO_2-Emissionen

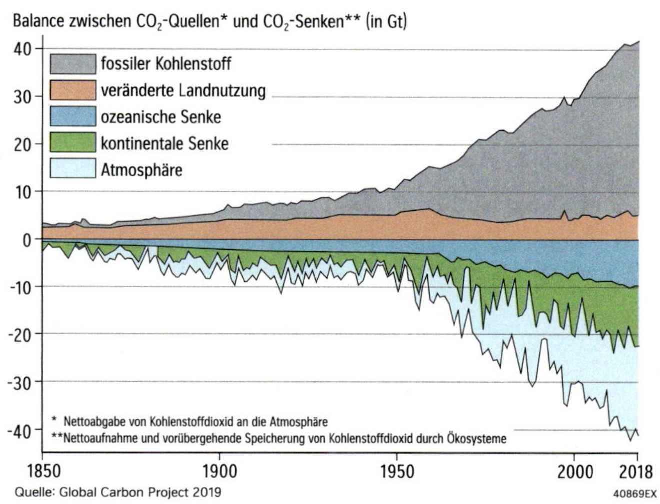

M 8 Entwicklung von CO_2-Quellen und CO_2-Senken

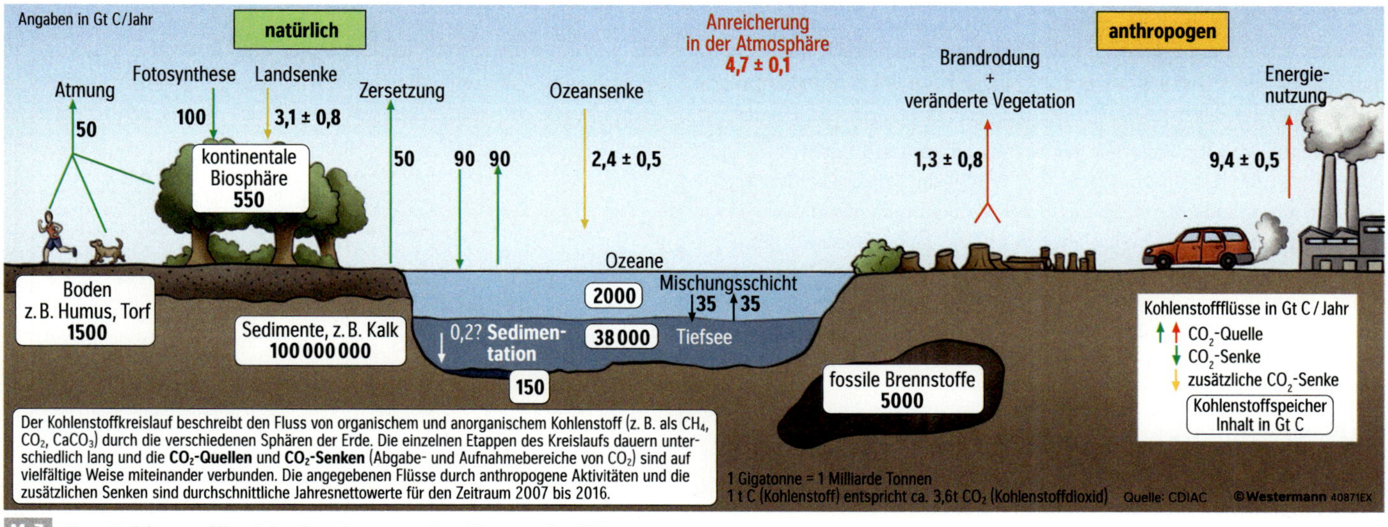

M 7 Der Kohlenstoffkreislauf – ein zentrales Element im Klimasystem

Ein Blick nach vorne – Klimamodelle

Das Klima der Vergangenheit lässt sich aus verschiedenen Archiven rekonstruieren. Vorhersagen über das zukünftige Klima lassen sich aber nur mit Rechenmodellen und Simulationen auf der Basis bestimmter Annahmen und Rahmenbedingungen machen. Wie werden solche Klimamodelle erstellt, was können sie leisten und wie zuverlässig sind ihre mit Hochleistungscomputern errechneten Ergebnisse?

1 Vergleichen Sie Zeitschriftentitelblatt und Filmplakat (M1).

2 Erarbeiten Sie die nachfolgenden Themen in Gruppenarbeit und präsentieren Sie Ihre Ergebnisse:
- **a)** Erläutern Sie die Architektur und Arbeitsweise von Klimamodellen (M2 – M4).
- **b)** Analysieren Sie die Szenarien und die Ergebnisse der RCP-Modelle (M5, M7 – M9).
- **c)** Begründen Sie, weshalb Klimamodelle ständig verbessert werden müssen (M4, M6).

3 Arbeiten Sie
- mit dem Simulationsprogramm des Deutschen Wetterdienstes ↗ *WES-101475-006* oder
- mit dem einfachen MONASH-Klimamodell. ↗ *WES-101475-007*

die Veränderung wichtiger Klimafaktoren und deren regionale Auswirkungen nach den vier RCP-Szenarien zwischen 1996 und 2090 heraus.

M1 Zeitschriftentitel und Filmplakat

Das Klimasystem der Erde ist ein physikalisches System. Es lässt sich daher mit den Gesetzen der Physik und mathematischen Gleichungen darstellen. Schon einfache Laborexperimente zeigen dabei z. B. einen linearen Zusammenhang zwischen der Konzentration an Kohlenstoffdioxid und der Temperatur eines Gasvolumens. Für die Entwicklung komplexer Klimamodelle sind einfache Gleichungen jedoch nicht geeignet. Sie erfordern riesige Datenmengen, präzise Kenntnisse und mathematisch richtige Beschreibungen des Zusammenwirkens der zahlreichen Faktoren des Klimasystems.

Um die Wechselwirkungen zwischen den Teilsystemen des Klimas immer besser zu erfassen, wurden an die ersten, „einfachen" Atmosphärenmodelle sukzessive weitere Modelle der Teilsysteme angekoppelt. Alle, auch die etwa 20 derzeit eingesetzten „Erdsystemmodelle", basieren auf einem 3D-Rechengitter der Atmosphäre und der Ozeane mit Gitterweiten von meist 250 Kilometern horizontal und einem Kilometer vertikal.

Zur Darstellung der Dynamik des Systems werden für jeden Gitterpunkt die bekannten Daten von z. B. Temperatur, Luftdruck, Feuchte und Wind erfasst. Danach werden die durch Veränderungen, wie z. B. die Sonneneinstrahlung, die Zusammensetzung der Atmosphäre, die Meereis- oder Bodendeckung, ausgelösten Prozesse mit mathematischen Formeln quantitativ beschrieben. Die zwischen den Gitterpunkten ablaufenden Prozesse können dabei aber nur näherungsweise aus den an den Gitterpunkten verfügbaren Daten abgeleitet werden.

Ein Klimamodell besteht demnach aus Hunderttausenden von Gleichungen. Diese benötigen große Rechenleistungen und können deshalb nur von Supercomputern gelöst werden.

M2 Basisinformation

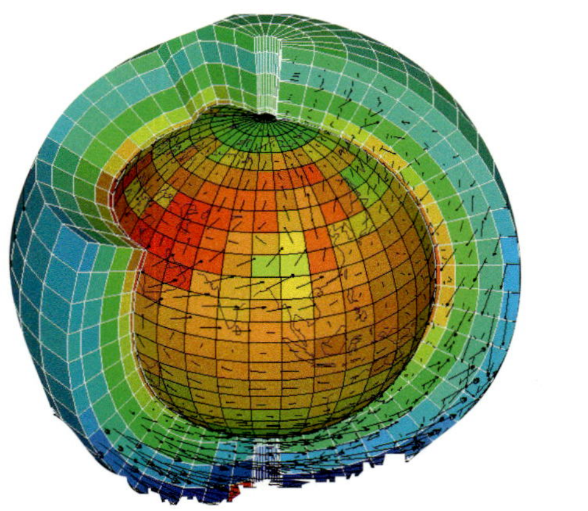

M3 Das Rechengitternetz der Klimamodelle

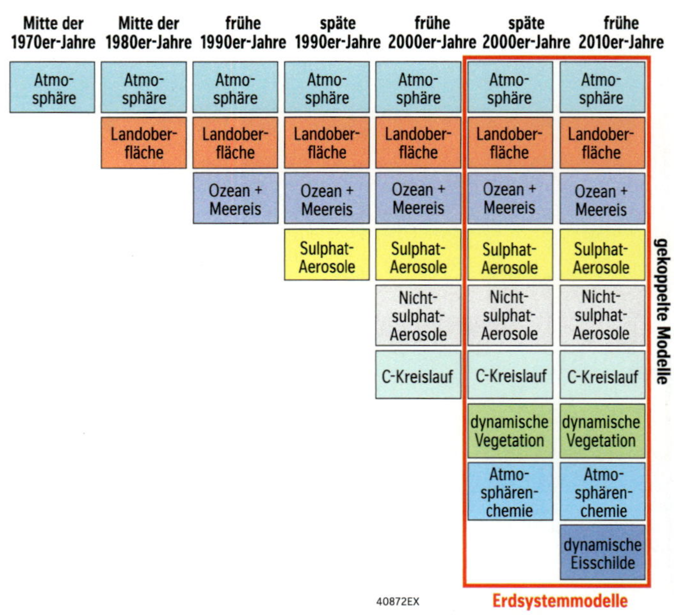

M4 Wie die Klimamodelle sukzessive erweitert wurden

Klimamodelle unterscheiden sich nicht nur in ihrer Komplexität und den verwendeten Daten, sondern vor allem auch in den verwendeten **Klimaszenarien** (Ausgangsbedingungen). Für den 5. Sachstandsbericht (2013) des IPCC wurden sogenannte Repräsentative Konzentrationspfade (RCP) entwickelt. Ausgangsbedingungen sind dabei die Treibhausgaskonzentration (bezogen auf ein Molekül CO_2 = CO_2-Äquivalent) und der Strahlungsantrieb (Energiebilanz der Erde und der Atmosphäre) sowie unterschiedliche sozioökonomische Annahmen (z. B. Bevölkerungsentwicklung, Bruttonationaleinkommen, Energieverbrauch). RCP6.0 steht z. B. für einen Strahlungsantrieb durch anthropogene Treibhausgase von sechs Watt (W) pro Quadratmeter (m^2) im Jahre 2100 im Vergleich zu 1850.

	Treibhausgaskonzentration im Jahr 2100 (CO_2-Äquivalent)	**Strahlungsantrieb (1850 bis 2100)**	**weitere Merkmale**
RCP8.5	1377 ppm (parts per million)	8,5 W / m^2	„Business as usual": CO_2-Emissionen steigen bis 2100 von aktuell 10 Gt Kohlenstoff pro Jahr auf fast 30 Gt Kohlenstoff pro Jahr; Bevölkerung wächst bis 2100 auf über 12 Mrd.
RCP6.0	850 ppm	6,0 W / m^2	gleich bleibende Pro-Kopf-Emissionen; Bevölkerung wächst bis 2100 auf 10 Mrd.
RCP4.5	650 ppm	4,5 W / m^2	verzögerter Klimaschutz; Pro-Kopf-Emissionen fallen von 2013 ca. 5 t pro Jahr bis 2080 auf 2,5 t pro Jahr; Bevölkerung wächst nur auf etwa 9 Mrd.
RCP2.6	400 ppm	2,6 W / m^2	Paris-Agreement-Szenario (Peak-Szenario): ehrgeiziges „politisches" Szenario, bei dem die globale Erwärmung um 2 °C im Jahr 2100 nicht überschritten wird; Anstieg der Emissionen bis 2020 auf ca. 490 ppm, dann konstanter Rückgang; Pro-Kopf-Emissionen sinken stark, erreichen 2080 null; Bevölkerung sinkt nach Maximum um 2060 mit 9 Mrd. auf rund 8 Mrd.

M 5 **Szenarien aktueller Klimamodelle**

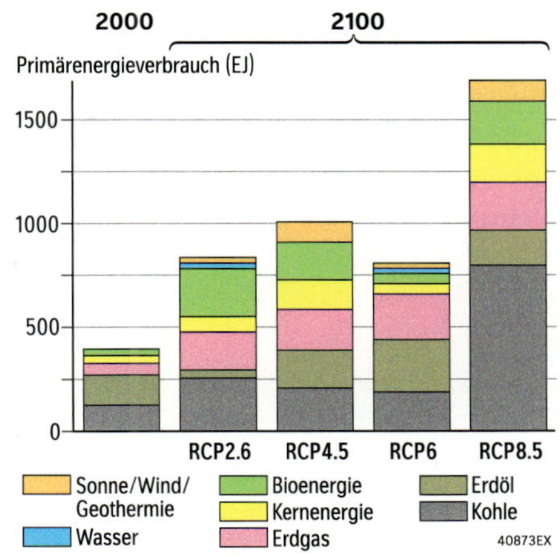

M 7 **Szenarien aktueller Klimamodelle**

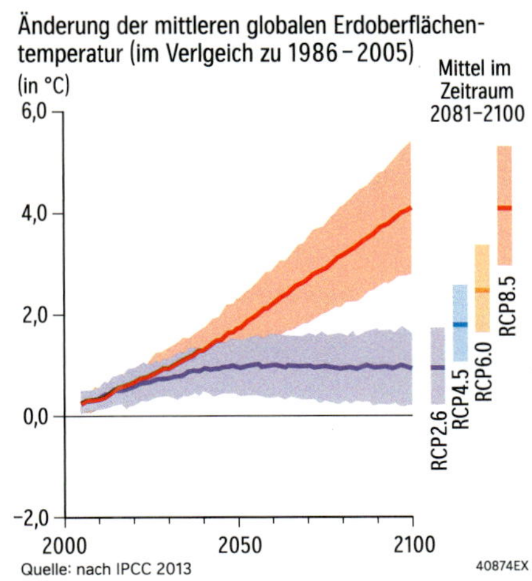

M 8 **Prognosen Temperaturentwicklung**

Wegen der verbesserten Datenlage, genauerer Kenntnisse des Klimasystems und gestiegener Rechnerkapazitäten liefern die neuesten Klimamodelle inzwischen realitätsnahe Simulationen des Klimas der Vergangenheit. Und sie bestätigen dabei, quasi als Gütetest, weitgehend auch die Klimaszenarien der frühen Modelle über den zwischenzeitlichen Verlauf des Klimawandels.

Dennoch gibt es weiterhin verschiedene Schwachstellen:

- Die Entwicklung des ozeanischen Wärmehaushalts ist noch schwierig zu simulieren.
- Schwer ist auch die Bewertung der Dimmerwirkung von Aerosolen sowie von kleinräumigen Prozessen wie der Wolken- und Niederschlagsbildung, die von der Maschenweite des Gitternetzes nicht erfasst werden. Die bei Vulkanausbrüchen, Waldrodungen, Staubstürmen usw. in die Atmosphäre gelangenden Aerosole erzeugen zusammen mit dem bei Verbrennungsvorgängen emittierten Schwefeldioxid einen dem Treibhauseffekt entgegenwirkenden „Kühlhauseffekt". Auch die bei vermehrter Verdunstung entstehenden tiefen und dicken Wolken können die Erwärmung bremsen, während hohe, dünne Wolken das Gegenteil bewirken. Solche und andere positive oder negative **Rückkopplungen** erschweren die Modellierung.
- Große Probleme bereitet der insgesamt chaotische Charakter des Klimasystems. Die Veränderungen können einerseits gleichmäßig, andererseits aber auch unvorhersehbar und sprunghaft erfolgen.
- Eine grundlegende Schwierigkeit ist, dass niemand die technologische, politische, demographische und kulturelle Entwicklung der Welt bis z. B. 2100 zuverlässig vorhersagen kann.

M 6 **Problematik von Klimamodellen**

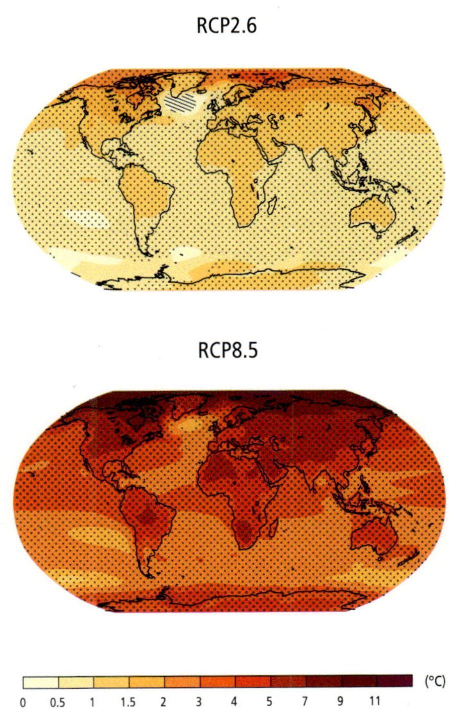

M 9 **Prognosen der Temperaturentwicklung bis 2100 im Vergleich zu 1986 bis 2005**

Ein Blick nach vorne – was wird noch kommen?

Durch die Temperaturerhöhung besonders der tropischen Meere verdunstet viel mehr Wasser als bisher. Zudem kann eine wärmer werdende Atmosphäre auch noch mehr Wasser aufnehmen. In der Kondensation des Wasserdampfs wird infolgedessen zusätzliche Energie frei: Die „Wettermaschine" läuft daher immer schneller und wird unberechenbarer. Welche Auswirkungen wird der Klimawandel noch mit sich bringen?

1 Erläutern Sie die mit Kippelementen und Kippschaltern generell verbundene Problematik (M2).
2 Charakterisieren Sie die Kippelemente Golf- bzw. Nordatlantikstrom und Jetstream sowie mögliche Folgen der Überschreitung der Kippschalter (M1, M3–M5).
3 Stellen Sie an ausgewählten Kippelementen mögliche Dominoeffekte dar (M3, M5).
4 Beschreiben Sie die Bedeutung der physikalischen und der biologischen Pumpen im Meer (M3, M5).
5 a) Arbeiten Sie mit verschiedenen RCP-Szenarien Prognosen für von Ihnen ausgewählte Regionen heraus, z. B. für den Süden Afrikas, den europäischen Mittelmeerraum, Südost- oder Zentralasien. ↗ *WES-101475-008*
b) Vergleichen Sie die Entwicklungen in den von Ihnen ausgewählten Regionen.

M1 New York im Jahr 2050?

Die weitere Entwicklung des Klimawandels wird von zwei völlig unterschiedlichen Prozessen geprägt werden:

- Es wird mehr oder weniger rasche, aber sich relativ gleichmäßig entwickelnde Veränderungen mit zuletzt immer dramatischeren Auswirkungen geben. Extreme Wetterereignisse wie Hitzewellen, Dürren, Starkregen werden häufiger werden, Überschwemmungen werden Ernten vernichten und Ackerflächen unfruchtbarer machen. Etwa 30 Prozent der Weltbevölkerung sind heute bereits mindestens 20 Tage im Jahr Hitzegraden ausgesetzt, die ihre Wärmeregulationsfähigkeit überschreitet. Bei weiter wachsenden Emissionen, zunehmender Verstädterung und Alterung der Bevölkerung kann dieser Prozentsatz bis auf 74 Prozent ansteigen.
- Kippelemente sind Bestandteile des Erdsystems, die einen großen Raum umfassen. Sie können Störungen bis zu bestimmten, jedoch kaum bekannten Schwellenwerten (**Kippschalter**, engl.: **Tipping Points**) tolerieren. Dann kippen sie aber abrupt und durch positive Selbstverstärkungen beschleunigt in einen anderen, ebenfalls stabilen, aber unvorhersagbaren und irreversiblen Zustand. Wie beim Dominoeffekt kann dies kaskadenartig weitere Veränderungen nicht nur im Klimasystem induzieren. So könnte z. B. ein steigender Meeresspiegel das Schelfeis der Westantarktis anheben und abbrechen lassen. Damit fehlte dem Inlandeis der Halt. Es würde schneller in den Ozean fließen und der Meeresspiegel könnte durch das Abtauen rascher ansteigen.

  Ein weiteres Beispiel sind die warmen Meere. Dort sterben die Korallen, und Algen überwuchern die Riffe. Korallen halten jedoch Sturmfluten fern. Ohne diesen Schutz werden die Mangrovenwälder an den Küsten zerstört und die Ufer zunehmend erodiert. Weil die Mangroven vielen Fischen als Kinderstube dienen, wird ihr Verlust vielerorts die Fischereierträge sinken lassen.

M2 Basisinformation

Meere und Ozeane haben bisher etwa die Hälfte aller anthropogenen CO_2-Emissionen absorbiert. Die dadurch erfolgte Versauerung verminderte den pH-Wert und den Kalkgehalt der Meere. Dies bedroht heute alle Meeresorganismen, die zum Aufbau ihrer Skelette Kalk benötigen. Dass sich wegen der steigenden Wassertemperaturen weniger Kohlenstoffdioxid lösen wird (bis 2100 rund 10 Prozent), könnte für sie möglicherweise völlig irrelevant sein.

Die steigenden Wassertemperaturen könnten aber die in marinen Sedimenten eingelagerten Methanhydrate destabilisieren. Das in die Atmosphäre freigesetzte Methangas würde den Treibhauseffekt verstärken.

Die oberflächennahe Erwärmung der Meere erzeugt zudem eine stabilere Schichtung der Wassersäule und verringert dadurch deren vertikale Durchmischung. Damit gelangen weniger Sauerstoff und Kohlenstoffdioxid in die Tiefe. Von Meeresströmungen wenig beeinflusste Regionen werden deshalb häufiger zu „Todesregionen". Ohne Durchmischung gelangen aber auch weniger Mineralstoffe aus der Tiefe zurück zur Oberfläche. Dies schwächt dort die Primärproduktion durch das Phytoplankton. Die schwindende Effektivität dieser „physikalischen Pumpe" verringert auch die Effektivität der „biologischen Pumpe". Das ist der Prozess, bei dem Kohlenstoffdioxid über die Fotosynthese des Planktons in organische Substanz eingebaut wird, die beim Tod der Organismen den Kohlenstoff in die Tiefe und in das Sediment verlagert.

Durch Schmelzwasser und erhöhte Niederschläge gelangt auch immer mehr Süßwasser in den Nordatlantik. Dort sinkt der Salzgehalt und schwächt die thermohaline Zirkulation, die den Golfstrom antreibt. Tatsächlich ist der Golfstrom schwächer als in den letzten 1000 Jahren. Die Oberflächenströmung hat sich seit Mitte des 20. Jahrhunderts um etwa 15 Prozent verlangsamt und bringt weniger Wärme in den Nordatlantik. Dies ist weltweit die einzige Meeresregion, die sich trotz globaler Erwärmung deutlich abkühlt.

M3 Folgen der Erderwärmung für die Ozeane und Meere

www.diercke.de
100800-250-03

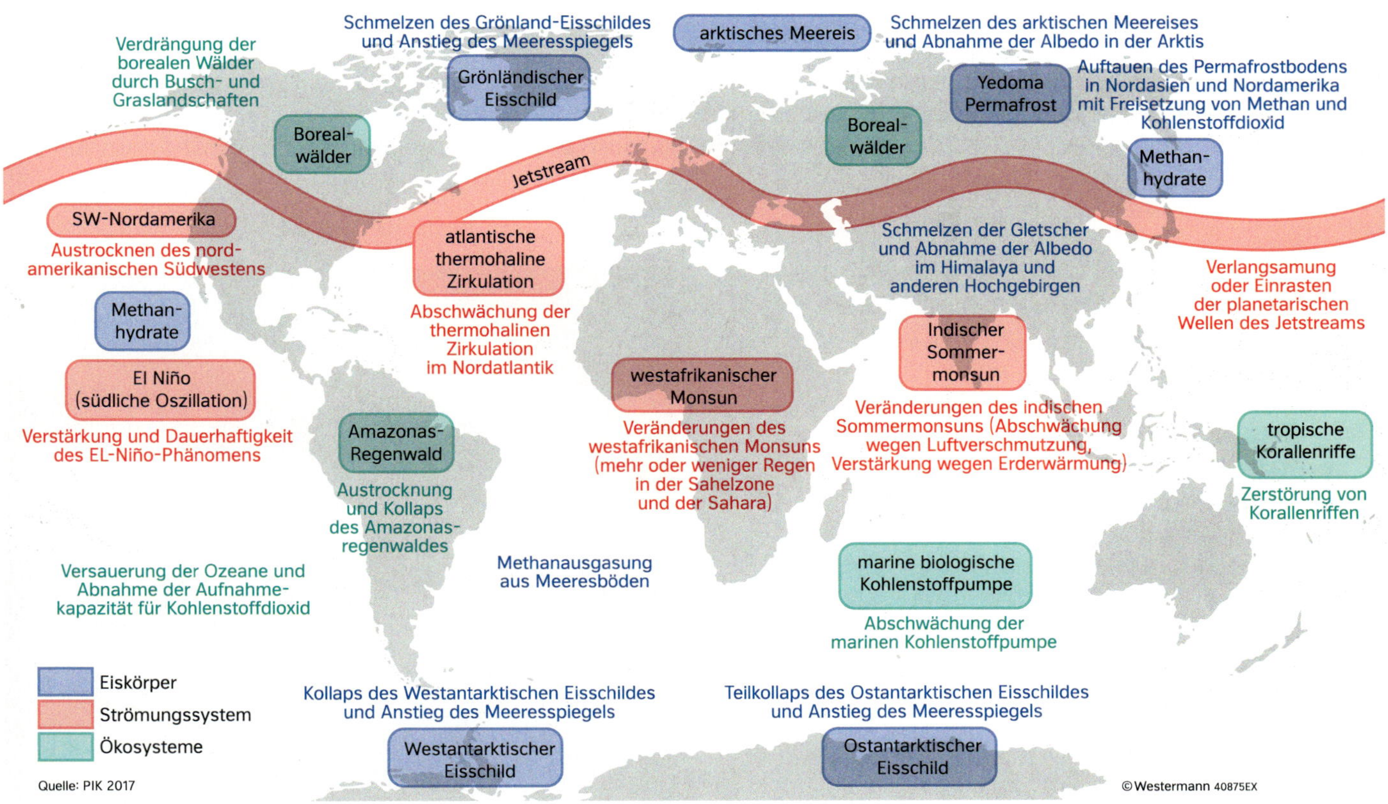

M 4 Kippelemente – Großrisiken im Klimasystem

• *Tropen:* Global gesehen wird sich die Atmosphäre sehr ungleichmäßig erwärmen. In den Tropen wird die Temperatur der unteren Luftschichten der Tropen nur gering steigen, denn die zusätzliche Energie wird durch die verstärkte Konvektion weit nach oben in die Atmosphäre transportiert werden. Über den tropischen Meeren wird es aber deutlich feuchter werden und in den Savannengebieten und im Monsungürtel wird es mehr regnen. Auch Wirbelstürme werden häufiger auftreten, da immer größere Meeresregionen die für ihre Bildung erforderlichen 27,5 °C Oberflächentemperatur erreichen werden.

• *Polargebiete:* Hier ist die vertikale Durchmischung geringer. Die zusätzliche Energie bleibt daher bodennäher. Sie lässt das arktische Meereis und die Schneedecken an Land zunehmend schmelzen sowie den Permafrostboden auftauen. Auch in der Antarktis wird es wärmer werden, aber wegen der geringen Ausgangstemperatur selbst in den Sommermonaten kaum mehr als null Grad. Die Erwärmung wird jedoch zu einem höheren Wasserdampfgehalt der Luft führen. Es wird mehr schneien und die Schnee- und Eismassen werden daher noch lange erhalten bleiben. Sie wachsen vielleicht sogar an. Da das Wasser für diese Niederschläge aus dem Meer stammt, müsste der Meeresspiegel weltweit um etwa 10 – 50 Zentimeter sinken. Dies wird jedoch durch das Tauen der Gletscher in den gemäßigten Breiten und durch die Volumenvergrößerung des sich erwärmenden Meerwassers kompensiert. Die Westantarktis zeigt aber bereits seit etwa 10 Jahren deutliche und sich beschleunigende Eismassenverluste, für die Ostantarktis ist die Bilanz unsicher.

• *Mittelbreiten:* Für ihre weitere Klimaentwicklung ist das Verhalten des Jetstreams wichtig. Dies ist ein starker Höhenwind, der von West nach Ost weht. In seinen Wellenausschlägen gelangen kalte Luftmassen nach Süden und warme nach Norden. Unterhalb und am Rand des Starkwindbands bilden sich zudem Hoch- und Tiefdruckgebiete, die sich ebenso wie die Wellen ostwärts verlagern. Wenn sich aber das Temperaturgefälle zwischen Äquator- und Polarregionen verringert, schwächelt der davon angetriebene Jetstream: Seine Wellenausschläge und die Hoch- und Tiefdruckgebiete bleiben über längere Zeit ortsfest, Hitze-, Kälteperioden oder Dauerregen dominieren das Wetter in Deutschland und Europa.

Insgesamt werden die mittleren Breiten aber trockener. Besonders die mediterranen Gebiete entwickeln sich wüstenhafter, ihre Böden werden zunehmend versalzen und durch Starkregen und Wind erodiert. Auch die traditionellen „Brotkörbe“ der Welt, die kontinentalen Steppen Eurasiens und Nordamerikas, sind von immer extremeren Dürre- und Hitzeperioden bedroht. Neue Ackerflächen werden in den sich erwärmenden nördlicheren Gebieten wegen der schlechteren Bodenqualitäten aber kaum zu erschließen sein.

Mit den Klimazonen werden sich die Vegetationszonen verschieben. Flora und Fauna können aber den raschen Klimawandel nur selten mitvollziehen. Einzelne Schädlinge und Krankheitserreger werden dagegen in für sie bislang zu kalte Areale vordringen.

• *Hochgebirge:* Da der Kitt der Berge, der Permafrost, zunehmend auftaut, droht eine Destabilisierung der Berghänge und damit eine Zunahme von Berg- und Felsstürzen. Und es wird mehr regnen als schneien. Doch wegen der schwindenden Gletscher und Bergwälder vermindert sich die Wasserspeicherung im Gebirge. Im Winter werden daher häufigere und größere Überschwemmungen auftreten. Im Sommer wird es dagegen zunehmend Probleme bei der Energiegewinnung, der Flussschifffahrt, bei der Trinkwasserversorgung sowie bei der Bereitstellung von Brauchwasser für Bewässerung und industrielle Produktionsprozesse geben.

• *Küsten und Inseln:* Steigender Meeresspiegel und zunehmende Wetterextreme werden die vielerorts dicht besiedelten Küstenstreifen immer stärker bedrohen. Ohne effektive Schutzmaßnahmen müssen dann viele Menschen abwandern.

M 5 Folgen der Erderwärmung an Land

Das Kippelement Arktis

Nirgendwo auf der Welt verläuft der Klimawandel so dynamisch und dramatisch wie in der Arktis. Die Durchschnittstemperaturen sind dort bereits doppelt so schnell gestiegen wie im globalen Mittel. Und sie könnten bis 2050 noch mal um 5 bis 15 Grad ansteigen. Welche Faktoren und Prozesse steuern die Veränderungen der marinen und terrestrischen Ökosysteme?

1. Erläutern Sie die Probleme der Polarexpedition (M1).
2. Erläutern Sie die Prozesse und Folgen der Eis-Schnee-Albedo-Rückkopplung (M2, M3).
3. Arbeiten Sie Veränderungen der arktischen Meereisdecke für ausgewählte Zeitabschnitte heraus (M4). ↗ *WES-101475-009*
4. Charakterisieren Sie weitere positive Rückkopplungen des Erdsystems in der Arktis (M2, M3, M5).
5. Im Januar 2018 gefror in Teilen Sibiriens der Boden gar nicht mehr. Erläutern Sie mögliche Folgen für die Umwelt, für menschliche Aktivitäten und für Bauwerke (M5, M6).
6. **a)** Stellen Sie die durch die Erwärmung induzierten Veränderungen in der Arktis in einem Wirkungsgefüge dar (M5).
   b) Entwickeln Sie Anpassungsmöglichkeiten an die Veränderungen.

Die Arktis ist das Polargebiet der nördlichen Halbkugel. Sie wird entweder durch den nördlichen Polarkreis oder durch die 10-°C-Juli-Isotherme abgegrenzt. Die Arktis umfasst das eisbedeckte Nordpolarmeer mit seiner Inselwelt (polare Kältewüste) sowie die angrenzenden Landflächen Eurasiens und Nordamerikas, die von baumlosen Tundren und in Sibirien teilweise auch von borealen Nadelwäldern bedeckt sind. Im Norden der Landflächen erstreckt sich Permafrostboden auf 16,6 Mio. km² (entspricht etwa der Fläche von Südamerika). Nach Süden zu wird der durchgängig gefrorene Boden weniger mächtig und lückenhafter.

Das etwa 14 Mio. km² große Nordpolarmeer war bis in die 1970er-Jahre im Winter weitgehend mit bis zu acht Meter dickem Meereis und Schnee bedeckt. Bis zum Ende der sommerlichen Eisschmelze im September verringerte sich die Eisfläche auf knapp 8 Mio. km². Inzwischen regeneriert sich das Meereis jedoch immer später und auf immer kleinerer Fläche. Und dieser Prozess beschleunigt sich. Einige Wissenschaftler sehen deshalb den arktischen Kipppunkt als bereits überschritten.

Meereis sowie Eis- und Schneedecken an Land haben wegen ihrer weißen Farbe eine hohe Albedo. Der größte Teil der einfallenden Sonnenstrahlung wird daher reflektiert. Wenn sich aber die Atmosphäre erwärmt und Eis und Schnee zu tauen beginnen, verringert sich die Albedo. Denn die nun unbedeckten Meeres- und Landflächen sind dunkler. Weniger Sonnenstrahlung wird reflektiert und der Untergrund erwärmt sich zunehmend. Auch der Temperaturanstieg in der Atmosphäre verstärkt sich dadurch. Dieser doppelte, im Meer und an Land initiierte, positive **Rückkopplungseffekt** ist einer der wichtigsten im Klimasystem. Er ist einer der Verursacher dafür, dass sich die Arktis bisher stärker als andere Gebiete der Erde erwärmte. Und er hat weit über die Arktis hinausreichende Folgen.

M 2 Basisinformation

Die Arktis gilt als ein Zentrum und Frühwarnsystem des Klimawandels. Besonders im Winterhalbjahr gibt es aber erst wenige direkte Messungen. Prognosen sind daher recht schwierig. Deshalb ließ sich – angedockt an eine Eisscholle – das deutsche Forschungsschiff „Polarstern" für die bislang größte Arktisexpedition ein Jahr lang am Nordpol vorbei durch die zentrale Arktis treiben. 70 Institute aus 20 Ländern waren mit rund 600 regelmäßig ausgetauschten Forschern beteiligt. Eisbrecher und Flugzeuge versorgten das Schiff und die ringsum auf dem Eis angelegten Forschungscamps mit Lebensmitteln und Treibstoff. Forschungsschwerpunkte waren das Meereis, die Wechselwirkungen zwischen Atmosphäre, Eis und Ozean, die biogeochemischen Kreisläufe und das Ökosystem der Arktis insgesamt.

Für Fitness und Abwechslung in der harten Arbeit bei monatelanger Dunkelheit, Temperaturen bis minus 45 Grad und heftigen Stürmen gab es Sauna, Schwimmbad und gelegentlich Fußball auf dem Eis. Doch die erste Herausforderung war, überhaupt eine geeignete Eisscholle für die Drift zu finden.

M 1 Die Reise der „Polarstern" – (k)eine Kreuzfahrt im Winter

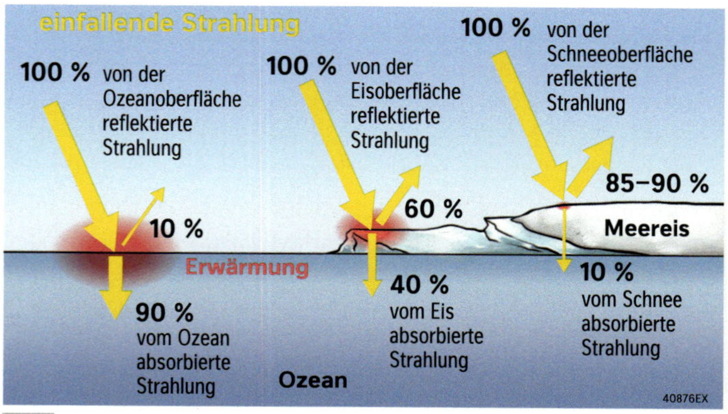

M 3 Veränderungen durch den Eis-Schnee-Albedo-Effekt

www.diercke.de
100800-238-01

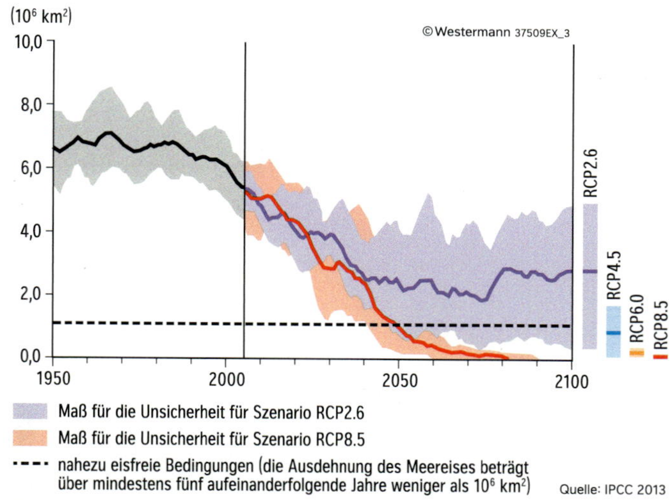

M 4 Projektion für die Ausdehnung des Arktiseises

M 6 Methanblasenkrater in Sibirien

Die Erwärmung der Arktis wird in immer größerem Maße globale Luft- und Wasserströmungen sowie die Bedingungen an Land beeinflussen. Neben den Veränderungen der Dynamik des Jetstreams und der damit einhergehenden Wettergeschehnisse in den Mittelbreiten gehört dazu z. B. ein immer rascheres und zuletzt komplettes Abschmelzen des grönländischen Eispanzers. Dieser Prozess wird den Meeresspiegel um etwa sieben Meter ansteigen lassen.
Das schmelzende Meereis der Arktis verändert den Meeresspiegel dagegen nicht. Denn es verdrängt das gleiche Volumen wie das noch nicht gefrorene Meerwasser.

Weil das Meersalz beim Gefrieren des Meereises auskristallisiert und diese Salzkristalle ausgewaschen werden, bildet sich unterhalb des Meereises stets eine dichte und schwere Salzsole. Insbesondere östlich Grönland sinkt die Salzlösung in die Tiefe ab. An der Oberfläche bleibt weniger salzhaltiges Wasser zurück. Dies verursacht einen Sog von wärmerem Oberflächenwasser aus den niederen Breiten. Dessen Salzgehalt steigt wegen der Verdunstung noch zusätzlich. Beide Faktoren treiben die thermohaline Zirkulation an, das globale Band der marinen Oberflächen- und Tiefenströmungen. Schmelzendes, salzarmes Meereis sowie Süßwassereinträge aus Grönland und den ins Polarmeer mündenden Flüssen können die Meerwassersäule jedoch stabilisieren und die Tiefwasserbildung reduzieren. Dies hat unabsehbare Folgen für den globalen Transport von Energie und die für die marinen Nahrungsketten wichtige Mineralstoffzufuhr.

Im Polarmeer bilden an der Eiskante lebende Eisalgen die Basis der kurzen Nahrungsketten. Sie verstärken nach Ende der Polarnacht ihre Fotosynthese. Von ihnen ernähren sich Flohkrebse und Flügelschnecken. Diese dienen den Bartenwalen und dem Polardorsch, dem häufigsten Fisch im Polarmeer, als Nahrung. Vom Polardorsch leben wiederum die Robben und von diesen die Eisbären. Wenn sich aber das Meereis Richtung Pol zurückzieht, verlängert sich an der Eiskante die Polarnacht, die Algenblüte verzögert sich und die Polardorsche schlüpfen, wenn ihr Tisch noch nicht gedeckt ist.

Das arktische Meereis schrumpft noch schneller, als die Modelle der globalen Erwärmung bisher vorhersagen. Denn in den eisfrei gewordenen Meeresarealen können nun erstmals auch große Wellen entstehen. Diese zerschlagen im Meer weiteres Eis. Dadurch werden neue Areale eisfrei, in denen sich noch größere Wellen bilden. An den Küsten können sogar die Wellen zur verstärkten Erosion führen. Einzelne Siedlungen in Alaska sind davon bereits massiv betroffen.

An Land taut der aus Gestein, Eis und gefrorenem Erdreich bestehende Permafrostboden zunehmend auf. Die Front der früher im Sommer nur etwa einen Meter tief auftauenden „aktiven Schicht" dringt inzwischen immer früher, schneller und tiefer vor. Überall kann das im Boden befindliche organische Material, das wegen der Kälte über Jahrtausende nicht abgebaut wurde, nun von Bodenorganismen zersetzt werden. In sauerstoffhaltigen Bodenschichten entsteht dabei u. a. Kohlenstoffdioxid, in sauerstofffreien Bereichen wird dabei Methan freigesetzt. Methanblasen blähen bereits vielerorts den Boden wie Seifenblasen auf (M6). 2013 platzte in Sibirien eine Blase. Der Knall war nach Aussagen sibirischer Einwohner etwa hundert Kilometer weit hörbar.

Aber wichtiger ist noch: Im arktischen Permafrost lagern etwa 1600 Gigatonnen Kohlenstoff, doppelt so viel, wie die Atmosphäre derzeit enthält. Ein großflächiges Auftauen der Böden würde daher als positive Rückkopplung die globale Erwärmung beschleunigen. 130 bis 160 Millionen Tonnen Kohlenstoff könnten so bis 2100 in die Atmosphäre gelangen. Das wäre in etwa die Menge, die bislang weltweit durch Abholzung und Landnutzungsänderungen freigesetzt wurde. Selbst eine durch steigende Temperaturen verlängerte Vegetationszeit und eine bessere Mineralstoffversorgung aus dem Biomasseabbau durch mehr Pflanzenwuchs können diese zusätzliche Freisetzung von Treibhausgasen kaum kompensieren.

Außerdem entstehen in der Tundra immer häufiger Brände, die den Permafrostboden weiter schwächen. Und auch Schneefälle im Winter beschleunigen sein Auftauen. Denn bei großer Kälte ist die Schneedecke nur dünn. Mit steigenden Lufttemperaturen erhöht sich jedoch auch der Wasserdampfgehalt der arktischen Luft. Es schneit deshalb im Winter mehr und die dickere Schneedecke hält die Wärme des Sommers besser im Boden. Dieser taut infolgedessen noch mehr auf. Die vielerorts dadurch abrutschenden Hänge legen immer neue Permafrostflächen frei. Diese tragen wiederum, wie auch nicht mehr zufrierende Tümpel und Seen, zur weiteren Erwärmung bei.

Die sich ausweitende Auftauschicht beeinträchtigt inzwischen auch das Leben der Bevölkerung vor Ort und destabilisiert z. B. Bäume, Gebäude, Straßen, Brücken, Eisenbahnschienen und die Stelzen der auf Permafrostboden verlaufenden Öl- und Gaspipelines. Finnische Wissenschaftler schätzen, dass bis 2050 gut 3,6 Millionen Menschen von den Folgen des auftauenden Permafrostbodens betroffen sein werden, rund drei Viertel der aktuellen Arktisbevölkerung.

M 5 Veränderungen am Kippelement Arktis

Das Kippelement Amazonasregenwald

Ökologen und Klimaforscher befürchten, dass durch den fortgesetzten Raubbau am größten zusammenhängenden Regenwald der Erde und durch die fortschreitende globale Erwärmung der Tipping Point des Amazonasregenwaldes bald überschritten sein könnte. Der Raum würde sich dann noch dramatischer verändern als schon bisher. Welche Faktoren und Prozesse steuern die Veränderungen des Ökosystems?

1 Charakterisieren Sie den Raum Amazonien (M1 – M4).
2 Beschreiben Sie die dargestellte Entwicklung (M1, M2).
3 Erläutern Sie die Wasser- und Mineralstoffversorgung des tropischen Regenwalds in Amazonien (M2, M6).
4 Charakterisieren Sie den Dominoeffekt in Amazonien als positive Rückkopplung (M6).
5 Beschreiben Sie mögliche Konsequenzen der Temperaturentwicklung nach den verschiedenen Szenarien (M5).
6 a) Stellen Sie die durch die Waldvernichtung induzierten Veränderungen in Amazonien in einem Wirkungsgefüge dar (M3, M6, M7).
b) Entwickeln Sie Möglichkeiten zur Reduktion der Waldvernichtung sowie Anpassungsmöglichkeiten an die Veränderungen.

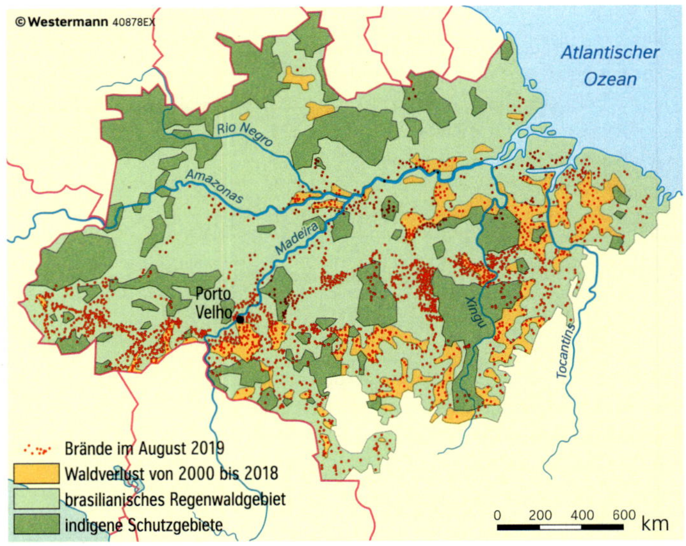

M1 Karte der Waldverluste im brasilianischen Amazonasgebiet

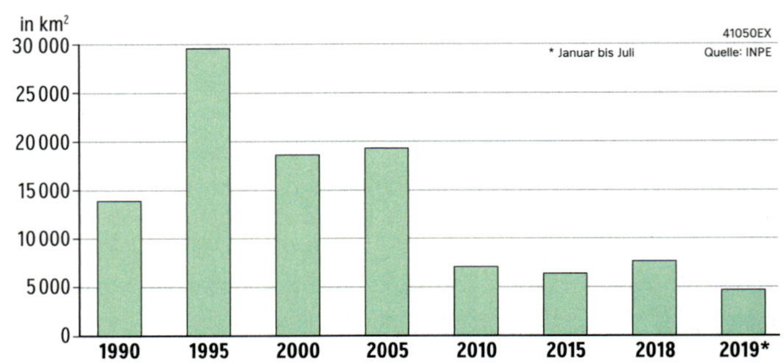

M3 Waldverluste im brasilianischen Amazonasgebiet

Tropische Regenwälder benötigen ein humides Klima mit ganzjährig hohen Temperaturen von mindesten 24 °C und Jahresniederschlägen von meist mehr als 2000 mm. Fruchtbare Böden wie in den Vulkangebieten Südostasiens begünstigen das Wachstum. Sie sind aber nicht zwingend notwendig, denn die Mineralstoffe des Waldes sind überwiegend in seiner Biomasse gespeichert und zirkulieren in einem kurzgeschlossenen Kreislauf: Die bei der Zersetzung des toten organischen Materials freigesetzten Mineralstoffe werden über ein dichtes Wurzel-Pilz-Geflecht (Mykorrhiza) der mehrjährigen Bäume und Sträucher rasch aufgenommen und daher kaum ausgewaschen, sondern größtenteils wieder von den Pflanzen aufgenommen. So wächst der Regenwald gewissermaßen aus sich selbst heraus. Er benötigt in der Regel keinen Mineralstoffnachschub aus dem Untergrund.

Gleichzeitig erzeugt der tropische Regenwald auch sein eigenes, feuchtwarmes „Waschküchen-Klima". Etwa drei Viertel des Niederschlags gibt der Wald über Verdunstung und Transpiration ständig wieder an die Atmosphäre zurück. Diese dort angereicherte Feuchtigkeit kann zum Beispiel als Regen oder Nebel über derselben Fläche dem Wald zurückgeführt werden oder auch woanders abregnen.
Die Konkurrenz um Licht, Mineralstoffe, Wasser und Raum hat in der Evolution des Ökosystems tropischer Regenwald zu zahlreichen Spezialisierungen bei Tieren und Pflanzen geführt und begründet letztlich seine an Land einzigartige Biodiversität.

Aus einigen Klimamodellen lässt sich jedoch ein Überschreiten des Amazonas-Tipping-Points mit nachfolgendem totalem Zusammenbruch des einzigartigen Amazonasregenwaldes noch bis zur Mitte des gerade begonnenen Jahrhunderts ableiten. Besonders betroffen ist der brasilianische Bundesstaat Amazonien. Damit verbunden wären nicht nur dramatische lokale und regionale, sondern auch globale Probleme in ökonomischen, ökologischen und sozialen Bereichen.

M2 Basisinformation

Der Amazonas besitzt das größte Flusseinzugsgebiet der Erde. Rund ein Fünftel des Süßwassers der Erde fließt durch das Amazonasbecken. Hier wächst der größte tropische Regenwald der Erde. Gigantische Mengen von Kohlenstoff, Sauerstoff und Wasser werden in diesem Raum umgesetzt. Der Amazonasregenwald ist dadurch eine der wichtigsten Wetter- und Klimamaschinen der Erde. Zudem beinhaltet das Amazonasgebiet 14 Prozent der globalen **Kohlenstoffdioxidsenken** und stellt neben den Weltmeeren einen der wichtigsten Puffer gegen die Erderwärmung dar. 120 Gigatonnen Kohlenstoff sind hier gespeichert. Das entspricht der Menge von 12 Jahren gegenwärtiger anthropogener Emissionen (9,9 Gigatonnen).

Mit einer Fläche von 6,7 Mio. km² ist der Amazonasregenwald etwa so groß wie die USA. Neun Staaten haben an ihm Anteil, rund zwei Drittel der Fläche entfallen auf Brasilien. Allein dort leben über 400 indigene Bevölkerungsgruppen. Der Wald ist mit etwa 10 Prozent aller terrestischen Tier- und Pflanzenarten auch ein Hotspot der Biodiversität. Er beherbergt einen ungeheuren Artenreichtum: Erfasst sind bereits mehr als 400 Säugetierarten, 1200 Vogelarten, 3000 Fischarten, über eine Million Insektenarten und mindestens 40 000 Pflanzenarten. Viele davon sind **endemisch**.

M4 Alleinstellungsmerkmale Amazoniens

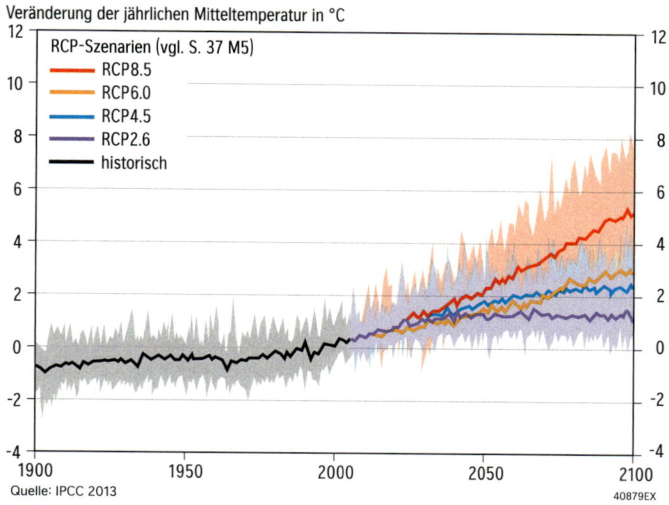

M 5 **Mögliche Temperaturänderungen in Amazonien**

M 7 **Einer der Waldbrände in Amazonien im Jahr 2019**

Tropische Regenwälder besitzen wie alle Ökosysteme komplexe Energieumsätze und vielfältige Materialströme. Sie sind keine komplett abgeschlossenen Ökosysteme. Der Amazonasregenwald und seine angrenzenden Savannen bekommen z. B. Wasser von den vom Atlantik landeinwärts strömenden Passatluftmassen. Deren Niederschläge gelangen aber nur zu geringen Teilen ins Grundwasser oder in die Flüsse. Der größte Teil wird vom Wald wieder an die Atmosphäre zurückgegeben und mit der Luftströmung weiter westwärts transportiert. Dort speist das „Regen-Recycling" eine Kette weiterer kleiner Wasserkreisläufe, bis sich die Luftmassen am Ostrand der Anden abregnen oder vom Gebirge abgelenkt auch den Süden Brasiliens mit Regen versorgen.
Ergänzt wird die Wasserversorgung Amazoniens durch die je nach Jahreszeit und Lage der Innertropischen Kovergenzzone (ITC) verstärkt von Süden oder Norden strömenden Flüsse sowie durch die Schmelzwasser der andinen Gletscher. Sie bringen – anders als die nur im Regenwald entspringenden und daher nährstoffarmen „Schwarzwasserflüsse" – als „Weißwasserflüsse" auch Mineralien von außenhalb in den Wald. Dieser „Mineralstoffimport" wird noch ergänzt durch Staub, den der Passat aus den Trockengebieten Nordafrikas über den Atlantik hinwegweht.

Die **Degradierung** und letztlich mögliche Zerstörung dieses einzigartigen Ökosystems erfolgt seit Jahrzehnten mit unterschiedlichen Motiven und in unterschiedlichen Formen – in Brasilien z. B. überwiegend von Osten und Süden her. Sie hinterlässt dabei immer mehr und immer weiter nach Westen austrocknende Gebiete (Dominoeffekt). Durch fortgesetzten Holzeinschlag, Brandrodungen, Dürren und das Fehlen des zuvor „hausgemachten Regens" gibt es in Amazonien inzwischen 20 – 30 Prozent weniger Regen. Selbst die einst feuchten, feuerresistenten Wälder in zentralen Teilen werden mit ihrer Auflichtung anfälliger für natürliche oder von Menschen gesetzte Feuer. Denn das Sonnenlicht kann dort länger ungehindert zum Boden vordringen und das Unterholz leichter entflammbar machen. Außerdem führen die steigenden Temperaturen zu einer höheren Verdunstung und begünstigen so die Trockenheit am Boden. Inzwischen zeichnet sich ein Muster ab, nach dem die immer stärker unter Trockenstress leidenden Wälder in Abständen von 5 bis 15 Jahren Feuer fangen, weil sich die Trockensaison in den Randgebieten verlängert und Dürreperioden häufiger werden.

Der kritische Punkt, ab dem das bereits stark geschädigte Ökosystem kollabieren könnte, wird von Wissenschaftlern auf 20 bis 25 Prozent Verlust der Gesamtfläche geschätzt. 17 Prozent des ursprünglichen Waldes im Amazonasgebiet sind bereits vernichtet, weitere 17 Prozent geschädigt. Der brasilianische Teil des Waldes besteht längst nicht mehr aus einer einheitlichen Fläche, sondern aus über 300 000 einzelnen Waldfragmenten.

Für brasilianische Forscher, die die Waldverluste mit Satellitenaufnahmen verfolgen, kündigt sich daher bereits ein Wandel zur Savanne an. Sie sehen in den schweren Dürren der Jahre 2005, 2010 und 2016 und den starken Überflutungen in den Jahren dazwischen Zeichen, dass das System zwischen Extremen zu „taumeln" beginnt. In komplexen Systemen gelten solche Oszillationen als mögliche Vorzeichen eines dramatischen Umschwungs. Wann genau der Kippschalter rapide fortschreitender Austrocknung erreicht ist und eine Savannisierung eintreten wird, ist noch unklar. Schon 2050 könnte der Amazonasregenwald aber zu 40 Prozent abgestorben sein, zur Jahrhundertwende 2100 vielleicht sogar schon zu 90 Prozent. Die Hälfte der entwaldeten Fläche würde dann einer Savanne, die andere Hälfte einer Wüste gleichen. Die Region hätte dann ein neues und stabiles Gleichgewicht, aber auf einem völlig anderen, unvorhersehbaren Niveau.

Es gibt aber noch andere Faktoren, die zur Destabilisierung und Austrocknung Amazoniens auch zukünftig beitragen werden:

- Veränderungen der Oberflächentemperaturen im Pazifik und Atlantik: Auslöser der extremen Trockenheit im Jahr 2005 waren z. B. auch die hohen Wassertemperaturen in der Karibik. Diese führten dort zu einem erhöhten Aufstieg der Luftmassen. Die Luft wurde aus dem Amazonasbecken abgezogen und verminderte in Amazonien die Wolkenbildungen.
- Klimamodelle zeigen, dass es bis zum Jahr 2050 in Teilen der Sahara und der Sahelzone feuchter werden kann. Dann würden die Passate weniger Staub über den Atlantik verfrachten und die „Nährstoffdusche" Amazoniens würde geringer ausfallen.

Die Folgen eines partiellen oder gar kompletten Zusammenbruchs der „Weltklimamaschine" und des Ökosystems Amazonasregenwald wären in vielerlei Hinsicht dramatisch: Südamerika drohte wohl großflächig auszutrocknen, eine wegen der enormen Biomasse wichtigsten Senken von Kohlenstoffdioxid würde zu einer der bedeutendsten Quellen von Treibhausgasen, traditionell lebende indigene Völker verlören ihren Lebensraum und ihre ökonomische Basis und die Welt verlöre mit der schwindenden Biodiversität der Lebewesen des Regenwalds einen unersetzlichen Genpool. Die Zeit eines Gegensteuerns ist wahrscheinlich äußerst begrenzt.

M 6 **Veränderungen am Kippelement Amazonasregenwald**

13 MASSNAHMEN ZUM KLIMASCHUTZ

Klimaschutz global – gleiches Ziel, unterschiedliche Wege

Die Ausdünnung der Ozonschicht, die das Leben auf der Erde von der lebensbedrohenden UV-Strahlung der Sonne schützt, wurde in den 1980er-Jahren als globales Problem erkannt. Relativ rasch konnte sich die Weltgemeinschaft damals auf ein Anwendungsverbot von Fluorchlorkohlenwasserstoffen, den Vernichtern des Ozons, einigen. Inzwischen regeneriert sich die Ozonschicht wieder. Wie könnten Lösungen für das viel komplexere Problem der Kohlenstoffdioxid-Reduktion aussehen?

1 Vergleichen Sie die Abbildungen M1 und M3.
2 Charakterisieren Sie Funktionsweise sowie Vor- und Nachteile des Europäischen Emissionshandelssystems (M5).
3 Erläutern Sie die Abbildung M7.
4 Ein zentrales Ziel des Klimaschutzes ist die Dekarbonisierung, die Abkehr der (Energie-)Wirtschaft von der Nutzung kohlenstoffhaltiger Energieträger.
Vergleichen Sie dazu die Beispiele in M5 bis M9.
5 Nennen Sie weitere Möglichkeiten der Dekarbonisierung.
6 Erläutern Sie den Begriff Treibhausgasneutralität.
7 Anders als im Kyoto-Protokoll legen die Staaten seit dem Pariser Klimaschutzübereinkommen 2015 eigene Klimaschutzbeiträge fest. Beurteilen Sie den Wandel.
8 Beurteilen Sie den Klimaschutz einzelner Länder.
↗ WES-101475-010

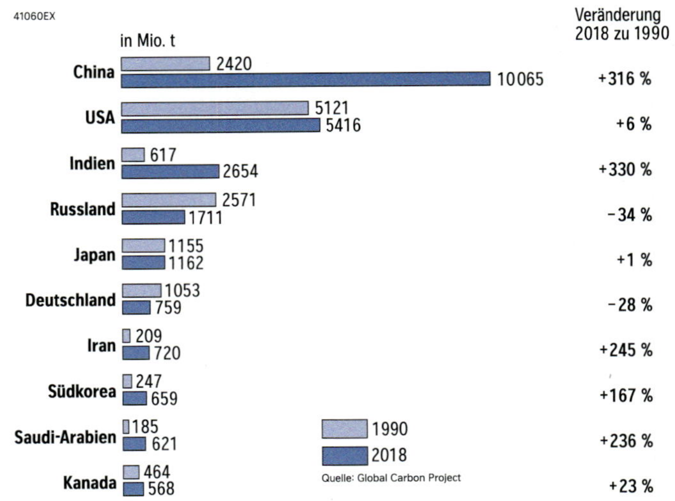

M 1 **CO_2-Emissionen ausgewählter Länder**

Auf der UN-Konferenz für Umwelt und Entwicklung in Rio de Janeiro im Jahr 1992 legten sich rund 170 Staaten erstmals auf eine nachhaltige Entwicklung fest. Die dort verabschiedete Klimarahmenkonvention schuf eine völkerrechtlich verbindliche Grundlage für den globalen **Klimaschutz**. Den Entwicklungs- und Schwellenländern wurde dabei das Recht auf Entwicklung und die Steigerung ihres Kohlenstoffdioxidausstoßes zugestanden. Die Industrieländer sagten zu, ihre CO_2-Emissionen bis zum Jahr 2000 auf das Niveau von 1990 zu reduzieren, und verpflichteten sich 1997 im Klimaprotokoll von Kyoto, bis 2012 zur **Reduktion der wichtigsten Treibhausgase** um 5,2 Prozent gegenüber dem Jahr 1990. Die Europäische Union teilte ihr Soll unter ihren Mitgliedsstaaten auf und organisierte dafür einen marktwirtschaftlichen Handel mit Zertifikaten („Verschmutzungsrechten").

Dennoch stiegen weltweit die Emissionen weiter an, auch weil emissionsstarke, wirtschaftlich aufstrebende Schwellenländer wie China, Indien oder Brasilien nicht an das Protokoll gebunden waren und weil sich z.B. die USA daran nicht beteiligen wollten.
Auf dringenden Rat des Weltklimarates (IPCC) vereinbarten daher 2015 im Pariser Klimaschutzübereinkommen 195 Staaten, die Erderwärmung im Vergleich zum vorindustriellen Zeitalter auf „deutlich unter zwei Grad Celsius" zu begrenzen, idealerweise auf unter 1,5 Grad Celsius. Ein wesentlicher Grund für diese Absenkung des **Klimaziels** war, dass das Eis der Arktis schneller schmolz, als selbst die pessimistischsten Simulationen ergaben. Das weltweite Maximum der Treibhausgasemissionen sollte daher so rasch wie möglich erreicht werden. Für die Zeit nach 2050 wurde **Klimaneutralität** angestrebt, d.h. nicht Nullemissionen, sondern ein Gleichgewicht zwischen z.B. CO_2-Emissionen und ihrem Abbau in Senken.
Anstelle international festgelegter und völkerrechtlich bindender Reduktionsmaßnahmen legen die Staaten jedoch selbst fest, wie sie diese Ziele erreichen. Sie müssen die Erfolge ihrer Klimaschutzbeiträge aber überprüfen lassen und sie gegebenenfalls verschärfen.

M 2 **Basisinformation**

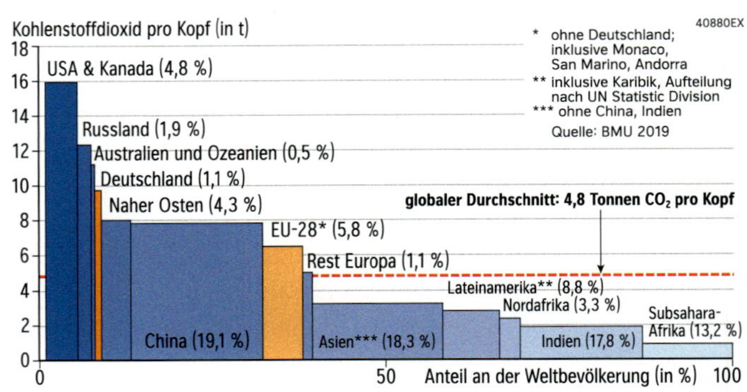

M 3 **CO_2-Emissionen pro Kopf und Anteil an der Weltbevölkerung**

Die angestrebte Klimaneutralität wird enorme Anstrengungen erfordern: Bis zum Jahr 2050 steigt die Weltbevölkerungszahl um etwa zwei Milliarden an und die Weltwirtschaft wird sich voraussichtlich verdreifachen. Nach Angaben des Weltklimarats 2018 ist das 1,5°-Ziel rein rechnerisch noch erreichbar. Unklar ist aber, ob dies politisch, wirtschaftlich und praktisch noch umsetzbar ist.

Möglich wären:
- umfassende Strategien
  - z.B. Mitigation – Verminderung von Emissionen und **Reduktion der** bereits emittierten **Treibhausgase**
  - z.B. Adaption – Anpassungen an die unvermeidbaren Folgen des Klimawandels
- geeignete Maßnahmen
  - z.B. Effizienzsteigerung (Verkehr, Wärmedämmung, Energieverbrauch von Geräten), Deicherhöhung
- passende Instrumente
  - z.B. Emissionsgesetze und ihre Umsetzung, wie z.B. in der Technischen Anleitung Luft (TA Luft)

M 4 **Klimaschutz: Wege und Probleme**

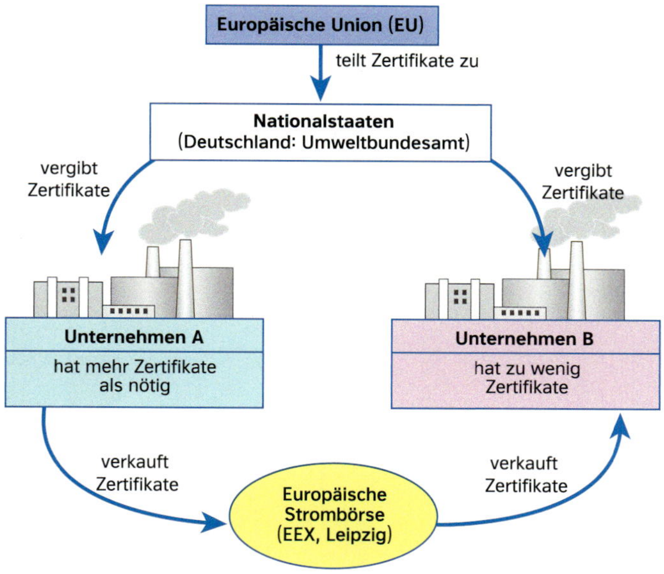

Das 2005 eingeführte Europäische Emissionshandelssystem (EHS) ist ein organisierter Markt für Strom, der wie eine Wertpapierbörse funktioniert. Die Europäische Union vergibt dabei entsprechend der Reduktionsziele ihrer Mitglieder (plus Norwegen, Liechtenstein und Island) Verschmutzungsrechte (Zertifikate), die dann an rund 12 000 Unternehmen weitergegeben werden – in Deutschland an etwa 1900 fossil befeuerte Kraftwerke, stromintensive Unternehmen der Aluminium-, Zement, Eisen-, Stahl, Papier-, Zellstoffindustrie und der mineralverarbeitenden Industrie, seit 2012 auch an den Flugverkehr. Die Unternehmen können nicht benötigte Zertifikate über die EEX, nationale Börsen, Makler oder auch untereinander verkaufen (z. B. wegen getätigter Einsparungen) und müssen bei zu hohen eigenen Emissionen (z. B. bei Produktionssteigerungen) Zertifikate zukaufen, um ihre Emissionen zu kompensieren.

In beiden Fällen wird der CO_2-Ausstoß reduziert, denn die Unternehmen investieren letztlich in umweltschonende Technologien, weil sie damit ihre Ausgaben senken. Das EHS wurde zu einem zentralen Instrument des Klimaschutzes, denn erstmals in der Menschheitsgeschichte bekam Kohlenstoffdioxid einen Preis. Doch das System wurde zunehmend kritisiert: Zu Beginn des Handels seien zu viele und zudem meist kostenlose Zertifikate ausgegeben worden, die beteiligten Unternehmen verantworteten nur ca. die Hälfte der EU-Emissionen, die vorgesehene mengenmäßige Reduzierung der Zertifikatzuteilung funktioniere nicht wie gedacht. Die EU wird daher ab 2021 nach und nach Zertifikate aus dem Markt nehmen. Seit 2019 steigt ihr Preis daher schon deutlich an.

M 5 Das Europäische Emissionshandelssystem (EHS)

Die Verbrennung von Kohle lieferte im Jahr 2019 etwa 40 Prozent des Stroms weltweit. Sie verursachte die höchsten anthropogenen CO_2-Emissionen. Gleichzeitig sterben nach Schätzungen infolge der Luftbelastungen durch die Verbrennung der Kohle jährlich etwa 800 000 Menschen. Daher sind der 2015 unter Führung des Vereinigten Königreichs und Kanada gegründeten Anti-Kohle-Allianz inzwischen rund 100 Staaten, Bundesstaaten und Unternehmen beigetreten. Der Einsatz des „schmutzigsten fossilen Energieträgers" soll so bis spätestens 2030 beendet werden. Weitere Teilnehmer sind u. a. Österreich, Costa Rica, Deutschland, Niederlande, Schweden, Tuvalu, Vanuatu, Kalifornien, Ontario, Oregon, Rotterdam, Los Angeles, Marks and Spencer (GB), Unilever (GB), Electricité de France (F).

M 6 Die Anti-Kohle-Allianz – eine interessante Gruppierung

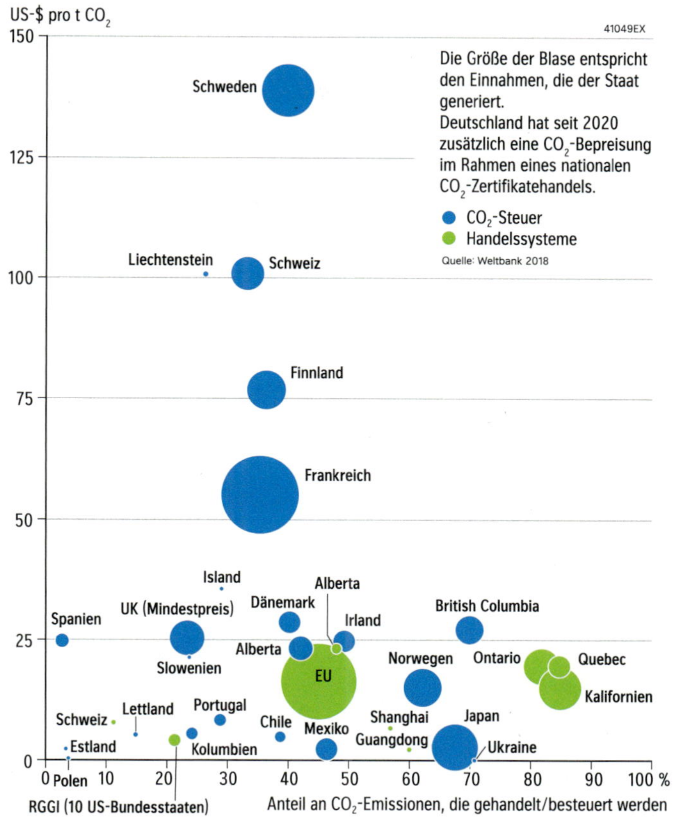

M 7 Unterschiedliche Wege der CO_2-Reduktion

Das Mutterland der Industrialisierung ist zum Vorreiter des Kohleausstiegs geworden: Es verpflichtete sich 2008 auf eine Reduzierung des Treibhausgasausstoßes bis zum Jahr 2050 um 80 Prozent im Vergleich zu 1990. Bereits bis 2025 sollen alle Kohlekraftwerke vom Netz gehen, 2030 soll der gesamte Energiesektor dekarbonisiert sein.

Ein Testlauf gelang 2019: 18 Tage lang produzierten die Kohlekraftwerke keinen Strom. Denn das Land hat inzwischen die Stromerzeugung mit erneuerbaren Energien und Gaskraftwerken ausgebaut und will an der Kernenergie bis 2035 festhalten. Ein Grund für die rasche Abkehr von der Kohle ist, dass das Land 2013 zusätzlich zum Europäischen Zertifikatehandel eine CO_2-Bepreisung einführte. Da die Preise pro Tonne Kohlenstoffdioxid deutlich über den Zertifikatspreisen festgesetzt werden, lohnen sich die Kohlekraftwerke gegenüber emissionsärmeren Gaskraftwerken immer weniger.

M 8 Das Vereinigte Königreich – Vorreiter der Dekarbonisierung

M 9 Die Kohle geht, die Sonne kommt

Klimaschutz global – die Zeit drängt

In vielen Regionen der Welt ging ein Anstieg der Wirtschaftsleistung bisher mit einem Anstieg der Kohlenstoffdioxidemissionen einher. Zum Schutz des Klimas soll aber der CO_2-Ausstoß reduziert werden, ohne die Wirtschaftsleistung zu gefährden. Zugleich sind jedoch die Ziele des Pariser Übereinkommens immer schwerer erreichbar. Wie könnten rasch und umfassend wirkende Strategien und Maßnahmen aussehen?

1. Beschreiben Sie die sich entwickelnde Diskrepanz (M1).
2. Erläutern Sie die Begriffe CO_2-Budget und negative Emissionen (M2).
3. Erörtern Sie Geoengineering aus verschiedenen Sichtweisen, wie z. B. Umweltrelevanz, Völkerrecht, Ethik, Ökonomie, Technologie (M5 – M8).
4. Die USA haben 2019 unter Präsident Donald Trump das Pariser Übereinkommen aufgekündigt. Bewerten Sie diesen Schritt (M1 – M8, S. 44 / 45).
5. Um das 2-Grad-Ziel einzuhalten, müsste der Anteil der Treibhausgase bis 2100 bei rund 450 ppm Kohlenstoffdioxid-Äquivalenten stabilisiert werden. Erörtern Sie mögliche Maßnahmen, wenn sich um 2050 abzeichnet, dass der Wert nicht eingehalten werden kann.

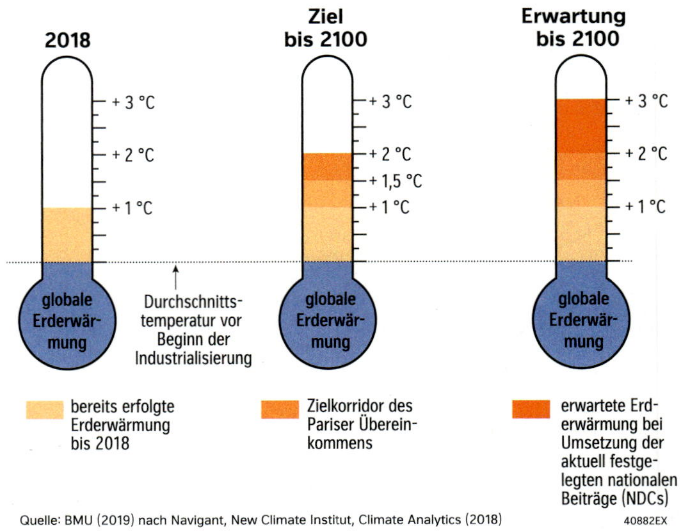

M 1 Eine nüchterne Feststellung

2019 wurden weltweit etwa 42 Gigatonnen (Gt) Kohlenstoffdioxid emittiert, Tendenz steigend. Für das im Pariser Abkommen anvisierte Zwei-Grad-Ziel müssten die Treibhausgase stark reduziert werden – bis 2030 um 45 Prozent und bis 2050 auf null. Das dafür noch verbleibende Emissionsbudget von circa 1170 Gigatonnen (Gt) würde unter aktuellen Emissionen schon in etwa 26 Jahren erschöpft sein. Für das 1,5-Grad-Ziel wäre das mit 420 Gt CO_2 deutlich kleinere Budget sogar schon in knapp 10 Jahren aufgebraucht. Je später die Maßnahmen zur Emissionsminderung einsetzen, desto einschneidender werden sie sein müssen, um die **Klimaziele** noch zu erreichen. Die meisten Prognosen deuten aber inzwischen bereits eine Temperaturerhöhung um gut 3 Grad Celsius bis zum Jahrhundertende an.

Damit jedoch nicht genug: Eine Welt ganz ohne Emissionen ist auch auf lange Zeit nicht vorstellbar und die in der Atmosphäre bereits vorhandenen Gase werden noch lange nachwirken. Ergänzend zur Reduktion der Emissionen muss daher spätestens ab etwa der Jahrhundertmitte der Atmosphäre in großem Maßstab Kohlenstoff entzogen werden. Das ist nicht nur notwendig, um mittelfristig mit solchen „Negativemissionen" das Budget einzuhalten und die Erderwärmung zu begrenzen, sondern auch um diese langfristig zu vermindern.

Der politische Wille, der organisatorische und finanzielle Aufwand und die technologischen Herausforderungen allein bis 2050 werden enorm sein müssen. Doch rechtzeitiger und wirksamer Klimaschutz rechnet sich: Experten veranschlagen dafür Kosten von etwa einer Billion US-Dollar pro Jahr. Sie rechnen aber auch die weit höheren Schäden durch den Klimawandel dagegen. Um das Zwei-Grad-Ziel einzuhalten, müssten z. B. nach Angaben der Weltbank die Preise für CO_2-Emissionen bis 2030 weltweit auf 50 – 100 US-Dollar pro Tonne steigen. Nach Angaben des Umweltbundesamts liegen die Klimaschäden durch eine Tonne CO_2 aber bereits bei 180 Euro.

M 2 Basisinformation

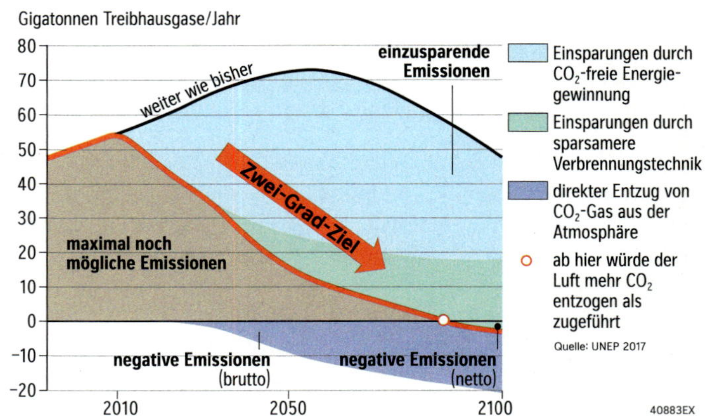

M 3 Ein möglicher Weg zur Klimaneutralität

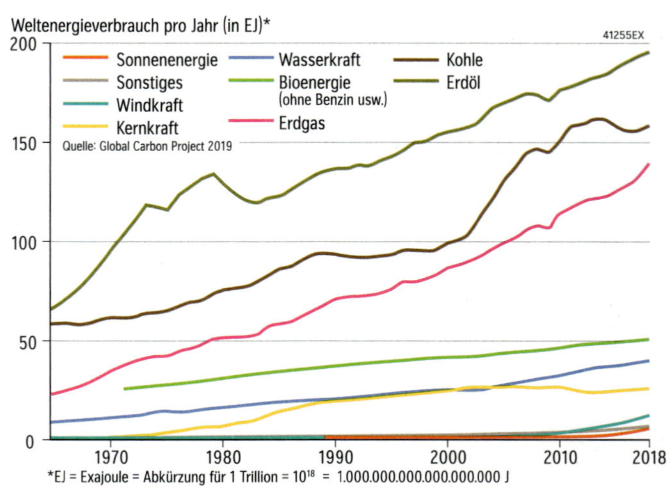

M 4 Globaler Energieverbrauch

Zur Schadensbegrenzung bei unerwarteten Folgen des Klimawandels oder durch nicht ausreichende Emissionsminderungen werden Maßnahmen des **Geoengineering** (Climate Engineering) diskutiert.

1. *Carbon Dioxide Removal Techniques (CDR)* greifen in den Kohlenstoffkreislauf ein: Kohlenstoffdioxid soll durch technisches Herausfiltern, durch Aufforstung, Gewinnung von Biokohle und einer durch Düngung verstärkten Fotosynthese mariner Algen aus der Atmosphäre entfernt und unterirdisch oder submarin eingelagert werden.
2. *Radiation Management (RM)* greift in den Strahlungshaushalt ein: Reflexion des Sonnenlichts an Spiegeln im Weltall, künstlich erzeugte Wolken und Aerosole in der Atmosphäre.

Wegen hoher Kosten, nicht gesicherter Wirkung, völkerrechtlicher und ethischer Probleme ist Geoengineering aber sehr umstritten.

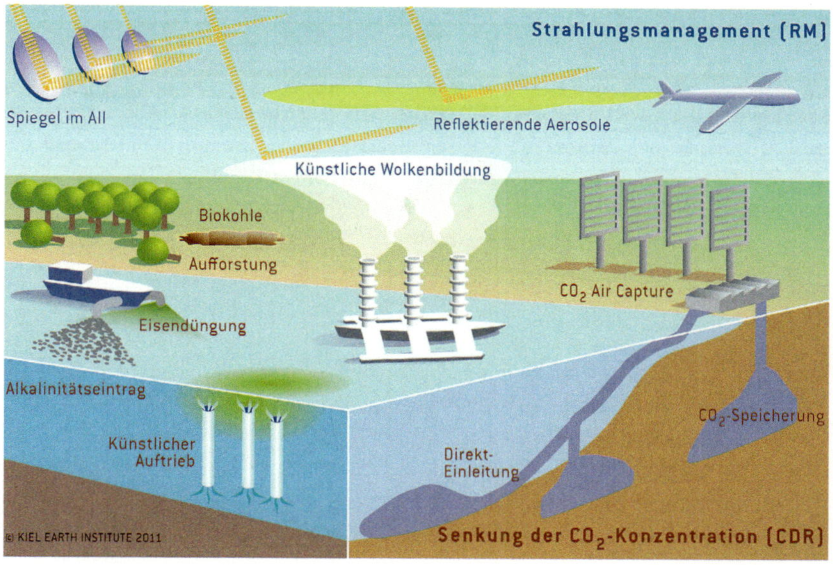

M 5 Mitigation mit Geoengineering

Wälder sind gute CO_2-Senken, weil Bäume Kohlenstoffdioxid in Biomasse einlagern und aus Holz langlebige Produkte wie Möbel, Dachstühle oder ganze Häuser entstehen. Zudem werden für jede Tonne Kohlenstoff, die in Holzprodukten gespeichert wird, Emissionen von 1,2 Tonnen Kohlenstoff durch Konkurrenzprodukte wie Stahl, Zement, Aluminium- oder Kunststofffenster vermieden.

Bisher wurden aber etwa 50 Prozent aller natürlichen Waldflächen vernichtet. Forscher meldeten jedoch 2019, dass rund 900 Millionen Hektar wieder bewaldet werden könnten. Theoretisch würden so der Atmosphäre etwa zwei Drittel der anthropogenen Kohlenstoffdioxidemissionen wieder entnommen werden. Dieser zunächst als effektivste Klimaschutzoption hoch beachtete Vorschlag wurde jedoch bald kritisiert: Woher in kurzer Zeit die nötigen Samen und Setzlinge nehmen? Mit was aufforsten, wenn die aufwachsenden Bäume selbst Opfer des Klimawandels werden? Das aufforstbare Flächenpotenzial sei fünffach überschätzt, Aufforstungen auf erodierten und degradierten Böden funktioniere kaum, Savannen und Moore würden als Kohlenstoffdioxidspeicher unterschlagen. Die Wiederaufforstung könne ein wichtiger Baustein einer umfassenderen Handlungsstrategie sein, aber schnelle Bremseffekte für die Erderwärmung seien so nicht zu erwarten.

M 6 Mitigation mit Aufforstungen – (k)ein Königsweg?

• *Eisendüngung:* Eisen ist im Meer vielerorts ein Mangelstoff. Nach seiner Zugabe ins Wasser bilden sich daher Algenblüten. Stirbt das Phytoplankton ab, sinkt der aufgenommene Kohlenstoff mit ihm in die Tiefsee.

Lokale Untersuchungen einer durch Vulkanismus bedingten starken natürlichen Eisendüngung sowie künstliche Eisendüngungen kleiner Seegebiete konnten jedoch nur geringe Kohlenstoffverlagerungen belegen.

• *CO_2-Abscheidung und CO_2-Speicherung:* wird auch als CO_2-Sequestrierung oder CCS (engl.: Carbon Dioxide Capture and Storage) bezeichnet: Durch die Abscheidung von CO_2 bei der Verbrennung und dessen Speicherung in ausgebeuteten Gas- oder Erdöllagerstätten oder im Meeresboden könnten 65 – 80 Prozent des CO_2 dauerhaft aus der Atmosphäre ferngehalten werden.

Pilotanlagen zeigen aber, dass die CCS-Technik den Verbrauch fossiler Brennstoffe um bis zu 40 Prozent erhöht, d. h., dass die Effizienz der Kraftwerke sinkt. Weiterhin musste zum Beispiel im norwegischen Gasfeld Snøhvit die Verpressung von CO_2 eingestellt werden, weil der Gasdruck die über den Speicherschichten liegenden, isolierenden Gesteinsschichten zu zerreißen drohte.

M 8 Geoengineering – Projekte und Erfahrungen

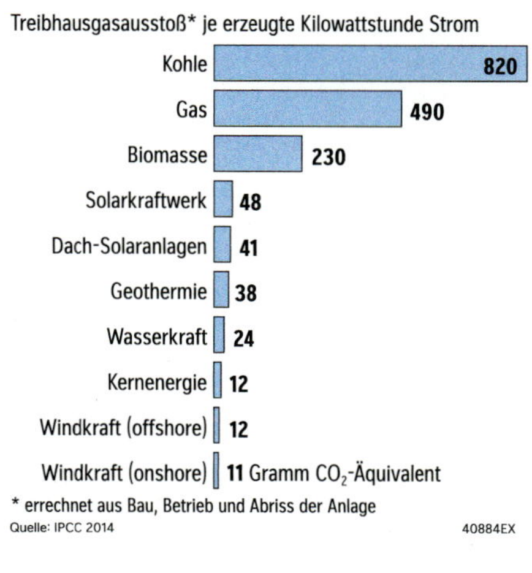

Von der „Wiege“ bis zur „Bahre“ – vom Aufbau, über den laufenden Betrieb, bis zum Abbau – es gibt keine Anlage zur Energiegewinnung, die über ihren gesamten Lebenszyklus gesehen keine Auswirkungen auf die Umwelt hat. Regierungen, Unternehmen und ganze Gesellschaften müssen daher entscheiden, welche Art der Stromerzeugung für sie nach den Kriterien der Nachhaltigkeit sinnvoll, akzeptabel und gestaltbar ist. Die wichtigsten Entscheidungen werden stets politischer Natur sein – beeinflusst von Machtverhältnissen, echten oder vermeintlichen Zwängen, natürlichen und historischen Gegebenheiten, aber auch von moralisch-ethischen Bewertungen. Beispiel: Selbst der IPCC bewertete die im Betrieb CO_2-neutrale, im Lebenszyklus mit vergleichsweise geringen Treibhausgasemissionen behaftete Kernenergie als eine für den Klimaschutz wichtige Brückentechnologie, bis bessere Technologien verfügbar wären.
Diese eindimensionale Sichtweise blendet aber aus, dass im Betrieb Nuklearunglücke wie in Harrisburg, Tschernobyl und Fukushima schon vorkamen und vergleichsweise dramatische, weitreichende Folgen hatten und dass im Betrieb hochradioaktives Material entsteht, das über Zehntausende Jahre sicher und kontrollierbar von allen für das Leben wichtigen Sphären abgeschottet werden muss.

M 7 Gesucht: klimafreundliche Energie

Klimakonferenzen – Realität und Simulation

Die gemeinsame Verantwortung für nachhaltige Entwicklung, für Klimaschutz und Erhaltung der Biodiversität war die zentrale Botschaft der UN-Konferenz von Rio de Janeiro 1992. Seither bemüht sich die Weltgemeinschaft in weiteren Konferenzen, diese Botschaft in konkrete, von allen Beteiligten akzeptierte Klimaschutzziele zu fassen und für deren Umsetzung Handlungsempfehlungen zu geben. Inwieweit können bei der Entwicklung und Bewertung von Schutzmaßnahmen und Anpassungsstrategien auch Simulationen von Klimakonferenzen hilfreich sein?

1 Analysieren Sie M3 (Internet).
2 Begründen Sie die oft lange Dauer zwischen Unterzeichnung und Rechtsgültigkeit internationaler Verträge (M2).
3 Spielen Sie mit Ihrer Lerngruppe das auf Seite 49 dargestellte Rollenspiel einer UN-Klimakonferenz. ↗ *WES-101475-011*
Eine gute Hilfestellung zur Vorbereitung, Durchführung und Auswertung bietet die Broschüre: „Simulationsorientiertes Rollenspiel World Climate, Hrsg.: Ministerium für Kultus, Jugend und Sport in Baden-Württemberg“. ↗ *WES-101475-012*

M1 **Teilnehmer der 25. Weltklimakonferenz in Madrid 2019**

Konferenzen sind Veranstaltungen, um Themen zu diskutieren. Die Positionen der Teilnehmer können dargelegt und geklärt werden. Es bilden sich eventuell Allianzen und im Idealfall treffen die Teilnehmer Absprachen und Entscheidungen, die alle Beteiligten mittragen. Konferenzen wie Klassen-, Schul-, Minister- oder UN-Konferenzen sind etwas Alltägliches und unterscheiden sich nur durch Themen und Ziele, Teilnehmer, Veranstaltungsort und Verlauf.

UN-Konferenzen zeigen jedoch einige Besonderheiten: Es werden stets global bedeutende Themen behandelt. Es sind zudem nahezu alle Staaten der Erde vertreten und die Veranstaltungsorte wechseln jährlich. Die mediale Aufmerksamkeit ist unter anderem deshalb hoch. Der Verlauf der UN-Konferenzen ist aber nicht selten zäh und die Ergebnisse verfehlen die Erwartungen. „Nach der Konferenz“ ist dabei meist gleichbedeutend mit „vor der nächsten Konferenz“.
Im Vorfeld zu jeder Klimakonferenz beispielsweise tagen in den Teilnehmerstaaten bereits mehrere Arbeitskreise, holen Expertenwissen ein, nutzen Simulationen, wie z. B. „World Climate“, legen mögliche Verhandlungsstrategien fest, bereiten Textentwürfe vor und suchen Verbündete. Auf der Konferenz verhandeln dann die Teilnehmer. Erst gegen Ende der meist einwöchigen Konferenz treffen die Staatschefs ein, verhandeln die noch offenen Fragen und unterzeichnen die Abschlusserklärungen. Vertragliche Festlegungen werden im Protokoll festgehalten. Sie erlangen ihre völkerrechtliche Verbindlichkeit aber oft erst viel später durch die Ratifikationen der Vertragspartner. Ratifikationen sind innerstaatliche Verfahren, mit denen völkerrechtliche Verträge in nationales Recht umgesetzt werden. In Deutschland erfordert dies ein Zustimmungsgesetz der Legislative (Bundestag, Bundesrat) zum Vertrag.
Der Bundespräsident schließt mit seiner Unterschrift die Verträge ab. Das am 4. Dezember 2015 von 197 Staaten auf der Klimakonferenz in Paris abgeschlossene und unterzeichnete Klimaschutzabkommen trat z. B. erst am 4. November 2016 in Kraft, nachdem es von 55 Staaten, die mindestens 55 Prozent der globalen Treibhausgase emittieren, ratifiziert worden war.

M2 **Basisinformation**

Genf: 1. Weltklimakonferenz	1979	Gründung des WCP (Weltklimaprogramm)
Toronto: Klimakonferenz über Veränderungen der Atmosphäre	1988	Gründung des IPCC
Genf: 2. Weltklimakonferenz	1990	I. IPCC-Bericht
Rio de Janeiro: „Erdgipfel“	1992	Klimarahmenkonvention
Berlin: COP 1	1995	„Berliner Mandat“
Genf: COP 2	1996	2. IPCC-Bericht
Kyoto: COP 3	1997	Kyoto-Protokoll
Buenos Aires: COP 4	1998	
Bonn: COP 5	1999	
Den Haag / Bonn: COP 6	2000	
Marrakech: COP 7	2001	3. IPCC-Bericht
Neu-Delhi: COP 8	2002	
Mailand: COP 9	2003	
Buenos Aires: COP 10	2004	
Montreal: COP 11	2005	Kyoto-Protokoll in Kraft
Nairobi: COP 12	2006	
Bali: COP 13	2007	4. IPCC-Bericht
Posen: COP 14	2008	
Kopenhagen: COP 15	2009	2 °C-Ziel (unverbindlich)
Cancún: COP 16	2010	
Durban: COP 17	2011	
Doha: COP 18	2012	Verlängerung des Kyoto-Protokolls bis 2020
Warschau: COP 19	2013	
Lima: COP 20	2014	5. IPCC-Bericht
Paris: COP 21	2015	Klimaabkommen von Paris • Begrenzung der Erderwärmung auf 2 °C, möglichst 1,5 °C • Gleichgewicht zwischen dem Ausstoß und der Aufnahme von CO_2 bis Mitte dieses Jahrhunderts • Unterstützung der ärmsten Länder • länderspezifische Klimaziele (regelmäßige Steigerung und Überprüfung)
Marrakech: COP 22	2016	
Bonn: COP 23	2017	• erstmaliger Vorsitz eines Inselstaates (Fidschi) • Weiterentwicklung eines „Regelbuchs“ zur Umsetzung des Paris-Abkommens
Kattowitz: COP 24	2018	• Verabschiedung des Regelbuchs • Erweiterung der Klimaschutzzusagen
Madrid: COP 25	2019	
Glasgow: COP 26	2020	

©Westermann 39028EX_3

M3 **Klimakonferenzen und ihre wichtigsten Ergebnisse**

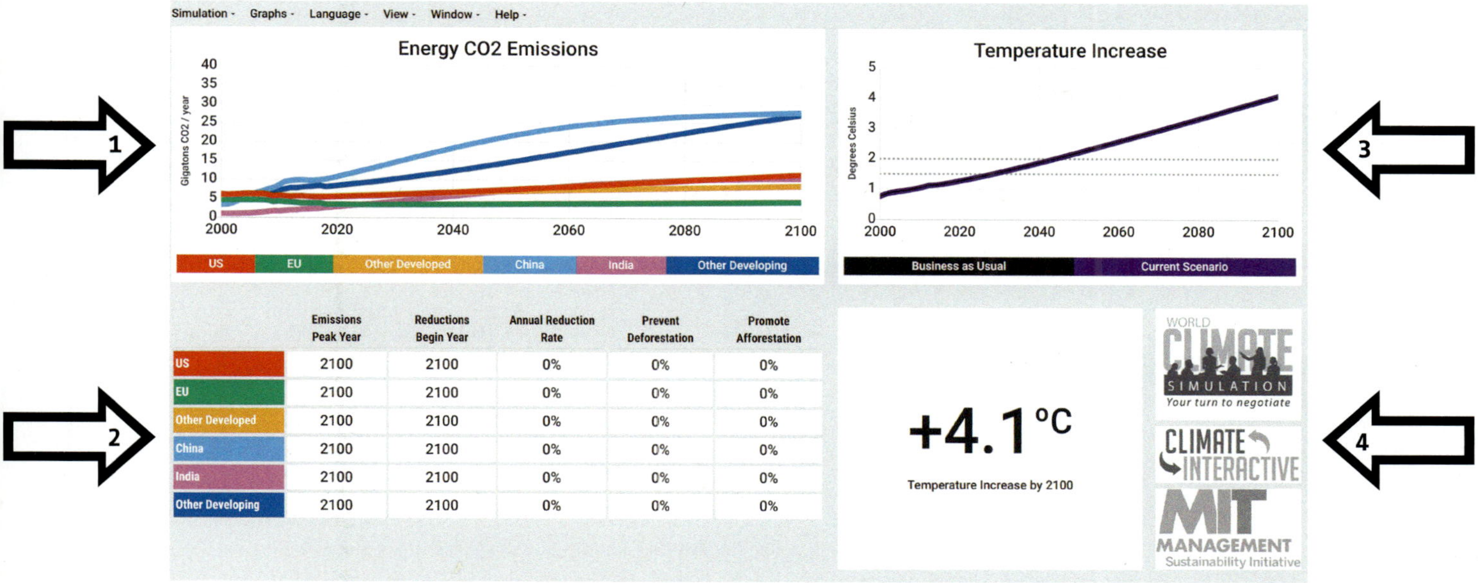

1. Entwicklung Emissionen (der Entscheidung entsprechend)
2. Eingabe Ihrer Entscheidungen
3. Entwicklung der globalen Mitteltemperatur
4. Abweichung globale Mitteltemperatur 2100

M 4 Das simulationsbasierte Rollenspiel World Climate: Startbildschirm der Simulation im „Business-as-usual-Scenario"

World Climate ist ein Rollenspiel, bei dem Sie als Konferenzteilnehmer einer UN-Klimakonferenz auftreten. Ziel der Konferenz ist es, Maßnahmen und **Anpassungsstrategien** zu entwickeln, um die Erderwärmung dem Pariser Klimaabkommen entsprechend auf maximal 2 °C über dem vorindustriellen Niveau zu begrenzen. World Climate beinhaltet eine Simulation, bei der die Folgen getroffener Klimaschutzmaßnahmen sofort durch die unterlegte Software „C-ROADS", die die Dynamik des Klimasystems widerspiegelt, berechnet und visualisiert werden können. Die Simulation ermöglicht Ihnen als Entscheidungsträger, Maßnahmenvorschläge auf ihre Wirksamkeit zu bewerten. Sie können im Rollenspiel auch strategische Allianzen schmieden und deren Erfolgschancen testen. World Climate ist kostenfrei, kann offline und online gespielt werden. Es wird in Schulen / Institutionen weltweit gespielt und wurde / wird auch von wichtigen politischen Akteuren zur Vorbereitung von UN-Konferenzen zum Klimaschutz genutzt.

Spieler
World Climate kann als 3 bzw. 6 Regionen-Spiel (6 bis 18 oder mehr als 18 Teilnehmer) gespielt werden. In beiden Fällen sind zusätzliche, aber nicht stimmberechtigte Lobby-Gruppierungen möglich, z. B. Klimaaktivisten, Lobbyisten für fossile Brennstoffe und die Atomwirtschaft oder auch Vertreter freiwilliger Klimabündnisse.

Zeitaufwand
Es werden etwa 3 Stunden benötigt (zwei für das Rollenspiel, eine für die Nachbesprechung; 30- bis 60-minütige Kurzversion ist mit verkürzten Rollen und Verhandlungen möglich).

Material
Folgende Arbeitsmittel sind notwendig:
- Whiteboard, Tafel, Projektor
- Computer mit „C-ROADS World Climate" ↗ *WES-101475-011* (über den Link sind auch Tisch- und Rollenkarten sowie weitere Materialen zu erhalten)

M 5 World Climate: Ziele, Merkmale, Voraussetzungen

Arbeitsschritte

1. Vorbereitungs- und Organisationsphase
- Bereiten Sie die Räumlichkeiten und Materialien vor (Projektion, Sitzordnung, Tisch- und Rollenkarten).
- Verteilen Sie die Rollen und Rollenkarten. Hinweis: Die Delegationsgröße kann den Anteil des jeweiligen Landes an der Weltbevölkerung widerspiegeln.

2. Einführungsphase
- Der UN-Generalsekretär eröffnet die Konferenz:
  - Begrüßung und Kurzcharakteristik der Delegationen
  - Einführung in den World-Climate-Simulator
  - Demonstration der bisherigen sowie projizierten Emissionen und der Temperaturentwicklung.

3. Erste Arbeits- und Präsentationsphase
- Analysieren Sie mithilfe Ihrer Rollenkarte ihre Position.
- Entscheiden Sie, in welchem Jahr Ihre Gruppe ihr CO_2-Emissionswachstum stoppen will, mit welchen Jahresraten die Emissionen gesenkt werden sollen und wie viel Abholzung vermieden werden bzw. Aufforstung stattfinden soll.
- Präsentieren Sie Ihre Entscheidung im Plenum.
- Schätzen Sie ab, welche Temperaturentwicklung sich auf Basis der Vorschläge bis 2100 ergeben könnte.

4. Erster Simulationsverlauf
- Geben Sie Ihre Daten in das Programm ein.
- Erörtern Sie das erste Gesamtergebnis im Plenum.

5. Verhandlungsrunden und weitere Simulationen
- Entwickeln Sie in Ihrer Gruppe alternative Vorschläge.
- Entwickeln Sie in Verhandlungen mit anderen Delegationen zielführende Maßnahmenvorschläge und überprüfen Sie diese durch erneute Simulationen.
- Bewerten Sie die jeweiligen Simulationsergebnisse.

6. Nachbereitung
- Reflektieren Sie Verlauf und Ergebnisse der Konferenz.

Materialpool World Climate

Die Industrieländer haben seit Beginn der Industrialisierung insgesamt etwa 90 Prozent aller Emissionen von Treibhausgasen zu verantworten, stellen aber nur etwa ein Fünftel der Weltbevölkerung. Trotz gemeinsamer Ziele ist die Interessenslage der Länder der Erde daher auch bei Klimakonferenzen höchst unterschiedlich. Die dargestellten Rollenkarten bieten Hintergrundinformationen für die an einer Weltklimakonferenz teilnehmenden Delegationen.

1. Wählen Sie Ihre Spielvariante und ergänzen bzw. aktualisieren Sie gegebenenfalls Ihre Rollenkarte mit weiteren Aspekten.
2. Bewerten Sie bei Ihrer Positionsbestimmung auch die Vorgaben der Klimarahmenkonvention.
3. Erstellen Sie nach Ablauf des Spiels und der Nachbesprechung eine Pressemitteilung über Verlauf und Ergebnisse Ihrer Konferenz.

	Bevölkerung (in Mio.)	BNE pro Kopf in US-$ (KKP)	ökol. Fußabdruck (in gha pro Kopf) *
EU	513,0	44 270	5,5
USA	329,2	63 390	8,1
andere Industrieländer: Bsp. Japan	126,2	45 000	4,5
China	1398,0	18 140	3,6
Indien	1391,9	7 680	1,2
andere Entwicklungsländer: Bsp. Bolivien	11,5	7 670	2,9

Quelle: Deutsche Stiftung Weltbevölkerung, Global Footprint Network 2019

M 1 Daten ausgewählter Länder / Ländergruppen im Jahr 2019

„Die Vertragsparteien sollen auf der Grundlage der Gerechtigkeit und entsprechend ihren gemeinsamen, aber unterschiedlichen Verantwortlichkeiten und ihren jeweiligen Fähigkeiten das Klimasystem zum Wohl heutiger und künftiger Generationen schützen."

UN: Rahmenübereinkommen der Vereinten Nationen über Klimaänderungen, Art. 3, Absatz 1, http://unfccc.int, 1992, Stand: 08 / 2020

1. Verursacherprinzip:
Hohe Verantwortung tragen Staaten, die am meisten Kohlenstoffdioxid (insgesamt und pro Kopf) ausstoßen und ausgestoßen haben.

2. Leistungsprinzip:
Die Staaten leisten ihren Beitrag entsprechend ihrer Möglichkeiten (z. B. ihrer Wirtschaftskraft) oder ihres technologischen Know-hows.

M 2 Klimarahmenkonvention und die ihr zugrunde liegenden Prinzipien

Volksrepublik China

China ist das bevölkerungsreichste Land und der größte CO_2-Emittent der Welt. Es ist durch den Klimawandel stark gefährdet, da wichtige Naturressourcen wie Wasser, Boden und Luft bereits hoch belastet sind und Dürren, Wasserverschmutzung, Hitzewellen und Überschwemmungen wachsenden Druck auf wichtige Systeme ausüben.

unsere Verhandlungsposition

öffentliche Meinung
Chinas Bevölkerung möchte in einer gesunden Umwelt leben und seinen Lebensstandard erhöhen. Dazu gehören auch die nötigen Mittel, um Nahrung, Gesundheit, Wohnraum, menschenwürdige Arbeitsbedingungen, Mobilität und die nationale Sicherheit zu gewährleisten. Ohne zusätzliche Bereitstellung von Energie wird das nicht gehen. Allein unser Strombedarf wächst jährlich um die Menge, die Deutschland in einem Jahr verbraucht.
Viele Menschen bei uns glauben, dass der Klimawandel real ist. Aber weit weniger Menschen unterstützen Abkommen, um den Problemen des Klimawandels entgegenzuwirken.

nationale Maßnahmen
Unser oberstes Ziel ist es, unser Recht auf Fortschritt zu verteidigen. Wir wissen, dass unsere Abhängigkeit von fossilen Brennstoffen negative gesundheitliche Folgen hat. 2015 haben wir uns in Paris verpflichtet, spätestens 2030 den Höhepunkt unserer CO_2-Emissionen zu erreichen. Wir werden daher die emissionsfreie Stromerzeugung noch stärker als bisher ausbauen. Aber der Volkskongress hat 2020 zur Sicherung unserer Energieversorgung und zur Förderung der Wirtschaft die Kohleverstromung immer noch für wichtiger erklärt als Sonnen- und Windenergie. Ein noch 2017 geplanter Emissionshandel wird nicht eingeführt.

Chancen
Unsere Wirtschaft wächst rasch, die Bekämpfung des Klimawandels ist daher nur eines von vielen Problemen. Abkommen zur Emissionsbegrenzung würden neben der Verlangsamung des Klimawandels auch die lokale Luftverschmutzung reduzieren, die Gesundheit unserer Bevölkerung verbessern und so auch politische Unruhen vermeiden.

Wald und Landnutzung
Programme zum Schutz der Wälder können Treibhausgasemissionen senken. Wir haben zwar die Möglichkeit, diese durch REDD-Politik (Reduktion der Emissionen durch Entwaldung und Landdegradierung) zu reduzieren – wir forsten auch auf. Doch in den Ländern mit den größten noch erhaltenen Tropenwäldern wird leider noch immer stark abgeholzt.

Indien

Unsere oberste Priorität ist es, den Lebensstandard in Indien zu erhöhen. Dieser liegt jedoch weit unter dem der Industrieländer und sogar unter dem Chinas. Rund 15 Prozent der Landbevölkerung haben noch keinen Zugang zu Strom. Indiens Stromnetze sind staatlich, die Energieerzeugung jedoch privatwirtschaftlich.

unsere Verhandlungsposition

öffentliche Meinung
Unsere Bevölkerung möchte in einer gesunden Umwelt leben, aber auch ihren Lebensstandard erhöhen: Dazu gehören auch die nötigen Mittel, um menschenwürdige Arbeitsbedingungen, Wohnraum, Nahrung, Gesundheit, Mobilität und die nationale Sicherheit zu gewährleisten.
Viele Menschen bei uns glauben, dass der Klimawandel real ist. Deutlich weniger unterstützen Abkommen, um den Problemen des Klimawandels entgegenzuwirken. Unsere oberste Priorität ist die Bekämpfung der Armut.

Chancen
Das Potenzial an erneuerbaren Energien, vor allem Sonne, aber auch Wind und Biomasse in Indien ist riesig. Bisher haben diese Energiequellen jedoch in Indien nur eine geringe Bedeutung. Sie decken etwa sechs Prozent des Energiebedarfs. 2015 haben wir den Vereinten Nationen zugesagt, dass unsere erneuerbaren Energien im Jahr 2030 rund 40 Prozent des Stroms liefern. Dabei gehen wir von Unterstützung durch die internationale Gemeinschaft aus.

Handlungsmöglichkeiten
Wir haben noch nicht zu einer größeren Reduzierung der Emissionen beigetragen. Doch die Entwicklung emissionsarmer Energien hätte Vorteile wie die Verbesserung der Luftqualität und die Stromversorgung unzugänglicher Regionen. Wenn unsere Staatsprogramme greifen, kann der Preis für Solarstrom bald das Niveau des Kohlestroms erreichen. Eine stärkere Führungsrolle im Kampf gegen den Klimawandel könnte Indien politische Vorteile bringen. Wir müssen unser Recht auf Entwicklung verteidigen und unsere Bevölkerung aus der Armut führen. Wir leisten unseren Beitrag, aber die reichen Länder müssen Maßnahmen im Ausgleich für ihre Umweltschädigung ergreifen. Wir werden nicht für ihre Emissionen zahlen.

Wald und Landnutzung
Wir können unsere Treibhausgasemissionen durch Verringerung der Entwaldung und Landdegradierung reduzieren. Leider wird aber auch bei uns immer noch in erheblichem Umfang abgeholzt. Die Programme dagegen sollten von Industrienationen bezahlt werden.

Europäische Union (EU)
Unsere Mitgliedsstaaten sind bereits in unterschiedlichem Maße vom Klimawandel betroffen. Wir können uns aber besser als viele andere an ihn anpassen und haben uns selbst stets als Vorreiter bei Maßnahmen zur CO_2-Reduktion verpflichtet. Und wir wollen trotz der Coronakrise weiter voranschreiten.

unsere Verhandlungsposition

öffentliche Meinung
Die Bürgerinnen und Bürger unserer Mitgliedsländer sind überwiegend der Ansicht, dass der Klimawandel real und anthropogen verursacht ist. Die meisten unterstützen Vereinbarungen, welche den Problemen des Klimawandels entgegenwirken. Steuererhöhungen oder sonstige Maßnahmen, welche die Lebenshaltungskosten in die Höhe treiben, lehnen die meisten aber ab. Der Klimawandel hat bei der europäischen Bevölkerung hohe Bedeutung, nach den Themen finanzielle Instabilität, Arbeitslosigkeit und Terrorismus.
Sie lehnt aber alle Vereinbarungen ab, die den USA und insbesondere China keine verbindlichen Verpflichtungen auferlegt.

nationale Maßnahmen
2015 verpflichtete sich die EU in Paris, Emissionen um mindestens 40 % bis 2030 im Vergleich zu 1990 zu reduzieren. Dies ist eine der ehrgeizigsten Versprechungen der großen Emittenten. Die EU hat u. a. das Europäische Emissionshandelssystem entwickelt, einige Mitgliedstaaten haben sogar zusätzlich eine CO_2-Steuer eingeführt. Die EU leistet Pionierarbeit in der Wirtschaftspolitik und setzt weiter massiv auf Förderprogramme für erneuerbare und kohlenstoffarme Energiequellen. Wir können und wollen aber nicht als Einzige tätig sein.
Wir wissen aber auch, dass der Weg in die notwendige Dekarbonisierung für einige Mitglieder schwierig sein wird.

Chancen
Die Reduktion von Emissionen bringt zusätzlich zu der Stabilität des Klimas viele Vorteile: Die Weiterentwicklung der erneuerbaren Energien generiert Arbeitsplätze, verringert die Abhängigkeit von ausländischem Öl und Gas und verringert die Luftverschmutzung.

Wald und Landnutzung
Wir können für unseren Verantwortungsbereich eine Reduktion der Treibhausgasemissionen durch REDD-Politik (Reduktion der Emissionen durch Entwaldung und Landdegradierung) versprechen. Dies wird aber nur einen kleinen Teil der EU-Emissionen betreffen.

Vereinigte Staaten von Amerika (USA)
Mithilfe der Fracking-Technologie sind die USA innerhalb weniger Jahre zum bedeutenden Öl- und Gasproduzenten sowie -Exporteur aufgestiegen. Damit haben die USA als wichtiges energiepolitisches Ziel die energetische Autarkie erreicht. Doch staatliche Forschungsstellen in den USA haben nachgewiesen, dass der Klimawandel bereits alle 50 Bundesstaaten betrifft. Ohne dramatische Reduktion der US- und der globalen Emissionen werden die klimabedingten Schäden noch viel größer werden.

unsere Verhandlungsposition

öffentliche Meinung
Wir haben viele Klimaskeptiker, z.B. in der Brennstoffindustrie, doch die meisten US-Amerikaner sehen den Klimawandel als real und anthropogen bedingt. Seine Bewertung liegt aber weit abgeschlagen hinter den Themen nationale Sicherheit, Wirtschaft und Arbeit, besonders seit der Coronakrise. Die Mehrheit der US-Bürgerinnen und Bürger unterstützt zwar Vereinbarungen, die den Folgen des Klimawandels entgegenwirken, lehnt aber alles ab, was die Lebenshaltungskosten in die Höhe treibt. Die USA verwehren sich zudem Vereinbarungen, die ihre Wirtschaft belasten, solange die Emissionen anderer Länder steigen.

Handlungsmöglichkeiten
Wir haben uns in Paris verpflichtet, die Emissionen bis 2025 um 26 bis 28 Prozent gegenüber dem Jahr 2005 zu verringern. Wir setzten dabei auf nationale Entscheidungen zur Begrenzung von Kraftwerksemissionen, auf technologische Fortschritte wie Erhöhung der Kraftstoffeffizienz sowie auf Emissionsreduzierungen durch Maßnahmen einzelner Städte, Staaten und Regionen. Die Regierung und Vertreter der Wirtschaft betonen aber, dass fossile Brennstoffe auch in Zukunft notwendig sein werden. Doch entgegen der versprochenen Renaissance der Kohle sinkt ihr Anteil am Strommix. Denn viele Kohlekraftwerke sind überaltert und teuer.

Chancen
Der parteiübergreifende Bericht „Risky Business" zeigte, wie hoch die Kosten einer Verzögerung der Emissionsreduktion sind und dass die meisten Staaten und Regionen in den USA von einer Politik der Emissionsreduktion profitieren.

Wald und Landnutzung
Wir können eine Reduktion der Treibhausgasemissionen durch REDD-Politik (Reduktion der Emissionen durch Entwaldung und Landdegradierung) zwar versprechen, aber dies würde die US-Emissionen nur geringfügig verändern.

andere Entwicklungsländer (Länder des Globalen Südens)
Der Klimawandel bedroht unser Überleben. Er macht unsere Länder durch Dürren, Krankheiten, Überschwemmungen, geringere Agrarerträge und ökologische Störungen immer verwundbarer. Auch wenn andere Nationen dies vergessen: Das Abkommen von Paris legt den Zielwert für Erwärmung auf 1,5 Grad Celsius fest. Wir haben hart daran gearbeitet, dass dieses Ziel in die Vereinbarungen aufgenommen wurde. Als ärmste Länder dieser Welt haben wir aber nicht die Ressourcen für notwendige Investitionen in saubere Energietechnologien, um unsere Emissionen zu reduzieren oder uns dem Klimawandel anzupassen. Deshalb können wir keine tiefgreifenden Maßnahmen umsetzen.

unsere Verhandlungsposition

öffentliche Meinung
Wir haben eine wachsende Besorgnis in Bezug auf den Klimawandel, da unsere Bevölkerungen seine Auswirkungen schon heute direkt erleben. Wir wissen, dass wir unter den Auswirkungen des Klimawandels am meisten zu leiden haben: Der Anstieg des Meeresspiegels wird viele Millionen Menschen aus ihrer Heimat vertreiben, einige flache Inselstaaten werden ganz im Meer verschwinden. Doch auch unsere Bevölkerungen möchten in einer gesunden Umwelt leben, in der sie ihren Familien Nahrung, Kleidung und Unterkunft bieten können, in der sie Chancen auf Bildung, eine ordentliche Arbeit und Zugang zu einer guten Gesundheitsversorgung haben.

Handlungsmöglichkeiten
Wir müssen uns weiterentwickeln können und unseren Völkern aus der Armut helfen. Wir sind bereit, alles Machbare zu tun, um unsere Treibhausgasemissionen zu senken. Die überwiegende Mehrheit unserer Länder hat sich der UN gegenüber verpflichtet, den Klimawandel zu bekämpfen. Viele dieser Verpflichtungen beinhalten jedoch keine Aussage, wann wir den Höchstwert unserer Emissionen erreichen, sondern Angebote, unseren Ausstoß bis 2030 zu verlangsamen. Die reichen Länder dieser Welt müssen umfassende Maßnahmen ergreifen, die ihrem früheren Verschulden an diesem Problem entsprechen. Wir werden nicht den Preis für deren bisherige Emissionen zahlen.

Wald und Landnutzung
Wir haben die Möglichkeit, unsere Treibhausgasemissionen durch REDD-Politik (Reduktion der Emissionen durch Entwaldung und Landdegradierung) zu senken. Die Entwicklungsländer dieser Welt verfügen über den größten Anteil der noch verbliebenen tropischen Wälder. Leider wird in diesen Gebieten intensiv abgeholzt. Programme zum Schutz der Wälder können unsere Emissionen senken, müssen aber von Industrieländern mitfinanziert werden.

andere Industrieländer (Länder des Globalen Nordens)
Mehr als 97 Prozent der Klimaforscher sind sich einig: Der Klimawandel ist anthropogen bedingt und seine Auswirkungen können verheerend sein. Für viele Industrieländer sind die Effekte des Klimawandels bereits spürbar: Anstieg des Meeresspiegels, häufigere Dürre- oder Hitzeperioden, Überschwemmungen und die Schädigung wichtiger Ökosysteme.

unsere Verhandlungsposition

öffentliche Meinung
Die meisten Bürgerinnen und Bürger unserer Länder stimmen den Ansichten der Klimaforscher zu. Viele unterstützen daher Vereinbarungen, die den Problemen des Klimawandels entgegenwirken. Dennoch lehnen die meisten Steuererhöhungen oder sonstige Maßnahmen ab, welche die Lebenshaltungskosten in die Höhe treiben. Der Klimawandel rangiert in unseren Ländern hinter den Themen nationale Sicherheit, Wirtschaft und Arbeit. Und auch der Rest der Welt muss zu umfangreichen Maßnahmen bereit sein, wenn es zu einer effektiven, internationalen Vereinbarung kommen soll. Wir lehnen daher Vereinbarungen entschieden ab, die z. B. den USA und den Entwicklungsländern keine verbindlichen Zusagen abverlangen.

Handlungsmöglichkeiten
Wir haben in Paris Vereinbarungen zugestimmt, um dem Klimawandel entgegenzuwirken. Setzen wir diese gemeinsam um, stoppen wir das Wachstum der Emissionen und reduzieren sie danach ein wenig. Wie im Fall von Kanadas Teersand oder auch Australiens Kohle sind viele unserer Volkswirtschaften abhängig von Einnahmen aus der fossilen Brennstoffindustrie. Sie schafft Arbeitsplätze. Kanada ist aus dem Kyoto-Protokoll ausgetreten, Australien hat seine Treibhausgas-Steuerpolitik wieder aufgehoben. Wegen der Dynamik des Klimawandels werden wir unsere erneuerbaren Energien aber weiter ausbauen, die Technologie weiterentwickeln. Wir planen wo immer nötig auch Anpassungsmaßnahmen. Vereinbarungen, die zu weiteren Belastungen unserer Wirtschaften führen, sind für uns aber politisch inakzeptabel.

Chancen
Erneuerbare Energien werden billiger und konkurrenzfähiger. Ihr Ausbau wird die Gesundheit der Menschen verbessern, Arbeitsplätze schaffen und zur Energiesicherheit beitragen.

Wald und Landnutzung
Wir können für unsere Länder eine Reduktion der Treibhausgasemissionen durch REDD-Politik (Reduktion der Emissionen durch Entwaldung und Landdegradierung) versprechen. Diese würden aber nur einen kleinen Teil unserer Emissionen betreffen.

13 MASSNAHMEN ZUM KLIMASCHUTZ

Klimaschutz in Deutschland – eine Zwischenbilanz

Die Auswirkungen des Klimawandels werden die Regionen in Deutschland unterschiedlich stark betreffen. Es ist daher wichtig, im Rahmen der Energiewende die vorhandenen Maßnahmen zur Treibhausgasreduktion und zur Anpassung an die Veränderungen weiterzuentwickeln. Welche Entwicklungen sind zu erwarten und wie soll und kann darauf reagiert werden?

1 Beschreiben Sie die bis 2100 prognostizierten Veränderungen in Deutschland (M1).
2 Arbeiten Sie weitere Veränderungen mithilfe von Simulationen heraus. ↗ *WES-101475-013*
3 Nennen Sie mögliche Auswirkungen dieser regionalen Veränderungen auf z. B. Landwirtschaft, Flussschifffahrt, Tourismus, Energieversorgung.
4 Erstellen Sie ausgehend von M3 eine Umfrage zu Klimaschutzmaßnahmen innerhalb Ihrer Lerngruppe oder Schule.
5 Analysieren Sie die in M4 dargestellten Entwicklungen.
6 Stellen Sie wichtige Etappen des Umwelt-/Klimaschutzes in Deutschland in einem Zeitstrahl dar (M5). Ergänzen Sie gegebenenfalls mit weiteren Angaben.
7 Erörtern Sie Chancen und Risiken der Energiewende.

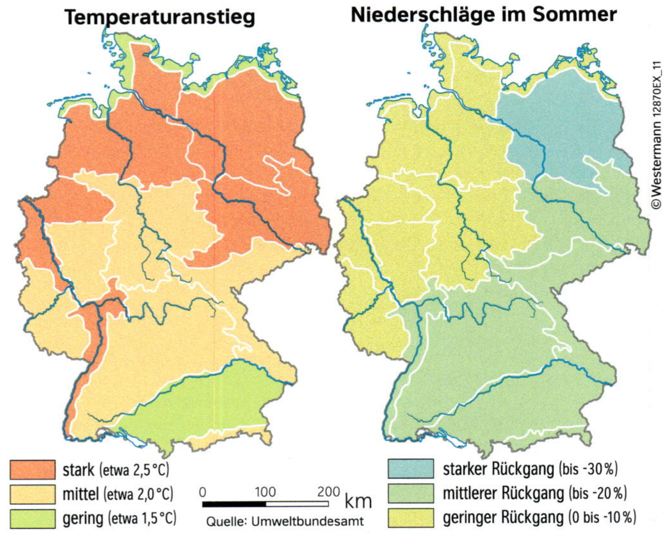

M1 Veränderungen bis 2100 in Deutschland

2020 beschloss die Bundesregierung den Ausstieg aus der Verstromung von Kohle bis spätestens zum Jahr 2038. Die Ausstiegsmodalitäten unterscheiden sich jedoch:

- Der Braunkohleausstieg wurde von der Bundesregierung mit Ländern und Betreibern ausgehandelt. Betreiber von Braunkohlekraftwerken und Tagebauen erhalten für das vorzeitige Abschalten von Kraftwerken nach einem festen Fahrplan Entschädigungen von insgesamt 4,35 Milliarden Euro.
- Der Steinkohleausstieg erfolgt über Ausschreibungen. Der Bund setzt dabei ab 2020 die Höhe von Entschädigungen fest, die Kraftwerksbetreiber für die Stilllegung bestimmter Strommengen erhalten, 2021 z. B. 155 000 Euro pro Megawatt, 2026 nur noch 49 000 Euro pro Megawatt. Wer die geringsten Kompensationen verlangt, erhält den Zuschlag zur Abschaltung. Wer später abschaltet, wird weniger belohnt. Nach 2026 werden keine Entschädigungen mehr gezahlt und die Anlagen nach Alter zwangsweise außer Betrieb gesetzt.

Für den im Zuge des Kohleausstiegs notwendigen Strukturwandel erhalten die betroffenen Regionen über die Jahre verteilt etwa 40 Milliarden Euro. Etwa fünf Milliarden Euro zahlt der Bund zudem, um soziale Härten für die Beschäftigten in Kraftwerken und Tagebauen abzufedern.

Der in Deutschland im Stromsektor politisch vorangetriebene Ausstieg aus den bisher wichtigsten Trägern der Grundlast, der Atomkraft (bis 2022) und der Kohleverstromung (bis 2038), ist jedoch nur mit dem forcierten Ausbau der erneuerbaren Energien und der Steigerung der Energieeffizienz zu schaffen. Sie tragen einen immer größeren Teil der deutschen Stromversorgung, 2019 bereits 43 Prozent. Der Ausbau der Ökostromquellen gilt daher neben dem Netz- und Speicherausbau als die zentrale Herausforderung für das Gelingen der Energiewende, dem grundlegenden Wandel des Energieversorgungssystems.

M2 Basisinformation

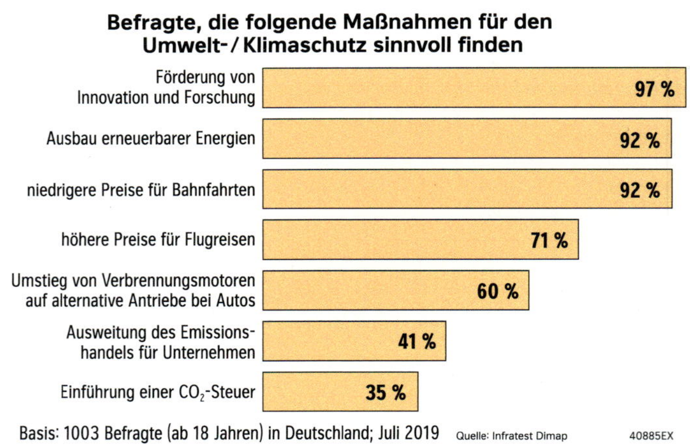

M3 Umfrage: Was tun für den Klimaschutz?

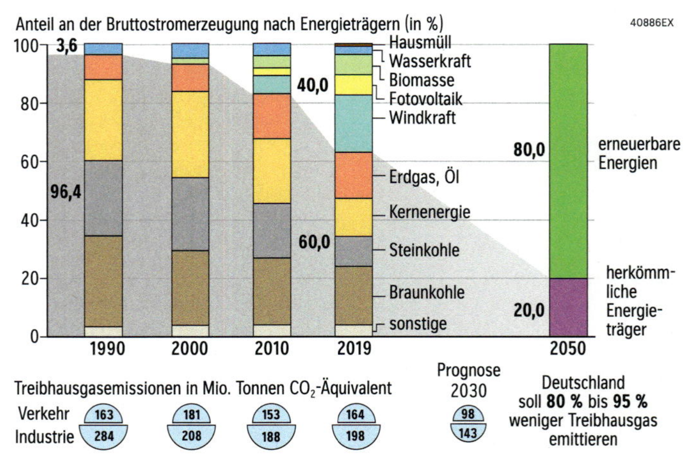

M4 Entwicklung des Energiemix in der deutschen Stromerzeugung

Herr Kietz, Sie sind Bürgermeister der Gemeinde Riegel am Kaiserstuhl, nicht weit entfernt vom Gedenkstein (M5). Was bedeutet er für Sie?
Er erinnert an die Besetzung des Bauplatzes für das geplante Atomkraftwerk Wyhl im Februar 1975. Es wurde wegen des heftigen Widerstands der Bevölkerung gegen die damalige Regierung letztlich nicht gebaut. Viele sehen darin bis heute einen Meilenstein in der Umweltbewegung und eine anhaltende Ermutigung zu einem Engagement für eine erstrebenswerte Zukunft.

Trotzdem wurden weitere Atomkraftwerke gebaut.
Ja, auch in Deutschland. Doch zwei Tage nach der Reaktorkatastrophe von Fukushima im Jahr 2017 beschloss die Bundesregierung den Ausstieg aus der Atomkraftnutzung in Deutschland bis 2022. Anderswo werden noch Atomkraftwerke gebaut, aber die Welt schaut jetzt verstärkt auf Deutschland, ob wir das hinbekommen.

Warum gerade auf Deutschland?
Deutschland ist eine führende Industrienation mit sehr hohem Energiebedarf. Wenn wir die Energiewende, also die Umstellung einer nicht nachhaltigen, auf fossilen Energieträgern und Atomstrom basierenden Energieversorgung auf eine mit ausschließlich erneuerbaren Energien bewältigen, werden auch andere Länder nachziehen. Wir galten ja schon oft als Vorreiter der Umweltschutz- und Klimaschutzpolitik.

Auf welche Beispiele spielen Sie an?
Die autofreien Sonntage der 1970-er Jahre standen im Zuge der Ölkrisen z. B. noch ganz unter dem Eindruck der Importabhängigkeit und weniger des Umweltschutzes. Der dominierte erst in den 1980er-Jahren bei der Bekämpfung des Waldsterbens. Nach vielseitigem Druck auf die damalige Regierung kamen von der Politik Vorgaben für die Entstickung, Entschwefelung und Entstaubung fossil befeuerter Kraftwerke. Technologische Lösungen mit deutschem Know-how gab es dafür schon lange, wie später auch beim Katalysator fürs Auto. Und auch die Abschaltung oder Modernisierung alter, extrem emissionsstarker Kraftwerke Anfang der 1990er-Jahre im wiedervereinigten Deutschland erfolgte zunächst aus Umweltschutzgründen.

Die Nutzung eines historischen Glücksmoments, der Wiedervereinigung, macht aber doch kein Best-Practice-Beispiel.
Stimmt. Die Regierung hat dann 1999 mit der Verbrauchssteuer auf fossile Brennstoffe, der sogenannten Ökosteuer, ja auch „draufgepackt“. Eigentlich ein falscher Begriff, im Kern war es eine umfassende Steuerreform. Sie hat zwar bisher kaum Investitionen in umweltverträgliche Technologien angereizt, bringt aber Milliarden und stützt damit wie gewollt unter anderem die Rentenkasse. Richtig los ging es, als 2000 das EEG, das Gesetz zur Förderung erneuerbarer Energien, auf den Weg gebracht wurde. Betreiber von Wind-, Solar- und Biogasanlagen bekommen dadurch 20 Jahre lang eine garantierte Vergütung für den eingespeisten Strom, sodass die Investitionen in die erneuerbaren Energien ohne Risiko finanziert werden können.

Eine gute Regelung, aber auch ein Best-Practice-Beispiel?
Ja, das EEG wurde inzwischen von vielen Ländern kopiert und hat auch dazu beigetragen, dass Deutschland in der Umwelttechnologie weltweit eine führende Rolle einnimmt. Und es hat dabei viele Jobs geschaffen. Es war bisher das einzige erfolgreiche Gesetz, das zu einem starken Ausbau erneuerbarer Energien geführt hat, auch dadurch, dass sich jeder Bürger an diesem Ausbau beteiligen kann. Andererseits: Der EEG-Strom wurde teurer als gedacht, weil die garantierten Vergütungen an die Betreiber dieser Anlagen die Einnahmen der Stromunternehmen aus ihrem Stromverkauf meist übersteigen. Die Differenz wird als sogenannte EEG-Umlage auf die Stromverbraucher umgelegt.

M 6 Gedenkstein an die Proteste gegen den geplanten Bau des Atomkraftwerks Wyhl im Jahr 1975

Auf alle? Ich bezahle also die Solaranlage des Nachbarn mit?
Ja, aber der Energiesektor war immer stark mit Steuergeld subventioniert, so zum Beispiel die Atom- oder Kohlekraftwerke. Insgesamt hat uns das EEG bisher viele Milliarden Euro gekostet. Doch das hat sich gelohnt, denn einerseits führt die Nutzung nicht erneuerbarer Energien ebenfalls zu sehr hohen Kosten und andererseits konnte sich die Technologie so weit entwickeln, dass sich die Kosten für z. B. Fotovoltaikanlagen deutlich reduziert haben und heute auch ohne Subventionen wirtschaftlich betrieben werden können.

Heißt das, die Ziele sind erreicht?
Sicherlich noch nicht. Es gäbe noch viele Dächer in Deutschland, auf denen Fotovoltaikanlagen installiert werden könnten. Auch sollte es nicht so sein, dass unsere Offshore-Windparks in der Nord- und Ostsee ihre Anlagen drosseln müssen, weil die Leitungen in die Ballungs- und Industriegebiete in West- und Süddeutschland nicht fertig sind. Logischerweise müssen die Windparkbetreiber entschädigt werden, allein 2017 kostete das mehr als 500 Millionen Euro.

Sind Sie daher skeptisch für die Zukunft?
Nein, denn wir werden es schaffen müssen. Aktuell stockt zum Beispiel der Ausbau der Windkraft, weil Bürger sich um das Landschaftsbild sorgen oder unzufrieden sind, weil andere die Gewinne einstreichen. Einsprüche und komplizierte Genehmigungsverfahren schrecken Investoren ab, die Standortsuche wird wegen Naturschutz- und Abstandsregelungen zu Siedlungen immer schwieriger. Seit 2016 verlor die Windbranche mehr als 40 000 Arbeitsplätze. 2018 und 2019 wurden in Deutschland kaum noch Windräder gebaut. Aber spätestens wenn die Auswirkungen des Klimawandels für die Menschen zunehmend spürbar werden, können diese Hemmnisse – wie damals bei Fukushima – sehr schnell überwunden werden.

Und was bedeutet das jetzt für Ihre Gemeinde?
Wir sind selbst dabei, ein eigenes Klimaschutzkonzept für unsere Gemeinde zu erstellen, das den Klimaschutz unter direkter Beteiligung der Bürger einen weiteren Schritt voranbringen wird. Denn nur wenn die Menschen bereit sind, sich aktiv einzubringen, kann Klimaschutz gelingen.

M 5 Interview mit dem Bürgermeister der Gemeinde Riegel am Kaiserstuhl

13 MASSNAHMEN ZUM KLIMASCHUTZ

Klimaschutz in Deutschland – das Klimapaket

Verkehr, Gebäude, Landwirtschaft, Kleinindustrie und Abfall sind für fast 60 Prozent der Treibhausgasemissionen der Europäischen Union verantwortlich. Sie fallen jedoch nicht unter das EU-Emissionshandelssystem (S. 45 M5). Deshalb unterliegt nach EU-Klimaschutzverordnung die Reduzierung dieser Emissionen allein der Verantwortung der Mitgliedsstaaten. Wie nachhaltig ist das „Klimapaket" der Bundesregierung?

1 Analysieren Sie die Karikatur (M1).

2 **a)** Arbeiten Sie Schwerpunkte der im Klimapaket vorgeschlagenen Maßnahmen heraus (M5).
b) Stellen Sie die Vielfalt der auf europäischer und nationaler Ebene bereits getroffenen Maßnahmen in einer Strukturskizze (z. B. Mindmap) dar.

3 Erörtern Sie das Klimaschutzprogramm vor dem Hintergrund des Energieverbrauchs in Deutschland (M3, M4).

4 Für die Mobilitätswende gibt es im Pkw-Antriebsbereich technologisch verschiedene Angebote (M6, M7). Vergleichen Sie die Technologien hinsichtlich ihrer CO_2-Bilanz.

5 Bewerten Sie neben der Antriebstechnologie weitere wichtige Kriterien für einen möglichen Pkw-Kauf.

M1 **Karikatur zur Erstauflage des Klimaschutzprogramms 2030**

In der EU-Klimaschutzverordnung von 2014 haben sich die Staaten der Europäischen Union verpflichtet, ihre Gesamtemissionen in den nicht vom Emissionshandelssystem erfassten Sektoren zwischen 2021 bis 2030 um 30 Prozent gegenüber dem Jahr 2005 zu reduzieren. Die Einhaltung der Einsparziele ist für jedes einzelne Jahr verbindlich vorgegeben: Erreicht ein Mitgliedsstaat die Ziele jedoch nicht, muss er Zertifikate von anderen Mitgliedsstaaten dazukaufen.
Deutschland hatte sich auf eine Reduktion um 38 Prozent verpflichtet, konnte aber die für 2020 gesetzten, prognostizierten Klimaschutzziele nur wegen der Coronakrise erreichen. Die Einsparungen im Gebäudesektor waren erfolgreich, doch im Sektor Verkehr waren die Emissionen noch hoch. Ohne eine Verkehrswende ist eine umfassende und wirksame Energiewende nicht möglich.

Das wegen drohender Ausgaben für notwendige Zertifikate unter Zeitdruck im Herbst 2019 von der Bundesregierung als Zwischenziel bis zum maßgeblichen Hauptziel 2050 vorgelegte Klimaschutzprogramm 2030 („Klimapaket") legte daher für sechs Sektoren genau fest, wie stark deren Kohlenstoffdioxidausstoß jährlich bis 2030 sinken soll, um dann 55 Prozent weniger CO_2 auszustoßen als noch im Jahr 1990.

Im Vorfeld des Klimapakets wurden zwei Maßnahmen zur Reduktion der Kohlenstoffdioxidemissionen diskutiert, eine CO_2-Steuer einerseits und ein Handel mit CO_2-Zertifikaten andererseits. Durch die Festlegung auf Letzteres besitzt Deutschland nun neben dem EU-weiten Europäischen Emissionshandelssystem für den Nichtstromsektor auch noch ein nationales Handelssystem zur CO_2-Reduktion.

Das von der Bundesregierung im Herbst 2019 vorgelegte Klimaschutzprogramm wurde von Beginn an heftig kritisiert und im Laufe des Gesetzgebungsverfahrens auch teilweise verändert. Denn 12 der 66 von der Regierung vorgeschlagenen Einzelmaßnahmen brauchten eine Zustimmung aus Brüssel, 16 vom Bundesrat.

M2 **Basisinformation**

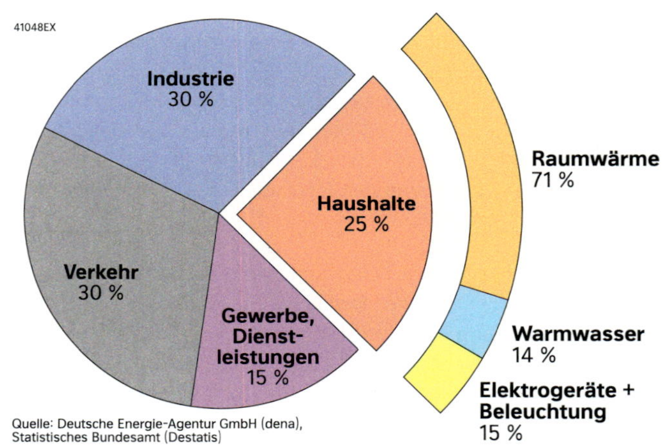

M3 **Verteilung des Energieverbrauchs in Deutschland (2017/2018)**

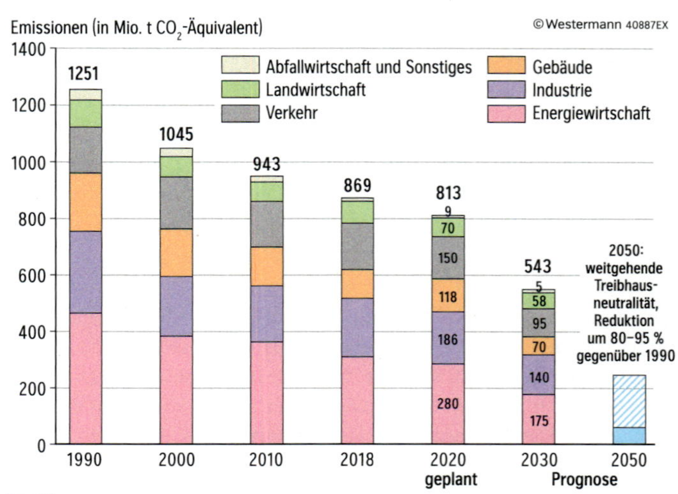

M4 **Emissionsentwicklung bisher und geplant**

Das Klimaschutzprogramm 2030 verfolgt einen Ansatz, mit einem breiten Maßnahmenbündel aus Innovationen, Förderung, gesetzlichen Standards sowie mit einer Bepreisung von Treibhausgasen die vorgegebenen Klimaschutzziele zu erreichen. Es enthält konkrete Einsparziele für die Sektoren Verkehr (minus 42 Prozent), Energiewirtschaft (minus 62 Prozent), Gebäude (minus 67 Prozent), Landwirtschaft (minus 34 Prozent) und Industrie (minus 51 Prozent).

Das zentrale Steuerungselement des Klimaschutzpaketes 2030 ist die Bepreisung von CO_2-Emissionen bei Verkehr und Gebäuden. Sie können im Rahmen eines nationalen Emissionshandelssystems durch Zertifikate abgegolten werden, die zentral beim Mineralstoffgroßhandel gehandelt werden.
Der vorgesehene Einstiegspreis von 10 Euro pro Tonne Kohlenstoffdioxid wurde aber heftig, auch von Klimawissenschaftlern, wegen der nur gering erwarteten Lenkungswirkung kritisiert. Bund und Länder einigen sich daher auf zunächst 25 Euro und einen Anstieg auf 55 Euro je Tonne CO_2 bis zum Jahr 2025. Der auch weiterhin als zu gering kritisierte Einstiegspreis wird einen Liter Benzin im Jahr 2021 voraussichtlich um 7,5 Cent verteuern. Ab 2026 soll dann innerhalb einer definierten Preisspanne (Mindestpreis 35 Euro und Höchstpreis 60 Euro pro Tonne CO_2) ein freier Handel mit jährlich verknappten Zertifikatmengen erfolgen.

Die Einnahmen aus der CO_2-Bepreisung werden entweder in Förderprogramme und Anreize zur CO_2-Einsparung reinvestiert oder als Entlastungen den Bürgern und der Wirtschaft zurückgegeben. Dazu gehören die Senkung der Stromkosten durch stufenweise Absenkung der EEG-Umlage, die Anhebung der Pendlerpauschale von derzeit 30 auf 35 Cent, ab 2024 auf 38 Cent ab dem 21. Entfernungskilometer und die Entlastung von Wohngeldbeziehern durch Erhöhung des Wohngelds um 10 Prozent. Außerdem werden energetische Gebäudesanierungen durch z. B. Förderung effizienterer Heizsysteme und Verbot des Einbaus von Ölheizungen ab 2026 unterstützt.

Im Verkehrsbereich wird neben der Digitalisierung die Elektromobilität gefördert. Dies erfolgt durch eine Reduktion der Kfz-Steuer, durch Zuschüsse beim Kauf von E-Autos und den Bau einer Million neuer Ladesäulen. Hinzu kommt eine Neuausrichtung der Kfz-Steuer an den CO_2-Emissionen, die Verbilligung von Bahnfahrten und die Verteuerung von Flugreisen sowie eine Erhöhung der Attraktivität des Öffentlichen Personennahverkehrs (ÖPNV) und der Ausbau von Radwegen. Die Bahn erhält eine Kapitalerhöhung um 86 Milliarden Euro bis 2030 für Investitionen im Personen- und Güterverkehr.
Maßnahmen in der Landwirtschaft betreffen die Verminderung des Stickstoffeinsatzes, die Förderung des Ökolandbaus, die Erhöhung der Energieeffizienz, den Erhalt von Dauergrünland, den Schutz von Moorböden und die nachhaltige Bewirtschaftung von Wäldern.
In der Industrie werden Investitionen zur weiteren Energieeffizienzsteigerung, zur Dekarbonisierung (Ausstieg aus der Verwendung fossiler Ergieträger) und zur Ansiedlung von Batteriezellfabriken gefördert. Der Energiesektor wird unterstützt beim Ausstieg aus der Kohleverstromung sowie beim effizienten und immer stärker marktorientierten Ausbau der erneuerbaren Energien.
In der Abfallwirtschaft sollen z. B. Maßnahmen zur Verminderung von Methanaustritt aus Deponien gefördert werden.

Die Kosten des Klimaschutzprogramms belaufen sich bis 2023 auf etwa 54 Mrd. Euro, im gesamten Jahrzehnt auf ca. 150 Mrd. Euro.

Monitoring: Eine Expertenkommission soll jedes Jahr überprüfen, ob die Ziele erreicht wurden. Ist das nicht der Fall, müssen die zuständigen Bundesministerien binnen drei Monaten ein Sofortprogramm vorlegen, um die Kohlenstoffdioxidverringerung zu gewährleisten.

M 5 Das Klimaschutzprogramm 2030 („Klimapaket")

M 6 E-Auto an einer Ladesäule

Die Klimabilanz der gängigen Antriebsarten (Golfklasse)

Erst mit Nutzung von regenerativem Strom weisen Elektro- und Brennstoffzellenfahrzeuge mit Wasserstoff eine deutlich bessere Bilanz auf als alle anderen Antriebsarten.

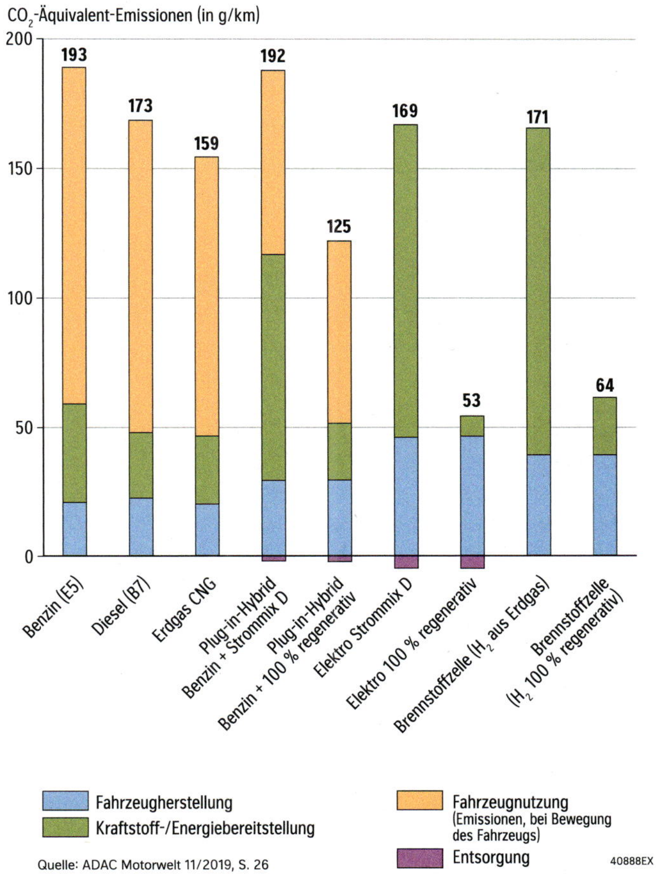

Quelle: ADAC Motorwelt 11/2019, S. 26 40888EX

Vergleich: Ab wann fahren Elektroautos klimafreundlicher?

Kompaktklasse mit	Elektro (Strommix D)	Elektro (100 % regenerativ)
Benzin (mit 5 % Bioethanol)	ab 127 500 km	ab 37 500 km
Diesel (mit 7 % Biodiesel)	ab 219 000 km	ab 40 500 km
Erdgas CNG (mit 15 % Biomethan)	nie	ab 48 000 km
Plug-in-Hybrid (Benzin / Strommix D)	ab 103 500 km	ab 25 500 km
Plug-in-Hybrid (Benzin / 100 % regener.)	nie	ab 46 500 km
Brennstoffzelle (H_2 aus Erdgas)	am Ende des Autolebens	ab 15 000 km
Brennstoffzelle (H_2 100 % regenerativ)	nie	ab 115 000 km

M 7 CO_2-Bilanz verschiedener Antriebsarten bei Kraftfahrzeugen

13 MASSNAHMEN ZUM KLIMASCHUTZ

Klimaschutz in Deutschland – regionale und lokale Probleme und Erfolge

Die Kosten für Klimaschäden in Baden-Württemberg werden bis 2050 auf insgesamt rund 130 Milliarden Euro geschätzt. Das ist mehr als in jedem anderen Bundesland. Landesregierung, Städte und Kommunen suchen und gestalten daher vielfältige Lösungswege. Inwiefern genügen aber diese dem Kriterium Nachhaltigkeit?

1 a) Erörtern Sie mithilfe von M1 und M3 den Problembereich „Mehr Schneekanonen am Feldberg?“.
b) Entwickeln Sie Lösungsmöglichkeiten für den Tourimus der Zukunft am Feldberg.

2 Arbeiten Sie die prognostizierten Veränderungen im Zuge des Klimawandels in Baden-Württemberg heraus. ↗ *WES-101475-014*

3 a) Erläutern Sie die dargestellte Waldproblematik (M4 – M8).
b) Charakterisieren Sie die Anpassungsstrategien für die Handlungsfelder Wald- und Forstwirtschaft sowie Tourismus. ↗ *WES-101475-015*

4 a) Stellen Sie auf der Basis eigener Recherchen die Lokale Agenda 21 Ihrer Kommune dar.
b) Stellen Sie weitere Mitigation- und Adaptationsprojekte (z. B. Plakat) dar (M2). ↗ *WES-101475-016*

M 1 **Künstliche Beschneiung am Feldberg**

Es sind voraussichtlich nur wenige Bereiche, die vom Klimawandel in Baden-Württemberg profitieren werden: Winzer, Obst- und Tabakbauern gewinnen längere und frostsichere Vegetationszeiten, die Kommunen müssen weniger Salz streuen und Transportunternehmen können zunehmend auf Schneeketten verzichten, haben aber im Sommer einen höheren Kühlaufwand.
Doch die Wälder des Landes sind geschädigt und die Zunahme von Hitzetagen und Tropennächten, von Starkregen und Dürrephasen lässt viele Städte und Kommunen in Baden-Württemberg reagieren.

2019 rief Konstanz als erste Stadt symbolträchtig den „Klimanotstand“ aus. Heidelberg, Lörrach, Karlsruhe und andere folgten diesem Beisspiel. Sie alle lassen künftig jede kommunale Entscheidung auf ihre Klimarelevanz prüfen. Waiblingen und Tübingen haben für Neubauten eine partielle Fotovoltaikpflicht eingeführt, andere unterstützen die Mobilitätswende durch Investitionen in klimafreundliche Verkehrssysteme (z. B. Öffentlicher Personennahverkehr, Elektromobilität, Ausbau von Radwegen und Radschnellwegen) und viele betreiben innerhalb ihres Verantwortungsbereichs erfolgreich die Energiewende im Strom- und Wärmesektor.
Dazu zählen vor allem die inzwischen rund 50 Bioenergiedörfer im Land, die eine nachhaltige und weitgehend autarke Energieversorgung aufgebaut haben. Sie setzen damit wesentliche Handlungsaufträge der **Lokalen Agenda 21** um, dem von Kommunalverwaltung und Bürgerschaften im Dialog entwickelten Aktionsprogramm für eine nachhaltige Entwicklung von Städten und Gemeinden im 21. Jahrhundert. Erfolgversprechend sind kommunale Projekte besonders, wenn Klimaschutz für Bürger und Kommunen finanzielle Vorteile erbringt, weil z. B. die Anlagen der erneuerbaren Energien in Bürgerbesitz sind und auf kommunalem Land stehen. Der Rhein-Hunsrück-Kreis, der erste CO_2-neutrale Landkreis Deutschlands, erwirtschaftet z. B. mit Pachtverträgen, Steuern von Windradbetreibern und über die Einspeisevergütungen für Bürger und Genossenschaften jährlich rund 50 Millionen Euro.

M 2 **Basisinformation**

Tourismusmanager: „Der Feldberg war und ist auch im Winter ein beliebtes Naherholungsziel. Der regionale Wintersport muss daher auch zukünftig möglich bleiben. Im Skiwinter 2018 / 2019 kamen 360 000 Besucher, die **Wertschöpfung** lag bei etwa 100 Millionen Euro. Um Arbeitsplätze und Existenzen zu sichern, sind Investitionen in Höhe von 30 bis 50 Millionen Euro geplant, für die Modernisierung der Liftanlagen und natürlich auch für zusätzliche Schneekanonen. Das ist doch gut angelegtes Geld.“

Umweltschützer: „Der Feldberg sollte nicht zum ‚Ballermann‘ werden: immer mehr Touristen, Autos, Staus, größere Lifte, mehr Party. Wer das will, kann ja in die Alpen fahren. Die Kommunen am Feldberg haben zuletzt stark in Lifte und Beschneiungsanlagen investiert. Die Gemeinde Feldberg z. B. muss auch noch die Kosten eines Parkhauses tragen und hat inzwischen den zweithöchsten Pro-Kopf-Schuldenstand in Baden-Württemberg. Es ist klar: Die Kommunen sind getrieben von ihrem Haushalt, ihrer Wirtschaft, vom Tourismusgewerbe, von Medien und Eventgestaltern sowie vom Anspruchsdenken ihrer Besucher.
Sie laufen dabei in eine Sackgasse: Aktuell liegt im Südschwarzwald die unterste Grenze für Schneesicherheit bei 1200 Meter über dem Meer. Als schneesicher gelten Gebiete, wenn in sieben von zehn Wintern an mindestens 100 Tagen im Jahr Skibetrieb möglich ist, weil die Schneedecke mindestens 30 Zentimeter hoch ist. In den Alpen werden sich die schneesicheren Gebiete um 300 Meter auf 1500 bis 1600 Meter verschieben. Das Skigebiet am Feldberg liegt aber zwischen 950 und 1450 Metern. In den Alpen investiert niemand mehr Geld in so tiefen Lagen.
Außerdem verbrauchen die Schneekanonen enorm viel Strom und Wasser. Es werden jedoch nicht nur schneearme Winter, sondern insgesamt niederschlagsärmere Jahre erwartet. Und: Der Bau eines Speichersees für die Schneekanonen am Feldberg ist sowieso abzulehnen, denn die Skigebiete sind umgeben von Naturschutzgebieten.“

M 3 **Pro- und Kontra-Argumente zur Frage: „Mehr Schneekanonen am Feldberg?“**

M 4 Borkenkäferbefall von Tannen und Fichten im Jahr 2019

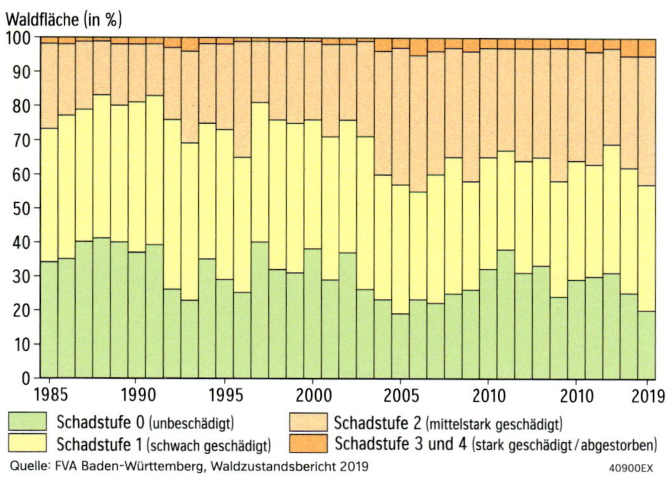

M 5 Schadstufenentwicklung in Baden-Württemberg

Unser Waldzustandsbericht zeigt, dass der Klimawandel unsere Wälder fest im Griff hat. Dürre und Borkenkäfer schädigen unsere Bäume auf großer Fläche. Nach der extremen Hitze und Dürre des Vorjahres, die zu einer weitgehenden Austrocknung vieler Waldböden und zu starken Schäden an den Bäumen führte, zeigten sich in diesem Jahr erhebliche Schäden in den Wäldern. Die mittlere Kronenverlichtung der Wälder Baden-Württembergs stieg mit 27,5 Prozent auf den bisherigen Höchststand der gesamten Aufnahmeperiode seit 1985. [...] Insgesamt gelten damit aktuell 43 Prozent der Waldfläche im Land als deutlich geschädigt", sagte der Minister für Ländlichen Raum und Verbraucherschutz, Peter Hauk, anlässlich der Vorstellung des Waldzustandsberichts 2019.

Auch Baumarten, die seither als weitgehend klimatolerant eingestuft wurden, wie die Tanne, kommen nach zwei Trockenjahren in Folge an ihre Grenzen. Selbst die Eiche und auch die bei uns weit verbreitete Buche zeigen deutliche Schäden [...]. Einst seltene und unbeachtete Schädlinge profitieren vom steigenden Brutangebot und vermehren sich stark. Das Eschentriebsterben, die Ahorn-Rußrindenkrankheit, die Eichenfraßgesellschaft und die Kiefern-Komplexkrankheit seien Problemfelder [...]. Baden-Württemberg setzt seit Langem auf standortangepasste und naturnah bewirtschaftete Mischwälder, die in Zeiten ungewisser Klimaentwicklungen ideal sind.

MLR Baden-Württemberg, Waldzustandsbericht 2019,
www.forstpraxis.de, 28.10.2019

M 6 Zum Waldzustandsbericht des Jahres 2019

Um zukünftig großflächige Schädigungen infolge der Klimaänderung und der Häufung von Witterungsextremen möglichst zu vermeiden, sind mittel- und langfristige Anpassungsmaßnahmen zur Risikominimierung erforderlich. Diese umfassen vordergründig den Waldumbau in Richtung Mischwälder (Risikostreuung), den verstärkten Anbau heimischer, standortangepasster Laubbaumarten, die standortgerechte Naturverjüngung und auch die besondere Berücksichtigung bereits eingeführter Baumarten (u. a. Douglasie, Japanische Lärche, Schwarzkiefer, Roteiche). [...] Vielversprechende Baumarten wie der Tulpenbaum, die Baumhasel, die Edelkastanie, die Sandbirke oder die Hainbuche sollen in nächster Zeit intensiver im Hinblick auf eine mögliche Anbauempfehlung untersucht werden. Neben diesen mittel- bis langfristig wirksamen Anpassungsstrategien sind kurzfristig verstärkte Anstrengungen erforderlich, um die aktuelle Bedrohung der Fichtenbestände durch den Borkenkäfer einzudämmen. Vordringlich ist hierfür alles zu tun, um die Ausgangspopulation der Borkenkäfer für das nächste Jahr möglichst weit zu reduzieren. [...] Ist eine rechtzeitige Abfuhr der befallenen Fichten nicht in erforderlicher Zeit möglich, muss zum Schutz des Waldes als letzte Möglichkeit auch ein Einsatz von Pflanzenschutzmitteln in Erwägung gezogen werden.

Mit dem Klimawandel ändern sich die Standortbedingungen für unsere Wälder in einer bislang nicht gekannten Geschwindigkeit und hin zu einem Klima außerhalb unseres bisherigen Erfahrungshorizonts. Viele Fragen im Hinblick auf die natürliche Anpassungsfähigkeit der Wälder, die (regional und lokal) zu fokussierende Handlungsdringlichkeit oder das Potenzial einer durch Waldumbau gelenkten Anpassung können derzeit nicht abschließend beantwortet werden.

Forstliche Versuchs- und Forschungsanstalt Baden-Württemberg, Waldzustandsbericht 2019, S. 50

M 7 Aus dem Waldzustandsbericht Baden-Württembergs 2019

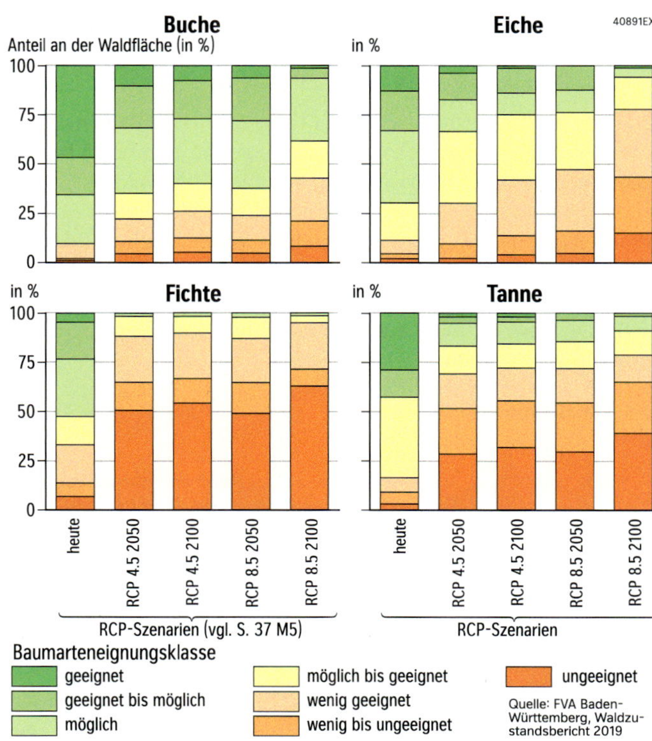

M 8 Eignung verschiedener Baumarten im Klimawandel

13 MASSNAHMEN ZUM KLIMASCHUTZ

Klimaschutz individuell – Impulse zu nachhaltigem Handeln

„Wir sind die erste Generation, die die Auswirkungen des Klimawandels spürt, und die letzte, die etwas dagegen tun kann." (Barack Obama, US-Präsident von 2009 bis 2017)
Ein Einzelner kann das Klima natürlich nicht retten. Aber jenseits der Neujustierung politischer Vorgaben und aller technologischen Innovationen kann ein Umdenken, ein Wertewandel, eine Veränderung des Lebensstils und Konsumverhaltens helfen, Risiken zu mindern und Chancen zu eröffnen.

1 Vergleichen Sie die Fußabdrücke (M1).
2 Analysieren Sie die Abbildungen M3.
3 Arbeiten Sie Zusammenhänge zwischen M4 und M5 heraus.
4 Die in M6 gemachten Handlungsempfehlungen stammen aus dem Jahr 1990.
- **a)** Begründen Sie einige der von Ihnen ausgewählten „alten" Empfehlungen.
- **b)** Erweitern Sie den Katalog durch weitere Empfehlungen (z. B. M7).
- **c)** Präsentieren Sie Ihren Gesamtkatalog der Öffentlichkeit (z. B. im Schulhaus, in der Schülerzeitung).
- **d)** Bewerten Sie Ihr persönliches auf Klimaschutz bezogenes Verhalten. Entwickeln Sie eigene Handlungsansätze für einen klimaneutralen Lebensstil.

5 Bewerten Sie die Aussagen von M. Schäfer (M8).

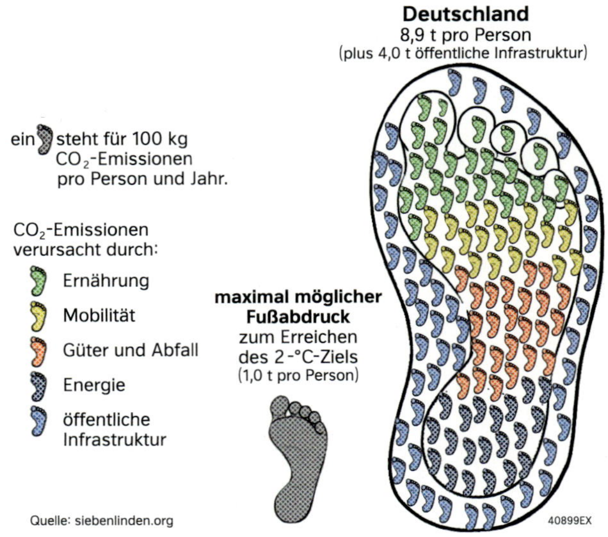

M1 **Vergleich von Kohlenstoffdioxid-Fußabdrücken (2019)**

Grundsätzlich lassen sich politische Ansätze zur Durchsetzung z. B. der Treibhausgasreduzierung, wie folgt unterteilen:

- Sanktionsbasierte Ansätze: Die Politik schreibt Verursachern von Emissionen vor, den Ausstoß zu reduzieren. Verstöße werden bestraft (z. B. durch höhere Steuern oder Bußgelder).
- Markt- und anreizbasierte Ansätze: Die Reduzierung oder Vermeidung von Emissionen wird belohnt (z. B. durch Zuschüsse oder Steuervergünstigungen bei energetischer Haussanierung). Sanktionen und Anreize werden dabei durch den Gesetzgeber bestimmt, kommen also „von oben" (Top-down).
- Ansätze ohne Vorgaben „von oben", also „Klimaschutz von unten" (Bottom-up), zielen auf Verhaltensänderungen sowohl bei Verursachern von Emissionen als auch bei Verbrauchern und Konsumenten. Dies kann aus Einsicht geschehen, z. B. weil immer mehr Menschen einen Beitrag zum Klimaschutz leisten möchten oder weil die Veränderungen persönliche Vorteile bringen (z. B. Kosteneinsparungen durch Energiesparmaßnahmen). Dies sind sogenannte **persuasive Ansätze**, freiwillige und individuell aus Überzeugung ergriffene Maßnahmen.

M2 **Basisinformation**

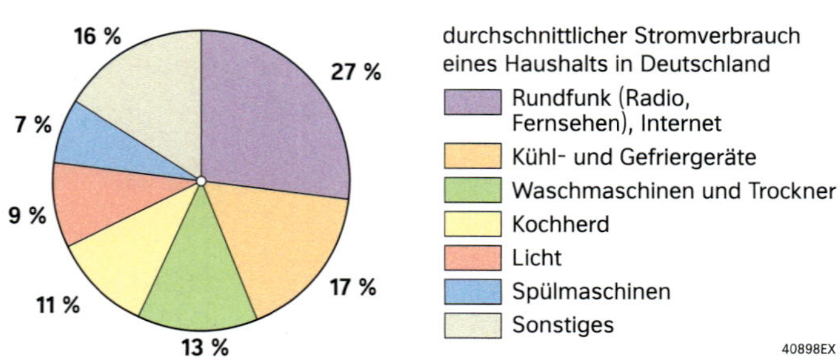

M3 **Stromfresser im Haushalt**

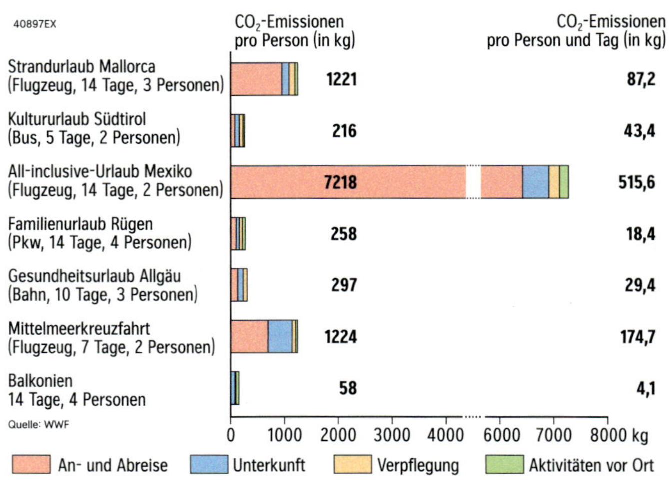

M4 **Vergleich von CO_2-Emissionen auf Reisen**

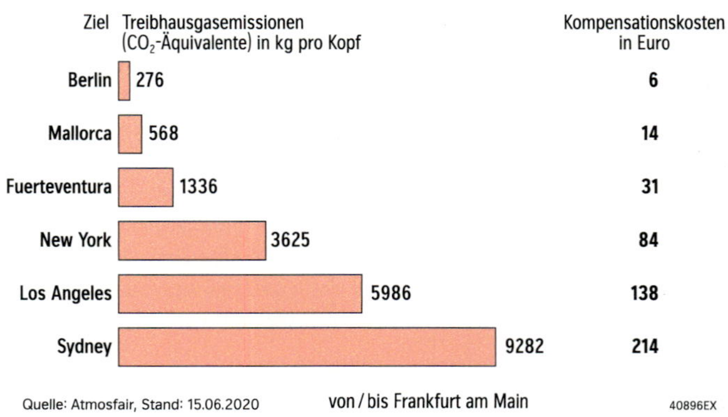

M5 **Kosten für CO_2-Kompensationen von Flugreisen**

Was jeder Einzelne tun kann!

1. Tun Sie häufig einfach gar nichts. Nichtstun ist die ökologisch verträglichste Art des Daseins.
2. Lassen Sie um Gottes willen Ihre Tropenholzmöbel in der Wohnung. Die Bäume sind ja schon gefällt und bei der Müllverbrennung wird CO_2 aus Ihrem Sideboard.
3. Kaufen Sie, wenn überhaupt, ein möglichst kleines, leichtes und sparsames Auto mit Katalysator und lassen Sie auch dieses für Fahrten unter 2 Kilometer stehen.
4. Machen Sie den nächsten Familien- oder Schulausflug zu Fuß oder mit dem Fahrrad.
5. Nutzen Sie öffentliche Verkehrsmittel, bilden Sie Fahrgemeinschaften, fahren Sie Strecken bis zu 500 Kilometer mit der Bahn, anstatt zu fliegen. Vermeiden Sie Fahrten, wenn sich Ihr Anliegen per Telefon oder Mail erledigen lässt.
6. Planen Sie lieber einen langen statt vieler Kurzurlaube.
7. Denken Sie bei Renovierung oder Neubau an effektive Isolierung und modernste Heizung. Überprüfen Sie Ihre Umgebung auf undichte Fenster, unregulierbare Heizkörper, überheizte Räume, tropfende Hähne usw. Vermeiden Sie Nachtspeicherheizungen.
8. Ziehen Sie im Winter in der Wohnung einen Pullover an. Ein um ein Kelvin kühleres Zimmer ist nicht nur gesünder, es senkt auch die Heizkosten um sechs Prozent.
9. Lüften Sie nur bei abgestellter Heizung.
10. Benutzen Sie Energiesparlampen, löschen Sie das Licht in Räumen, in denen sich niemand aufhält, und deaktivieren Sie die Stand-by-Schalter Ihrer Elektrogeräte.
11. Essen Sie weniger Fleisch und kaufen Sie heimische Produkte – wegen der kurzen Verteilerwege am besten auf dem Markt.
12. Wandeln Sie Ihren Ziergarten teilweise in einen Obst- und Gemüsegarten um. Pflanzen Sie Bäume und verzichten Sie im Garten auf Kunstdünger und Pestizide.
13. Bevorzugen Sie Pfandflaschen. Nehmen Sie den Korb zum Einkaufen mit. Produzieren Sie wenig Müll. Bringen Sie Wiederverwertbares zum Recycling und legen Sie, wenn möglich, einen Komposthaufen an.
14. Verzichten Sie auf unsinnige und überflüssige Produkte. Eine gute Übersicht bietet das Werbefernsehen: Denn für die sinnlosesten Güter muss die Industrie in einer Überflussgesellschaft den meisten Wirbel machen.
15. Meiden Sie Chemie im Haushalt – Insektensprays, aggressive Reinigungsmittel, Möbelpolitur usw.
16. Duschen Sie, anstatt zu baden. Das spart pro Duschbad vier Kilowattstunden Energie. Verzichten Sie beim Wäschewaschen auf den Kochwaschgang. Er ist so gut wie nie erforderlich.
17. Kochen Sie möglichst mit Gas. Setzen Sie den Deckel auf den Topf, das spart sechs Prozent Energie. Nutzen Sie bei Lebensmitteln, die lange garen müssen, einen Dampfdrucktopf: Das spart bis zu 43 Prozent Energie.
18. Tauen Sie Ihren Kühlschrank regelmäßig ab. Sie wollen ja nur Ihre Speisen kalt halten und keine Gefrierfachgletscher züchten.

Graßl, H. /Klingholz, R.: Wir Klimamacher. Auswege aus dem globalen Treibhaus. Fischer Verlag, Frankfurt am Main, 1990, S. 273 ff., verändert

M 6 Einige Handlungsempfehlungen

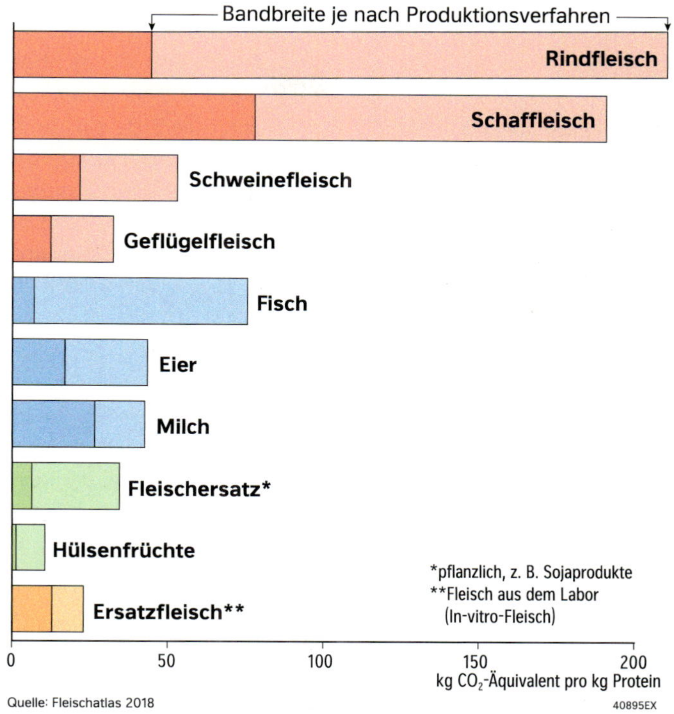

M 7 Klimabelastung durch Nahrungsmittel

Deutschlandfunk: „Kollektiv wollen wir den Wandel, aber individuell möchten nur wenige den Anfang machen. Die Frage dann: Wie kann der Einzelne aktiviert werden, eben nicht nur zu diesen Demonstrationen zu gehen, sondern wirklich in seinem täglichen Leben dann auch diese Forderung umzusetzen?"

Schäfer: „Sie haben völlig recht, das ist das Kernproblem gewissermaßen des Themas. Der Klimawandel ist, wir nennen das ein unaufdringliches Thema, ein unaufdringliches Problem. Unaufdringlich heißt, das ist – zumindest vermeintlich – lebensweltfern, das kann man nicht direkt beobachten, das muss wissenschaftlich konstruiert werden. Das liegt, zumindest in der Wertwahrnehmung von vielen Menschen, jenseits auch vielleicht ihres Lebenshorizontes.

Und gleichzeitig steht man jetzt vor der Aufgabe, etwas zu tun, Kosten auf sich zu nehmen, sein Leben umzustellen für einen Nutzen, der ein Problem bearbeitet, das man gar nicht so richtig wahrnimmt und wo dann möglicherweise ein Nutzen letztlich entsteht, der so weit in der Zukunft liegt, dass man selber nur noch weniger davon haben kann. Und die Frage ist jetzt genau, wie kriegt man denn Menschen dennoch dazu, dass sie etwas tun.

Es gibt keinen Königsweg [...]. Ganz viel der Kommunikation zum Klimawandel macht den Menschen letztlich Angst. [...] Und was man stattdessen machen sollte, ist, nicht auf diese Angstappelle zu setzen, sondern mindestens die Angstappelle immer damit zu koppeln, dass man Handlungsoptionen zeigt, möglichst konkrete Handlungsoptionen. Und wenn man ihnen dann noch zeigen kann, nicht nur, das kannst du tun, sondern es gibt Menschen, die so ähnlich sind wie du, die machen das schon lange und die haben das gut in den Alltag integriert und das kostet dann gar nicht so viel und so weiter, dann bekommt man Menschen zumindest eher in die Richtung bewegt, etwas zu tun.

Das kann man auf vielen Ebenen durchspielen [...]."

Uli Blumenthal: Fridays for Future adressiert „ganz, ganz klar die Politik", Deutschlandfunk, 19.09.2019, gekürzt

M 8 Interview mit dem Kommunikationsforscher Mike Schäfer

Das Wichtigste in Kürze

Als einziger Planet des Sonnensystems hat die Erde die „richtige" Entfernung zur Sonne, um das lebenswichtige Wasser auch im flüssigen Zustand zu halten. Zudem besitzt die Erde eine in ihrer Zusammensetzung ebenfalls einzigartige Atmosphäre. Das Gemisch aus Gasen und Aerosolen wirkt wie ein Filter für die von der Sonne ankommende kurzwellige solare Strahlung und die von der Erde abgestrahlte langwellige terrestrische Strahlung. Aus dem Zusammenspiel beider Energieströme ergibt sich der natürliche Treibhauseffekt.
Veränderungen der Zustrahlung und der Albedo (z. B. durch Änderungen der Erdumlaufbahn, der Wolken, der Landbedeckung und Vulkanausbrüche u. Ä.) sowie Veränderungen der Abstrahlung (z. B. durch Änderungen der Gaskonzentrationen, der Wolken u. Ä.) führen zum Wandel der Temperaturen an der Erdoberfläche und in der Atmosphäre. Die Folgen sind mehr oder weniger starke Klimaänderungen mit entsprechenden Auswirkungen auf die Ökosysteme an Land und im Meer.

Seit Beginn der Industrialisierung, besonders aber seit Mitte des letzten Jahrhunderts, hat eine größer werdende Anzahl von Ländern immer mehr Treibhausgase in die Atmosphäre emittiert. Ein Großteil v. a. des Kohlenstoffdioxids (CO_2) ist zwar in wichtigen Senken des Kohlenstoffkreislaufs wie den Ozeanen gebunden worden, der Rest hat aber zu einer durchschnittlichen Erderwärmung von bisher rund einem Grad Celsius geführt. Unübersehbar und nicht wegdiskutierbar sind die inzwischen mess- und beobachtbaren Begleiterscheinungen dieses sogenannten anthropogenen Treibhauseffektes. Für die Zukunft zeigen die Szenarien der derzeitigen Klimamodelle unterschiedliche, in ihrer Dramatik aber zunehmend bedrohlicher werdende Entwicklungen in verschiedenen Teilsystemen und Kippelementen des Systems Erde auf (M1).
Eine umfassende Akzeptanz dieser Szenarien wird aber für viele Menschen offensichtlich immer noch dadurch erschwert, dass Ursachen und Wirkungen des Klimawandels auf zweierlei Weise entkoppelt erscheinen. Die räumliche Entkopplung liegt darin, dass die Auswirkungen des Klimawandels bislang nicht in den Regionen am größten sind, die für den Ausstoß der meisten Treibhausgase verantwortlich sind. Die zeitliche Entkopplung liegt darin, dass die Auswirkungen der Treibhausgasemissionen sich erst mit einer zeitlichen Verzögerung auswirken.

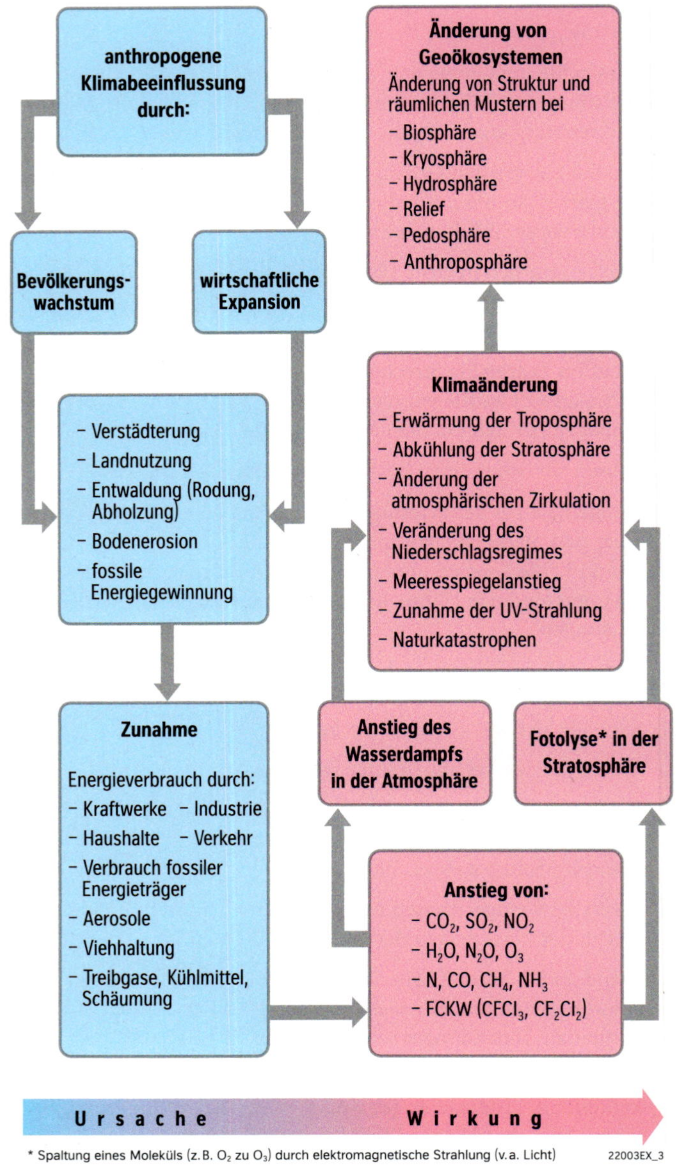

M 1 Anthropogene Klimabeeinflussung

Wissenschaftliche Fakten allein scheinen die Menschheit nicht zu einem entschiedenen Handeln für eine lebenswerte Welt auch zukünftiger Generationen zu bewegen. Trotz erdrückender wissenschaftlicher Kenntnisse und zunehmenden öffentlichen Drucks, zumindest in Teilen der Welt, sind die bisher auf internationalen und nationalen Ebenen politisch ausgehandelten Maßnahmen zur Adaptation, v. a. aber zur Mitigation, aus verschiedenen Gründen insgesamt jedoch relativ wirkungslos geblieben. Die Emissionen v. a. von Kohlenstoffdioxid sind trotz Kyoto-Protokoll und trotz des Pariser Übereinkommens, die Erderwärmung auf unter zwei Grad zu halten, bisher jährlich weiter gestiegen.
Zur Mitigation werden inzwischen mehrere Strategien mit unterschiedlich starken Markteingriffen, Risikoabschätzungen und öffentlicher Akzeptanz verfolgt – z. B. börsenähnliche Handelssysteme mit Verschmutzungsrechten (Zertifikaten), Besteuerung von CO_2-Emissionen, staatliche Förderung regenerativer Energien und Energiesparmaßnahmen oder der Elektromobilität, aber auch die weitere Nutzung von Kernkraftwerken. Die in der Atmosphäre bereits vorhandenen Treibhausgase werden aber noch lange weiterwirken. Falls die globalen Emissionen bis 2050 nicht auf null sinken, werden zur Begrenzung eines weiteren Temperaturanstiegs danach umfangreiche, aber umstrittene Maßnahmen des Geoengineerings zur Kompensation von Emissionen (Treibhausgasneutralität) sowie zur langfristigen Reduktion von Treibhausgasen der Atmosphäre notwendig werden.
Alle immer notwendiger werdenden Adaptionen an den fortschreitenden Klimawandel müssen v. a. regional und lokal erfolgen und unter Mitwirkung möglichst aller Betroffener gestaltet werden. Kollektive, aber auch individuelle Entscheidungen für ein klimafreundliches Verhalten gelten dabei am erfolgreichsten, wenn sie nicht nur vor dem Hintergrund abstrakter Zukunftsängste getroffen werden. Sie sollten die aktuell Betroffenen genauso im Blick haben wie ihr Umfeld und die Folgegenerationen. Deren Leben sollte sich zumindest nicht verschlechtern.

Prüfen Sie sich selbst!

Hier sind Kompetenzen, die Sie in diesem Kapitel erwerben konnten, aufgelistet. Überprüfen Sie selbst Ihren erreichten Stand der Kompetenzentwicklung.

Prüfen Sie sich selbst! Sie können ...	Überprüfen Seite / Aufgabe	kann ich	kann ich nicht	Seiten
... Belege für die Realität des Klimawandels nennen und Argumente von Klimaskeptikern beurteilen.	30 / 2a, 3a	↓	→	30 / 31
... die Entstehung des natürlichen Treibhauseffekts im Zusammenhang mit dem Strahlungshaushalt erläutern sowie Klimaschwankungen als Ergebnisse der Veränderung einzelner Parameter des Klimasystems begründen.	32 / 4, 5	↓	→	32 / 33
... Entstehung und Merkmale des anthropogenen Treibhauseffekts vor dem Hintergrund eines veränderten Kohlenstoffkreislaufs erläutern.	34 / 4, 8	↓	→	34 / 35
... die Konstruktion von Klimamodellen in ihren Grundzügen charakterisieren und die Probleme der Modellaussagen nennen.	36 / 2	↓	→	36 / 37
... aktuelle und zukünftige Veränderungen im System Erde infolge des fortschreitenden Klimawandels charakterisieren.	38 / 2	↓	→	38 / 39
... die besonders dramatischen Auswirkungen des Klimawandels am Kipppelement Arktis zusammenhängend darstellen.	40 / 6a	↓	→	40 / 41
... die besonders dramatischen Auswirkungen des Klimawandels am Kippelement Amazonasregenwald zusammenhängend darstellen.	42 / 6a	↓	→	42 / 43
... die wesentlichen Verursacher der Treibhausgase und unterschiedlichen Wege zur Reduktion der Treibhausgase vergleichen.	44 / 1, 4	↓	→	44 / 45
... vor dem Hintergrund des immer schwieriger werdenden Erreichens des im Pariser Abkommen vereinbarten 2- oder 1,5-Grad-Ziels global wirksame Maßnahmen zur Mitigation, wie z. B. Geoengineering, erörtern.	46 / 2, 3	↓	→	46 / 47
... die bisherigen Klimakonferenzen und ihre Bedeutung hinsichtlich einer globalen Klimaschutzpolitik analysieren.	48 / 1	↓	→	48 / 49
... mit Informationen aus spezifischen Rollenkarten verschiedene Verhandlungspositionen in einem Rollenspiel gestalten.	50 / 1	↓	→	50 / 51
... durch den Klimawandel bedingte Veränderungen in Deutschland in unterschiedlichen Maßstabsebenen beschreiben und wesentliche Etappen der Umwelt- und Klimaschutzpolitik in Deutschland darstellen.	52 / 1, 6	↓	→	52 / 53
... Einzelmaßnahmen des „Klimaschutzprogramm 2030" und ihre Bedeutung erörtern und bewerten.	54 / 3, 5	↓	→	54 / 55
... regionale Probleme (z. B. der Wälder in Baden-Württemberg oder Schwarzwald-Wintertourismus) erörtern und Maßnahmen der Lokalen Agenda 21 darstellen.	56 / 1a, 3a, 3b	↓	→	56 / 57
... Wege und Maßnahmen für ein individuelles, auf Nachhaltigkeit ausgerichtetes Verhalten begründen und eigene Handlungsansätze eines klimaneutralen Lebensstils entwickeln.	58 / 4a, 4d	↓	→	58 / 59

Basisbegriffe des Kapitels

Anpassungsstrategie, *anthropogener Treibhauseffekt*, Geoengineering, globale Durchschnittstemperatur, Kippschalter (Tipping Point), Klimaneutralität, Klimaschutz, *Klimaszenario*, *Klimawandel*, Klimaziel, Kohlenstoffdioxidsenke, Lokale Agenda 21, *natürlicher Treibhauseffekt*, ökologischer Fußabdruck, Reduktion der Treibhausgase, Treibhauseffekt, Treibhausgas

Die kursiv gedruckten Arbeitsbegriffe sind zusätzlich für den 5-stündigen Kurs.

WES-101475-017

Klausurtraining

Der Mittelmeerraum gilt als ein bedeutender Hotspot des Klimawandels. Die Temperatur steigt dort um etwa 20 Prozent schneller als im globalen Durchschnitt. Sie ist schon jetzt um 1,5 Grad Celsius höher als in der vorindustriellen Zeit. Dieser Wert wird anderswo erst zwischen 2030 bis 2050 erwartet. Eine Ursache dafür sind die seit der Antike anhaltenden massiven Eingriffe in die sensiblen Ökosysteme des Mittelmeerraums. Die Verantwortung für diese Entwicklung tragen insbesondere die intensive Landwirtschaft, die hohe Verstädterungsrate und die damit einhergehende Umweltverschmutzung. Eine Folge davon ist der Rückgang der Biodiversität an Land und im Meer. Die grundlegenden Probleme dafür liegen aber meist tiefer, oft in der bislang wenig auf Nachhaltigkeit und Good Governance ausgerichteten Politik der Staaten, Städte und Kommunen.

1 Beschreiben Sie das Klima der Station Venedig und die damit verbundenen Auswirkungen auf Vegetation, Wasserhaushalt und Landwirtschaft (M1).

2 Erstellen Sie ein Wirkungsgefüge zur Hochwasserproblematik in Venedig (M4).

3 Nennen Sie mögliche Gründe, dass das Nildelta als Hotspot des Klimawandels betrachtet werden kann (M2).

4 a) Charakterisieren Sie die Auswirkungen des Klimawandels an zwei weiteren Räumen (M2).
b) Entwickeln Sie geeignete Adaptionsmöglichkeiten.

5 Überprüfen Sie M5 auf sachliche Richtigkeit.

Unter Einbeziehung des Hinterlandes zählt der Mittelmeerraum bis zu 250 Millionen Bewohner. Das höchste Bevölkerungswachstum haben die Länder am Südrand des Meeres.
70 Prozent der Bevölkerung leben an den Küstenzonen, die 80 Prozent der industriellen und 90 Prozent der touristischen Einnahmen der Länder generieren. Nach wie vor ist auch die Landwirtschaft wichtig. Sie ist aber küstennah gefährdet durch das Eindringen von Salzwasser und generell durch den prognostizierten Rückgang der Regenfälle um 10 bis 30 Prozent, der die mit dem mediterranen Klima traditionell verbundenen Probleme dramatisch verschärfen wird. Weil es im Mittelmeerraum kaum Gezeiten gibt, fehlt hier der z. B. an der Nordsee übliche Schutz vor gefährlichen Fluten.

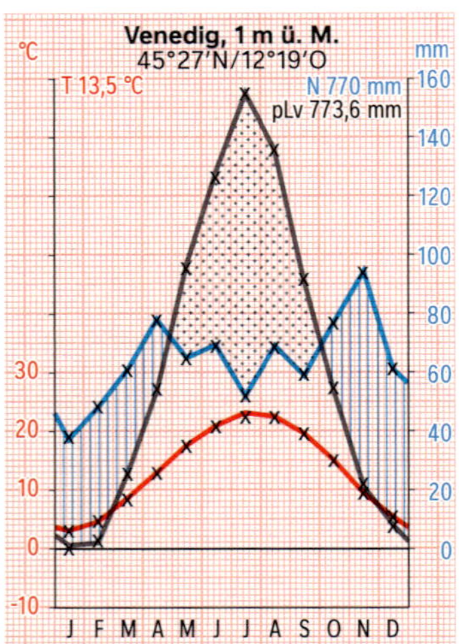

potenzielle Landschaftsverdunstung (pLv): mögliche Verdunstung abhängig von Oberfläche und jahreszeitlichem Pflanzenwachstum

©Westermann 21228EX_1

M1 Klimadiagramm von Venedig (Italien)

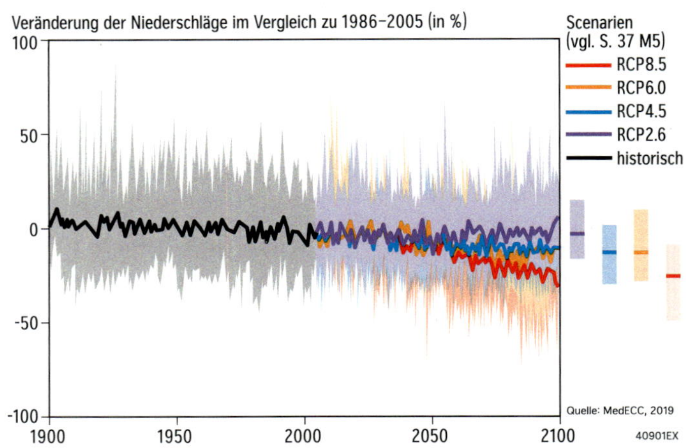

M3 Niederschlagsveränderung (April – September) am Mittelmeer

M2 Klimawandel im Mittelmeerraum

Erdbeben, Schlammfluten, Vulkanausbrüche, Hochwasser, Brückeneinstürze: Man kennt die Gefahren, doch die Vorsorge wurde und wird oft aufgeschoben. Auch Venedig, die Serenissima (die Durchlauchtigste), das Weltkulturerbe, die ins Meer gebaute Demonstration der Macht und des Reichtums, Sehnsuchtsort der Künste und Touristenmagnet droht daher unterzugehen. Überflutungen der „Perle der Adria" sind zwar normal: 1966 stand die Stadt 194 Zentimeter unter Wasser, 2019 waren es „nur" 187. Doch einst stieg das Wasser innerhalb von Tagen, im Herbst 2019 dagegen in nur wenigen Stunden. Für Venedigs Bürgermeister bedeutete dies die „Apokalypse", für die der Klimawandel mitverantwortlich sei. Nach Schätzungen wird die Sanierung der allein 2019 verursachten Schäden an Pfeilern, Brücken, Mauern, Böden, Gehsteigen, Beleuchtungskörpern sowie an öffentlichen Gebäuden und Einrichtungen (z. B. staatliche und kommunale Museen) mindestens 360 Millionen Euro kosten.

Sicher ist, dass mit der Erderwärmung Starkregenereignisse mächtiger werden und der Meeresspiegel steigt. Zusammen mit starken Niederschlägen am Alpenrand wegen besonderer und lang anhaltender Lagen des Jetstreams kann dies alles das Hochwasser in Venedig verstärken. Richtig ist aber auch, dass die für Venedig und die Region Verantwortlichen den drohenden Untergang der Stadt mit zu verantworten haben. In die Lagune hinein, in Marghera, wurden im 20. Jahrhundert Industriegebiete gebaut, größer als das Stadtgebiet von Venedig. Das in der meist nur eineinhalb Meter tiefen Lagune und den randlichen Salzwiesen speicherbare Wasservolumen wurde dadurch kleiner. Für den Bau der Industriegebiete wurde dem Lagunenuntergrund zudem viel Grundwasser entnommen, Venedig sackte deshalb um 20 Zentimeter ab. Hinzu kam der Aushub von Schifffahrtsrinnen für Öltanker, die in den Raffinerien von Marghera be- und entladen werden, quer durch die Lagune, zwölf Meter tief und 50 Meter breit. Wenn nun das bei Tidenhochständen auflaufende Wasser besonders im Herbst und Winter noch zusätzlich durch starke Winde landeinwärts getrieben wird, wirken die inzwischen auch von Kreuzfahrtschiffen benutzten Rinnen wie offene Tore in die Stadt, die den ansteigenden Fluten schutzlos ausgeliefert ist. Und wenn sich die Lagune durch starken Regen noch mehr füllt und die Wassermassen wegen des anhaltenden Südostwindes nicht ablaufen können, steigen die Scheitelwerte von „Acqua Alta" (hohes Wasser) in der Stadt immer höher.

Seit 1995 werden zwar automatische Fluttore an den drei Einfahrten zur Lagune geplant und gebaut. Fast sechs Milliarden Euro kostete das Projekt „Mose" bisher. Korruption, Gerichtsprozesse und technische Pannen verzögerten aber das Mitte 2019 erst zu 95 Prozent fertiggestellte Projekt. Ein Test im Herbst 2019 wurde wegen „unerwarteter Vibrationen" am Meeresboden auf unbestimmte Zeit verschoben. Es ist daher offen, ob und wann die aufklappbaren Fluttore Stadt und Lagune wirklich schützen werden. Für Andreas Levermann vom Potsdam Institut für Klimafolgenforschung wird Venedig langfristig definitiv untergehen. Denn mit jedem Grad Erderwärmung steigt der Meeresspiegel um zweieinhalb Meter, bei Einhaltung des Zwei-Grad-Ziels des Pariser Abkommens demnach auf lange Sicht um etwa fünf Meter. Kritiker des Projektes „Mose" fürchten jetzt schon drängendere Probleme: Bei anhaltend hohen Wasserständen müsste die Lagune über Tage vom Meer abgeriegelt werden. Dadurch könnte der Sauerstoff im Wasser der Lagune knapp werden, ihr Ökosystem würde kollabieren und die Lagune zur Kloake werden.

M 4 Venedig unter Druck

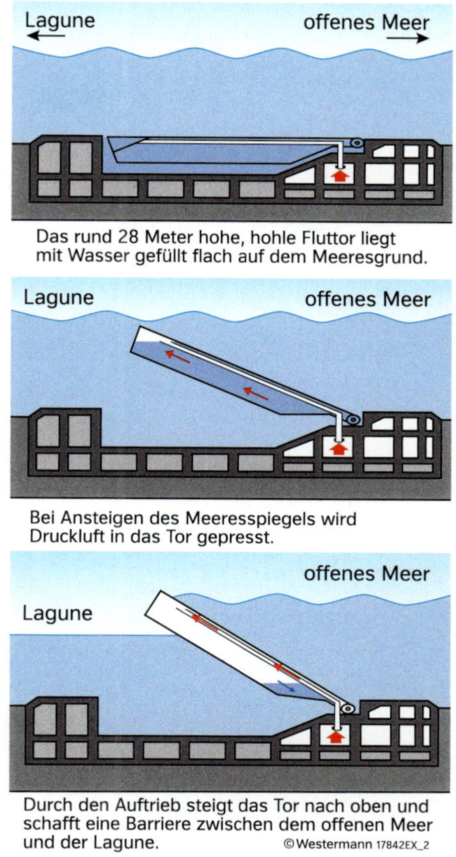

M 6 Funktionsprinzip von „Mose"

M 7 Fluttore zum Schutz von Venedig

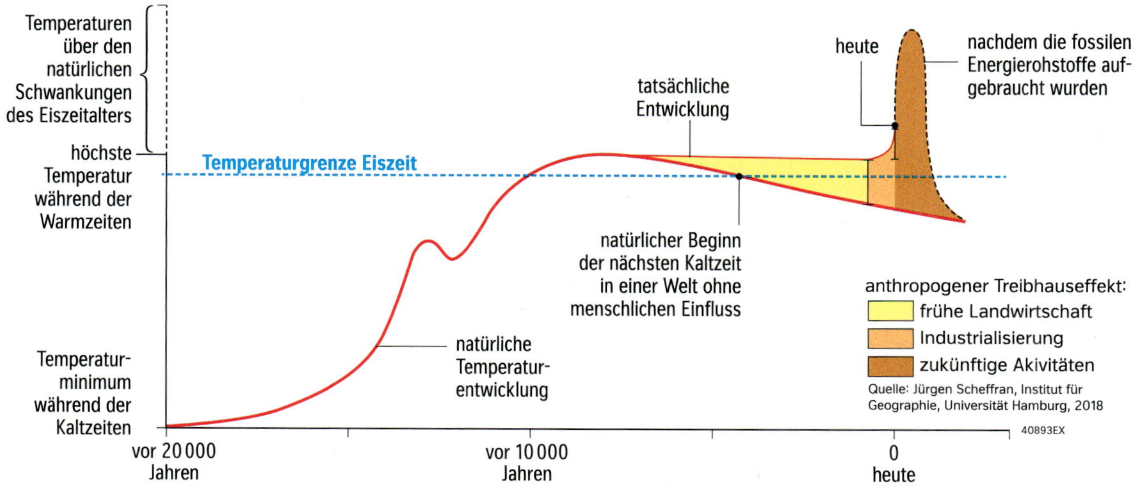

M 5 Ein Blick in die Vergangenheit und die mögliche Zukunft

WES-101475-018

Globale Herausforderung: Städte im Einfluss gesellschaftlicher und naturräumlicher Veränderungen

Bosco Verticale in Mailand (Italien)

4

Städte sind der Lebensraum der Zukunft. Seit der ersten Dekade des 21. Jahrhunderts leben weltweit mehr Menschen in Städten als auf dem Land und dieser Trend wird sich fortsetzen. Die regional in Tempo und Ausmaß unterschiedliche Verstädterung hat immer die urbane Lebensqualität zum globalen Ziel. Die Herausforderung besteht in der Optimierung bestehender komplexer Stadtstrukturen hinsichtlich einer nachhaltigen infrastrukturellen, ökonomischen und ökologischen Entwicklung sowie einer Anpassung an den fortschreitenden Klimawandel. Wie sehen Städte der Zukunft aus, die den naturräumlichen und gesellschaftlichen Veränderungen sowie den technischen Möglichkeiten gerecht werden?

Eine Stadt – was ist das?

Wo beginnt die Stadt und wo endet das Land? Weil jeder Mensch sein subjektives Stadtbild hat, bedarf es der objektiven Erfassung gemeinsamer Merkmale von städtischen Räumen. Doch Wissenschaftler und Statistiker verwenden unterschiedliche Ansätze, um eine Abgrenzung vorzunehmen. Was sind aber wesentliche und objektiv erfassbare Merkmale einer Stadt?

1 Erläutern Sie anhand von zwei Beispielen Ihrer Umgebung, weshalb Städte unterschiedlich sind (M1).

2 Charakterisieren Sie das Erscheinungsbild der beiden Städte (M4, M8).

3 a) Ordnen Sie die Aspekte des geographischen Stadtbegriffs den sozialen, funktionalen, wirtschaftlichen und physiognomischen Merkmalen zu (M3).
b) Überprüfen Sie, inwiefern Merkmale des geographischen Stadtbegriffs auf Ihre Schulstadt zutreffen (M3).

4 a) Vergleichen Sie die Stadtgrößen in Deutschland und Europa (M5, M6).
b) Arbeiten Sie die Agglomerationsräume in Deutschland mithilfe des Atlas heraus (M2).

5 a) Stellen Sie das System der Zentralen Orte dar (M7, M9, M10).
b) Beurteilen Sie ausgewählte Städte Ihres Landkreises: Inwiefern ist die Theorie der Zentralen Orte auf die Realität übertragbar (M7, M9, Atlas, Internet).

M 1 Wortwolke: Was verbinden Menschen mit einer Stadt?

Die Abgrenzung von Städten ist nicht immer eindeutig. Vielfach sind Übergänge fließend, weil Städte sich ausdehnen und Dörfer ihre traditionellen Strukturen verändern. Die **Urbanisierung** beschreibt dabei die Herausbildung, Ausbreitung und Verstärkung städtischer Lebens-, Wirtschafts- und Verhaltensweisen. Den Stadt-Land-Gegensatz löst ein Stadt-Land-Kontinuum ab.

Formal gesehen ist eine **Stadt** in Deutschland eine administrative Einheit mit über 5000 Einwohnern. Existieren in einem Raum aneinandergrenzende Städte mit mindestens 250 000 Einwohnern, bei einer Bevölkerungsdichte von mindestens 1000 Einwohner / km^2 wird von einer **Agglomeration**, einem Ballungsraum bzw. einem Verdichtungsraum gesprochen.
Je nach Schwerpunktsetzung wird aus unterschiedlicher Perspektive auf den Stadtbegriff geblickt, wodurch es keine allgemeingültige Definition von „Stadt" geben kann. Die historisch-genetische Gliederung untersucht die Geschichte einer Stadt. Mit der Verleihung des Stadtrechts erhielt eine mittelalterliche deutsche oder europäische Stadt einen Rechtstitel und damit bedeutsame Privilegien, wie z. B. Markt-, Münzrecht, eigene Gerichtsbarkeit.
Der statistisch-administrative Stadtbegriff befasst sich in der Regel mit Einwohnerzahlen und damit mit messbaren Indikatoren.
Der soziologische Stadtbegriff definiert degegen die Stadt im Wesentlichen anhand qualitativer Merkmale und somit als einen sozialen, urbanen Raum, in dem verschiedene ethnische, kulturelle und religiöse Gruppen mit unterschiedlichen finanziellen Möglichkeiten zusammenleben und in dem es eine Vielzahl an Haushaltsformen (Familien, Singles) gibt.
Der **geographische Stadtbegriff** erfasst quantitative und qualitative Merkmale.
Eine weitere Klassifikation von Städten erfolgt über die **Zentralität**, den Bedeutungsüberschuss eines Ortes gegenüber seinem Umland.

M 2 Basisinformation

- größere Siedlung (z. B. nach der Einwohnerzahl)
- Geschlossenheit der Siedlung (kompakter Siedlungskörper)
- hohe Bebauungsdichte
- überwiegend Mehrstöckigkeit der Gebäude
- deutliche funktionale innere Gliederung (z. B. mit City oder Hauptgeschäftszentrum, Wohnvierteln, Naherholungsgebieten)
- besondere Bevölkerungs- und Sozialstruktur (z. B. überdurchschnittlich hoher Anteil an Einpersonenhaushalten)
- differenzierte innere sozialräumliche Gliederung
- Bevölkerungswachstum v. a. durch Wanderungsgewinn und natürliche Bevölkerungsentwicklung
- hohe Wohn- und Arbeitsplatzdichte
- Dominanz sekundär- und tertiärwirtschaftlicher Tätigkeiten bei gleichzeitig großer Arbeitsteilung
- Einpendlerüberschuss (positives Pendlersaldo)
- Vorherrschen städtischer Lebens-, Kultur- und Wirtschaftsformen (z. B. spezielle kulturelle Bedarfsdeckung der Bewohner)
- Mindestmaß an Zentralität, z. B. mindestens mittelzentrale (Teil-)Funktionen
- relativ hohe Verkehrswertigkeit (Bündelung wichtiger Verkehrswege, hohe Verkehrsdichte)
- weitgehend künstliche Umweltgestaltung mit z. T. hoher Umweltbelastung

Heineberg, H (2017): Stadtgeographie, UTB Stuttgart, S. 28

M 3 Merkmale des geographischen Stadtbegriffs

M 4 **Arnis (Schleswig-Holstein) – kleinste Stadt Deutschlands**

M 8 **Frankfurt am Main (Hessen)**

Siedlungstyp	Einwohnerzahl
Landgemeinde	< 5000
Kleinstadt	5000 bis 20 000
Mittelstadt	20 000 bis 100 000
Großstadt	> 100 000

M 5 **Siedlungstypen in Deutschland**

Land	Einwohnerzahl
skandinavische Länder	> 200 Einwohner
Island	> 500 Einwohner
Frankreich	> 2000 Einwohner
Griechenland	> 10 000 Einwohner
Japan	> 50 000 Einwohner

M 6 **Mindestgröße von Städten**

zentralörtliche Stufe	typische Ausstattung	Mindesteinwohnerzahl und Angebot
Oberzentrum	Fachhandel, größere Banken und Kreditinstitute, Fach- / Hochschule, Schwerpunktkrankenhaus, wissenschaftliche Bibliothek, Sportstadion, Fernbahnhof	Oberbereich (> 200 000 Einwohner) Angebote des seltenen Bedarfs
Mittelzentrum	Warenhaus, Krankenhaus, Fachärzte, Hotel, Altenpflegeheim, Theater, Museum, Jugendeinrichtung, weiterführende Schule, Bibliothek, größere Sportanlage, Bahnhof	Mittelbereich (> 30 000 Einwohner) Angebote des periodischen Bedarfs
Unterzentrum	Postfiliale, Bank, Einzelhandel, Allgemeinarzt, Zahnarzt, Apotheke, Kindertageseinrichtung, Grundschule, Sportstätte	Nahbereich (> 7000 Einwohner) Angebote des täglichen Bedarfs

Quelle: www.bbsr.bund.de

M 7 **Die Hierarchie der Zentralen Orte und deren Merkmale**

Die Raumordnung in Deutschland greift auf die von Walter Christaller in den 1930er-Jahren entwickelte **Theorie** der Zentralen Orte zurück. Daher übernimmt ein Zentraler Ort Versorgungsfunktion für sein Umland. Die idealtypische Verteilung von Zentralen Orten mit unterschiedlicher Zentralitätsstufe ergibt ein hexagonales Muster (M10). Die Raumplanung versucht, die zentralörtliche Ausstattung auf den verschiedenen Ebenen herzustellen und damit die gleichmäßige Versorgung mit Gütern, öffentlichen Einrichtungen, Arbeitsplätzen und Infrastruktur zu gewährleisten. Die Zentralen Orte helfen aber auch, geeignete Standorte für öffentliche Einrichtungen zu finden, den Bedarf langfristig abzuschätzen und Fehlinvestitionen zu vermeiden. Deshalb wird mit Einzugsgebieten gearbeitet: So sollte z. B. ein Krankenhaus mindestens 30 000 Einwohner einer Stadt und ihr Umland versorgen.

M 9 **Die Theorie der Zentralen Orte**

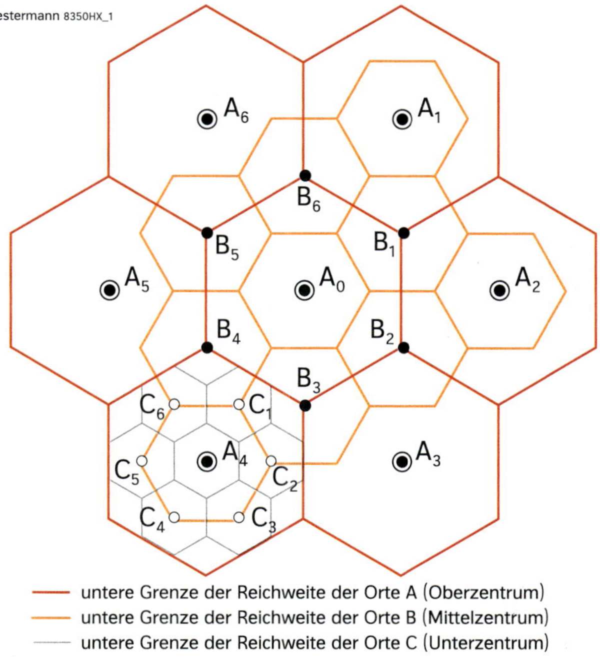

M 10 **Das System der Zentralen Orte**

Funktionale Gliederung von Städten

Städte sind nicht nur Wohnorte, sondern unter anderem auch Standorte von Güterproduktion und Dienstleistungen, Innovations- sowie Macht- und Verwaltungszentren. Trotz der Unterschiede sind bei Städten Ordnungsprinzipien erkennbar. Welche räumlichen Muster sind erkennbar und wie können Städte funktional gegliedert werden?

1 Charakterisieren Sie Funktionen einer Stadt (M1, M2).
2 Erklären Sie die Entwicklung der räumlichen Verteilung von städtischen Funktionen (M2, M3).
3 a) Analysieren Sie M4 und arbeiten Sie verschiedene Stadtviertel heraus.
b) Erstellen Sie eine Skizze zur funktionsräumlichen Gliederung Mannheims (M4, Atlas, Google etc.).
c) Analysieren Sie ihre Skizze stichprobenmäßig mithilfe eines Kartendienstes (z. B. Google Street View).
4 Analysieren Sie, inwiefern die Stadtstruktur Mannheims vom typischen Citybildungsmodell abweicht (M5 – M7).
Z 5 Arbeiten Sie mithilfe des Internets die funktionale Gliederung einer Stadt in Ihrer Umgebung heraus (Flächennutzungsplan, Google Earth).

M 1 **Mannheim**

Jede Stadt weist eine **innere Differenzierung** auf, denn keine Stadt ist baulich, funktionell oder sozial homogen. Die funktionale Gliederung stellt die jeweils vorherrschende Nutzung bzw. Daseinsgrundfunktion in den Mittelpunkt: Wohnen, Arbeiten, Versorgung, Bildung und Freizeit bzw. Erholung. Die einzelnen Funktionen prägen die Stadt in verschiedene Stadtviertel, sind häufig räumlich klar voneinander abgegrenzt oder bilden Mischviertel. Ihre Entstehung verlief historisch gewachsen als auch geplant.

Im Mittelalter waren die Funktionen Wohnen und Arbeiten in der Stadt auf engem Raum vermischt. In den vergangenen Jahrhunderten unterlag aber das Zusammenspiel dieser Funktionen einem mehrfachen räumlichen Wandel. Durch Veränderungen der menschlichen Bedürfnisse, Arbeitszeitverkürzungen und zunehmende berufliche Anforderungen kamen Funktionen wie Freizeit und Bildung mehr Bedeutung zu, sodass sie Teilräume der Stadt in Anspruch nahmen bzw. eigene Stadtviertel bildeten.
Mit dem Wachstum der Städte und Stadtregionen starteten Entmischungsprozesse und die einst funktionell eng verflochtenen Standorte lösten sich zunehmend auf. Heute sind Wohn-, Gewerbe-, Dienstleistungs-, Einkaufs- und Freizeitbereiche über die Stadt hinweg verteilt und in der Regel mit dem Auto gut erreichbar.

Doch die aktuelle Stadtplanung befördert inzwischen wieder eine stärkere funktionale Mischung in den Stadtteilen. Kleinräumige Verflechtungen von Wohnen und Arbeiten, aber auch von Versorgen, Sich bilden und Erholen stehen in ihrem Fokus. Die strikte Funktionstrennung wird dadurch aufgehoben.
Die **City** ist in einer Stadt ein besonderer multifunktionaler Raum im Zentrum der Städte. Sie ist der städtische Teilraum mit der höchsten baulichen Dichte sowie der höchsten Konzentration von Kaufhäusern, Einzelhandelsgeschäften, öffentlichen und privaten Dienstleistungen und kulturellen Einrichtungen. Die City weist somit neben der hohen Arbeitsplatzdichte einen Bedeutungsüberschuss auf und ist Ziel der vielen Pendlerströme.
Modelle zur funktionalen Gliederung sind Grundlage der Flächennutzungspläne, einem Instrument der Stadt- und Raumplanung.

M 2 **Basisinformation**

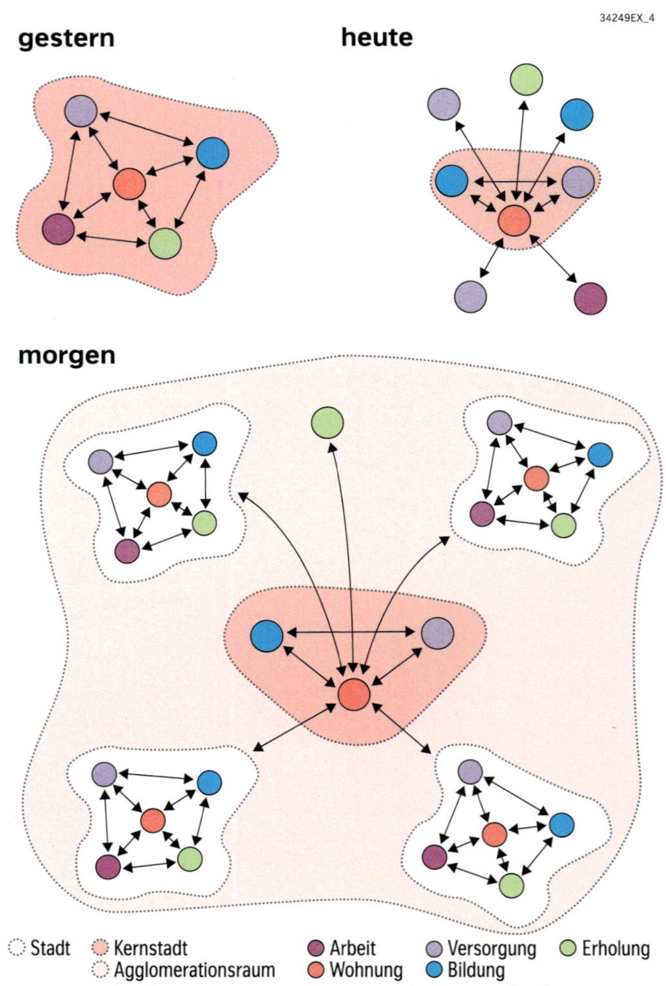

Quelle: Wiegandt (2002): Nachhaltige Stadtentwicklung. In: Institut für Länderkunde (Hrsg.), Nationalatlas Bundesrepublik Deutschland. Bd. 5: Dörfer und Städte. Spektrum Akademischer Verlag, S. 114-115, verändert

M 3 **Entwicklungsmodell der räumlichen Muster von Daseinsgrundfunktionen**

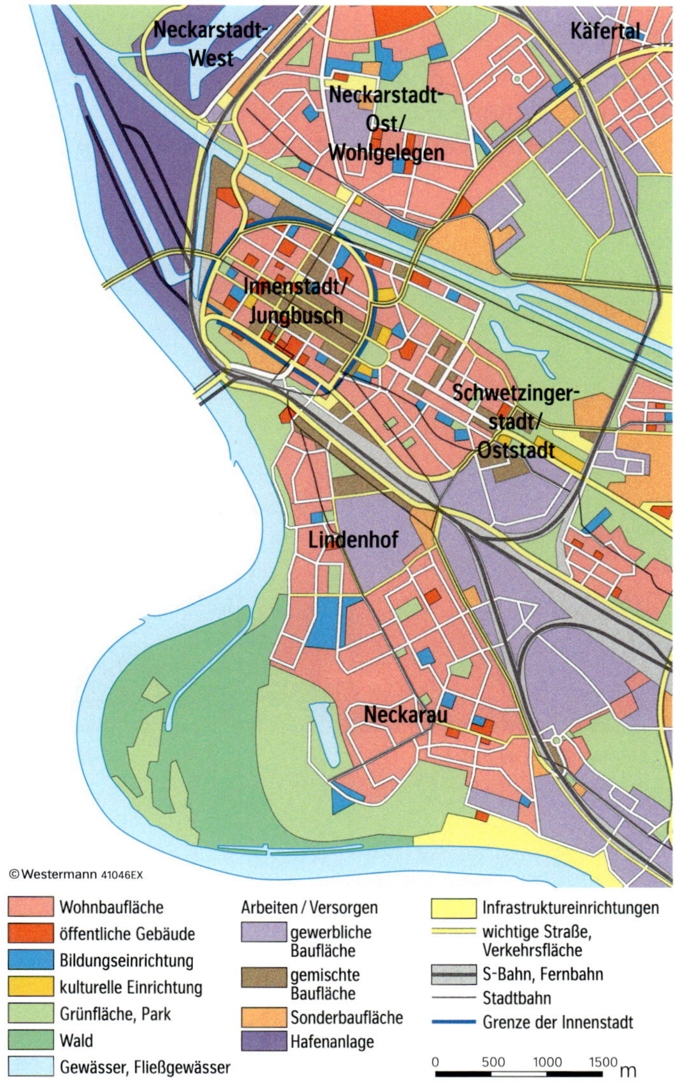

M 4 Flächennutzungsplan Mannheims (vereinfachter Ausschnitt)

Die im Dreiländereck von Baden-Württemberg, Hessen und Rheinland-Pfalz gelegene Metropolregion Rhein-Neckar gehört zu den größten Agglomerationen in Deutschland. Die Universitätsstadt Mannheim ist mit rund 321 000 Einwohnern (Stand 2019) das wirtschaftliche und kulturelle Zentrum in einer aus den benachbarten Oberzentren Ludwigshafen und Heidelberg sowie einer Reihe von Mittelzentren gebildeten polyzentrischen Gebietsstruktur.

Wie jede andere Stadt hat auch Mannheim definierte Stadtviertel nach ihrer vorherschenden Funktion, wie Wohngebiete, Mischgebiete (Wohngebiete mit teilweise Gewerbebetrieben), Gewerbe- und Industriegebiete. Verkehrs-, Freizeit- und Erholungsflächen sind weitere wichtige Elemente der funktionsräumlichen Gliederung. Mannheim, als Stadt der Rennaissance, ist eine der ersten Planstädte Deutschlands. Die schachbrettartige Form der Mannheimer Innenstadt geht auf den Beginn des 17. Jh. zurück und ist bis heute einzigartig. Die Planken, Mannheims 800 Meter lange Shoppingmeile, und die benachbarten Seitenstraßen bilden die City, das zentrale, im Altstadtbereich entstandenen Stadtviertel mit der höchsten Konzentration von Gebäuden und Arbeitsplätzen im Dienstleistungssektor. Hier findet man jene Funktionen, die ein relatives Maximum an Umsätzen pro Flächeneinheit erzielen, eine besondere öffentliche Bedeutung besitzen oder das Prestige der City für sich beanspruchen.

Die heute erkennbaren physiognomischen und funktionalen Merkmale sind das Ergebnis eines historischen Prozesses, der als **Citybildung** bezeichnet wird. Darunter ist ein charakteristischer Funktionswandel der Innenstadt zu verstehen, der im Allgemeinen zur Verdrängung der Wohnbevölkerung und des umsatzschwachen Einzelhandels und Gewerbes führte, wodurch eine geringe Wohndichte in der City resultiert. Die frei gewordenen Flächen wurden durch prestigeträchtige und umsatzstarke Unternehmen des Dienstleistungssektors gefüllt. Idealtypischer Weise kommt es dadurch zu einem Überhang der Tag- über der Nachtbevölkerung. Allerdings unterscheidet sich Mannheim von vielen anderen deutschen Großstädten. Die City besitzt neben einer hohen Beschäftigtendichte als Folge der Konzentration tertiärer Funktionen gleichzeitig auch die höchste Bevölkerungsdichte in der Stadt (M5).

M 6 Funktionsräumliche Gliederung Mannheims

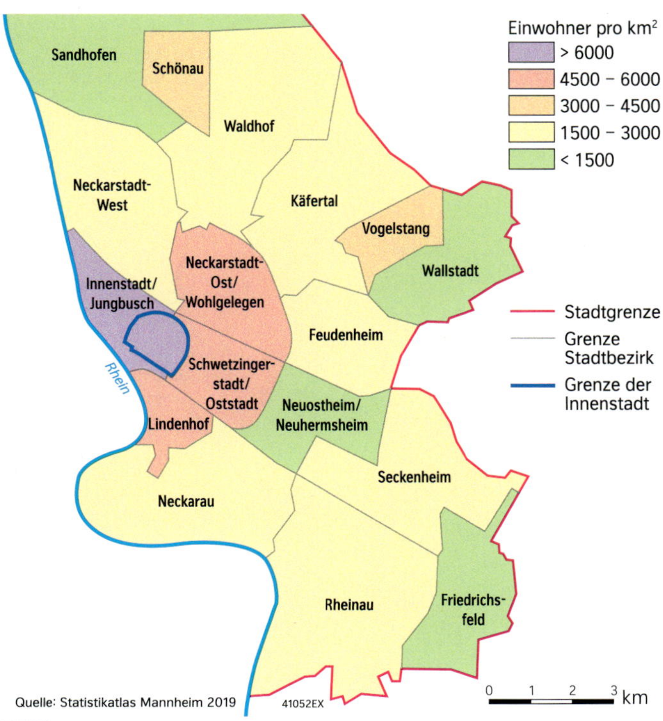

M 5 Bevölkerungsdichte Mannheims (Ausschnitt)

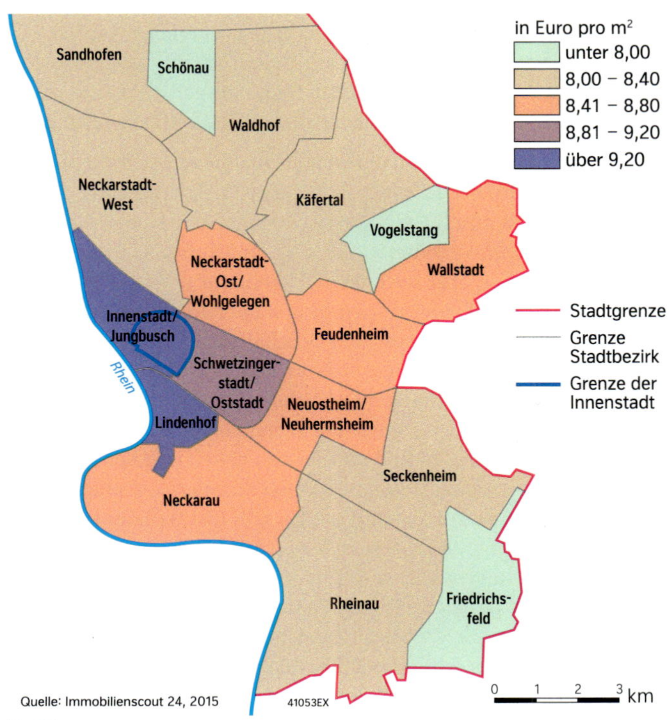

M 7 Mietpreisspiegel Mannheims (Ausschnitt)

Städtische Räume im Wandel

Städte sind Orte ständigen Wandels. Sie wachsen und schrumpfen. Wo vor hundert Jahren noch eine klar definierte Stadtgrenze war, breiten sich städtische Strukturen ins Umland aus. Stadtentwicklungsprozesse dokumentieren die Dynamik von Städten. Wie verändern sich Städte im Laufe der Zeit und was sind die Gründe dafür?

1. Beschreiben Sie die Entwicklungen in M1.
2. Erläutern Sie die verschiedenen Phasen der Stadtentwicklung und die Verkehrserschließung einer Stadt (M2, M3).
3. **a)** Stellen Sie den modellhaften Prozess der Gentrifizierung dar (M4).
   b) Erläutern Sie die verschiedenen Dimensionen der Gentrifizierung (M5).
4. **a)** Beschreiben Sie den Wandel Berlins vor dem Hintergrund politischer Prozesse (M8).
   b) Überprüfen Sie mithilfe eines Kartendienstes, inwieweit der Aufwertungsprozess bereits im Bezirk Neukölln angekommen ist (M7, M9, z. B. Google Maps, Google Streetview).

M1 Berlin im Wandel

Im Zuge der Industrialisierung entstanden infolge städtischen Flächenwachstums Stadtlandschaften, in denen wiederholt demographische und ökonomische Wanderungsbewegungen stattfanden. Dabei verändert sich der städtische Raum physiognomisch, funktional und sozioökonomisch.

Ausgelöst durch die Leitbilder der autogerechten Stadt, die Entmischung von Wohnen und Arbeiten, sich ändernden Wohnvorstellungen wie ein „Haus im Grünen" und den daraus folgenden politischen und stadtplanerischen Maßnahmen wie dem Bau von Straßen kam es zur **Suburbanisierung**. Dieser Verlagerungsprozess zunächst von Wohnungen, jedoch später auch von Industrie-, Gewerbe- und Dienstleistungsbetrieben aus der Kernstadt an den Stadtrand und in das Umland verursachte die räumliche Ausdehnung des Stadtgebiets. Wenn die Arbeits- und Versorgungsbeziehungen auf die Zentren im ländlichen Raum ausgerichtet sind, also nicht mehr auf Kernstädte, spricht man von Desuburbanisierung.

Inzwischen ist mancherorts der gegenläufige Trend der **Reurbanisierung** zu beobachten, bei der es zu einer Rückwanderung in die Kernstadt kommt. Stadtplanerische Maßnahmen wie die Funktionsmischung, Verkehrsberuhigung und Aufwertung des öffentlichen Raumes, aber auch die Rückkehr zur urbanen Lebensweise führen dabei zu einer Aufwertung innerstädtischer Teilräume und veränderter Bevölkerungs- und Geschäftsstruktur in den Innenstädten. Folgen der Reurbanisierung sind aber auch: fehlende Kinderbetreuungseinrichtungen und Schulen, notwendige Anpassungen des Straßenausbaus sowie des Öffentlichen Personennahverkehrs, steigende Mieten und die Notwendigkeit sozialen Wohnungsbaus, der bezahlbares Wohnen in der Stadt ermöglichen soll. Im Zuge der Reurbanisierung tritt zudem z. T. **Gentrifizierung** auf. Dabei werden u. a. durch Luxussanierungen innenstadtnaher Wohnquartiere gut verdienende Erwerbstätige in die modernisierten Wohnungen gelockt und gleichzeitig einkommensschwache Einwohner, die sich die nun teuren Mieten nicht leisten können, verdrängt. Es kommt somit zu einer sozioökonomischen Umstrukturierung und der Veränderung des ursprünglichen Charakters der Stadtviertel.

M2 Basisinformation

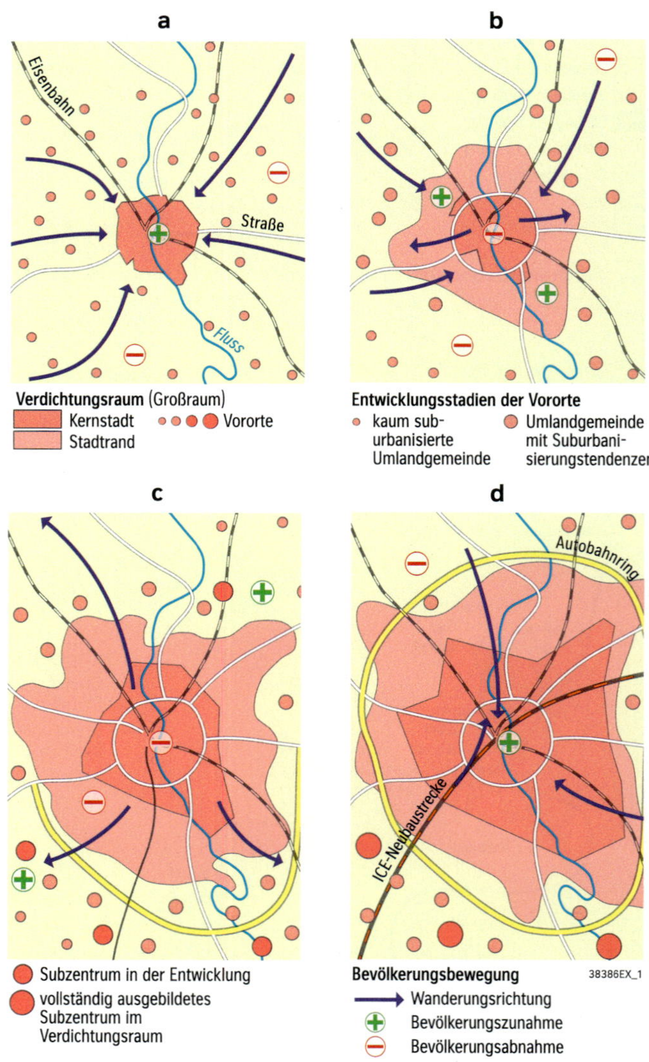

M3 Phasen der Stadtentwicklung

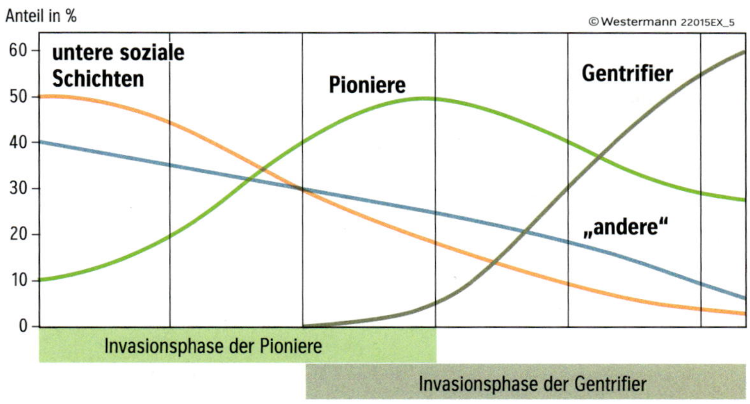

Pioniere
- Kreative, Künstler, Studenten
- jung, geringes Einkommen, hoher Bildungsabschluss, noch kein akademischer Abschluss
- Anteil der Miete am Einkommen ist jedoch hoch
- Singles, noch nicht in der Familiengründungsphase, meist kinderlos, oft in Wohngemeinschaften
- Bezug von aufgelassenen oder frei werdenden Wohnungen, aber auch Hausbesetzungen

Gentrifier
- i.d.R. älter und höheres Einkommen als die Pioniere, akademischer Bildungsabschluss
- Yuppies (Young Urban Professionals), Dinks (Double Income no Kids)
- bereit, höhere Mieten zu zahlen bzw. sanierte Wohnungen zu kaufen
- ins Quartier zugezogen oder Pioniere mit Berufsabschluss und in der Familiengründungsphase (In-situ-Gentrifier)

M 4 **Modell der Gentrifizierung**

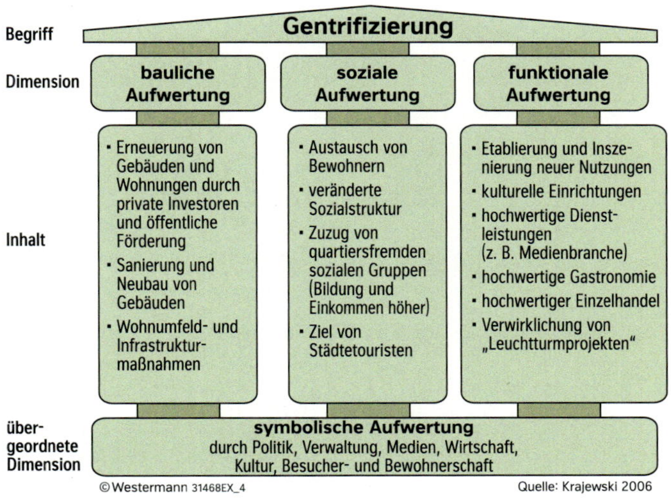

M 5 **Dimensionen der Gentrifizierung**

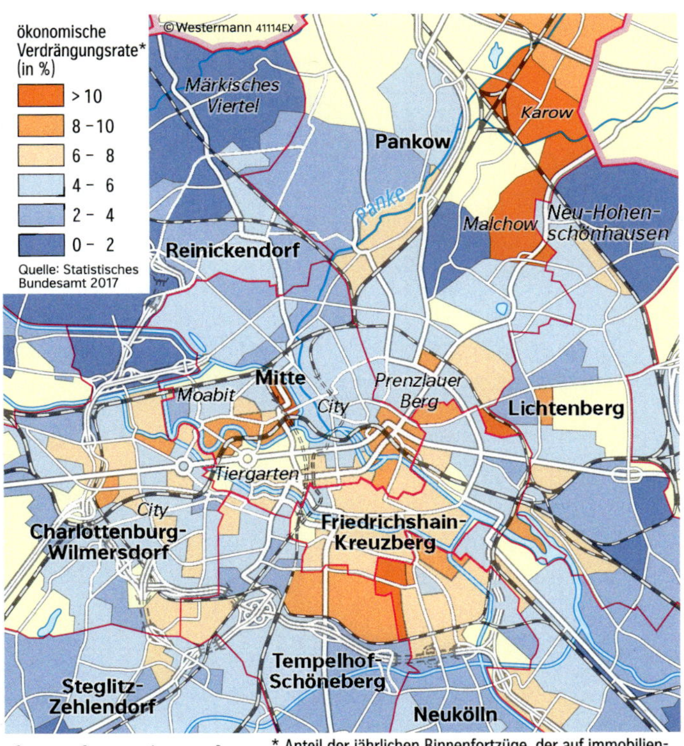

* Anteil der jährlichen Binnenfortzüge, der auf immobilienwirtschaftliche Aufwertung zurückzuführen ist

M 7 **Bevölkerungsverdrängung durch Gentrifizierung in Berlin**

Die Entwicklung Berlins war zwischen 1945 und 1990 im Wesentlichen durch die politische Teilung der Stadt geprägt. Zuvor gab es in Berlin bereits zwei Citybereiche: die Hauptcity in Berlin Mitte und Teilen der südlichen Friedrichstadt (Regierungs- und Zeitungsviertel) sowie die Ergänzungscity im Bereich Tiergarten (Botschaftsviertel) und Kurfürstendamm (v. a. spezialisierter Einzelhandel und Unterhaltungsangebote).
Während sich beide Teile bis 1945 funktional ergänzten, erfolgte nach 1945 eine getrennte Entwicklung aufgrund der Zugehörigkeit zu zwei unterschiedlichen politischen und wirtschaftlichen Systemen sowie der isolierten Lage von Berlins West, mitten in der DDR. Im Westteil wurde die City zum „Schaufenster des Westens" ausgebaut. Mehrstöckige Gebäude, hochwertiger Einzelhandel mit durchgehenden Ladenfronten, Unterhaltungsangebote und viele Büros prägten den Raum. Im Osten Berlin ermöglichte die staatliche Kontrolle des Bodenmarktes dagegen die Durchsetzung staatlicher Ziele. Berlin Mitte wurde ab den 1960er-Jahren zur repräsentativen sozialistischen Hauptstadt ausgebaut. Auch preiswerter Wohnraum wurde integriert. Weiterhin prägten die City Ost Regierungs-, Kultur- und zentrale Versorgungseinrichtungen. Der Mauerbau 1961 machte die Teilung dann für jedermann offensichtlich.

Erst nach dem Fall der Mauer 1989 und der Erklärung Berlins zur Hauptstadt des wiedervereinten Deutschlands im Jahr 1991 ereilte Berlin ein regelrechter Entwicklungsschub: Der Potsdamer Platz wurde als Büro-, Hotel- und Unterhaltungszentrum neu bebaut, mit dem Regierungsumzug 1998 expandierte das Regierungsviertel und im Umfeld des Reichstages siedelten sich Global Player an. Auch das alte Botschafterviertel expandierte. Der wachsende Tourismus führte zur Stärkung der Hotel- und Freizeitfunktion im Raum. In citynahen Gebieten wurde hochwertiger Wohnraum errichtet.

M 8 **Entwicklung Berlins nach 1945**

Während der Berliner Suburbanisierungsphase in den 1990er-Jahren verloren an das Stadtzentrum (City) angrenzende Wohnquartiere an Bedeutung. Hier wurde wenig investiert, da viele Hauseigentümer damit rechneten, dass mit der Expansion der City bald eine Umgestaltung von der Wohn- zur Dienstleistungsfunktion stattfinden würde. Das führte in den Vierteln zu Leerstand und Sanierungsstau.

In einigen Wohnquartieren, z. B. in Mitte und Prenzlauer Berg im Bezirk Pankow, vollzogen sich seit etwa 2000 (seit 2010 verstärkt) im Zuge eines Imagewandels und der Reurbanisierung weitreichende soziale Austausch- sowie infrastrukturelle Aufwertungsprozesse im Sinne einer Gentrifizierung. Dabei stieg die Attraktivität der Stadtviertel, doch die angestammte Bevölkerung wurde verdrängt.

M 9 **Gentrifizierung in Berlin**

Dimensionen weltweiter Verstädterung

Das Jahr 2008 ging in die Geschichte ein: Seitdem leben mehr Menschen in der Stadt als auf dem Land. Für das Jahr 2050 wird ein weltweiter Anteil der Stadtbevölkerung von über zwei Dritteln prognostiziert. Die Städte sind deshalb der dominante Lebensraum des 21. Jahrhunderts. Wo und in welchem Ausmaß findet diese rasante Verstädterung statt und wie wird Verstädterung gemessen?

1 Charakterisieren Sie die Entwicklung der städtischen Bevölkerung (M1).

2 Stellen Sie den Prozess der weltweiten Verstädterung dar (M1 – M4).

3 a) Analysieren Sie die weltweite Verteilung der Megacitys zwischen 1950 und 2030 (M5).
b) Erläutern Sie die Entwicklung von Megacitys im Hinblick auf ihre Größe und räumliche Verteilung (M5).
c) Überprüfen Sie die folgende Aussage (M5): „Die Megapolisierung findet vor allem im asiatischen Raum statt."

4 a) Arbeiten Sie den Primacy-Index verschiedener Staaten rechnerisch heraus (M6, M7).
b) Überprüfen Sie die Bevölkerungsdaten Kenias hinsichtlich der Verstädterung als auch der Metropolisierung (M7 – M9).

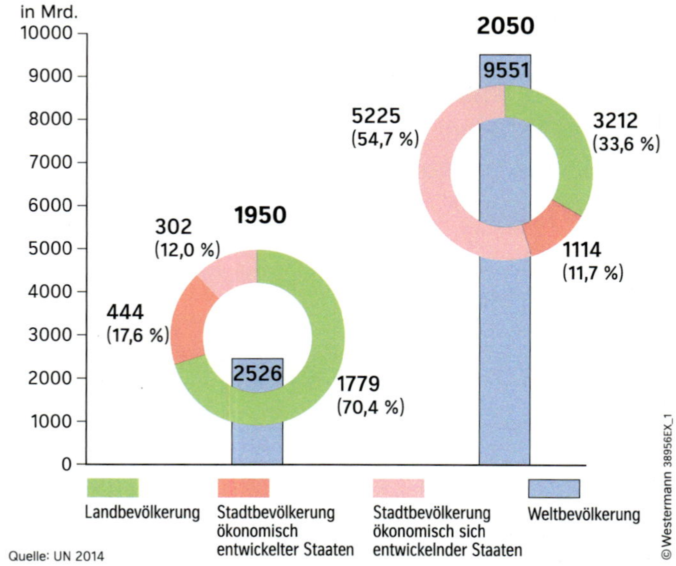

M 1 Entwicklung der Stadt- und Landbevölkerung

In den letzten Jahrzehnten hat sich im Zuge der **Globalisierung** die weltweite Verstädterung beschleunigt. Es entstanden riesige Agglomerationen. Diese liegen oft an Küsten, Flüssen und wichtigen Handelswegen. Ursache der Entwicklung in diesen **Lagen** sind insbesondere ihre gute Anbindung an das „globale Handelsnetz". Das Ausmaß und die Dynamik des Verstädterungsprozesses werden deutlich, wenn man bedenkt, dass im Jahr 1950 der **Verstädterungsgrad**, also der prozentuale Anteil der Stadtbevölkerung an der Gesamtbevölkerung eines Landes, bei unter 30 Prozent lag. New York war damals mit rund 12 Millionen Einwohnern die größte Stadt der Welt, gefolgt von Tokio und London. Heute findet sich weder New York noch London unter den zehn größten Agglomerationen. Doch während sich in den Industrieländern der hohe Verstädterungsgrad von etwa 75 Prozent nur wenig verändert, haben sich **Bevölkerungswachstum** und Verstädterung nach Asien und Afrika verlagert. Seit 1970 entfallen auf diese Regionen rund 90 Prozent des Städtewachstums (bezogen auf Fläche, Bevölkerungszahl).
Den Verstädterungsprozess kann man mithilfe der **Verstädterungsrate**, welche den prozentualen Zuwachs der Stadtbevölkerung an der Gesamtbevölkerung pro Jahr angibt, darstellen. In diesem Zusammenhang wird auch das Wachstum der **Megacitys** betrachtet. Eine Megacity ist eine Stadt mit mehr als zehn Millionen Einwohnern. Megacitys, die innerhalb eines Landes eine herausragende politische oder ökonomische Bedeutung besitzen, sind Metropolen. Der Prozess, bei dem es neben dem demographischen Wachstum zu einer Verlagerung bedeutender Funktionen in eine Metropole kommt, wird **Metropolisierung** oder **Megapolisierung** genannt.

Die höchste Stufe der globalen Städtehierarchie nehmen **Global Citys** ein. Diese gelten als Motoren und Steuerungszentralen der modernen globalisierten Weltwirtschaft. Sie besitzen Weltbedeutung in Wirtschaft, Kultur und Politik, sind Zentren bedeutender Finanz- und Dienstleistungsnetzwerke und internationaler Indstitutionen.

M 2 Basisinformation

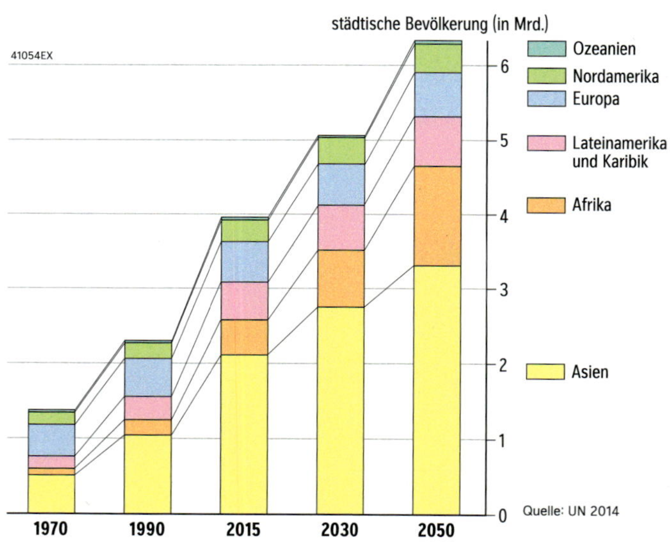

M 3 Entwicklung der Stadtbevölkerung nach Kontinenten

	Verstädterungsgrad	Verstädterungsrate
Welt	56,2 %	1,9 %
Europa	74,9 %	0,4 %
USA	82,7 %	1,0 %
China	61,4 %	2,4 %
Lateinamerika	81,2 %	1,3 %
Südafrika	64,6 %	2,1 %

Quelle: Vereinte Nationen (UN)

M 4 Verstädterungsgrad (2020) und Verstädterungsrate (2015 – 2020)

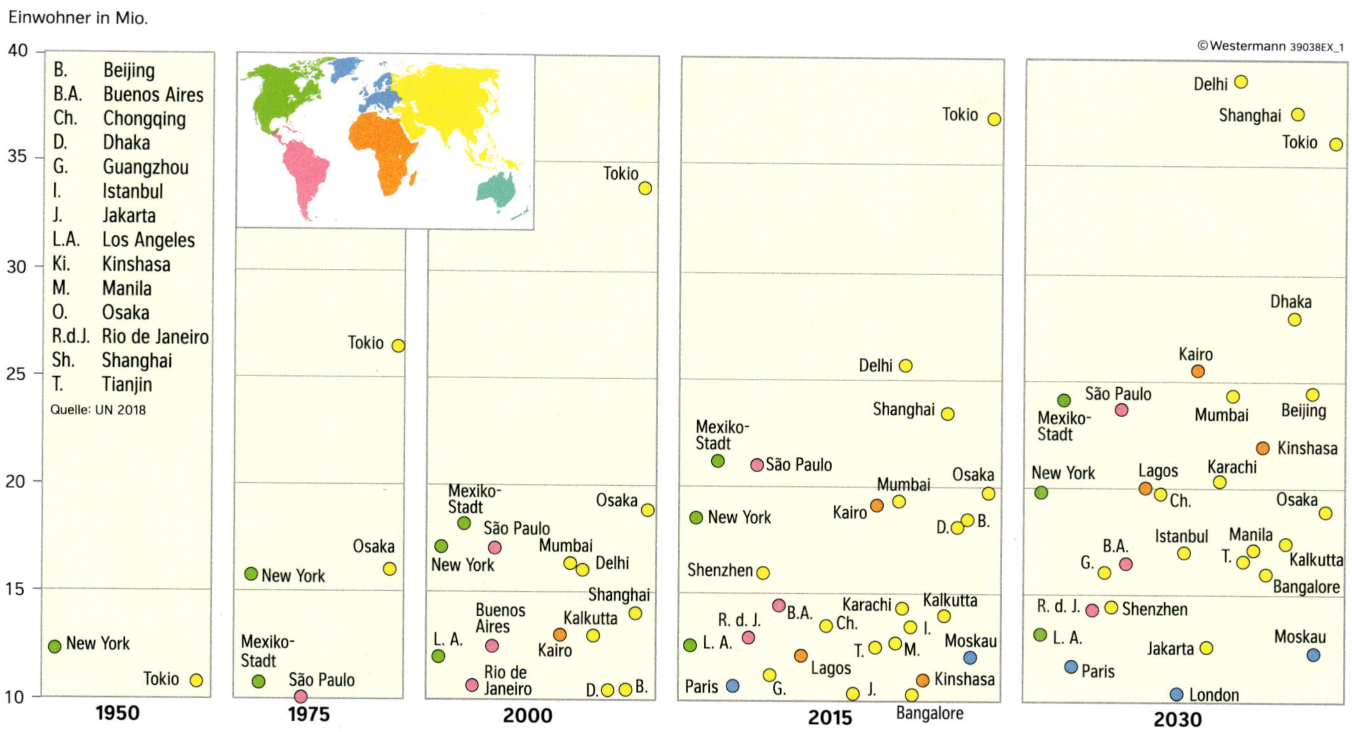

M 5 **Die Entwicklung von Megacitys**

Wenn die größte Stadt innerhalb eines Landes gegenüber der zweit- und drittgrößten Stadt eine Bevölkerungsdominanz erreicht, wird das als demographische Primacy bezeichnet. Als Maßzahl für den Metropolisierungsgrad eines Landes kann der Primacy-Index als Quotient zwischen der größten und zweitgrößten Stadt eines Landes bestimmt werden. Bei einem Primacy-Index von größer als zwei wird von einer Vormachtstellung gesprochen.

Mit der Bevölkerungszahl allein und ihrem Zuwachs lässt sich die Metropolisierung jedoch nur quantitativ erfassen. Die „funktionale Primacy“ als die Konzentration der politischen, administrativen, ökonomischen, sozialen und kulturellen Funktionen in der zumeist einzigen Metropole eines Landes ist wesentlich aussagekräftiger. Derartige Städte besitzen innerhalb des städtischen Siedlungssystems einen hohen Zentralitätsgrad. Bedingt durch die überdurchschnittliche Ausstattung mit infrastrukturellen Einrichtungen sowie auch mit Arbeitsplätzen im sekundären und tertiären Sektor vergrößert sich das wirtschaftliche Gefälle zu den übrigen Regionen des Landes weiter.

M 6 **Demographische und funktionale Primacy**

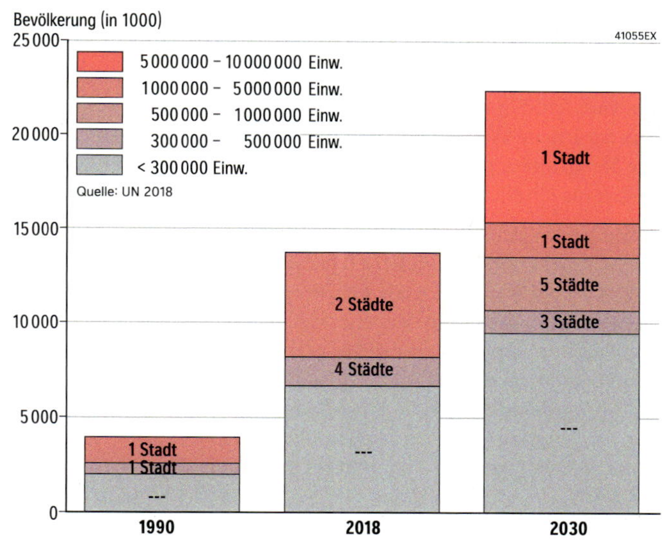

M 8 **Städtische Bevölkerung nach Stadtgrößen in Kenia**

Staat	statistische Grundlage	größte und zweitgrößte Stadt (2018)	Einwohner (in 1000) 2020	2030
Kenia	Stadt	Nairobi	4735	7031
		Mombasa	1296	1889
Bangladesh	Metropolregion	Dhaka	20006	28076
		Chittagong	5020	6393
Frankreich	Metropolregion	Paris	11017	11710
		Lyon	1719	1847
Deutschland	Stadt	Berlin	3562	3606
		Hamburg	1790	1799

M 7 **Demographische Primacy ausgewählter Städte**

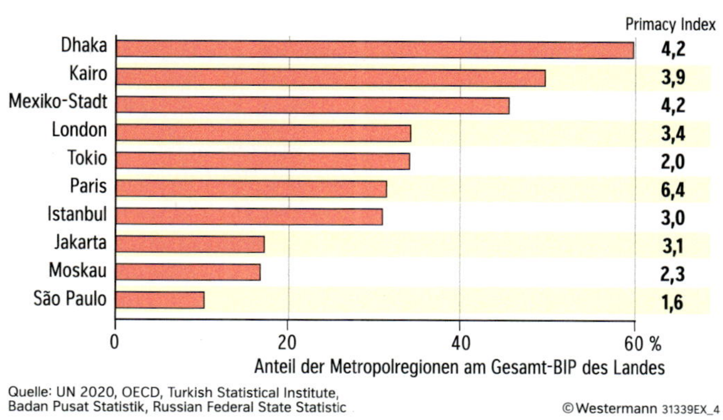

M 9 **Wirtschaftskraft (in Prozent des BIP des Landes) und Primacy-Index (2020)**

Ursachen weltweiter Verstädterung

Die Verstädterung schreitet auf der ganzen Welt voran. Vor allem aber in den Ländern des Globalen Südens wird es in den nächsten Jahrzehnten zu einer drastischen Zunahme der urbanen Bevölkerung wie auch der Zahl an Megacitys kommen. Im Jahr 2050 könnten laut Vereinten Nationen rund drei Viertel der weltweit städtischen Bevölkerung in Afrika und Asien leben. Denn 90 Prozent des Bevölkerungswachstums wird dort stattfinden. Welche Ursachen hat die Verstädterung und warum entwickelt sie sich weltweit so unterschiedlich?

1 Vergleichen Sie die beiden Stadtansichten (M1, M3).
2 a) Charakterisieren Sie das Bevölkerungswachstum in verschiedenen Regionen der Erde (M4).
b) Analysieren Sie das Wachstum der städtischen und ländlichen Bevölkerung (M5).
3 Erklären Sie das starke Bevölkerungswachstum in den Ländern des Globalen Südens (M2, M4–M6).
4 Erläutern Sie das Push-Pull-Modell (M7).
5 Überprüfen Sie die Aussage: Die Verstädterung der Industrieländer und des Globalen Südens ist grundsätzlich verschieden (M6, M7).
6 Entwickeln Sie mithilfe von M6 ein Push-Pull-Modell für die Verstädterung und Bevölkerungszunahme der Länder des Globalen Südens.

M 1 **Blick auf den Stadtbezirk Pudong (Shanghai, China) 1988**

Die Ursachen weltweiter Verstädterung sind vielfältig und lassen sich zusammenfassend auf drei wesentliche Faktoren reduzieren:
- die vom Land in die Stadt gerichteten Wanderungsbewegungen,
- das natürliche Wachstum der Stadtbevölkerung und
- die Neugründung von Städten sowie eine Umklassifizierung bisher als ländlich eingestufter Siedlungen.

Zeitlich und räumlich gesehen verläuft der Verstädterungsprozess weltweit mit unterschiedlicher Dynamik. Bereits bis zur Mitte des 20. Jahrhunderts entwickelten sich einige nordamerikanische und europäische Städte infolge der Industrialisierung zu Megacitys. Doch deren Wachstums war in der Mehrzahl der Industrieländer Europas und Nordamerikas bis zur Mitte des 20. Jahrhunderts weitgehend abgeschlossen. Hingegen setzte das zum Teil explosionsartige Wachstum der Städte in den Ländern des Globalen Südens erst nach dem 2. Weltkrieg ein. **Migration** war und ist in beiden Fällen eine wesentliche Ursache für die Zunahme der Stadtbevölkerung. Zur Erklärung der Land-Stadt-Wanderung werden **Push- und Pullfaktoren** herangezogen. Darunter werden Effekte verstanden, die Wanderungsbewegungen auslösen. Diese liegen einerseits in der Attraktivität der Städte, andererseits in Defiziten der ländlichen Entwicklung.

Einer der wichtigste Gründe für die abweichende Dynamik der weltweiten Verstädterung liegt in der unterschiedlichen demographischen Entwicklung. Anhaltend hohe Geburtenüberschüsse in den Ländern des Globalen Südens verursachen ein **Bevölkerungswachstum**. Es werden sehr hohe natürliche Wachstumsraten erreicht. Das hat eine doppelte Konsequenz: Die städtische Bevölkerung wächst schnell und auch der Bevölkerungsdruck auf dem Land nimmt zu, was die Abwanderungsbereitschaft erhöht. Die Altersgruppe 15 bis 35 Jahre ist besonders stark an der Landflucht beteiligt – und damit auch der Anteil der Frauen im gebärfähigen Alter. Nach Schätzung der Vereinten Nationen (UN) werden im Jahr 2030 rund 60 Prozent der Stadtbewohner weltweit unter 18 Jahren sein.

M 2 **Basisinformation**

M 3 **Blick auf den Stadtbezirk Pudong im Jahr 2018**

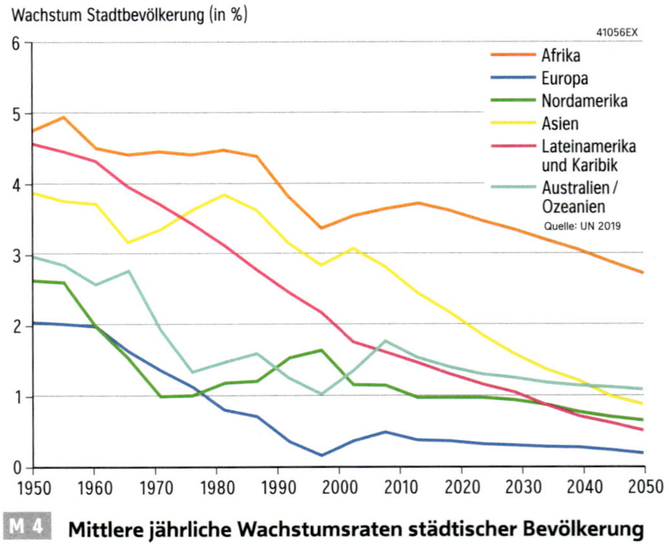

M 4 **Mittlere jährliche Wachstumsraten städtischer Bevölkerung**

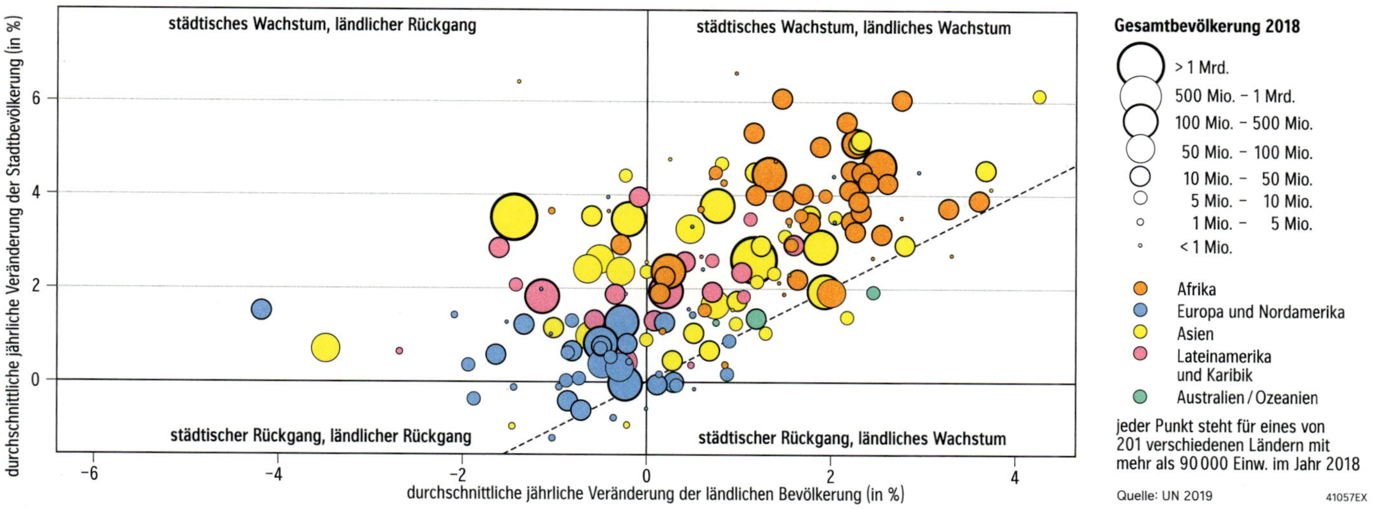

M 5 Mittlere jährliche Wachstumsraten der Bevölkerungszahl in städtischen und ländlichen Räumen zwischen 1990 und 2018

Die Verstädterung in den Ländern des Globalen Südens setzte in den 1920er-Jahren in Lateinamerika und erst nach dem Ende des Zweiten Weltkriegs in Afrika und Asien ein. Der Verstädterungsprozess wird unter anderem durch folgende Faktoren gesteuert:

- In den Ländern des Globalen Südens beschleunigt sich die Verstädterung durch das wirtschaftliche Wachstum der **Industrialisierung** rasant, da viele Menschen vom Land durch die vermeindlich bessere Lebensqualität der Städte angelockt werden.
- Insgesamt besteht eine geringe Nachfrage nach qualifizierten Arbeitskräften in der Industrie. Oftmals dominiert der tertiäre oder sogar der informelle, nicht staatlich kontrollierte Sektor.
- Durch das besonders große Gefälle zwischen Stadt und Land wirken die Megacitys als nationale Magnete. Arbeitslosigkeit, soziale Unsicherheit, Hunger und Armut, aber auch die schlechte Versorgungslage mit lebensnotwendigen Dingen, fehlende berufliche Perspektiven, ökologische Probleme, Überbevölkerung oder die Ausrichtung auf Exportlandwirtschaft führen zur Attraktionslosigkeit der ländlichen Räume.
- Verstärkt werden diese Prozesse durch Spannungen zwischen den unterschiedlichen sozialen Schichten.
- Landflucht ist zunehmend auch eine Flucht vor Lebensstilen und Sozialstrukturen, die als beengend empfunden werden. Einen wesentlichen Beitrag hierzu leisten die Medien durch Verbreitung westlicher Lebensstile und Steigerung von Konsumwünschen.
- Vermeintlich bessere Lebens- und Arbeitsbedingungen sowie Chancen auf Bildung und sozialen Aufstieg bewirken eine Sogwirkung der Städte.
- Meist gibt es in den Städten nur wenig reguläre Arbeitsplätze und Wohnraum. Daher kommen Zuwanderer oft zunächst im informellen Sektor und in den Armenvierteln der Städte unter. Der Staat und andere Akteure können dies nur partiell steuern oder sogar verhindern.
- Nicht selten wird die Verstädterung auch durch die jeweiligen Regierungen gefördert, weil sie fast ausschließlich in den Städten in Wohnungen, Straßen und technische Infrastruktur investieren.
- Die zugewanderte junge ländliche Bevölkerung lebt oftmals noch mit den traditionellen Werten und Normen, was zumindest in der ersten Zuwanderergeneration eine hohe Geburtenrate bedingt. Gleichzeitig sinkt die Sterberate aufgrund besserer Lebensbedingungen stark. Dies bedingt ein hohes Bevölkerungwachstum in den Städten.

M 6 Verstädterung und Bevölkerungszunahme in Ländern des Globalen Südens

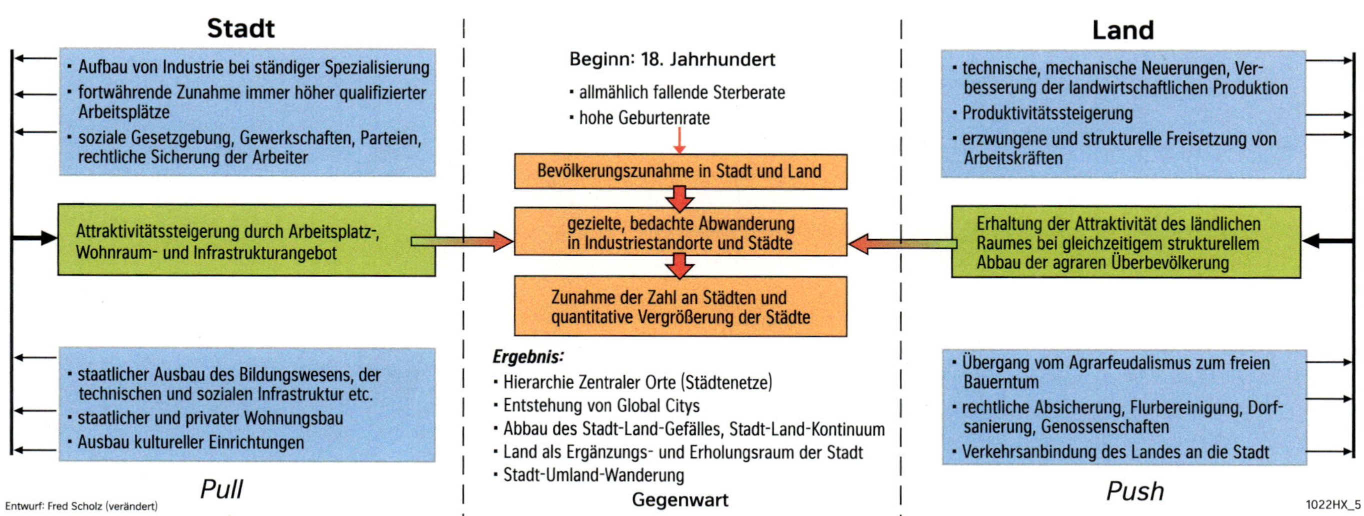

M 7 Verstädterung und Bevölkerungszunahme in Industrieländern

Megacitys im Globalen Süden – Städte mit großen Herausforderungen

Immer mehr Menschen leben in den schnell wachsenden Metropolen in Asien, Lateinamerika und Afrika. In der Hoffnung auf ein besseres Leben strömen jährlich weitere Millionen Menschen vom Land in die Städte. Welche Folgen hat das rasante Wachstum für die Megacitys und ihre Bewohner? Wie können diese Megastädte trotz des enormen Ansturms der Menschen ihren Bewohnern eine Zukunft ermöglichen?

1 Charakterisieren Sie die Stadtansicht von São Paulo (M1).

2 **a)** Erläutern Sie die Ursachen, Probleme und Chancen der Marginalisierung (M2).
b) Stellen Sie die Situation vieler Slumbewohner als Teufelskreis dar.

3 **a)** Erklären Sie das Modell der fragmentierten Stadt (M4).
b) Begründen Sie, weshalb durch zunehmende Fragmentierung Megacitys zur „sozialen Zeitbombe" werden (M2).

4 Vergleichen Sie die ausgewählten Megacitys hinsichtlich ihrer Gemeinsamkeiten und Unterschiede (M3).

5 Überprüfen Sie, ob die in den Beispielen (M5 – M10) dargestellten Lösungsansätze Chancen im Sinne einer nachhaltigen Entwicklung darstellen.

M 1 **Innenstadt von São Paulo**

Auf der Suche nach Arbeit und einer besseren Zukunft lassen sich Zuwanderer in den Megacitys oft gleich dort nieder, wo sie Platz finden. So bilden sich innerstädtisch in Stadtvierteln heruntergekommener Bausubstanz Slums bzw. es entstehen peripher am Stadtrand in hohem Tempo illegale Hüttensiedlungen als **Marginalsiedlungen**, wie Favelas oder Squattersiedlungen. Schnell stellt die enorme Flächenexpansion und hohe Bevölkerungsdichte die rasant wachsenden Megacitys vor große Herausforderungen.
In den Elendsvierteln sind die Menschen meist gezwungen, einen Job im informellen Sektor zu suchen. Sie arbeiten illegal z. B. als Schuhputzer, Straßenhändler, im Transportdienst oder einem kleinen Gewerbebetrieb. Diese Arbeit ist wenig sicher, bietet den Betroffenen jedoch eine gewisse Grundsicherung und die Chance auf einen möglichen sozialen Aufstieg. Wer keine Arbeit findet, wird oft gänzlich vom Prozess der **Marginalisierung** erfasst und in eine wirtschaftliche und gesellschaftliche Randexistenz abgedrängt. Die Arbeitslosigkeit vieler Slumbewohner erzeugt neben Armut auch Gewaltkriminalität, sodass sich mancherorts selbst Polizisten nicht mehr in diese „No-go-Areas" hineinwagen. Die soziale Ungleichheit in den Megacitys des Globalen Südens spiegelt sich in der **Segregation**, d. h. der räumlichen Trennung sozialer Gruppen, wider und kommt als sozialräumliche **Fragmentierung** der Stadtstrukturen zum Ausdruck. So lebt die reiche Mittel- und Oberschicht zunehmend aus Angst vor Kriminalität in privaten, von der Öffentlichkeit abgeschotteten Wohnvierteln, den sogenannten **Gated Communities**. Diese „Inseln der Reichen im Meer der Armen" bieten neben Luxusapartments, hochwertige Dienstleistungen, Shopping Center sowie Parks. Ihre Bewohner sind außer zum Arbeiten kaum gezwungen, ihren sicheren Bereich zu verlassen. Für die Umsetzung zukunftsfähiger Strategien im Rahmen der Stadterneuerung ist die gute Führung einer Stadtregierung, die sogenannte Good Urban Governance, wesentlich. Darunter ist die Partizipation aller sozialen Schichten an Entscheidungsprozessen zu verstehen.

M 2 **Basisinformation**

Indikator / Megacity	São Paulo	Mumbai	Kairo	Paris	Tokio
Einwohner (in 1000) / Rang *	21 650 / 4.	19 980 / 7.	20 076 / 6.	10 901 / 28.	37 468 / 1.
Einw. in 2030 (in 1000) / Rang **	23 824/ 9.	24 572/ 6.	25 517/ 5.	11 710/ 35.	36 574/ 2.
Bevölkerungswachstum (in % / Jahr, 2000 – 2018)	+ 1,3	+ 1,2	+ 2,2	+ 0,6	+ 0,5
Bevölkerungswachstum ** (in % / Jahr, 2018 – 2030)	+ 0,8	+ 1,7	+ 2,0	+ 0,6	- 0,2
Fläche * (in km²)	3043	881	5360	17 174	13 572
Bevölkerungsdichte * (Einw. / km²)	7114	22 678	3745	634	2760

* 2018, ** Prognose, Quelle: UN 2018

M 3 **Megacitys im Vergleich (2018 und 2030)**

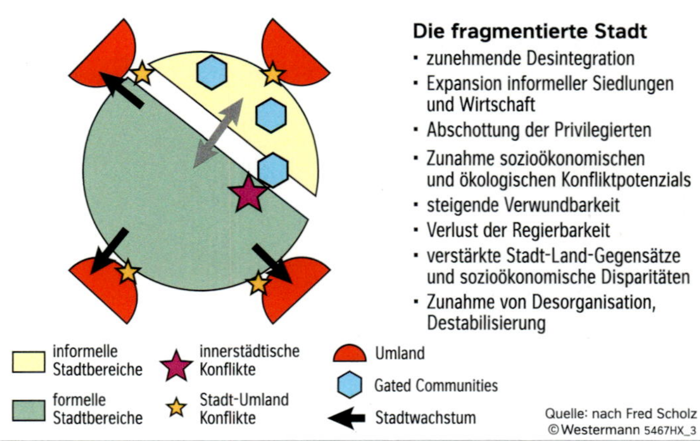

M 4 **Modell der fragmentierten Stadt im Globalen Süden**

Im Gegensatz zu den meisten Favelas in São Paulo, die sich am Stadtrand befinden, liegt die Favela Paraisópolis (Paradiesstadt) inmitten von Gated Communities, hier Condomínios Fechados genannt. Mit über 100 000 Einwohnern ist die Favela eine der größten Brasiliens. Die Lage an einem Steilhang erforderte einen kontinuierlichen städtebaulichen Erneuerungsprozess: Alte Hütten in Erdrutsch- und Überschwemmungsgebieten wurden zugunsten von Grünflächen beseitigt, neue Wohn-, Dienstleistungs- und Geschäftsgebäude wurden errichtet und der soziale Wohnungsbau staatlich gefördert. Durch den Ausbau des Wegenetzes wurde die Favela an das öffentliche Verkehrsnetz der Stadt angeschlossen. Heute hat Paraisópolis eine eigene Bank mit der eigenen Währung „Nova Paraisópolis". Wer ein Konto hat, erhält Rabatte in vielen der etwa 8000 Geschäfte der Favela. Zudem vergibt die Bank Mikrokredite zu niedrigen Zinssätzen, um die Entwicklung der Gesellschaft, den Handel und lokalen Konsum zu fördern und somit neue Arbeitsplätze zu schaffen. Immer mehr Start-up-Gründungen werden registriert und durch Zinsen sind soziale Projekte finanzierbar.

M 5 São Paulo – Strukturwandel in der Favela als Chance?

M 8 Paraisópolis

Mumbai gilt als die Boomtown des Subkontinents. Als Wirtschafts- und Finanzmetropole ist es zugleich Zentrum der indischen Filmindustrie („Bollywood"). In der Hoffnung auf sozialen Aufstieg und Flucht aus dem einengenden **Kastenwesen** des ländlichen Raumes kommen täglich neue Migranten und landen zumeist in den über 2500 Slums. Dharavi im Herzen Mumbais, einer der größten Slums der Welt, beherbergt etwa eine Million Menschen auf zwei Quadratkilometern. Durchschnittlich leben 6,2 Personen auf 12,5 Quadratmetern. Oft steht mehreren Hundert Bewohnern nur eine Toilette zur Verfügung, der einzige Ort mit fließendem Wasser. Aber die Menschen in Dharavi haben eigene Überlebensstrategien entwickelt: Etwa 20 000 Minifabriken produzieren für Großkunden in aller Welt sowohl Billigwaren als auch Markenartikel, z. B. Lederwaren, Bekleidung, Modeschmuck und Keramik. So verdienen viele Slumbewohner ihren Lebensunterhalt und das soziale Netz funktioniert. Durch die städtischen Slumsanierungen, die unerschwingliche Mieten und fehlende Arbeitsstätten nach sich ziehen, werden die Armen aus Dharavi verdrängt. Die Reichen wohnen dann in neuen Wolkenkratzern, die im Bereich des Slums errichtet wurden.

M 6 Mumbai – Stadtentwicklung durch Slumsanierung?

M 9 Dharavi

Kairo ist die größte Stadt Afrikas. Seit den 1950er-Jahren beschleunigte sich das Wachstum der Stadt aufgrund der hohen Geburtenrate, der Landflucht und der Flüchtlingsbewegungen. Die Wachstumsrate wird von den Vereinten Nationen für die nächsten zehn Jahre weiterhin auf über zwei Prozent jährlich geschätzt.
Wegen des enormen Verkehrschaos und der schlechten Luftqualität in der Kernstadt zieht die Mittel- und Oberschicht immer mehr in die Peripherie. Im Zentrum lebt zunehmend die ärmere Bevölkerung in mehrgeschossigen Häusern bzw. auf deren Dächern und verfügt über eine Basisinfrastruktur. Etwa fünf bis zehn Prozent der Bewohner leben in „Unplanned Areas" auch zwischen den Grabsteinen und in den Gruften des Friedhofs von Kairo. Die meisten informellen Siedlungen entstehen jedoch am Stadtrand. Seit den 1970er-Jahren sind **Satellitenstädte** zur Entlastung in der Wüste angelegt worden. Sie bestehen aus Industrie-, Einkaufs- und Wohnvierteln. Hohe Mieten, fehlende Arbeitsplätze und schlechte Verkehrsanbindung erweisen sich als problematisch. Der Bau der modernen Hauptstadt „Cairo 2050" soll für weitere Entlastung sorgen.

M 7 Kairo – Satellitenstädte in der Wüste als Lösung?

M 10 Kairos neue Städte in der Wüste

Global Citys – die Machtzentren der Welt

Im Zuge der Globalisierung entwickeln sich Global Citys als global bedeutende Entscheidungs-, Steuerungs- und Kontrollzentralen der Politik, Ökonomie und Kultur. Gemäß ihrer funktionalen Merkmale gibt es eine weltweite Hierarchie derartiger Städte. Diese kommt meist auch im Stadtbild zum Ausdruck. Weshalb gibt es Global Citys unterschiedlichen Ranges und warum konzentrieren sich diese in einigen Regionen der Erde?

1 Charakterisieren Sie das Stadtbild von New York (M1).
2 Stellen Sie an Beispielen die für eine Global City wesentlichen Funktionen und die zugehörigen Einrichtungen in einer Tabelle dar (M2).
3 Erläutern Sie die Bedeutung des Stadtimages bei Global Citys (M3).
4 a) Vergleichen Sie die Untersuchungsmethoden zur Klassifizierung von Global Citys (M4 – M7).
b) Analysieren Sie das aktuelle Ranking der mächtigsten Global Citys und die zukünftigen Tendenzen (M5).
c) Vergleichen Sie die Ergebnisse aus M5 und M7.
5 Überprüfen Sie die Aussage: „Global Citys sind die Schaufenster der Globalisierung."
z 6 Charakterisieren Sie ausgewählte Städte aus M5 bzw. M7 als Global Citys (Internet).

M1 **New York – Manhattan**

Im globalen Städtesystem haben sich Metropolen globaler Primacy herausgebildet. Die meisten dieser **Global Citys** sind Megacitys des Globalen Nordens, in günstiger internationaler Verkehrslage und weisen eine hohe Konzentration von Hauptsitzen international operierender Unternehmen auf. Dementsprechend siedelte sich gemäß der **Theorie der Global Citys** im Zuge der **Quartärisierung** dort bevorzugt ein höchstrangiger, unternehmensorientierter Dienstleistungssektor an, wie Hauptsitze von Banken, Finanz- und Wirtschaftsberatungen. Die Weltstädte unter den Global Citys sind die Schaltzentralen internationaler Institutionen wie Botschaften und Organisationen, z. B. der Vereinten Nationen (UN). Im Rahmen der global vernetzten Ökonomie konzentrieren sich hier ebenso der globale Warenhandel, die globalen Finanzströme, die globale Arbeitsteilung und die globale Logistik mit internationalen Flug- und Seehäfen sowie die digitale Hightech-Kommunikationstechnologie. An diesen Knotenpunkten zentralisiert sich global agierendes Kapital, aber auch innovatives Know-how – Letzteres insbesondere in sogenannten „Denkfabriken" (Think Tanks).

Die globalen Akteure schätzen in den Global Citys die Face-to-Face-Kontakte mit Experten sowie den informellen Austausch. Das Management global bedeutender Unternehmen nutzt die Konzentration von Finanzdienstleistungen wie Banken, Börsen und Versicherungen für regionale bzw. globale Standortentscheidungen sowie bezüglich innerbetrieblicher Strukturveränderungen.

Überwiegend sind Global Citys Millionenstädte und bieten urbanes Leben hoher Lebensqualität mit einem erstklassigen konsumorientierten Dienstleistungs- und Kulturangebot, das an die gehobenen, gut bezahlten Jobs angepasst ist. Neben den Wohnvierteln mit teuren Luxusappartements für Bänker, Juristen und Manager wird es für ansässige „Normalverdiener" zunehmend schwerer, überhaupt noch bezahlbaren Wohnraum zu finden. Diese soziale Polarisierung führt wiederholt zu Konflikten, Unruhen und Gewalttaten.

M2 **Basisinformation**

Das Stadtimage jeder Global City unterstützt deren hohen weltweiten Bekanntheitsgrad. Die Unverwechselbarkeit von New York oder London bzw. den anderen Weltstädten beruht vor allem auf ihrer Originalität im Stadtbild. Die charakteristische Konzentration und Form der Skyline gilt als Wahrzeichen der Metropolen und repräsentiert gleichzeitig deren Macht und wirtschaftliche Stärke.

Unter anderem der Bau der ersten Wolkenkratzer in New York in Downtown und Midtown Manhattan löste weltweit den Wettlauf um die höchsten Giganten aus. Dabei standen weniger Platzmangel und damit hohe Grundstückskosten im Central Business District im Vordergrund als Prestigedenken. Heute ist diese „globalisierte Architektur" sowohl Symbol und Werbeträger für die jeweilige Stadt, als auch ein attraktives Aushängeschild für Unternehmen, Banken und Versicherungen, die ihre Firmensitze bevorzugt in derartigen Wolkenkratzern etablieren.

M3 **Weltbekanntes Stadtimage – ein Zeichen von Globalität**

Alpha ++	London, New York
Alpha +	Hongkong, Peking, Singapur, Shanghai, Sydney, Paris, Dubai, Tokio
Alpha	u. a. Frankfurt / Main (und 22 weitere Städte)
Alpha -	u. a. München (und 21 weitere Städte)
Beta +	u. a. Hamburg, Düsseldorf (und 18 weitere Städte)
Beta	u. a. Berlin (und 25 weitere Städte)
Beta -	u. a. Stuttgart (und 33 weitere Städte)
Gamma +	u. a. Guatemala City (und 18 weitere Städte)
Gamma	u. a. St. Louis (und 35 weitere Städte)
Gamma -	u. a. Köln (und 21 weitere Städte)

Globalization and World Cities Research Network 2019

M4 **Klassifizierung der Global Citys nach ihrer Konnektivität (Integration in die Weltwirtschaft) für das Jahr 2018**

www.diercke.de
100800-270-02

Rang im Global Cities Index (Gegenwart)

2019	2018	△	City
1	1	-	New York
2	2	-	London
3	3	-	Paris
4	4	-	Tokio
5	5	-	Hongkong
6	7	+1	Singapur
7	6	-1	Los Angeles
8	8	-	Chicago
9	9	-	Peking
10	11	+1	Washington
11	15	+4	Sydney
12	10	-2	Brüssel
13	12	-1	Seoul
14	16	+2	Berlin
15	13	-2	Madrid

Quelle: Kearney: Global Cities Report 2019

Rang im Global Cities Outlook 2019 (Zukunftsaussichten)

	gesamt		Lebensqualität		Ökonomie		Innovation		Regierungsführung	
	2019	△	2019	△	2019	△	2019	△	2019	△
London	1	+2	24	+12	2	+4	3	-1	11	-7
Singapur	2	+3	33	-	1	+1	23	+6	3	+2
San Francisco	3	-2	44	-5	14	+4	1	-	23	-5
Amsterdam	4	+2	8	+5	10	-6	6	+21	20	+10
Paris	5	-1	18	+7	9	-6	20	-8	5	+24
Tokio	6	+8	3	+2	17	+3	13	+1	40	-
Boston	7	+1	36	-8	5	+3	9	+1	23	-5
München	8	-1	15	-6	24	-7	17	-	16	-6
Dublin	9	+24	25	+5	6	+33	16	+14	21	+13
Stockholm	10	+1	37	-2	21	+2	11	-	4	-1

△ Veränderung   +1 Aufstieg   -1 Abstieg   41058EX

Die Rangfolge des „Global Cities Index“ und des „Global Cities Outlook“ gibt das Gesamtergebnis der weltweiten Studie zu diesem mehrdimensionalen Indikator heute und in der Zukunft vergleichend wieder.

Veränderungen in der Rangfolge gegenüber dem Vorjahr sind mit positiven Trends (grüne Pfeile) bzw. negativen Trends (rote Pfeile) dargestellt. Eine Stagnation im Ranking gibt keine Veränderung an (Strich).

M 5 Der „Global Cities Index“ – die Spitzenreiter der Global Citys heute und morgen

Das Ausmaß der globalen Bedeutung einer Stadt zu bestimmen ist relativ schwierig, da weltweit vergleichbare, qualitativ erfassbare bzw. quantitativ messbare Daten nur für Einzelindikatoren existieren. Wesentlich ist, dass möglichst viele Lebensbereiche in eine Untersuchung einbezogen werden.

Das „Globalization and World Cities Research Network“ (GaWC) ist eine britische „Denkfabrik“, welche die Global Citys im Prozess der Globalisierung untersucht. Dabei werden die Anzahl sowie die Bedeutung global agierender Unternehmen (Konzerne, Dienstleister) einer Stadt gewichtet und daraus das Ausmaß an Interaktionen mit allen weiteren untersuchten Städten abgeleitet. Alpha ++-Städte an der Spitze des Rankings agieren mit allen Städten maximal (M4).

Der jährlich von der internationalen Unternehmensberatung A.T. Kearney erstellte „Global Cities Index“ (M5) beleuchtet die gegenwärtige Leistung von Städten in den Dimensionen Wirtschaftsaktivitäten (z. B. Hauptsitze der umsatzstärksten Firmen, Kapitalmarkt), Humankapital (z. B. Qualität der Universitäten), Informationsaustausch (v. a. Anzahl internationaler Nachrichtenbüros), Kulturangebot (Anzahl kultureller Events, berühmte Kunst- und Kulturstätten) und politisches Engagement (z. B. Konferenzen).

Zusammen mit dem seit 2015 ergänzten „Global Cities Outlook“ zeichnet er ein aufschlussreiches Bild der weltweit einflussreichsten Metropolen. Der „Global Cities Outlook“ untersucht das Potenzial dieser Städte, d. h. deren Zukunftsaussichten, um gegenüber den Top-Metropolen aufzuholen.

Das in Tokio ansässige „Institute for Urban Strategies“ veröffentlicht den „Global Power City Index“ (GPCI), um die globale Wettbewerbsfähigkeit zwischen den Großstädten der Welt aufzuzeigen (M7). Diese Bewertung nimmt die qualitative Anziehungskraft der Städte in den Blick, um Menschen (v. a. Kreative, junge Gründer), Kapital und Unternehmen aus der ganzen Welt anzulocken. Der „Global Power City Index“ ist somit in der Lage, die Stärken, Schwächen und Herausforderungen globaler Städte in einer sich ständig verändernden Welt zu erfassen. Nur wenige Global Citys nehmen dabei in mehreren Dimensionen Spitzenpositionen ein. Die meisten Weltstädte zeigen ein eher differenziertes Bild.

Wie alle Trends zeigen, wird sich der globale Städtewettbewerb in Zukunft insbesondere aufgrund der Dynamik in Asien weiter verschärfen. Nur einige „städtische Leuchttürme“ werden mit ihrer Attraktivität international punkten können.

M 6 Klassifizierung der Global Citys

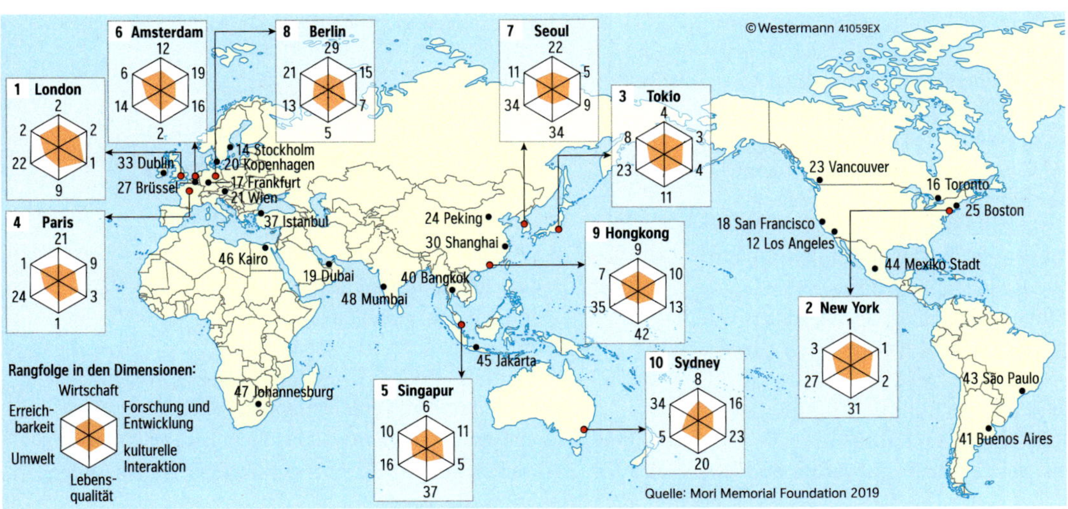

Der GPCI erstellt mithilfe von 70 Indikatoren ein Ranking in den Dimensionen Wirtschaft, Forschung und Entwicklung, kulturelle Interaktion, Lebensqualität, Umwelt und Zugänglichkeit. Ein Durchschnittswert auf einer Achse ergibt am Achsenende den Rangplatz der Dimension. Die durch Verbindung aller Durchschnittswerte auf allen Achsen erzielte Flächensignatur im Netzdiagramm erleichtert die Differenzierung der Dimensionen und Städte.

M 7 „Global Power City Index“ (GPCI) für das Jahr 2019 – Zukunftstrends für 48 Städte

Shrinking Citys – Verlierer der Globalisierung

Weltweit gibt es neben Boom-Towns auch Shrinking Citys. Diese schrumpfenden Städte haben seit Jahrzehnten vorübergehend oder dauerhaft einen deutlichen Bedeutungs- und Bevölkerungsverlust hinnehmen müssen. Diesem Trend versuchen aktuelle stadtplanerische Konzepte durch Revitalisierung der Städte zu begegnen. Welchen Ursachen liegen einer derartigen Stadtentwicklung zugrunde, welche Auswirkungen hat dieser Prozess und welche Handlungsstrategien gibt es mit einem derartigen Phänomen umzugehen?

1. Beschreiben Sie die Stadtansicht der City von Detroit (M1).
2. Stellen Sie die Bevölkerungsentwicklung der City von Detroit im Vergleich zur Metropolregion dar (M3) und begründen Sie diese anhand von M2, M4 und M6.
3. Arbeiten Sie die Folgen einer Deindustrialisierung heraus (M2) und erstellen Sie mit den Ergebnissen ein Fließschema.
4. **a)** Stellen Sie den räumlichen, wirtschaftlichen und sozialen Strukturwandel von Detroit dar (M5, M6).
   b) Analysieren Sie die Bevölkerungs- und Wirtschaftsstruktur Detroits (M7, M10) und beurteilen Sie die Chancen für eine Revitalisierung.
5. Bewerten Sie, ob die Maßnahmen in Detroit die Zukunftsfähigkeit der Stadt wirksam unterstützen (M8 – M10).
6. Z Arbeiten Sie heraus, inwiefern ausgewählte Shrinking Citys sich zu nachhaltigen Städten entwickeln (Internet).

M 1 Innenstadt von Detroit

Seit Beginn der Industrialisierung galt permanentes Wachstum städtischer Räume als charakteristisches Stadtentwicklungsmuster. Vorwiegend in den altindustrialisierten Regionen Europas und Nordamerikas, aber auch in Asien, wie z. B. in Russland, China und dem Iran, sowie in Afrika und Mittelamerika schrumpfen aber seit den 1960er-Jahren einige Städte. In Deutschland verzeichneten nach der Wiedervereinigung besonders viele Städte der östlichen Bundesländer einen Bevölkerungsrückgang. Das Phänomen tritt jedoch auch im Westen unseres Landes, z. B. im Ruhrgebiet, auf.

Wesentliche Ursache der Schrumpfung war bisher, dass die betroffenen urbanen Räume aufgrund ihrer Wirtschaftsstruktur dem globalen Wettbewerb um optimale Standorte nicht mehr gewachsen waren. Infolge internationaler Arbeitsteilung kam es im Rahmen der Globalisierung zur Verlagerung einiger traditioneller Branchen wie der Schwerindustrie in die Länder des Globalen Südens. Folgen dieser Deindustrialisierung in traditionellen Industrieregionen waren bzw. sind hohe Arbeitslosigkeit, Abwanderung der betroffenen Menschen, Leerstände von Wohnungen und Gewerbeimmobilien, Wegzug von Dienstleistungen und Gewerbe, sinkende Kreditbereitschaft von Banken, Abwanderung weiterer Bevölkerung, fehlende Steuereinnahmen der Städte, abnehmende Investitionen sowie der zwangsweise Rückbau der technischen und sozialen Infrastruktur der Städte. In der Regel ziehen die Menschen weg, die es sich leisten können. Zurück bleiben Alte und sozial Schwache, sodass der demographische Wandel steigende Sozialausgaben durch z. B. Armenküchen zur Folge hat.

Die Stadtplaner der **Shrinking Citys** müssen aufgrund der lokalen Herausforderungen vor dem Leitbild einer **nachhaltigen Stadtentwicklung** Ideen entwickeln, wie sie die Städte aufwerten und stabilisieren.

M 2 Basisinformation

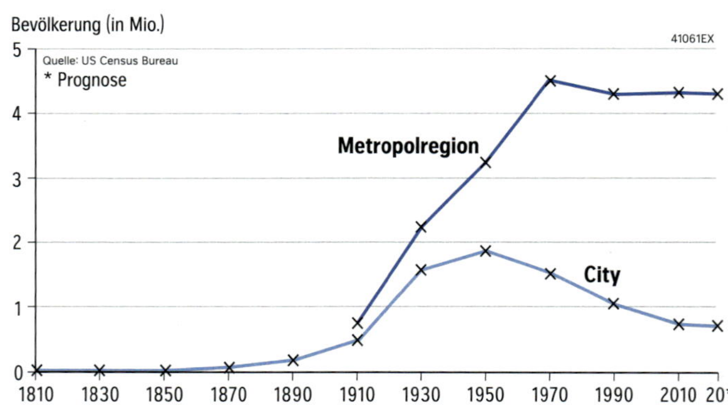

M 3 Bevölkerungsentwicklung im Raum Detroit

1701	Gründung von Fort D'Etroit durch Pelzhändler
1796	Eingliederung in die USA, 1806 Detroit wird Stadt
ab 1825	Zuwanderung aus Europa
1837	Hauptstadt des Bundesstaates Michigan
ab 1850	beginnende Industrialisierung
1864	Beginn der Stahlproduktion
1898	Beginn der Automobilproduktion (Ford, Dodge, Chrysler, Studebaker)
ab 1900	industrielles Zentrum mit vorwiegend automobiler Monostruktur, Zuwanderung von Afroamerikanern
seit 1960	Suburbanisierung der weißen Bevölkerung
ab 1970	Abwanderung der Autoproduktion z. T. in den Süden
2013	Insolvenz der Stadt

M 4 Stadtentwicklung von Detroit

www.diercke.de
100800-217-03

M 5 **General Motors World Headquarters (im Hintergrund)**

M 8 **Autonome Mobilität in der City von Detroit**

Seit der Erfindung des Fließbands von Henry Ford 1913 galt die „Motor City" Detroit durch Massenproduktion von preisgünstigen Fahrzeugen vor allem durch die „Big Three" (Ford, Chrysler, General Motors) als das Zentrum der weltweiten Automobilindustrie. Infolge der Automatisierung im Fahrzeugbau nach dem Zweiten Weltkrieg, der japanischen Konkurrenz und der Ölkrise in den 1970er-Jahren kam es aber bis zum Jahr 2013 zum Verlust von etwa 180 000 Arbeitsplätzen im produzierenden Gewerbe der Stadt. Die Folgen waren Massenentlassungen, Werksschließungen und eine massenhafte Abwanderung insbesondere der gut verdienenden Mittel- und Oberschicht. Der krisenhafte Niedergang der Automobilindustrie verursachte einen Leerstand von etwa 78 000 Gebäuden und 66 000 besitzlosen Grundstücken, eine zerfallende Infrastruktur und führte infolge Armut zu einer extrem hohen Kriminalität.

Erste Rettungsversuche zur Diversifizierung der Wirtschaft im Strukturwandel brachten kaum Belebung. Die niedrigen Immobilienpreise lockten jedoch in den letzten Jahren zunehmend Pioniere wie Künstler und Kreative in die Stadt. Es besteht die Hoffnung, dass sich aus einer dynamischen Nischenkultur etwas Größeres entwickelt, und einige Anzeichen machen deutlich, dass sich die Stadt langsam erholt. Es wurden zigtausend kaputte Straßenlaternen durch moderne LED-Lampen ersetzt, verlassene und baufällige Häuser werden abgerissen oder saniert. So tanzen heute Menschen, wo früher Karosserien für Cadillacs gefertigt wurden. Mit Downtown Detroit ist im Zuge der **Tertiärisierung** eine neue Wolkenkratzer-City entstanden, wo durch Arbeitsplätze in Bürotürmen und Geschäften versucht wird, Menschen in die Stadt zurückzuholen. Auch teure luxussanierte Apartments fanden bereits Abnehmer. Aber im Wesentlichen bleibt die Revitalisierung bisher auf den zentralen Teil der Stadt beschränkt.

M 6 **Detroit vor der Wende?**

Detroit erfindet sich neu: Gebäude für Gebäude, Idee für Idee und Mensch für Mensch. Ob der Exvorstandsvorsitzende von Microsoft, der Besitzer des größten Onlinehypothekenfinanzierers „Quicken Loans" oder die Initiativen der vielen kleinen Start-ups, sie alle zählen heute zum „Motor" der Stadt. Die Verkehrsinfrastruktur inklusive ihrer Stadtautobahnen und vielen, geradlinigen und meist mehrspurigen Boulevards und Avenues ist noch immer ein Relikt der Autostadt.

Seit 2018 fährt sogar eine autonome Flotte von Elektroshuttlebussen Angestellte auf einer vordefinierten Strecke zwischen Büros, Veranstaltungen und den Parkplätzen durch Detroit hin und her. Der öffentliche Nahverkehr wird zunehmend weiter ausgebaut: So transportieren neben Linienbussen der „Peoplemover", eine etwa fünf Kilometer lange, fahrerlose Einschienenhochbahn zehn Meter über dem Stadtverkehr rund um die Innenstadt und eine ebenso lange Straßenbahn immer mehr Menschen. Zudem hat Detroit inzwischen ein über 200 Meilen langes, sicheres Radwegenetz für Fahrräder, Roller und Skateboards geschaffen. Zahlreiche Unternehmen rund ums Fahrrad lösten geradezu einen Boom für Bikes in der Stadt aus. Während die Zahl der Pkw-Pendler um 20 Prozent gesunken ist, fahren heute fast 50 Prozent mehr Menschen mit dem Rad zur Arbeit als noch vor zehn Jahren. Auf verlassenen Hausgrundstücken und Industriebrachen sind die etwa 2000 Gärten und Farmen in der ehemaligen Motorcity heute häufiger zu sehen als funktionierende Autosalons oder Tankstellen. Die Gärten beleben ausgestorbene Straßen, geben Menschen Beschäftigung, versorgen die Stadt mit frischen Lebensmitteln, bieten Naherholung und Kontakte der Bewohner in den Quartieren. Das „Greening" der Stadt ist wesentlicher Teil der Agenda hin zu einem nachhaltigen Comeback von Detroit.

M 9 **Detroit – eine zukunftsfähige Stadt?**

	Anteil (in %)	Bachelorquote (in %)	Armutsquote * (in %)
Schwarze / Afroamerikaner	78,64	12,19	36,17
Weiße	14,55	30,49	35,55
Asiaten	1,57	47,11	35,41
Ureinwohner	0,34	5,97	38,59
Hawaianer / Insulaner	0,03	0,00	31,84
gemischt	1,95	20,05	39,54
Sonstige	2,92	4,95	35,98
Arbeitslosenquote			17,3 %

* Jahreseinkommen unter 17 338 US-$ — Quelle: US Census Bureau

M 7 **Bevölkerungsstatistik von Detroit (2018)**

Unternehmen	Beschäftigte 2018	2017	2016
Ford Motor Co.	48 000	48 000	44 598
General Motors Co.	37 400	37 713	32 353
FCA US LLC (Chrysler)	35 399	32 514	33 657
University of Michigan	34 067	32 749	30 852
Beaumont Health	28 012	28 038	22 225
Henry Ford Health System	23 724	17 608	17 332
U.S. Government	18 817	18 920	18 701
Rock Ventures*	17 819	16 617	13 445
Trinity Health	15 899	14 676	14 231
Ascension Michigan (Health)	11 893	11 893	11 303

*Muttergesellschaft von 110 Unternehmen (u. a. Finanzen, Immobilien, Technologie)
Quelle: DetriotRegionalChamber 2019

M 10 **Größte Arbeitgeber in der Region Detroit**

Das städtische Ökosystem – Mensch und Natur im urbanen Lebensraum

Mit dem Bau von Städten hat der Mensch alle Geofaktoren und deren Wechselwirkungen tiefgreifend verändert und ein geradezu technogenes Ökosystem geschaffen. Die Aktivitäten der Stadtbewohner beeinflussen dabei die natürlichen Prozesse. Im Rahmen einer zukunftsfähigen, nachhaltigen Stadtentwicklung ist hohe Lebensqualität in der städtischen Wohn-, Arbeits- und Freizeitumwelt ein wesentliches Ziel. Wie kann der Mensch als Teil des städtischen Ökosystems die wachsenden Herausforderungen bewältigen?

1 a) Charakterisieren Sie die Stadtansicht Brüssels (M1).
b) Entwickeln Sie Ideen für Einflüsse auf die Geofaktoren wie Relief, Boden und Wasserhaushalt durch den Bau von Städten (M1, M3, M4).

2 Vergleichen Sie natürliche und urbane Ökosysteme (M2 – M4).

3 a) Erklären und begründen Sie das Konzept des „Urbanen Metabolismus" (M5 – M7).
b) Arbeiten Sie Ansatzpunkte für Maßnahmen einer nachhaltigen Stadtentwicklung heraus (M5).

4 Stellen Sie konventionelle und nachhaltige städtische Ökosysteme als In-Output-Modellskizzen dar (M2, M5).

5 Überprüfen Sie die Aussage (M2 – M9): „Die städtische Lebensqualität hängt unmittelbar von einem nachhaltigen städtischen Ökosystem ab."

M1 Innenstadt von Brüssel

Im urbanen Raum sind die Böden infolge von Überbauung meist versiegelt, Bäche und Flüsse kanalisiert, die natürliche Vegetation oft vollkommen beseitigt und die Luft durch Emissionen belastet bzw. durch Abwärme aufgeheizt. Diese Eingriffe haben Auswirkungen auf die **Lebensqualität** der Menschen und auf alle Stoff- und Energieflüsse in diesem komplexen, **städtischen Ökosystem**.

In einem natürlichen Ökosystem, dem Beziehungsgefüge zwischen den Lebewesen und ihrer unbelebten Umwelt, wie z. B. in einem natürlichen Wald, existieren weitgehend geschlossene Stoffkreisläufe. Die zyklische Umwandlung von organischen und anorganischen Stoffen erfolgt durch das Zusammenwirken von Produzenten, Konsumenten und Destruenten. Die Stoffflüsse halten sich über Rückkopplungseffekte selbstregulierend in einem dynamischen Gleichgewicht.
Das künstliche städtische Ökosystem dagegen ist in der Regel ohne das ländliche Ökosystem nicht überlebensfähig. Die Stadt ist auf einen intensiven Stoff- und Energieeintrag sowie Austausch mit ihrem nahen und fernen Umland angewiesen. Um den städtischen Lebensraum funktionsfähig zu erhalten, wurden vom Menschen Steuerungs- und Regulationsmechanismen zur **Ver- und Entsorgung** geschaffen, u. a. die Energie-, Trinkwasser-, Nahrungsmittel-, Rohstoffversorgung, Abfall- und Abwasserentsorgung. Städte sind abhängig vom Input des Umlands und belasten meistens das Umland aufgrund ihres städtischen Outputs.

Um bei weiterer Urbanisierung auch in Zukunft eine möglichst hohe Lebensqualität der Stadtbewohner zu gewährleisten, sind im Sinne einer nachhaltigen Stadtentwicklung stadtplanerische Konzeptionen als zirkuläre, regenerative Systeme anzustreben. Durch Strategien nachhaltigen Managements verbleiben dann die Stoffflüsse durch Wiederverwendung bzw. Wiederaufbereitung der Ressourcen weitgehend im System Stadt.

M2 Basisinformation

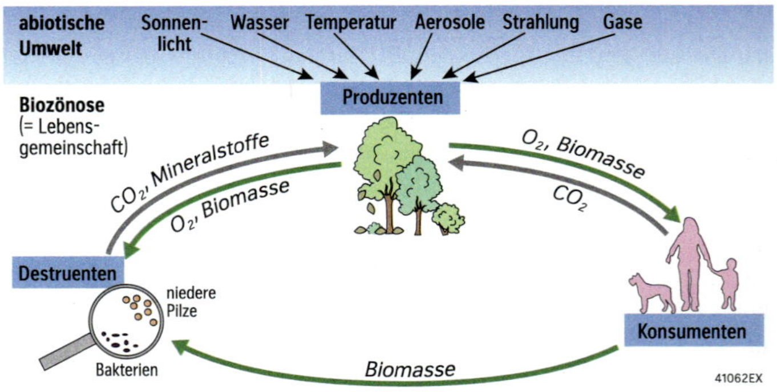

M3 Struktur eines natürlichen Ökosystems

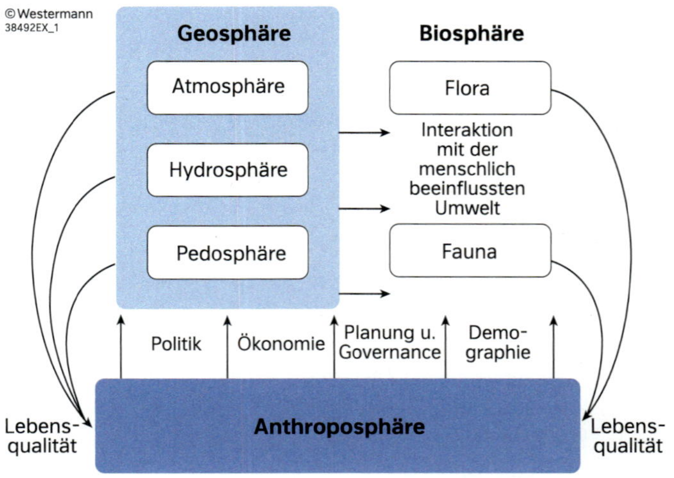

M4 Struktur eines urbanen Ökosystems

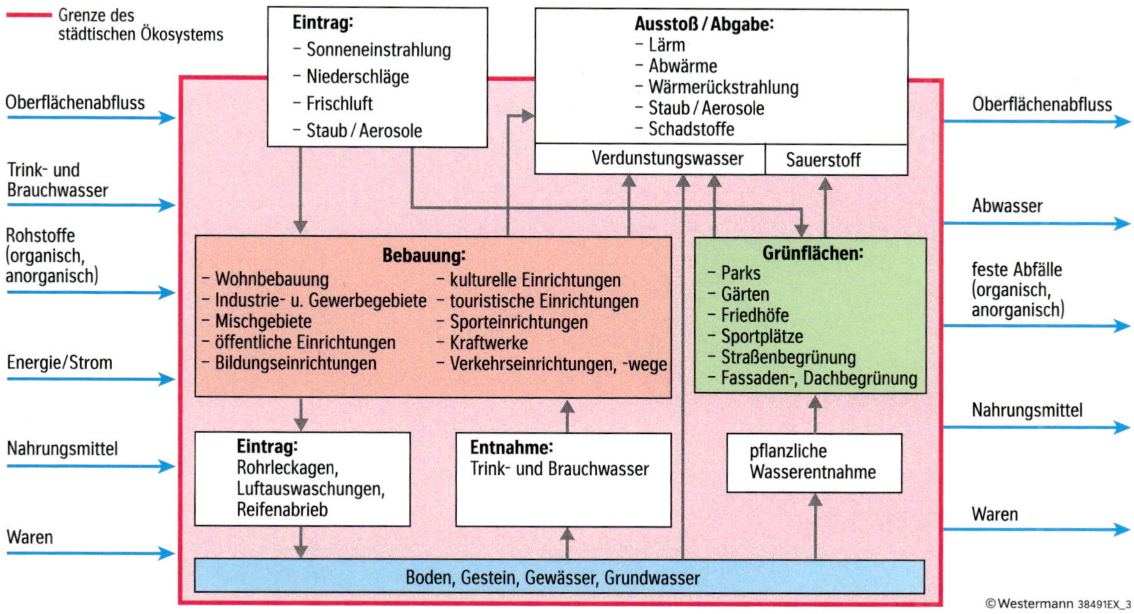

Die Gesamtheit aller Stoff- und Energieströme in einem städtischen Ökosystem wird auch als „urbaner Metabolismus" bezeichnet. Dieser charakterisiert einen bestimmten Zustand einer Stadt und ändert sich mit deren Entwicklung. Die Analyse von Stoff- und Energieflussberechnungen einer Stadt ist vor dem Hintergrund der Bevölkerungsdynamik die Grundlage für Maßnahmen nachhaltiger Stadtentwicklung.

M 5 Modell von Stoff- und Energieströmen in einem städtischen Ökosystem

Städte bedeckten im Jahr 2019 zwar nur fünf Prozent der Erdoberfläche, waren aber für 70 bis 80 Prozent des Verbrauchs an natürlichen Ressourcen und 50 Prozent des weltweiten Abfalls verantwortlich. Sie verursachten 76 Prozent des CO_2-Ausstoßes und trugen massiv zum Klimawandel bei. Zudem erzeugen ineffiziente Prozesse im städtischen Kontext unnötige Kosten. So stehen in Europa Autos heute rund 92 Prozent der Zeit, 31 Prozent der Lebensmittel verderben oder oder werden durch Wegwerfen verschwendet. Büros werden im Durchschnitt nur 35 bis 50 Prozent der Zeit genutzt.

Städte spielen beim gesellschaftlichen Wandel zu mehr Nachhaltigkeit eine zentrale Rolle. Für die Entwicklung von „Kreislaufstädten" sind technische Innovationen, die Neuentwicklung oder Umgestaltung der Infrastruktur, das Entwickeln nachhaltiger Geschäftsmodelle und die Motivation der Bürger für einen nachhaltigen Lebensstil wesentliche Herausforderungen. Dafür gibt es jedoch keine Patentlösung. Die kommunalen Entscheidungsträger müssen im Dialog mit ihren Bürgern herausarbeiten, wie der Wandel der Stadt realisiert werden kann. Die Analyse des „urbanen Metabolismus" arbeitet die Nutzungsmuster heraus und entwickelt daraufhin geeignete Strategien, wie die Förderung von Recycling und das Teilen von Ressourcen hinsichtlich einer Kreislaufwirtschaft.

M 6 „Kreislaufstädte" – die nachhaltige Lösung

Im Rahmen der nachhaltigen Stadtentwicklung werden bei Entscheidungen zur Nutzung städtischer Flächen die Leistungen des Ökosystems bewertet, um das menschliche Wohlbefinden positiv zu beeinflussen. Diese Funktionen erbringt die Stadtnatur und wird von den Bewohnern bewusst oder unbewusst genutzt.

Die urbanen Grünräume, das Stadtgrün, wie Gärten, Parks, Alleen sowie die städtischen Gewässer, das Stadtblau, wie Springbrunnen sind meistens künstlich designt. Sie beeinflussen das Stadtklima positiv und tragen zur Aufrechterhaltung städtischer Stoffkreisläufe bei. Außerdem sorgen sie für die Regulierung von Abflussspitzen nach Starkniederschlägen und unterstützen die Grundwasserbildung bzw. die Bodenbildung und damit deren Filterwirkung für die Qualität des Grundwassers. Urbane Grün- und Wasserflächen sind für die Lebensqualität der Stadtbewohner, auch in ihrer kulturellen Leistung hinsichtlich sozialer Interaktion und Kommunikation sowie zur Naherholung von Bedeutung.

Für die Biodiversität spielt auch die Folgevegetation auf Freiflächen, in Mauerritzen und zwischen Pflastersteinen eine wichtige Rolle. Zahlreiche Tierarten, wie zum Beispiel Singvögel, Marder, Füchse, Waschbären und Fledermäuse, sind zu Kulturfolgern und somit zum festen Bestandteil städtischer Ökosysteme geworden.

M 8 Stadtnatur – Ressource zukunftsfähiger Stadtentwicklung

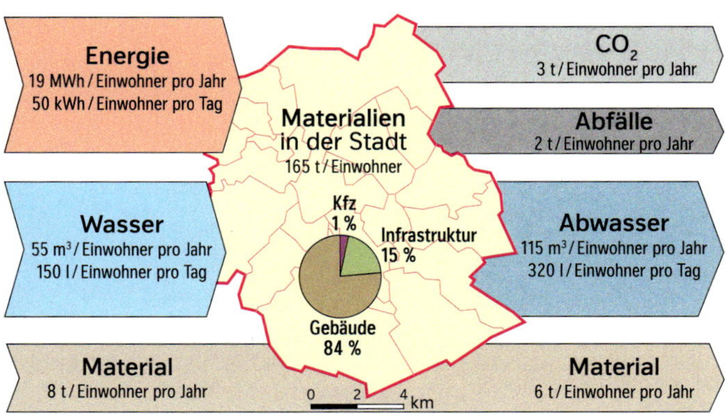

Quelle: Brüssel Statistik (Daten 2014) ©Westermann 38961EX_1

M 7 „Urbaner Metabolismus" von Brüssel (1,2 Mio. Einw.)

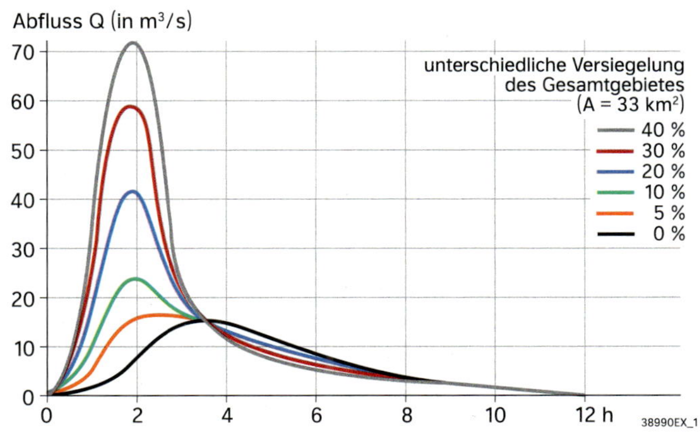

M 9 Zusammenhang von Wasserabfluss und Versiegelungsgrad

Stadtklima – mehr als nur heiße Luft

Ein gesundes Stadtklima ist für das Wohlbefinden der Stadtbewohner existenziell. In vielen Städten beeinträchtigen aber Hitzestress, hohe Schadstoffbelastungen der Luft, Feinstaub und erhöhte Ozonwerte die Menschen in ihrer körperlichen und psychischen Gesundheit. Im Zuge der globalen Klimaerwärmung werden sich derartige Effekte weiter verstärken, jedoch arbeiten Stadtklimaforscher und Stadtplaner an klimatisch und lufthygienisch lebenswerten Städten. Welche Eigenschaften charakterisieren ein typisches Stadtklima und inwiefern kann dieses hinsichtlich der städtischen Lebensqualität positiv beeinflusst werden?

1 Analysieren Sie die Diagramme M1 a und b.
2 Erklären Sie die Entstehung des städtischen Wärmeinseleffekts und begründen Sie, weshalb dieser nicht ganztägig auftritt (M2, M3).
3 Überprüfen Sie die Aussage (M2): „Städte sind als Trockeninseln auch extremer Hochwassergefahr ausgesetzt."
4 **a)** Stellen Sie die stadtklimatische Situation von Stuttgart dar (M4, M6 – M8, Atlas). ↗ *WES-101475-029*
b) Erstellen Sie aus M4 a und b (A – D) zwei Temperaturprofile in einem Diagramm (1 °C entspricht 1 cm) und begründen Sie diese (S. 137).
5 Erstellen Sie ein Wirkungsgefüge zu dem Einfluss des Klimawandels, seinen Folgen und Maßnahmen auf das Stadtklima (M5, S. 138).

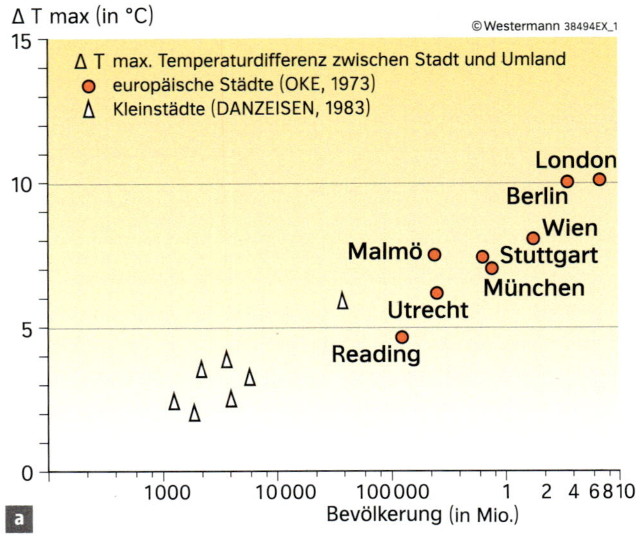

a

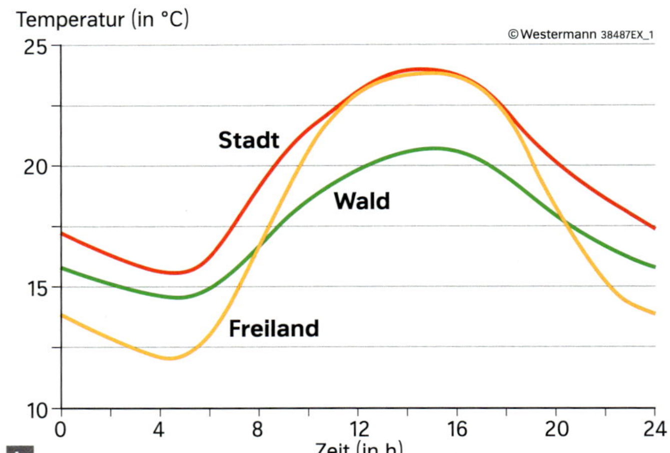

b

M1 Eigenschaften des Stadtklimas

Im Vergleich zum ländlich geprägten Umland tritt der städtische Lebensraum zu bestimmten Tageszeiten und insbesondere im Sommer als **Wärmeinsel** in Erscheinung. Das Ausmaß der Überwärmung der Stadtfläche hängt dabei von der Stadtgröße, dem Versiegelungsgrad, der architektonischen Gestaltung und von der Durchlüftung der Stadt ab. Tagsüber erhalten Städte infolge der städtischen Dunstglocke durch die Anreicherung von Wasserdampf und Spurengasen weniger kurzwellige, energiereiche Sonneneinstrahlung und reflektieren infolge höherer Albedowerte einen größeren Teil der Globalstrahlung. Dennoch absorbiert die enorm große Oberfläche des Stadtkörpers die eingestrahlte Energie schnell und in großem Umfang. Die Baumaterialien zeigen dabei eine große Wärmespeicherkapazität und Wärmeleitfähigkeit. Folglich wird tagsüber „der Akku" der Stadt aufgeladen. Nachts gibt der städtische Baukörper die tagsüber gespeicherte Energie als langwellige Strahlung wieder ab, d. h., „der Akku" der Stadt wird entladen, was zu einer Erhöhung der Lufttemperatur führt.

Je höher der Versiegelungsgrad einer Stadt ist, desto schneller fließt der Regen ab und desto weniger Energie wird für Verdunstungsprozesse verbraucht, die somit zusätzlich für die Erhöhung der Lufttemperatur zur Verfügung steht. Zudem heizt die Abwärme des Verkehrs, von Häusern und Betrieben die Atmosphäre im Stadtbereich weiter auf.

In der Regel verzeichnen Städte häufigere und stärkere Niederschläge als ihr Umland, da die städtische Dunstglocke aufgrund ihrer hohen Konzentration an Kondensationskernen die Niederschlagsbildung begünstigt. Bei hohem Versiegelungsgrad sind Städte jedoch zugleich Trockeninseln, da aufgrund geringer Verdunstung, durch schnell abfließendes Regenwasser bzw. geringen Bewuchs, und hohe Lufttemperaturen eine nur geringe relative Luftfeuchte vorherrscht. Im Zuge der globalen Erderwärmung wird erwartet, dass die Temperaturen in den Städten insgesamt weiter ansteigen.

M2 Basisinformation

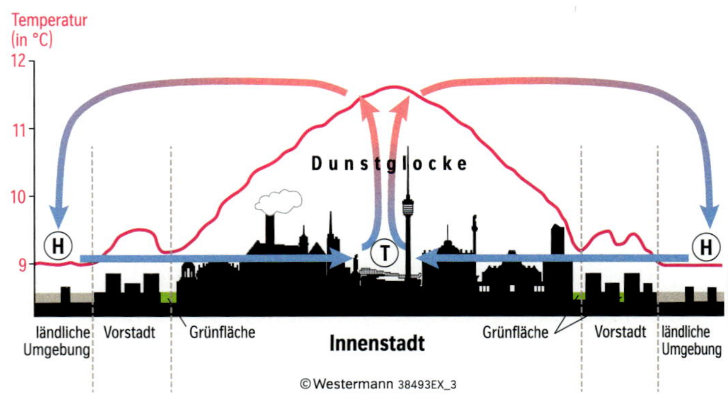

M3 Schema des Wärmeinseleffektes mit Flurwind am Tag

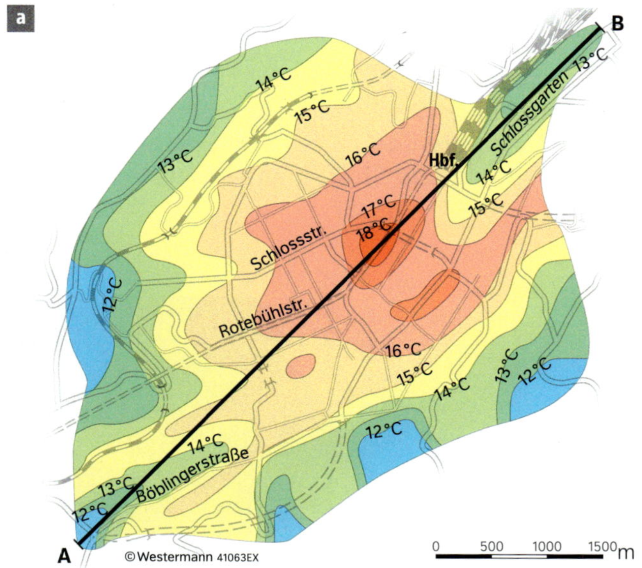

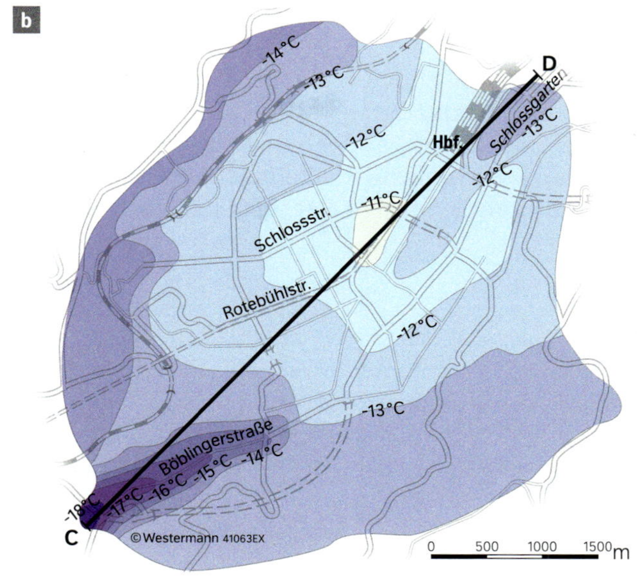

M 4 **a) Temperaturverteilung um 6 Uhr an einem Augusttag und b) um 22.30 Uhr an einem Januartag in Stuttgart**

Städte zählen als Wirtschaftszentren zu den Hauptverursachern des Klimawandels. Maßnahmen zum Klimaschutz müssen Risiken wie die Gesundheitsgefährdung der Stadtbewohner durch Temperaturerhöhung, Geruchsbelästigung / Schädlingsbefall durch stehendes Abwasser, Trinkwassermangel durch fehlende Grundwasserneubildung, fehlende Transpirationskühlung durch vertrocknetes Stadtgrün sowie Gebäudeschäden durch Starkregen / -wind verhindern.

Für ein gesundes **Stadtklima** sind Anpassungs- und Vermeidungsstrategien über eine nachhaltige Stadtentwicklung gefordert. Grundsätzlich soll der Flächenverbrauch gesenkt werden – durch flächensparendes Bauen, Verdichtung des Stadtkörpers, Bündelung von Verkehrsinfrastruktur, Bereitstellung von Ausgleichsflächen und Flächenrecycling nicht mehr genutzter Flächen. Mit der Reduktion versiegelter Flächen, z. B. über die Nutzung von Pflastersteinen anstatt Asphalt, wird die Versickerung von Niederschlagswasser und somit eine höhere Verdunstung begünstigt.
Durch Erhöhung des Anteils städtischer Grünflächen wird ebenfalls der Oberflächenabfluss verringert und über die Transpiration der Pflanzen die Lufttemperatur der unmittelbaren Umgebung spürbar gesenkt. Auch die Begrünung von Hausfassaden und Dächern hat mikroklimatisch positive Auswirkungen: Luftpolster und Transpiration besitzen eine temperaturausgleichende Wirkung, sodass sich die Gebäudeoberflächen im Sommer weder stark aufheizen noch im Winter stark auskühlen. Zudem unterstützt insbesondere die Dachbegrünung die Rückhaltung von Niederschlag. Jegliches Stadtgrün wirkt sich zudem durch seine Filterwirkung von Luftverunreinigungen, vor allem von **Feinstaubbelastungen**, auf die lufthygienische Situation einer Stadt positiv aus.

Die Hitzebelastung einer Stadt wird unter anderem durch die Erhaltung von Frischluftschneisen gesenkt. Sie verhindern Staueffekte der Luftmassenströmungen und ermöglichen dem **Flurwind**, infolge thermischer Luftdruckunterschiede zwischen Umland und Stadt kühlere Luft ins Stadtzentrum zu transportieren. Die staubfreiere Luft des Umlands verringert zudem die Emissionsbelastung in der Stadt. Die bessere Dämmung von Gebäuden, die Verringerung der Albedo durch relativ dunkle Wände im Winter sowie die Erhöhung der Albedo im Sommer durch möglichst helle Dächer reduzieren den Energiebedarf durch Heizung bzw. Kühlung. Solaranlagen auf den Dächern sowie nachhaltige Mobilitätskonzepte tragen zudem zur Minderung des städtischen Wärmeinseleffektes bei.

M 5 **Strategien zur Verbesserung des Stadtklimas**

	Unterschied der Stadt zum Umland
Globalstrahlung	– 15 bis – 20 %
Sonnenscheindauer Sommer (Winter)	bis – 8 % (bis – 10 %)
Lufttemperatur im Jahresmittel	+ 0,05 bis + 2 K
relative Luftfeuchtigkeit	– 2 bis – 8 %
mittlerer Jahresniederschlag	+ 5 bis + 10 %
Windgeschwindigkeit	– 20 bis – 30 %
Vegetationsperiode	bis – 10 Tage

M 6 **Klimaunterschiede zwischen Stadt und Umland**

Stuttgart liegt größtenteils im Neckarbecken mit Höhenunterschieden von etwa 260 m zwischen Talboden und umgebenden Höhenkranz. Die Innenstadt von Stuttgart weist wegen ihrer Kessellage im Nesenbachtal ein eigenes Stadtklima auf:

- Lufttemperaturen: Jahresmittel 9 °C, Januarmittel 0 °C, Julimittel 20 °C
- Niederschlag: Jahressumme 679 mm,
- Wind: Südwestwind zu 44 % mittlerer jährlicher Häufigkeit mit mittlerer Windgeschwindigkeit von 1,5 m / s
- Sonnenstunden: 1600 – 1700 / Jahr, Juli 16 h / Tag, Dezember 8 h / Tag

M 7 **Klimasituation der Stuttgarter Innenstadt**

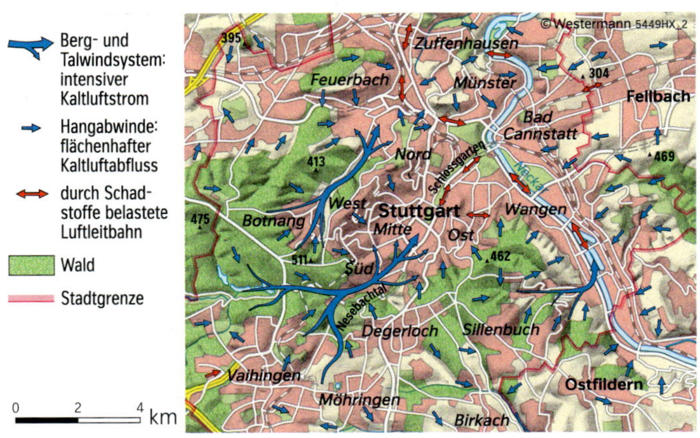

M 8 **Kaltluftschneisen in Stuttgart**

Vulnerabilität von städtischen Lebensräumen im Klimawandel

Städte tragen aktiv zum Klimawandel bei und sind gleichzeitig von seinen Folgen betroffen. Insbesondere Millionen- und Megastädte werden aufgrund ihrer Größe und Bevölkerungsdichte als besonders verwundbar gegenüber dem Klimawandel beurteilt. Welche Konzepte gibt es um die Verwundbarkeit von Städten zu analysieren, um mögliche Risiken zu bewerten und geeignete Maßnahmen und Strategien hinsichtlich des richtigen Umgangs mit den Gefährdungen zu entwickeln?

1 Analysieren Sie das Foto von Jakarta (M1).
2 Erläutern Sie den Begriff Vulnerabilität (M2).
3 Stellen Sie die Vulnerabilität von städtischen Lebensräumen im Klimawandel dar (M2, M6).
4 a) Arbeiten Sie besonders gefährdete urbane Räume heraus (M6, Atlas).
   b) Begründen Sie das Gefährdungspotenzial in M6 (M4, M8, Atlas).
5 a) Erstellen Sie ein Wirkungsgefüge (S. 138) zur Exposition und Vulnerabilität von Jakarta (M1, M3, M4, M6 – M8).
   b) Beurteilen Sie den städtischen Raum Jakarta anhand des Weltrisikoindex (M6 – M8).
Z 6 Erörtern Sie: „Vulnerabilität – ein Problem der Armen."

M 1 Straße in Jakarta (Indonesien)

Als **Vulnerabilität** wird die Neigung oder Prädisposition einer Person, einer Region oder eines Systems bezeichnet, nachteilig beispielsweise von den Folgen des Klimawandels betroffen zu sein. Dabei spielen die Empfindlichkeit (Sensitivität) oder Anfälligkeit gegenüber einer Schädigung ebenso eine Rolle wie die Resilienz, die Widerstandsfähigkeit zu deren Bewältigung und Anpassung. Das Vulnerabilitätskonzept des Weltklimarats (IPCC) stellt auch die räumliche Exposition heraus, d.h. inwiefern eine Person, Region oder ein System von der Art und Intensität der Klimaänderung betroffen ist. Die Verwundbarkeit von urbanen Gesellschaften wird auch durch die geographische Lage bestimmt. Dabei sind für den Einzelnen die ökonomischen, politischen, sozialen und institutionellen Strukturen einer Gesellschaft maßgebend.

Klimawirkungs- und Vulnerabilitätsanalysen versuchen, das Ausmaß einer Betroffenheit zu identifizieren, und zeigen, dass es keine Universallösungen hinsichtlich möglicher Anpassungsmaßnahmen gibt. Gefahrenkarten, als Ergebnisse der Analysen, sind für das Risikomanagement wertvolle Instrumente zur Risikobewertung und Identifikation von Handlungsmöglichkeiten. Strategien zum Klimaschutz und die Anpassung an den Klimawandel müssen von den Städten weltweit wahrgenommen werden. Denn sie tragen infolge der anthropogenen Emissionen aktiv zum Klimawandel bei. Gleichzeitig sind die Städte mit den Auswirkungen des Klimawandels konfrontiert, denn weltweit liegen 40 Prozent aller Städte bzw. 75 Prozent aller Megacitys in Küstenregionen und sind durch Überschwemmungen infolge von Sturmfluten sowie durch den Meeresspiegelanstieg gefährdet. Neuen Berechnungen zufolge könnten bis 2050 deshalb etwa 150 Millionen Menschen dauerhaft ihr Zuhause verlieren.

Höhere Temperaturen und weniger Niederschläge führen in vielen Städten zudem zu **Wassermangel**. Mancherorts muss Trinkwasser importiert bzw. Wasser rationiert werden. Die Städte in Deutschland sind vor allem von höheren Lufttemperaturen, geringeren Sommerniederschlägen, mehr Hochwassern im Winter sowie von gehäuften Wetterextremen wie Hitzewellen betroffen.

M 2 Basisinformation

Einwohner:	ca. 11 Mio. (Stadtgebiet), über 34 Millionen in der Metropolregion
Fläche:	661,5 km² (Stadtgebiet) 7.315 km² (Metropolregion), davon 40 % unter dem Meeresspiegel
Klima:	Jahresdurchschnittstemperatur: 26,8 °C Niederschlag: 1802 mm, Regenzeit: Dezember bis März (1047 mm), tropisches Monsunklima

M 3 Steckbrief zu Jakarta (Indonesien)

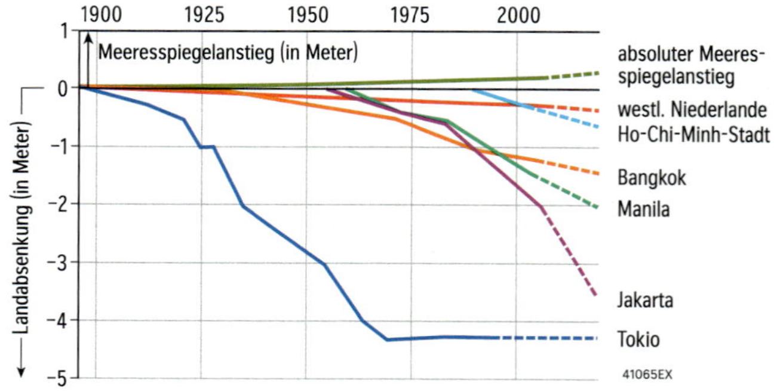

M 4 Landabsenkung und Meeresspiegelanstieg im Vergleich

- *Optimierung des Katastrophenschutzes*
  - Warnsysteme (Hitze, Ozon-, Feinstaubbelastung, Hochwasser)
  - Kommunikation über soziale Medien
  - Notfallpläne und Übungen
  - leistungsfähige Kriseninfrastruktur, z.B. Feuerwehr, THW oder Sanitätsdienste
- *klimaverträgliche Stadtentwicklungspolitik*

M 5 Klimaanpassungsstrategien deutscher Städte

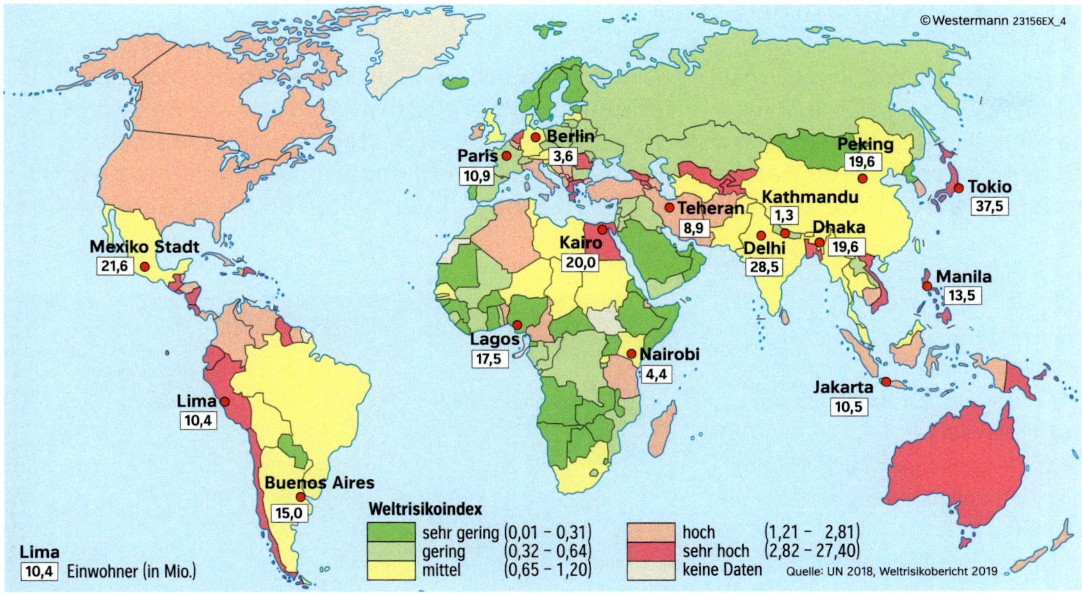

Der Weltrisikobericht berechnet den Weltrisikoindex für 180 Länder der Welt. Er gibt die Wahrscheinlichkeit an, mit der ein Land von einer Katastrophe infolge eines extremen Naturereignisses getroffen wird.

Das Risiko, Opfer einer durch ein Naturereignis ausgelösten Katastrophe zu werden, wird auf einer fünfstufigen Skala von sehr hoch bis sehr gering unterteilt.

M 6 Gefährdete und sichere Städte

Jahr für Jahr versinkt Indonesiens Hauptstadt Jakarta teilweise um bis zu 25 Zentimeter. In manchen Straßen Nordjakartas hält nur noch ein immer wieder aufgestockter Deich das Meer von den Stadtvierteln fern. Was nicht zusammenpassen will: Einerseits steigt der Meeresspiegel und andererseits pumpen drei Viertel der Einwohner Jakartas illegal Grundwasser ab, denn sie haben keinen Wasseranschluss. Somit gibt der Untergrund immer weiter nach.

Reiche Viertel, Industriegebiete, Slums – die ganze Megacity sinkt. Doch die Ärmsten trifft es wie so oft am schlimmsten, denn sie können sich keine Mieten leisten und errichten ihre Behausungen dort, wo es nichts kostet. So blockieren ihre Stelzenbauten und ihr Müll in stinkenden Flussläufen und Kanälen ein Abfließen des Wassers in den Entwässerungskanälen. Das erhöht die Überflutungsgefahr weiter. Insbesondere während der Regenzeit sind mittlerweile Überschwemmungen an der Tagesordnung, denn einige Bereiche direkt an der Schutzmauer liegen schon drei bis vier Meter unter dem Meeresspiegel.
Früher, als die Stadt noch weit über dem Meeresspiegel lag, konnte das Wasser aus der Stadt noch ungehindert ins Meer fließen. Seit aber die Stadt begann einzusinken, musste das Wasser der Flüsse und Kanäle permanent aus der Stadt herausgepumpt werden. In großen Bereichen der Stadt ist das Grundwasser deshalb bereits versalzen, denn das Meerwasser ist eingedrungen.

Ein „Nationaler Hauptstadt- und integrierter Küsten-Entwicklungs-Masterplan" verspricht technische Lösungen, um die Stadt vor dem Untergang zu bewahren. Aber der Hochwasserschutz in Jakarta ist eher ein sozioökonomisches als ein technisches Problem. Denn wenn die Bewohner der Slums in Sozialbauten umgesiedelt werden müssten, wären auch nur die geringsten Mieten für die Betroffenen unerschwinglich. Das notwendige Maßnahmenpaket zur Rettung der Stadt muss demnach vielschichtig sein: Eine neue sieben Meter hohe Hochwasserschutzmauer weit draußen in der Javasee könnte eine große Lagune entstehen lassen und die Stadt bei ansteigendem Meeresspiegel schützen. Seit 2017 hat der Oberste Gerichtshof Indonesiens zudem die Wiederherstellung der öffentlichen Wasserver- und -entsorgung angeordnet. Dies soll vor allem die Wasserentnahme an illegalen Brunnen beenden. Weitere Hoffnungen beruhen auf dem Bau einer neuen Hauptstadt auf der Insel Borneo bis 2024.

M 7 Jakarta – Risikoraum einer Megacity

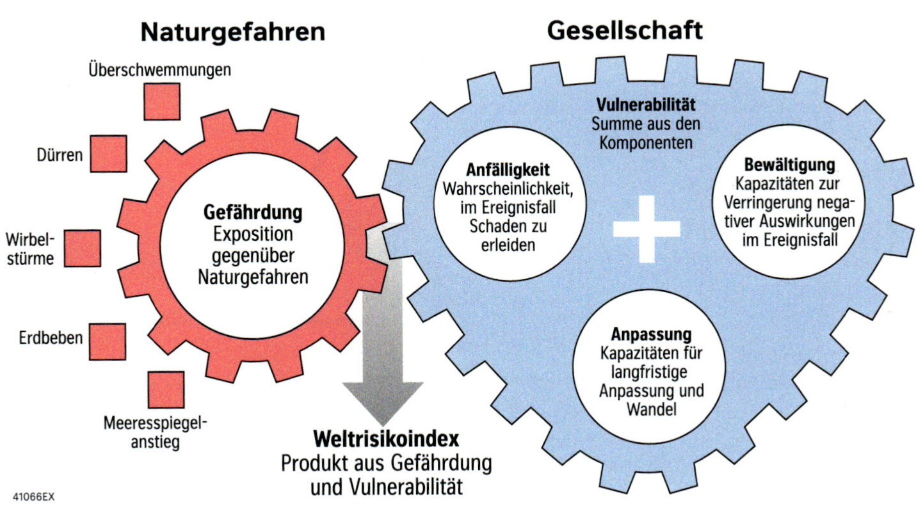

Der **Risikowert** eines Landes ist das Produkt des Expositionswertes mit dem Vulnerabilitätswert des Landes und wird in Prozent angegeben.
Der **Expositionswert** gibt den Anteil der Bevölkerung an, der von einem extremen Naturereignis betroffen ist.
Die **Vulnerabilität** eines Landes zeigt, inwiefern seine Gesellschaft mit dem extremen Naturereignis zurechtkommen kann. Der Grad der Vulnerabilität errechnet sich zu je einem Drittel aus den Komponenten Anfälligkeit, Bewältigung und Anpassung. Die Vulnerabilität besitzt daher neben der materiellen auch eine soziale und politische Dimension.

Quelle: Bündnis Entwicklung hilft 2019

M 8 Komponenten des Weltrisikoindex auf der globalen und lokalen Ebene

11 NACHHALTIGE STÄDTE UND GEMEINDEN

Die Stadt der Zukunft – eine nachhaltige Stadt

Im Jahr 2050 werden voraussichtlich etwa zwei Drittel der dann etwa zehn Milliarden Menschen auf der Erde in urbanen Räumen leben. Die mit dieser Dynamik verbundenen Herausforderungen müssen sich bei ihren Problemlösungen an den von den Vereinten Nationen verabschiedeten Sustainable Development Goals orientieren. Wie können Konzepte einer nachhaltigen Stadtentwicklung realisiert werden und auch im globalen Maßstab Anwendung finden? Unterschiedliche Konzepte sind auf den Seiten 88 bis 95 dargestellt.

1 Nennen Sie ausgehend von M1 mögliche Merkmale einer zukunftsfähigen Stadt.
2 Begründen Sie, weshalb die Städte zur nachhaltigen Umgestaltung herausgefordert sind (M2).
3 Erläutern Sie Unterziele des Nachhaltigkeitsziels 11 (M3).
4 Stellen Sie die Strategien und Prinzipien der nachhaltigen Stadtentwicklung dar (M2, M4, M5).
5 **a)** Erläutern Sie die Berechnung des Sustainable-City-Index (M6, M8).
b) Überprüfen Sie (M7, M9): „Nachhaltige Stadtentwicklung hängt vom Entwicklungsstand eines Landes ab."
Z 6 Gestalten Sie eine **Zukunftswerkstatt** (S. 133) zur nachhaltigen Umgestaltung z. B. eines Platzes oder eines Stadtquartierts in Ihrer Schulstadt (M5, M8).

M 1 Singapur – Gardens by the Bay (Supertree: 25–50 Meter hohe Stahl-Beton-Konstruktion als vertikaler Garten, Belüftungsschächte für Gewächshäuser, Regenwasserspeicher und Solarstromlieferant)

Um die sozialen, wirtschaftlichen und umweltschützenden Anforderungen auch in Verantwortung gegenüber künftigen Generationen miteinander in Einklang zu bringen, wird die zukunftsfähige Gestaltung unserer Städte zu einer der wichtigsten Zukunftsaufgaben. Die **nachhaltige Stadtentwicklung** muss sich deshalb primär an der Frage orientieren, wie wir in Zukunft leben wollen.

Die wenigen nachhaltig ausgerichteten Planstädte, insbesondere in Asien, beweisen, dass zukunftsweisende, intelligente Städte keineswegs Utopie bleiben müssen. Bei der nachhaltigen Umgestaltung der bereits existierenden Städte zeigt sich, dass es keinen, für alle Städte gültigen Entwicklungspfad zur Nachhaltigkeit geben kann. Nachhaltiges Energiemanagement und effiziente Flächennutzung optimieren durch ein gesundes Stadtklima, ein verbessertes Grünflächenangebot bzw. die Verkehrsminderung aber in jedem Fall die Lebensqualität der Stadtbewohner. Dabei wird die Resilienz, d. h. die Anpassungsfähigkeit gegenüber Krisen bzw. Umweltkatastrophen, gestärkt. Bei der Entwicklung zur **Green City**, dem nachhaltigen Wandel des Lebensraumes Stadt, ist im Sinne der Good Governance auch die Mitwirkung der Bürger in Dialogverfahren unverzichtbar um eine hohe Akzeptanz für die Vorhaben zu erzielen.

Da in den Städten viele sogenannte Kreative leben, kommt insbesondere ihnen eine Schlüsselrolle im Rahmen der **Lokalen Agenda 21** zu, Innovationen hinsichtlich einer nachhaltigen Lebens- und Wirtschaftsweise zu entwickeln und umzusetzen. Neben gesamtstädtischen Ansätzen gewinnen gegenwärtig in Stadtvierteln, das bedeutet auf Quartiersebene, urbane Projekte an Bedeutung, an denen im Einzelfall Innovationen im Alltag erprobt werden. In der Regel finden dabei Realexperimente zu den unterschiedlichen Aspekten nachhaltigen Lebensstils statt. Dabei kooperieren verschiedene Akteure wie Stadtplaner, Wissenschaftler und Bürger mit dem Ziel, die Ergebnisse ihrer Lösungsansätze in die nachhaltige Entwicklung der Gesamtstadt zu integrieren.

M 2 Basisinformation

Ziel 11	Städte und Siedlungen inklusiv, sicher, widerstandsfähig und nachhaltig gestalten
11.1	Zugang zu angemessenem, sicherem, bezahlbarem Wohnraum
11.2	sichere, bezahlbare, zugängliche, nachhaltige Verkehrssysteme
11.3	partizipatorische, integrierte und nachhaltige Siedlungsplanung verstärken
11.4	Schutz des Weltkultur- und Weltnaturerbes
11.5	Katastrophenrisiko senken
11.6	Umweltbelastung durch Städte reduzieren
11.7	Zugang zu Grünflächen und öffentlichem Raum
11.a	positive wirtschaftliche, soziale und ökologische Verbindungen zwischen städtischen, stadtnahen und ländlichen Gebieten unterstützen
11.b	integrierte Nachhaltigkeitsstrategien
11.c	Unterstützung der am wenigsten entwickelten Länder beim Bau nachhaltiger und widerstandsfähiger Gebäude unter Nutzung einheimischer Materialien

M 3 Das Nachhaltigkeitsziel 11 und seine Unterziele

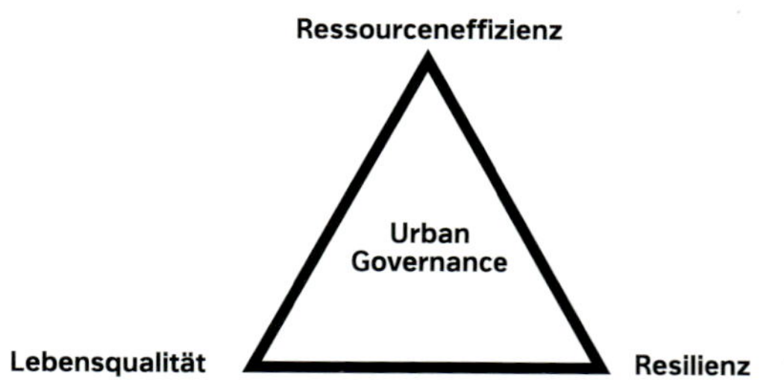

Quelle: S. Kabisch, F. Koch, D. Rink
41067EX

Das kommunale Handlungsprogramm der Lokalen Agenda 21 konzentriert sich bei seiner Umsetzung darauf, die wesentlichen Dimensionen urbaner Nachhaltigkeitsumgestaltung in ihren Wechselwirkungen zu berücksichtigen. Vorbild dafür war das auf dem UN-Gipfel in Rio 1992 verabschiedete globale Programm der Agenda 21.

M 4 Dimensionen urbaner Nachhaltigkeitsumgestaltung

Bausteine einer Stadt von morgen sind:

- wohnen in kompakter Bauweise, Flächen sparen und Verkehr vermeiden
- grünes Umfeld durch Grün- und Wasserflächen schaffen und bewahren
- mehr Platz für Begegnung und Miteinander schaffen
- in der Stadt der kurzen Wege zu Fuß oder mit dem Fahrrad direkt zum Ziel gelangen
- attraktive, bezahlbare Wohnviertel und funktionsgemischte Gebiete schaffen
- ruhiges Wohnen durch Lärmvermeidung und geschlossene Bauweise ermöglichen
- schadstofffreien und treibhausgasneutralen Verkehr einrichten
- Vorrang für den ÖPNV im Umweltverbund schaffen
- durch Elektro-Carsharing Autos nutzen statt besitzen
- Ressourcen schonen durch Senkung des Verbrauchs bzw. Ressourcenvermeidung
- Verkehrstempo an urbanes Leben anpassen
- Mobilität für alle Bevölkerungsgruppen bezahlbar machen
- barrierefreie Mobilität für alle ermöglichen
- partizipativ planen und kooperativ agieren von Verwaltung und Bürgern
- für subjektive Sicherheit im urbanen Raum sorgen

Quelle: Umweltbundesamt

M 5 Prinzipien einer nachhaltigen Stadtentwicklung

Das globale Planungs- und Beratungsunternehmen „Arcadis" untersucht in Zusammenarbeit mit dem Londoner Wirtschaftsforschungsinstitut und mithilfe des Sustainable-City-Index (SCI) die Nachhaltigkeit von Städten. Die Experten verglichen 2018 weltweit 100 Metropolen und Megacitys. Grundlage waren v. a. Daten der Vereinten Nationen, der Weltbank und der Weltgesundheitsorganistion (WHO). Um zu analysieren, weshalb einige Städte besser als andere den Bedürfnissen der Menschen gerecht werden, wurden die drei eng mit den Sustainable Development Goals (SDG) abgestimmten Nachhaltigkeitskategorien Menschen (People), Umwelt (Planet) und Wirtschaft (Profit) untersucht. Die Indikatoren ermöglichen einen Blick auf die wirtschaftliche Stabilität, die Umweltstandards und die Lebensqualität der Städte. Erfahrungen und Bedürfnisse von Bürgern fließen dabei ebenfalls in die Studie ein. Ziel der Studie ist es, die Stadtplaner zu unterstützen, bereits erzielte Erfolge zu festigen, Defizite in einzelnen Kriterien zu erkennen und Veränderungen anzustoßen.

Viele europäische Städte haben es 2018 unter die Top 20 geschafft. London steht als eine der weltweit führenden Wirtschaftsmetropolen und dank seiner hohen Lebensqualität im Gesamtranking auf Platz 1, muss jedoch auch an seinen Defiziten wie Verkehrsstaus und dem Mangel an bezahlbarem Wohnraum intensiv arbeiten. München ist dagegen im Subindex „Profit" nicht nur im deutschlandweiten Vergleich, sondern auch international Spitze: Geringe Arbeitslosigkeit, boomende Wirtschaft und hohe Einkommen führten zum fünften Platz in dieser Kategorie, direkt hinter New York. Die Fahrradfreundlichkeit und gute Wasserversorgung trugen zu einem neunten Platz im Bereich Umwelt bei. Im Subindex „People" belegt München jedoch u. a. aufgrund einer problematischen demographischen Entwicklung nur Platz 35.

M 6 Der Sustainable-City Index im Jahr 2018

Indikatoren	Gewichtung
Kategorie „People"	**100 %**
– Lebenshaltungskosten	15 %
– Bildung, Gesundheit, ÖPNV	je 10 %
– Einkommensungleichheit, Work-Life-Balance (Arbeitszeiten), Sicherheit	je 8 %
– Bevölkerung, Breitbandanschlüsse	je 6 %
– Verkehrsanbindung, Kulturangebot, WLAN	je 5 %
– digitale Dienstleistungen	4 %
Kategorie „Planet"	**100 %**
– Energieverbrauch, Luftverschmutzung, CO_2-Reduktion, Abfallwirtschaft, Wasserversorgung und Abwasserentsorgung	je 12 %
– Grünflächen	11 %
– Fahrradinfrastruktur, Elektromobilität	je 8 %
– Exposition gegenüber Naturgefahren	5 %
– CO_2-Abscheidung und -Speicherung, Risikoüberwachung	je 4 %
Kategorie „Profit"	**100 %**
– Wirtschaftsleistung, Beschäftigung	je 18 %
– geschäftlicher Freiheit	17 %
– Verkehrseffizienz, Position in globalen Wirtschaftsnetzwerken und Mobil- bzw. Breitbandverbindungen	je 15 %
– Tourismus	10 %
– universitäre Technologieforschung	7 %

41037EX

M 8 Indikatoren des Sustainable-City-Index

Wien ist eine der nachhaltigsten Städte der Welt. Der Sustainable-City-Index zeigt in allen drei Kategorien eine sehr gute, ausgewogene Bewertung. Österreichs Hauptstadt gelingt es, die Interessen von Bürgern, Wirtschaft und Umwelt bestmöglich miteinander zu vereinen. Insbesondere in der Kategorie „Planet" nimmt Wien mit Platz 4 eine Spitzenposition ein. Die Indikatoren wie Wasserversorgung, Energieverbrauch, Reduktion von Luftverschmutzung und Treibhausgasen sowie die Förderung des Fahrradverkehrs oder großzügige Grünflächen tragen dazu bei, dass sich Wien gegen Städte wie Oslo oder Kopenhagen durchsetzte.
In der Kategorie „People" konnte Wien zu den Themen wie Gesundheitsförderung, Arbeitszeiten oder Sicherheit Platz 19 einnehmen. Aber die Donaumetropole punktet wie kaum eine andere Großstadt mit bezahlbarem Wohnraum. In den Bereichen Bildung, Einkommensgleichheit und öffentlicher Nahverkehr besteht dagegen noch Verbesserungspotenzial.
In der Kategorie „Profit" erreichte Wien den beachtenswerten 16. Platz. In dieser Kategorie wird vor allem die Wirtschaftsleistung und geschäftliche Infrastruktur gemessen. Die Stadt konnte insbesondere mit investitionsfreundlichen Bedingungen, guten Beschäftigungszahlen sowie einem zukunftsorientierten Mobilfunk- und Breitbandausbau überzeugen.
Das Untersuchungsergebnis ist Ansporn für die Stadtplaner, um die vordringlichen Ziele bei der zukünftigen Stadtentwicklung zu verfolgen. In diesem Sinne ist das Leitziel der Rahmenstrategie „2050 – Smart City Wien" – für beste Lebensqualität bei größtmöglicher Ressourcenschonung zu sorgen – die richtige Antwort auf die aktuellen Herausforderungen im Sinne der Nachhaltigkeit.

M 7 Wien – ein Modell nachhaltiger Stadtentwicklung

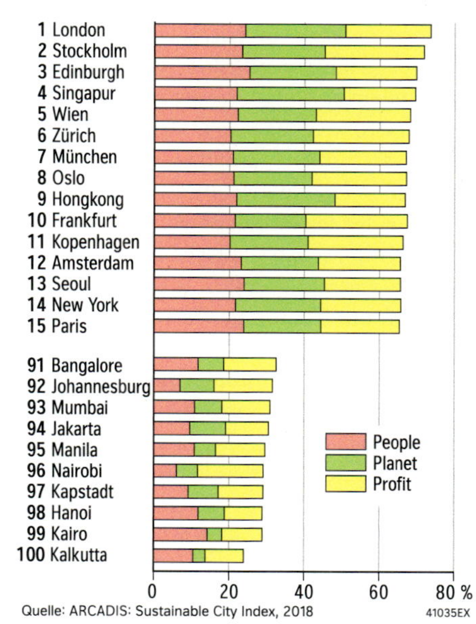

M 9 Ausschnitt aus der Länderrangliste des Sustainable-City-Index

2 KEIN HUNGER 3 GESUNDHEIT UND WOHLERGEHEN 7 BEZAHLBARE UND SAUBERE ENERGIE 12 NACHHALTIGE/R KONSUM UND PRODUKTION

Transition Towns – Städte im Wandel zur Nachhaltigkeit

Gesundheit, Sicherheit, Mitbestimmung – unsere Städte sollen eine möglichst hohe Lebensqualität bieten. Doch in der Realität zeigen vielerorts Wirtschaftskrisen, Ressourcenknappheit, Pandemien und Klimawandel die Grenzen unserer jetzigen Lebensweise auf. Deshalb richten immer mehr Städte ihre Zukunft auf eine lokal konzentrierte Wirtschaft und die Nutzung von erneuerbaren Energien aus. Wie kann eine städtische Gesellschaft aussehen, die im Einklang mit der Natur und ihren Vorräten lebt? Wie können städtische Bewohner durch nachhaltige Lebensweisen dazu beitragen, die Welt zu verbessern?

1 Nennen Sie mögliche Zielsetzungen der Transition-Town-Bewegung (M1).

2 Erläutern Sie die Prinzipien einer „Stadt im Wandel" (M2, M3).

3 Erstellen Sie eine Tabelle zu den Handlungsfeldern der Projekte der Transition-Town-Initiativen und den dazugehörigen Maßnahmen (M4 – M9).

4 a) Charakterisieren Sie die von der Transition-Town-Bewegung beabsichtigte Lebensweise (M1 – M9).
b) Erörtern Sie Vor- und Nachteile der Transition-Town-Initiative für eine nachhaltige Stadtentwicklung.

Z 5 Gestalten Sie eine Zukunftswerkstatt (S. 133) zum Wandel einer Straße gemäß der Transition-Town-Bewegung in Ihrer Schulstadt (M3).

M 1 Stadt im Wandel

Die Transition-Bewegung ist mit dem Impuls enstanden, den ökologischen Wandel selbst in die Hand zu nehmen. Freiwillige, selbstverpflichtete Gruppen entwickeln Ideen, um mit konkreten Projekten den Herausforderungen unserer Zeit begegnen zu können. Die Kraft für Veränderung kommt dabei aus dem gemeinschaftlichem Handeln, einer neuen Kultur des Miteinanders und der engen Beziehung zur Natur.

Begründer der Transition-Town-Bewegung ist der britische Dozent und Umweltaktivist Rob Hopkins. Mit seinen Studierenden entwickelte er 2005 für die irische Kleinstadt Kinsale und 2006 für seine britische Heimatstadt Totnes erstmals ein Konzept, um die CO_2-Emissionen zu drosseln, sich durch Selbstversorgung unabhängig zu machen und die lokale Wirtschaft zu stärken. Hopkins konnte die Stadtbewohner davon überzeugen, dass autonome Gemeinschaften freier leben können und dass jeder seinen Teil zum Wandel beitragen kann, indem er seine Lebensweise verändert. Die Stadtverwaltung und ein Großteil der Bürger der beiden Städte packten ganz konkret mit an, um mit den vorhandenen Ressourcen etwas Positives zu schaffen. In Hopkins Vision ist es keineswegs zu spät für einen einschneidenden Wendepunkt in der menschlichen Geschichte. Der Buchtitel seiner deutschen Ausgabe „Einfach. Jetzt. Machen!: Wie wir unsere Zukunft selbst in die Hand nehmen" bringt seine Botschaft mit treffenden Worten zum Ausdruck. Hopkins Ideen haben sich inzwischen rund um den Globus verbreitet. Umwelt- und Nachhaltigkeitsinitiativen gestalten in zahlreichen Städten und Gemeinden den geplanten, ökosozialen Übergang in eine gemeinschaftlich organisierte Gesellschaft und relokalisierte Wirtschaft, die ohne fossile Energieträger auskommt. Mit optimistischem Pioniergeist werden in konstruktiven Prozessen neue Wege hin zu einer zukunftsfähigen Lebensweise erprobt. Dazu gehört beispielsweise die Anlage von Nutzgärten im städtischen Raum (**Urban Gardening**), die zunehmend auch auf Dachflächen (Rooftop Gardening) erfolgt.

M 2 Basisinformation

Das deutsche Transition-Netzwerk koordiniert über 120 lokale Transition-Initiativen in ganz Deutschland. Folgende Prinzipien leiten das Handeln der Transition-Bewegung:

1. Verbessern der Resilienz durch Reduktion der CO_2-Emissionen, um die Abhängigkeiten von fossilen Brennstoffen zu vermindern und wertvolle Ressourcen sparsam und klug einzusetzen
2. Einsetzen für Mitwirkung, Inklusion und Gerechtigkeit, um die Chancen aller Gesellschaftsgruppen auf ein gesundes und nachhaltiges Leben zu verbessern
3. Entscheidungen vor Ort treffen, d. h. auf der Ebene der Initiativgruppen
4. sich angesichts der globalen Herausforderungen fragen, welche Strategien und Maßnahmen für die Erde und die Menschen gut sind, um den Wandel entsprechend zu gestalten
5. sich als Teil eines großen experimentierfreudigen Netzwerks verstehen, d. h. in einem realen, globalen und sozialen Experiment in Echtzeit von anderen zu lernen
6. Ideen und Macht teilen, d. h. jeder Transition-Initiative ihre Entscheidungen selbst überlassen und in dieser Vielfalt eine große Stärke sehen
7. mit anderen zusammenarbeiten und nach Synergien suchen
8. mit positiven Visionen und Kreativität an Zukunftsbildern arbeiten, in denen wir gerne leben wollen
9. ein Gleichgewicht zwischen Kopf, Herz und Hand finden, d. h. mit Verstand auf der Grundlage der besten verfügbaren Informationen und kollektiver Intelligenz zu handeln, dabei mit Herz auf die emotionalen, psychischen, zwischenmenschlichen und sozialen Aspekte zu achten und mit den Händen die Ideen mit praktischen Projekten hinsichtlich eines neuen, gesunden Wirtschafts- und Gesellschaftssystems vor Ort umzusetzen.

M 3 Prinzipien für einen ökosozialen Wandel

M 4 **Repair-Café in London**

Weltweit schließen sich immer mehr Metropolen, Städte bzw. Stadtteile und Gemeinden der Transition-Bewegung an. In Deutschland gibt es u. a. Initiativen in Berlin, München, Essen, Stuttgart, Mannheim, Heidelberg, Esslingen, Tübingen, Konstanz und Freiburg. Die Menschen teilen zum Beispiel ihre Bohrmaschine oder ihr Auto (Share Economy) und sparen dabei nicht nur Geld, sondern schonen die Umwelt. Andere bringen kaputte Geräte, Kleidung oder Fahrräder in Repair-Cafés, anstatt viel Geld für neue Konsumgüter auszugeben. Alternative Mobilitätskonzepte setzen auf Carsharing, den Öffentlichen Personennahverkehr (ÖPNV) und die Fahrradkultur. Lastenfahrräder machen als umweltfreundliche Transportmittel für Personen und Waren Autos innerorts zunehmend überflüssig.

Das Abfallmanagement legt Wert auf das Recyceln und Kompostieren von Müll sowie auf die Vermeidung von Müll und Verpackung. Es wird dazu angeregt, Mehrwegprodukte zu kaufen bzw. mit eigenen Behältern unverpackt einzukaufen und über das sogenannte Upcycling nicht mehr benutzte bzw. weggeworfene Gegenstände durch Umgestaltung aufzuwerten. So entstehen Taschen aus alten Lastwagenplanen, Gürtel aus ausgedienten Fahrradreifen oder Möbel aus ausrangierten Paletten. Es werden regionale und faire Unternehmen gegründet. Auch die Energieerzeugung erfolgt möglichst dezentral und regenerativ. Jedes Transition-Projekt ist aber nur so erfolgreich wie die Gemeinschaft, die hinter dem Projekt steht. Gemeinsamer Austausch über die Verständigung einer gemeinsamen Vision, äußerste Projekttransparenz in der Planung und Durchführung und eine respektvolle, wertschätzende Atmosphäre sorgen für eine gesunde Gruppenkultur, die geeignete Wege und Lösungen hin zu einem nachhaltigen Lebensstil entwickeln kann.

M 5 **Projekte von Transition-Town-Initiativen**

M 6 **Lastenfahrrad statt Auto**

M 7 **Prinzessinnengärten in Berlin Kreuzberg**

Zur Transition-Bewegung gehört die weitgehende Selbstversorgung mit lokal bzw. regional angebauten, ökologisch produzierten Nahrungsmitteln. Diese Inwertsetzung der Stadt garantiert der Stadtbevölkerung frisches Obst und Gemüse sowie Fleisch und Milch. Außerdem steigert es die Biodiversität durch mehr Stadtgrün und verbessert das Stadtklima.
In vielen Städten rund um den Globus, wie in Berlin, London, Paris, New York oder Tokio, boomt deshalb der Trend zum Urban Gardening. Innerstädtische Freiflächen, Grünstreifen und Dachflächen werden in Obst- und Gemüsegärten verwandelt. Berechnungen haben ergeben, dass allein für die Versorgung der über 12 Millionen Pariser eine landwirtschaftliche Nutzfläche von etwa 11 000 Hektar nötig wäre. Das entspräche ungefähr einer Fläche von Heidelberg oder Ulm.
Inzwischen produzieren die privaten Initiativen der „Parisculteurs" in über 100 Gärten auf etwa 100 Hektar jährlich etwa 500 Tonnen Nahrungsmittel. Gemäß des Leitbilds der Nachhaltigkeit werden dadurch Arbeitsplätze geschaffen und durch den Verkauf der Produkte Einnahmen gesichert und die Produkte in der Gastronomie direkt vor Ort verwertet. Zudem wird der Gemeinschaftssinn in den Stadtquartieren gefördert. Dabei spricht die deutlich geringere Schadstoffbelastung für die Produkte aus den Dachgärten. Auf dem Niveau der Straßen ist diese höher.

In der über 30 000 Einwohner zählenden Stadt Andernach am Rhein lässt sogar die Stadtverwaltung über 100 Sorten Gemüse, Obst und Kräuter anbauen. Ziel ist es, ökologische, ökonomische und auch ästhetische Funktionen gleichermaßen zu unterstützen. Das Konzept dabei ist die „essbare Stadt" – der Lebensmittelpunkt soll mit Lebensmitteln zum Erlebnis gemacht werden.

M 8 **Vom Urban Gardening zur „essbaren Stadt"**

M 9 **„Essbare Stadt" Andernach**

3 GESUNDHEIT UND WOHLERGEHEN
9 INDUSTRIE, INNOVATION UND INFRASTRUKTUR
13 MASSNAHMEN ZUM KLIMASCHUTZ

Smart Citys – „schlaue Städte" im digitalen Zeitalter

Intelligente Ampelschaltungen, automatisierte Parkleitsysteme, smarte Luftreinhaltung, Onlinemeldungen des persönlichen Blutdrucks an die Arztpraxis, webbasierte Bürgerbeteiligung an städtischen Entscheidungen und vieles mehr soll über moderne Sensornetzwerke und auf Basis eines leistungsfähigeren Internets die allgemeine Lebensqualität in unseren Städten nachhaltig und effizient verbessern. Inwiefern bietet die vollkommene Digitalisierung unseres Lebens neben enormen Chancen auch Risiken? Wie können Städte überhaupt diesen digitalen Wandel schlau und effizient gestalten?

1 Beschreiben Sie M1 und nennen Sie Vorteile smarter Infrastruktur.

2 Arbeiten Sie Chancen und Risiken von Smart Citys heraus (M2).

3 a) Analysieren Sie M3 und erläutern Sie Strategien der Smart Citys in Deutschland (M4, M5).
b) Erstellen Sie ausgehend von den Daten des Smart-City-Index eine Analysespinne zur Smart City Hamburg sowie zu zwei weiteren Städten und vergleichen Sie die Ergebnisse. ↗ *WES-101475-019*
c) Gestalten Sie virtuelle Exkursionen durch die Smart Citys aus Aufgabe 3b z. B. mithilfe des Google Tour Creators. ↗ *WES-101475-020*

4 Vergleichen Sie unterschiedliche Strategien von Smart Citys (M6).

5 Analysieren Sie die Situation von Smart Citys (M7, M8).

6 Erörtern Sie, ob das Konzept der Smart City aus ökonomischer, ökologischer und sozialer Sicht einer nachhaltigen Stadtentwicklung entspricht (M6, M7, M9).

M 1 Intelligente Kontrolle der Luftverschmutzung in Stuttgart

Die smarte Stadt der Zukunft soll das Leben für ihre Bewohner hinsichtlich des Energie- und Ressourcenverbrauchs effizienter, ökonomisch wettbewerbsfähiger, bequemer, sicherer, demokratischer und sozial gerechter gestalten. Innovative Technologien wie komplexe Sensorsysteme erfassen die Daten einer städtischen Umgebung und leiten sie zur Informationsverarbeitung an gigantische Computernetzwerke weiter. Das „Internet of Things", die IT-Schnittstelle zwischen virtueller und realer Welt, kann z. B. für Monitoring- (Messen, Beobachten) und Prognosetechnologien detaillierte, schnelle Informationen bereitstellen und die Daten in einer „City-Cloud" für die Kommunikation und Regeltechnik verfügbar machen. Offene städtische Datensätze, sogenannte Open Data, dokumentieren das Leben der Bewohner bis ins Detail, denn „gläserne Bürger" hinterlassen Datenspuren. Je nach individueller Verfügbarkeit digitaler Medien werden aber nicht alle Mitglieder einer Gesellschaft durch digitale Informationen erreicht. Zudem bergen Hackerangriffe auf selbstregulierende Infrastruktureinrichtungen, wie Wasserwerke, Gebäude, autonome Verkehrsmittel oder Produktionsprozesse, Gefahren.

Weltweit steigt die Zahl der Städte mit einer Smart-City-Strategie. Voraussetzung dafür sind klug geplante und vernetzte Informations- und Kommunikationstechnologien. Ziel ist die Optimierung städtischer Prozesse und eine höhere Lebensqualität für die Bewohner. Digitale Dienstleistungen sollen infolge reduzierter Energie- und Stoffströme zu mehr Klima- und Ressourcenschutz beitragen. So muss ein Mobilitätskonzept neben Informations-, Buchungs- und Bezahlsystemen auch alternative Mobilität wie Sharing-Konzepte organisieren und mit intelligenten Stromnetzen koordinieren.

M 2 Basisinformation

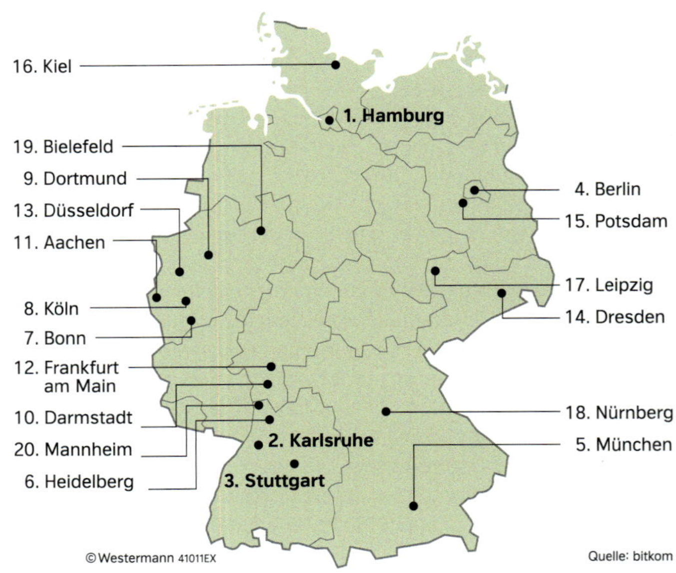

M 3 Die „smartesten" deutschen Städte (Smart-City-Index 2019)

- Verwaltung: u. a. bargeldloses Bezahlen, City-App, Online-Bürgerservices, Website und Kommunikations-Tools
- IT und Kommunikation: u. a. Breitband, Glasfaser, Mobilfunk, Public WLAN
- Energie und Umwelt: u. a. E-Fahrzeuge, emissionsarme Busse, intelligente Straßenlaternen, Ladeinfrastruktur, Fotovoltaik, Smart Waste und City Logistik
- Mobilität: u. a. Car- und Ride-Sharing, Handytickets und Echtzeitinformationen im ÖPNV, intelligente Ampeln, Parken und digitale Verkehrsschilder, weitere Sharing-Angebote
- Gesellschaft: u. a. Bürgerbeteiligungsplattform, Geodatenportal, Handelsplattform, Open-Data-Plattform

M 4 Kategorien und Indikatoren des Smart-City-Index

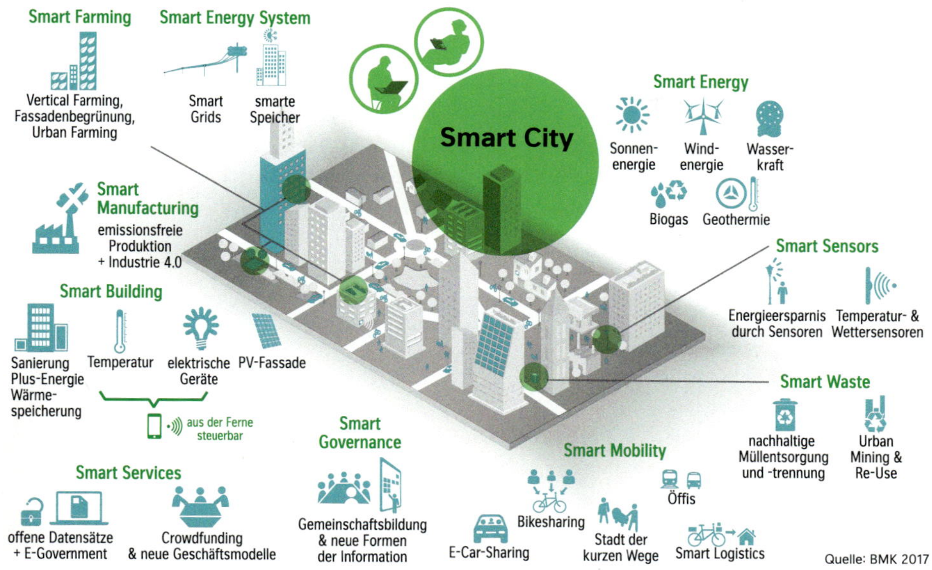

Die „Smart City Charta" unterstützt die Umsetzung der Deutschen Nachhaltigkeitsstrategie und die Verwirklichung der Nachhaltigkeitsziele der Agenda 2030. Dabei orientieren sich die Smart Citys an folgenden Werten und Zielen: 41113EX

1. Sicherung der digitalen Integration und Teilhabe durch hochleistungsfähige Breitbandversorgung
2. verantwortungsvolle Gestaltung der massenhaften Erhebung und Nutzung von Daten durch Kommunen
3. Stärkung der lokalen Wirtschaft und der lokalen Wissens- und Wertschöpfung, z. B. Förderung der Industrie 4.0 (intelligente Vernetzung von Maschinen und Abläufen in der Industrie)
4. dauerhaft tragfähige Gestaltung der Digitalisierung in Städten zur verbesserten Information und Kommunikation.

Ziele des Europäischen Rates

bis 2030 . . . im Vergleich zu 1990

- die Treibhausgase um **40 %** zu reduzieren
- eine Energieeffizienzsteigerung von ca. **27 %** anzustreben
- einen Anteil von **27 %** erneuerbarer Energien am Gesamtenergieverbrauch zu erreichen

M 5 Mögliche Strukturen und Prozesse in einer Smart City

Insbesondere in Asien werden moderne, hochtechnologisierte Planstädte am Reißbrett entwickelt, die umfassende Smart-City-Konzepte haben. New Songdo City, der für 70 000 Einwohner und 340 000 Arbeitsplätze geplante Finanz- und Wirtschaftsknotenpunkt Südkoreas, konnte durch die Neuanlage der Stadt die gesamte Infrastruktur von Beginn an miteinander vernetzen. Über zahlreiche Sensoren werden in allen Bereichen Daten gesammelt, auf welche die Stadtverwaltung in Echtzeit reagieren kann. Die Bewohner leben in smarten Häusern und sind in eine 24-Stunden-Rundum-Überwachung eingebunden. Das bedeutet: Videoüberwachung des öffentlichen Raums bis in die Häuser hinein, Chipkarten mit Multifunktion wie ÖPNV-Nutzung, Krankenversorgung, Wohnungszugang, Bankdienste usw., zudem die Erhebung individueller Verbrauchsdaten bzw. Zugangsdaten in den Wohnungen über ferngesteuerte digitale Endgeräte. Auch Erledigungen des täglichen Bedarfs erfolgen überwiegend durch Onlinedienste, was das Leben auf den Straßen der Stadt erheblich reduziert. Die Bewohner beurteilen ihre Lebensqualität höher als in konventionellen Städten. Die Energie- und Ressourceneinsparung aufgrund der digitalen Vernetzung beträgt in der Smart City etwa 30 Prozent.

Der Stadtstaat Singapur hat bereits seit 1990 ein digitales Identifikationssystem, smarte Mobilität mit autonomen Shuttles und elektronischen Bezahlweisen, intelligente Beleuchtungssysteme und Telemedizin eingeführt. Zudem gibt es Projekte wie konsequente Grünbedachung, smartes Zuhause und interaktive Karten für die Stadtbewohner. Die deutsche Vorzeigestadt Hamburg ist dagegen führend in den Bereichen smarter Abfall, City-Logistik, Bürgerbeteiligung und Open Data. Vom Transparenzportal der Stadt können mehr als 100 000 Dokumente und Datensätze abgerufen werden.

Die Städte Amsterdam, Wien und London führen das europäische Ranking der Smart Citys an. Amsterdam besitzt eine Onlineplattform, auf der Projekte dargestellt werden, und hat ein intelligentes Stromnetz für 100 000 Haushalte sowie ein smartes Parksystem. Wien überzeugt aufgrund seiner integrierten Nachhaltigkeitsstrategie und den innovativen Lösungen für Mobilität, Umwelt, Bildung, Gesundheitswesen und öffentliche Verwaltung sowie eines Systems zur Überwachung von Projektfortschritten. London stattet Straßenlaternen und Parkbänke mit Luftqualitätssensoren, WLAN-Hotspots und Ladepunkten für Elektrofahrzeuge aus. Die technische Projektentwicklung und -verwaltung erfolgen in Wien und London zentral.

M 6 Strategien von Smart Citys

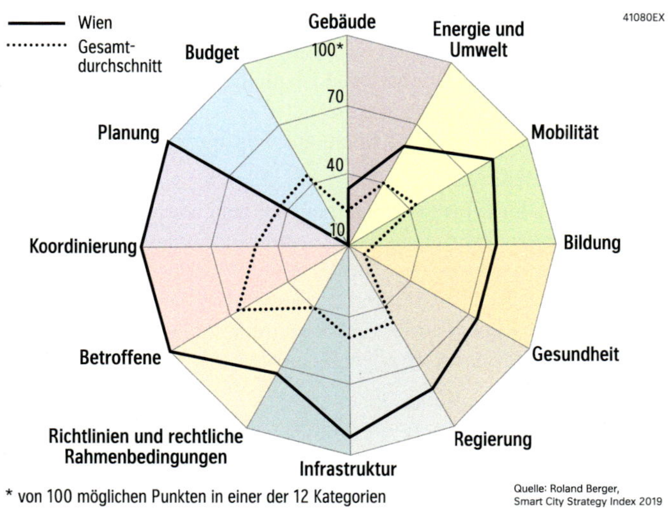

* von 100 möglichen Punkten in einer der 12 Kategorien

Quelle: Roland Berger, Smart City Strategy Index 2019

M 7 Strategieprofil der Smart City Wien

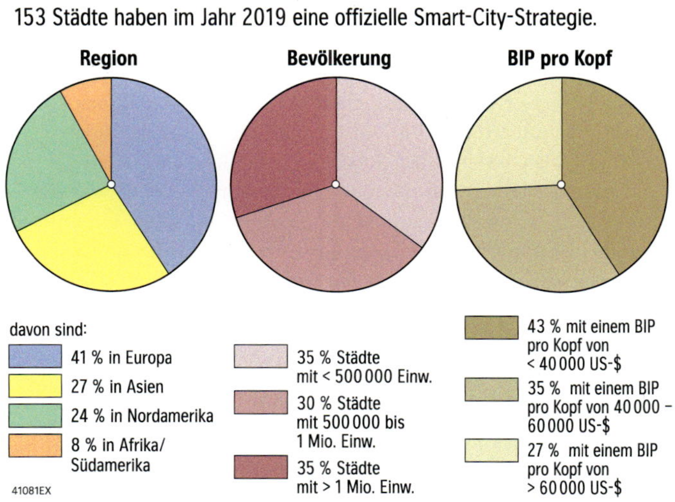

M 8 Anteile der weltweit umgesetzten Smart-City-Strategien

7 BEZAHLBARE UND SAUBERE ENERGIE
9 INDUSTRIE, INNOVATION UND INFRASTRUKTUR
13 MASSNAHMEN ZUM KLIMASCHUTZ

Kopenhagen – auf dem Weg zur ersten CO_2-neutralen Hauptstadt

Die Stadtverwaltung der dänischen Hauptstadt hat ein ambitioniertes Ziel: Die Hafenmetropole soll bis zum Jahr 2025 trotz permanentem Einwohnerzuwachses CO_2-neutral werden. Schon längst hat man in Kopenhagen verstanden, dass freie Baugrundstücke ein seltenes Gut und nicht regenerative Ressourcen nicht endlos nutzbar sind. Was ist bereits erreicht und wie sollen neue Projekte und Maßnahmen umgesetzt werden, in denen sich nachhaltige Stadtentwicklung, hohe Lebensqualität und wirtschaftliches Denken vernetzen?

1 Beschreiben Sie die Stadtansicht Kopenhagens (M1).
2 Beschreiben und erklären Sie die Bevölkerungsentwicklung Kopenhagens (M2, M3).
3 a) Analysieren Sie die Klimaziele Kopenhagens (M4).
b) Arbeiten Sie die Strategien und Maßnahmen zum Erreichen der Klimaziele heraus (M2).
4 Begründen Sie, weshalb Kopenhagen den Beinamen „Fahrradhauptstadt" verdient hat (M5, M7, M8).
5 a) Erstellen Sie eine Mindmap zu den Maßnahmen nachhaltiger Stadtentwicklung in Kopenhagen (M2, M5, M6).
b) Erörtern Sie die Strategien und Maßnahmen Kopenhagens zum Ziel „Klimaneutralität 2025".
z 6 Bewerten Sie, inwiefern die Stadt Kopenhagen ein internationales Vorbild für nachhaltige Stadtentwicklung, z. B. für Ihre Schulstadt, sein kann.

M1 Kopenhagen am Kanal Nyhavn

Kopenhagen ist keine neue, am Reißbrett entworfene Ökostadt in überschaubarer Größe, sondern eine seit dem 12. Jahrhundert gewachsene, über mehrere Inseln der Ostsee verteilte Hafenstadt mit etwa 624 000 Einwohnern im Jahr 2019. In Kopenhagen stehen Gesundheit und Wohlergehen der Bürger im Mittelpunkt jeglicher Entscheidungsprozesse. Im Umgang mit dem anhaltenden Bevölkerungsdruck versteht sich die Stadtverwaltung im Dialog mit ihren Bürgern seit einigen Jahrzehnten als Labor für zukunftsweisende Ideen. Vor allem mithilfe von Windkraft statt Kohlestrom und elektrischen Fahrzeugen soll Kopenhagen bis 2025 CO_2-neutral sein. Treibhausgasemissionen werden durch Maßnahmen wie Begrünung kompensiert. Von der Europäischen Kommission wurde die Stadt zu „Europas grüner Hauptstadt 2014" ernannt. Im Subindex „Umwelt" des Sustainable-City-Index erreichte Kopenhagen 2018 den 5. Platz.

Ihre Erfolge im nachhaltigen und lebenswerten Zusammenleben der Menschen präsentiert die Stadt mit beeindruckenden Zahlen und Fakten. Sie erreicht u. a. deshalb internationale Aufmerksamkeit. Und auch die florierenden Branchen wie die Bio- oder Informationstechnologie unterstützen die Umsetzung innovativer stadtökologischer Maßnahmen. Dazu gehören die ökologische Gebäudesanierung, das Urban Gardening sowie die Smart-City-Bewegung mit digitalen, umweltfreundlichen Mobilitätskonzepten, ein umweltfreundliches Wassermanagement z. B. durch unterirdische Ableitung des Regenwassers, eine heute bereits nahezu komplette Fernwärmeversorgung, v. a. aus Biomasse, Abfall und Geothermie sowie zudem Recycling- sowie Vermeidungskonzepte der Abfallwirtschaft.

2011 beschloss die Stadt den „Copenhagen Climate Adaption Plan", der Strategien zum Klimawandel und steigenden Meeresspiegel beinhaltet. So sollen u. a. Grünflächen und Auffangbecken sowie ein effizientes Entwässerungssystem Überschwemmungen verhindern.

M2 Basisinformation

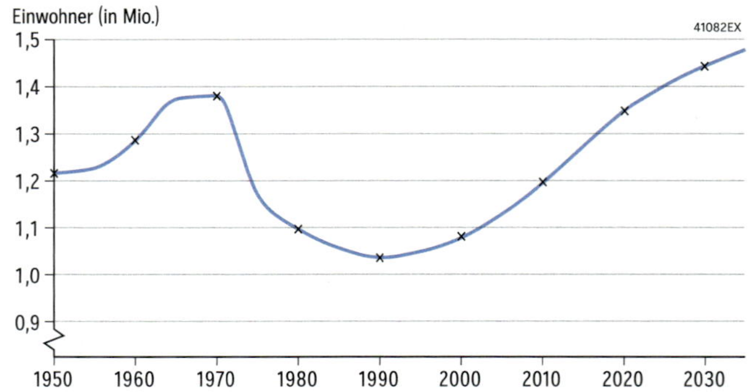

M3 Bevölkerungsentwicklung der Agglomeration Kopenhagen

Energieverbrauch
- 20 Prozent weniger Wärmebedarf
- 10 Prozent weniger Stromverbrauch in Haushalten
- 20 Prozent weniger Stromverbrauch in Gewerbe und Industrie

Energieerzeugung
- ein Prozent der Energie aus Solaranlagen
- Nahwärme wird kohlenstoffdioxidfrei
- Wind und Biomasse erzeugen mehr Strom, als die Stadt verbraucht
- bessere Mülltrennung bei Plastik
- Vergärung von Biomüll zur Energieproduktion

Straßenverkehr
- 75 Prozent aller Fahrten erfolgen mit Fahrrad oder ÖPNV
- 50 Prozent aller Fahrten zur Arbeit erfolgen mit dem Fahrrad
- 20 Prozent mehr Passagiere im ÖPNV
- öffentliche Verkehrsmittel sind CO_2-neutral
- 20 – 40 Prozent aller Fahrzeuge laufen mit alternativen Antrieben wie Batterien, Brennstoffzellen, Biosprit

Ziele der Stadtverwaltung
- 40 Prozent weniger Energieverbrauch in den eigenen Gebäuden
- alle städtischen Fahrzeuge fahren mit Biosprit, Gas oder Strom
- 30 000 m² Solaranlagen sind auf städtischen Gebäuden installiert

M4 Kopenhagens Klimaziele bis 2025

Die Kopenhagener nennen ihre Stadt stolz „The World's best City for Cycles". Ganz im Sinne des dänischen Stadtplaners Jan Gehl setzt Kopenhagen das Konzept „Eine Stadt für Menschen statt für Autos" konsequent um und drängt das Auto spürbar im Stadtbild zurück. So wurde u. a. die Fahrradinfrastruktur ausgebaut: In der Agglomeration Kopenhagen existierten 2019 etwa 400 Kilometer Radwege, darunter 200 Kilometer Radschnellwege. Die dänische Hauptstadt weiß, dass Investitionen in neue Radwege billiger sind als in neue Straßen. Deshalb werden jährlich etwa 40 Euro pro Einwohner in den Ausbau der Fahrradinfrastruktur investiert. In deutschen Städten sind es üblicherweise drei bis fünf Euro pro Person. In Kopenhagen wird zudem Fahrradfahrern Vorrang gewährt. So sind Fahrradampeln meist als „grüne Welle" geschaltet und Autos müssen an Ampeln hinter den Radfahrern stoppen. Die Radwege sind so breit, dass sie in eine schnelle und eine langsamere Spur unterteilt sind. Bis 2025 werden straßenbreite Radwege weiter ausgebaut, Straßen zu Einbahnstraßen für Autofahrer degradiert oder gesperrt, an Kreuzungen Reparatur- und Aufpumpstationen aufgebaut und überall für sichere Abstellplätze gesorgt. Kopenhagen hat die Verkehrswende vollzogen: Es gibt inzwischen fünfmal mehr Fahrräder als Autos und jährlich werden die Parkflächen für Autos um weitere drei Prozent reduziert. Über soziale Projekte wurde das Fahrrad in den gesellschaftlichen Alltag integriert, sodass täglich etwa 50 Prozent der Kopenhagener zur Arbeit, zur Schule oder zum Einkaufen radeln. Es ist bequem, schnell und staufrei. Die Gesundheit wird gefördert und der CO_2-Ausstoß reduziert.

M 5 Biking for Future

M 7 Am Kopenhagener Hauptbahnhof

Stadt	Rang	Bewertungskriterien, z. B.:
1	Kopenhagen (DK)	• Fahrradinfrastruktur
2	Amsterdam (NL)	• Leihräder
3	Utrecht (NL)	• Anteil Radverkehr
4	Antwerpen (B)	• Sicherheitsgefühl der Radfahrer
5	Straßburg (F)	• gesellschaftliche Akzeptanz
6	Bordeaux (F)	• Stadtplanung
7	Oslo (N)	• Verkehrsberuhigung
8	Paris (F)	
9	Wien (A)	
10	Helsinki (FIN)	

M 8 Fahrradfreundlichkeit in Großstädten: Copenhagenize Index 2019

Zahlreiche Bauprojekte für nachhaltige Stadtentwicklung in Kopenhagen zeigen, dass Symbiosen zwischen moderner Architektur, gemeinschaftlichem Zusammenleben und ökologischem Bewusstsein möglich sind. Auf einer Fläche von etwa 625 Fußballfeldern eines stillgelegten Teil des Hafens ist z. B. das Stadtquartier „Nordhavn" als „Stadt der kurzen Wege" konzipiert worden. Geschäfte, Institutionen, Arbeitsplätze, kulturelle Einrichtungen und öffentliche Transportmittel sind innerhalb von fünf Minuten von jedem beliebigen Ort aus zu erreichen. Innerhalb der nächsten 50 Jahre sollen hier Niedrigenergiewohngebäude für 40 000 Einwohner und 40 000 Arbeitsplätze entstehen. Der Stadtteil wird über eine Hochbahn sowie ein Fahrradwegnetz an den Rest der Stadt angebunden sein. Dabei dient die Hochbahn zugleich als „Dach" für den Fahrradweg. Windkraft, Geothermie, Biomasse und Solarenergie sollen die Strom- und Wärmeversorgung gewährleisten.

Die Wohnanlage „The Mountain Dwellings" wurde in Form eines künstlichen, 34 Meter hohen Berges geschaffen, um 80 Appartements und 480 Parkplätze auf kleinster Fläche unterzubringen. Die Wohnungen bilden das „Dach" eines vierstöckigen Parkhauses und haben ein Terrassen-Garten-System.

Inmitten des Universitätscampus zeigt „Green Lighthouse", wie 75 Prozent Energie gegenüber einem vergleichbar großen Gebäude eingespart werden können. Das Gebäude ist wie eine Sonnenuhr konzipiert und nutzt das Tageslicht als primäre Energiequelle.

Als Vorzeigeprojekt gilt bisher die Copenhagen International School, die wegen ihrer verschachtelten Struktur einem Containerschiff ähnelt und mit 140 Metern Länge und sieben Stockwerken Platz für 1200 Schüler bietet. Die blaue, gläserne Fassade wurde mit 12 000 Solarmodulen bestückt und gewinnt rund 50 % der erforderlichen Gebäudeenergie über die Sonne. Auch das Innere des lichtdurchfluteten Gebäudes setzt auf energiesparende Maßnahmen wie unter anderem Bewegungsmelder, hochisolierte Fenster, kühlende Decken bzw. eigens entwickelte LED-Lampen.

M 6 Projekte nachhaltiger Stadtentwicklung

M 9 Appartementhaus „The Mountain Dwellings"

M 10 Copenhagen International School Nordhavn

Das Wichtigste in Kürze

In den kommenden Jahrzehnten wird sich der Prozess der weltweiten Verstädterung infolge natürlichen Bevölkerungswachstums und anhaltender Migrationsströme – aufgrund von Push-Pull-Faktoren – weiter beschleunigen. Im Jahr 2050 werden dann etwa zwei Drittel der prognostizierten 10 Milliarden Menschen in Städten leben, davon die meisten in Afrika und Asien.

Auch wenn der Verstädterungsgrad in den Industrieländern am höchsten bleibt, nimmt die Verstädterungsrate v. a. durch Metropolisierung und Megapolisierung in den Ländern des Globalen Südens am stärksten zu. Die Megacitys sind dort meist von hoher Bevölkerungsdichte und enormer Flächenexpansion geprägt. Gleichzeitig fehlt es aber oft an nötigen Arbeitsplätzen und ausreichender Infrastruktur. Die Bewohner in den permanent neu errichteten Marginalsiedlungen sind deshalb vor allem im informellen Sektor und kleinen Handwerksbetrieben tätig oder sie bleiben arbeitslos. Im täglichen Kampf ums Überleben erzeugt die Armut vieler Slumbewohner Konflikte und Kriminalität, sodass sich die wohlhabenden Stadtbewohner in bewachte Gated Communities oder die Außenbezirke zurückziehen. Diese Fragmentierung der städtischen Strukturen wird begleitet von der Segregation der städtischen Bevölkerung.

Die sozialen Unterschiede spiegeln sich aber auch in der defizitären Partizipation der ärmeren Stadtbewohner an kommunalen Entscheidungen wider, wie bei Maßnahmen zur Slumaufwertung. Der Bau angemessener Wohnungen und der Verkehrsinfrastruktur, der Ausbau des Bildungs- und Gesundheitswesens sowie die Schaffung von Arbeitsplätzen stellt viele Megacitys vor große Herausforderungen. Oft hat die wirtschaftliche Wettbewerbsfähigkeit hohe Priorität, auf Kosten des Umweltschutzes, und verschärft somit die ohnehin schwierigen Lebensbedingungen.

Die Städte bringen durch ihre innere Differenzierung die Segregation ihrer Bewohner zum Ausdruck und durch die funktionale Gliederung die Nutzung der Stadtviertel. In den Innenstädten weist die Citybildung auf einen hohen Grad an Tertiärisierung hin. Städte höchster Zentralität, globaler Primacy, zeichnen sich sogar durch Quartärisierung aus. Diese Global Citys sind Standorte höchstrangiger Dienstleistungen im Finanzwesen sowie der Produktion, aber auch der Sitz von Headquartern global agierender Unternehmen und Institutionen. Außerdem sind sie als Verkehrsknotenpunkte von globaler Bedeutung.

Durch Urbanisierung entstehen auch im Globalen Norden große Agglomerationen. Einige Städte entwickeln sich infolge Suburbanisierung und Desurbanisierung jedoch zu Shrinking Citys, andere wiederum erleben neben dem Prozess der Gentrifizierung eine Reurbanisierung.

Wesentlich für die hohe Lebensqualität und die Gesundheit der Stadtbewohner sind ein funktionierendes städtisches Ökosystem sowie ein gutes Stadtklima. Weltweit tragen Städte durch anthropogene Emissionen zum Klimawandel bei und sind gleichzeitig mit dessen Auswirkungen konfrontiert. Somit sind Konzepte im Umgang mit der Vulnerabilität von städtischen Lebensräumen unerlässlich. Strategien der nachhaltigen Stadtentwicklung können durch nachhaltige Lebens- und Wirtschaftsweisen sowie durch gute Regierungsführung die Resilienz der Städte stärken.

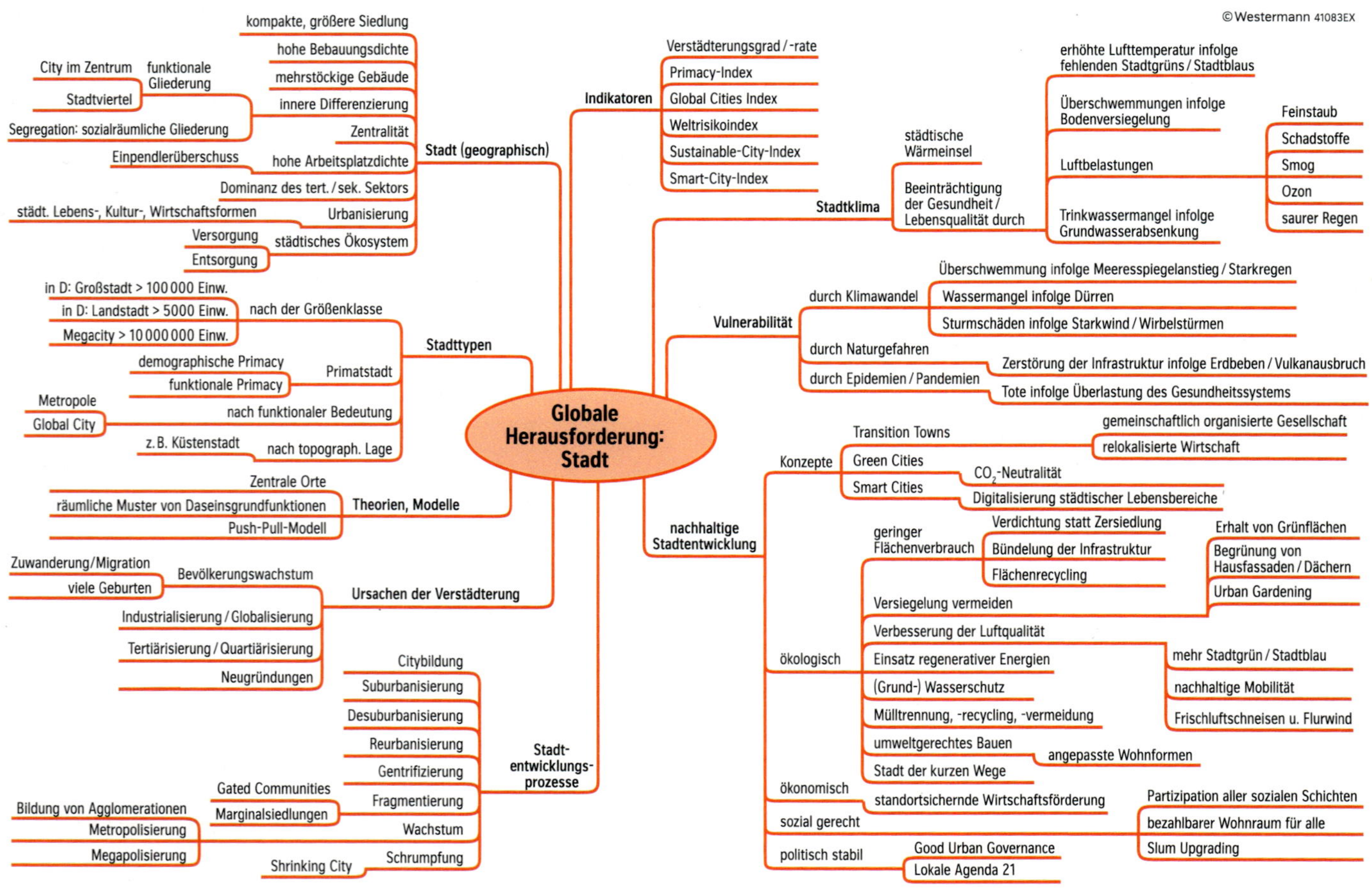

M 1 **Mindmap zum Kapitel „Globale Herausforderung: Städte im Einfluss gesellschaftlicher und naturräumlicher Veränderungen"**

Prüfen Sie sich selbst!

Hier sind Kompetenzen, die Sie in diesem Kapitel erwerben konnten, aufgelistet. Überprüfen Sie selbst Ihren erreichten Stand der Kompetenzentwicklung.

Prüfen Sie sich selbst! Sie können ...	Überprüfen Seite / Aufgabe	kann ich	kann ich nicht	Seiten
... den urbanen Lebensraum mithilfe von räumlichen und sozialen Merkmalen charakterisieren sowie die Theorie der Zentralen Orte darstellen.	66 / 3a, 5a			66 / 67
... den urbanen Lebensraum mithilfe von funktionalen Merkmalen charakterisieren und das Entwicklungsmodell der räumlichen Muster von Daseinsgrundfunktionen erklären.	68 / 1, 2	↓	→	68 / 69
... den Prozess der Urbanisierung erläutern und die Phasen der Gentrifizierung darstellen.	70 / 2, 3a	↓	→	70 / 71
... den Prozess der weltweiten Verstädterung darstellen, die globale Entwicklung von Megacitys analysieren sowie die Verstädterung bzw. Metropolisierung an konkreten Beispielen überprüfen.	72 / 2, 3b 4a, 4b	↓	→	72 / 73
... die Verstädterung der Industrieländer und der Länder des Globalen Südens hinsichtlich der Unterschiede überprüfen.	74 / 5	↓	→	74 / 75
... die Ursachen, Probleme und Chancen der Marginalisierung in Megacitys im Globalen Süden erläutern und das Modell einer fragmentierten Stadt erklären.	76 / 2a, 3a	↓	→	76 / 77
... die für eine Global City wesentlichen Funktionen und zugehörigen Einrichtungen darstellen.	78 / 2	↓	→	78 / 79
... die Bevölkerungsentwicklung einer Shrinking City darstellen und begründen.	80 / 2	↓	→	80 / 81
... die Funktionsweise eines urbanen Ökosystems im Vergleich zu einem natürlichen bzw. nachhaltigen städtischen Ökosystems darstellen.	82 / 2, 4	↓	→	82 / 83
... die Besonderheiten des Stadtklimas analysieren.	84 / 2, 3	↓	→	84 / 85
... die Vulnerabilität von städtischen Lebensräumen im Klimawandel darstellen.	86 / 3	↓	→	86 / 87
... Strategien und Prinzipien der nachhaltigen Stadtentwicklung darstellen und begründen.	88 / 2, 4	↓	→	88 / 89
... das Konzept der Transition-Town-Initiative erörtern.	90 / 4b	↓	→	90 / 91
... die Strategien der Smart Citys in Deutschland analysieren und das Konzept der Smart Citys in Bezug auf Nachhaltigkeit erörtern.	92 / 3a, 6	↓	→	92 / 93
... die Strategien und Maßnahmen Kopenhagens hinsichtlich des Ziels der Klimaneutralität erörtern.	94 /5b	↓	→	94 / 95

Arbeitsbegriffe des Kapitels

Agglomeration, Bevölkerungswachstum, *Citybildung*, Entsorgung, Feinstaubbelastung, *Flurwind*, Fragmentierung, Gated Community, Gentrifizierung, *geographischer Stadtbegriff, Gesundheit, Global City, Globalisierung*, Green City, *Industrialisierung*, innere Differenzierung, Lage, Lebensqualität, Lokale Agenda 21, Marginalisierung, *Marginalsiedlung*, Meeresspiegelanstieg, *Megacity, Megapolisierung*, Metropolisierung, Migration, *Modell*, nachhaltige Stadtentwicklung, Push- und Pull-Faktoren, Quartärisierung, Reurbanisierung, Segregation, Shrinking City, Stadt, Stadtklima, städtisches Ökosystem, städtische Wärmeinsel, Suburbanisierung, Tertiärisierung, *Theorie, Urbanisierung*, Ursachen, Versorgung, *Verstädterungsgrad, Verstädterungsrate*, Vulnerabilität, Wassermangel, Zentralität, *Zukunftswerkstatt*

Die kursiv gedruckten Arbeitsbegriffe sind zusätzlich für den 5-stündigen Kurs.

WES-101475-021

Klausurtraining

Verstädterung ist ein globaler Prozess, der in unterschiedlichen Regionen der Erde zwar Gemeinsamkeiten, jedoch auch deutliche Unterschiede aufweist. Dabei werden urbane Lebensräume als vom Menschen geschaffene Geoökosysteme mit komplexen Ursache-Wirkungs-Zusammenhängen verstanden, die infolge zunehmender Vulnerabilität zum Erhalt der Lebensqualität auf zukunftsorientierte Konzepte angewiesen sind. Im Folgenden sollen charakteristische Entwicklungen und Strukturen untersucht werden.

1 Charakterisieren Sie eine Stadt.

2 **a)** Analysieren und erläutern Sie die Entwicklungen (M1).
b) Stellen Sie mögliche räumliche, wirtschaftliche und soziale Auswirkungen der Bevölkerungsentwicklung Luandas und Aleppos dar (M1).

3 Erörtern Sie, ob der städtische Wandel in Duisburg aus ökonomischer, ökologischer und sozialer Sicht einer nachhaltigen Stadtentwicklung entspricht (M2).

4 **a)** Vergleichen Sie den Verstädterungsprozess in den unterschiedlichen Regionen der Erde (M3).
b) Erklären Sie Ursachen und Folgen der Verstädterung für die Länder des Globalen Nordens und Südens (M3).

5 Beurteilen Sie die Chancen von Ho-Chi-Minh-Stadt hinsichtlich einer nachhaltigen Stadtentwicklung (M4, M5).

6 Überprüfen Sie die Aussage (M6): „New York kann als Vorbild nachhaltiger Stadtentwicklung dienen."

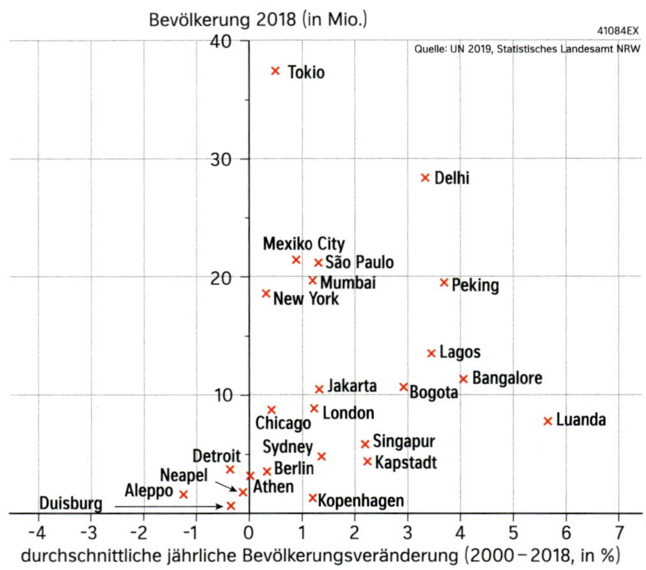

M1 Bevölkerungsveränderungen in ausgewählten Städten

Duisburg, der größte europäische Stahlstandort und Binnenhafen der Welt, ist das Oberzentrum des Niederrheins. Nach Jahren der wirtschaftlichen Krise, in der ganze Stadtteile verslumten und eine hohe Arbeitslosigkeit herrschte, hat sich die Rhein-Ruhr-Stadt neu definiert. Sie baute ihre Anbindung an Wasserwege, Straßennetz und Schiene aus und ist inzwischen als Logistikdrehscheibe international gefragt. So verkehrt der Trans-Eurasia-Express bis zu dreimal wöchentlich zwischen Chongqing (Zentralchina) und Duisburg.
Der wirtschaftliche Strukturwandel ermöglichte u. a. auf Brachflächen ehemaliger Zechen bzw. eines Hüttenwerkes die Ansiedlung des tertiären Sektors, wie z. B. Unternehmen der Informations- und Kommunikationstechnologie, zudem von Betrieben zukunftsorientierter Mikrotechnologie, Umwelt- und Energietechnik sowie Bürogebäuden. Die ehemaligen Industrieflächen im Landschaftspark Duisburg-Nord bieten auch Sport- und Freizeitmöglichkeiten.
Seit der Fusion 2003 gehört die Universität Duisburg-Essen in vielen Disziplinen zu den zehn forschungsstärksten deutschen Universitäten. Forschungsschwerpunkte sind die Nanowissenschaften, die Biomedizinischen Wissenschaften, urbane Systeme sowie der Wandel von Gegenwartsgesellschaften.
Neben der Revitalisierung der Innenstadt Duisburgs wurden auch die Wohnviertel neu gestaltet. Denn in Stadtquartieren niedrigerer Einkommensklassen gibt es insbesondere im Geschosswohnungsbau Leerstand. Dort ist zudem der Sozialwohnungsbestand überdurchschnittlich hoch. Doch die städtischen und privaten Wohnbaugesellschaften arbeiten daran, weiteren bezahlbaren Wohnraum zu schaffen.
Nur in wenigen Stadtbezirken gibt es dagegen Wohnungen im Luxussegment. Im Hafenstadtteil Ruhrort hat sich durch Künstler, Kulturschaffende und Intellektuelle ein Kreativquartier entwickelt.

M2 Städtische Entwicklungen in Duisburg

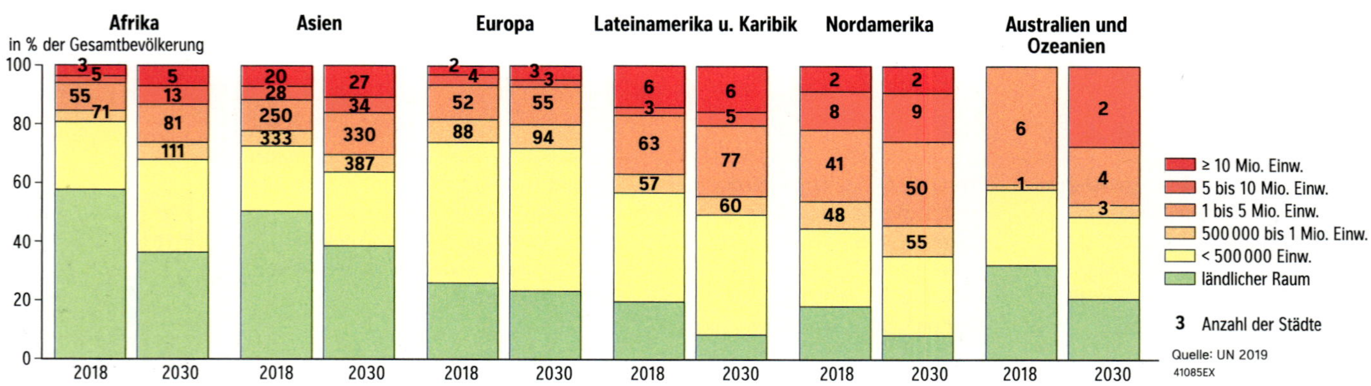

M3 Weltbevölkerung nach Größenklassen der Siedlungen und Regionen

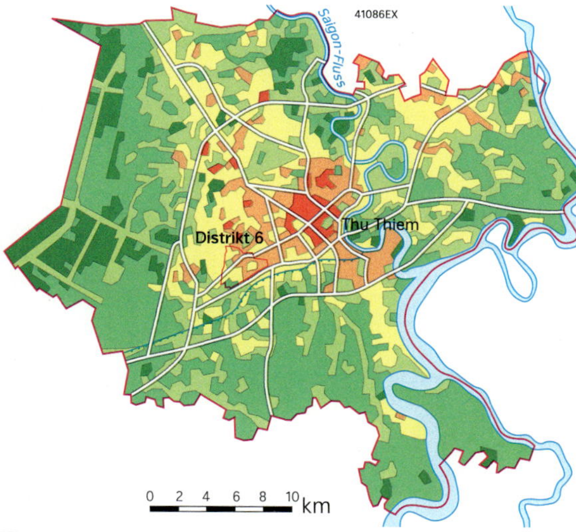

- unbebaute Fläche mit hoher Klimawirksamkeit
- unbebaute Fläche mit geringer Klimawirksamkeit
- lockere Bebauung mit hohem Anteil an Vegetation und Kühlungseffekt
- dichtere Bebauung mit Grünflächen und mäßigem Kühlungseffekt
- enge Bebauung mit wenig Vegetation und geringem Kühlungseffekt
- Innenstadt mit keinem oder äußerst geringem Kühlungseffekt

Quelle: Prof. Dr. Lutz Katzschner, Kassel; Edward Ng Chao Ren u.a. (Hrsg.): The Urban Climatic Map, Earthscan, Routledge, London

Monat	J	F	M	A	M	J	J	A	S	O	N	D	Jahr
°C	25,6	26,5	27,8	28,9	28,7	27,7	27,4	27,3	27,2	26,9	26,7	26,1	27,2
mm	12	2	9	36	225	295	327	269	310	267	113	39	1904

M 4 Lage und Klima von Ho-Chi-Minh-Stadt

Ho-Chi-Minh-Stadt, ehemals Saigon, hat sich zur größten Metropole und zum am stärksten globalisierten Handels- und Wirtschaftszentrum Vietnams entwickelt. Die am nordöstlichen Rand des Mekong-Deltas gelegene Stadt ist der gesellschaftliche und ökonomische Motor des Landes. Aufgrund des Wirtschaftsbooms ist eine Agglomeration mit mehr als zehn Millionen Einwohnern entstanden. Jährlich lassen sich mindestens 200 000 Zuwanderer aus anderen Provinzen des Landes in Ho-Chi-Minh-Stadt nieder, sodass die Stadtverwaltung durch die hohe Dynamik des Bevölkerungswachstums überfordert ist. Slums, massive Verkehrs- und Umweltprobleme sind die Folgen. Zudem zählt Ho-Chi-Minh-Stadt aufgrund seiner topographischen Lage zu den weltweit vom Klimawandel am stärksten betroffenen Metropolen.
Große Infrastrukturprojekte, wie die Kanalsanierung, der Straßen-, U-Bahn- und Flughafenbau sind nur mithilfe ausländischer Kapitalgeber umgesetzt worden, nicht selten auf Kosten der ansässigen Bevölkerung. Beispielsweise wurden im Rahmen der Hochwassersanierung des Kanals im Distrikt 6 Marginalsiedlungen abgerissen zugunsten einer Luxussanierung für die Mittel- und Oberschicht und dadurch die ursprüngliche Bevölkerung verdrängt. Auch entlang des Saigon-Flusses wurden im Zuge der Uferentwicklung nach dem Abriss historischer Bausubstanz luxuriöse Wohn- und Geschäftshäuser errichtet.
Auf der Flusshalbinsel Thu Thiem entsteht zurzeit nach dem Vorbild des Stadtteils Pudong in Shanghai ein neuer Central Business District. Zehntausende Bewohner informeller Siedlungen mussten dem Projekt weichen und wurden gegen ihren Willen umgesiedelt. Die neue Skyline mit Büros, Luxusappartements und Unternehmen aus dem Dienstleistungssektor reduziert aber auch die Frischluftzufuhr in die Innenstadt und die großflächige Versiegelung verringert die Wasseraufnahme bei Starkregen.
Das ungebremste Flächenwachstum hat aufgrund der Stadtexpansion ohnehin bereits zum Verlust großer Frei- und Grünflächen geführt.

M 5 Herausforderungen für Ho-Chi-Minh-Stadt

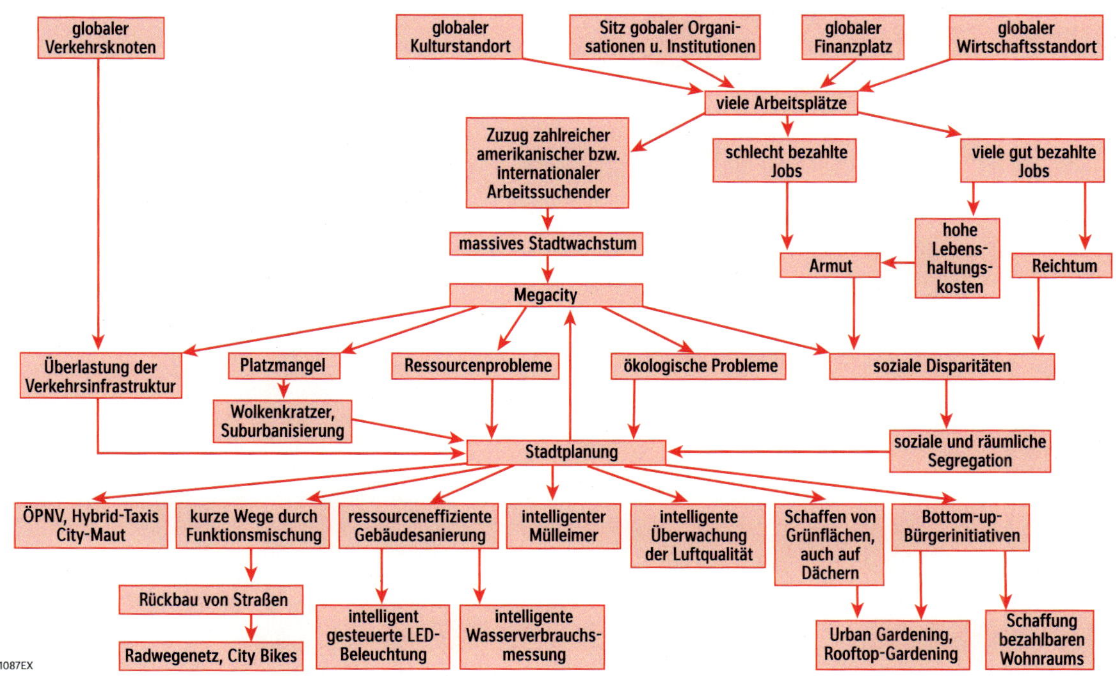

M 6 New York – Vorbild nachhaltiger Stadtentwicklung?

WES-101475-022

Globale Herausforderung: Disparitäre Entwicklungen

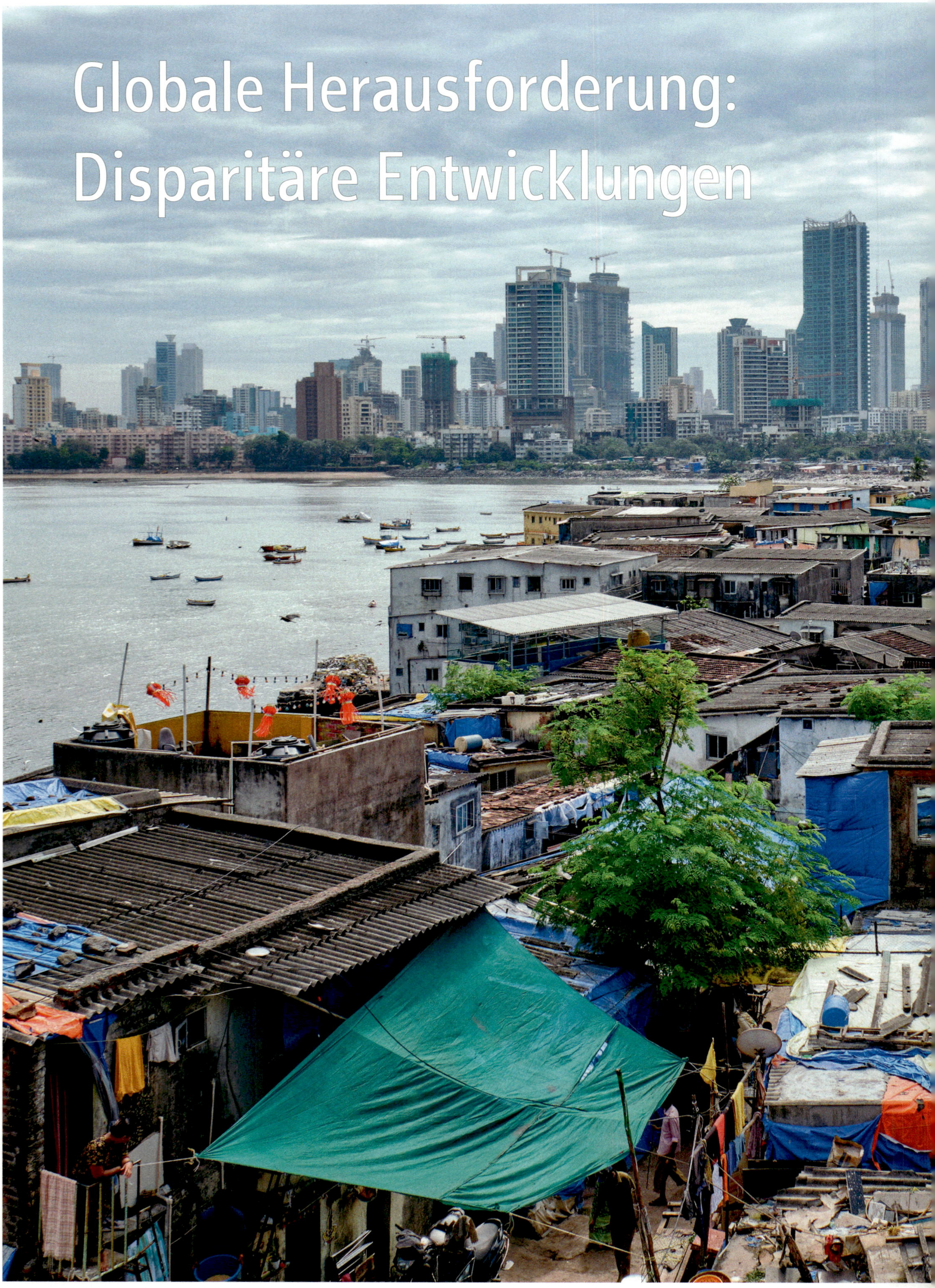

Mumbai (Indien)

5

Während die einen im Überfluss leben, sind andere jeden Tag mit Hunger und Armut konfrontiert. Noch immer können die Grundbedürfnisse von Hunderten Millionen Menschen nicht befriedigt werden. Diese globale Ungerechtigkeit der Lebenschancen ist eines der größten sozialen und politischen Probleme unserer Zeit. Und in einigen Räumen verschärfen sich die Disparitäten sogar noch. Auf Dauer bedroht diese Situation die Weltgemeinschaft. Doch es gibt Hoffnung: In einzelnen Räumen gibt es Erfolge bei der Bekämpfung der Disparitäten. Dafür ist es wichtig zu wissen: Was sind die Ursachen und Folgen disparitärer Entwicklungen und welche Strategien helfen beim Abbau?

Räume unterschiedlichen Entwicklungsstandes

Räume unterschiedlichen Entwicklungsstandes lassen sich unter verschiedenen Aspekten analysieren. Dadurch werden große Unterschiede zwischen Staaten und Regionen der Erde offenkundig. Welche Indikatoren sind geeignet, die räumlichen Disparitäten zu erfassen, und reicht eine Messgröße um sinnvolle Aussagen zum Entwicklungsstand treffen zu können?

1. Entwickeln Sie Pro- und Kontra-Argumente für die Eignung des Entwicklungsindikators Big-Mac-Index (M1).
2. Charakterisieren Sie die Entwicklung der Länder der Erde mithilfe des Bruttonationaleinkommens (M4).
3. Erläutern Sie den Sinn solcher Länderklassifikationen und damit verbundene Probleme (M2, M4).
4. Charakterisieren Sie die Begriffe Industrieland, Dritte Welt, Schwellenland, LDC, LLDC, SIDC, Länder des Globalen Nordens und Südens (M1, M5, M6).
5. Analysieren Sie die Länder in M7 hinsichtlich ihrer Entwicklung.
6. Stellen Sie dar, wie ausgewählte Indikatoren in M3 für ein weniger entwickeltes Land aussehen würden.
7. Bewerten Sie die Indikatoren (M1, M3, M4, M7) zur Beschreibung unterschiedlicher Entwicklungsstände von Ländern hinsichtlich ihrer
   a) Aussagekraft,
   b) Praktikabilität / Handhabbarkeit.

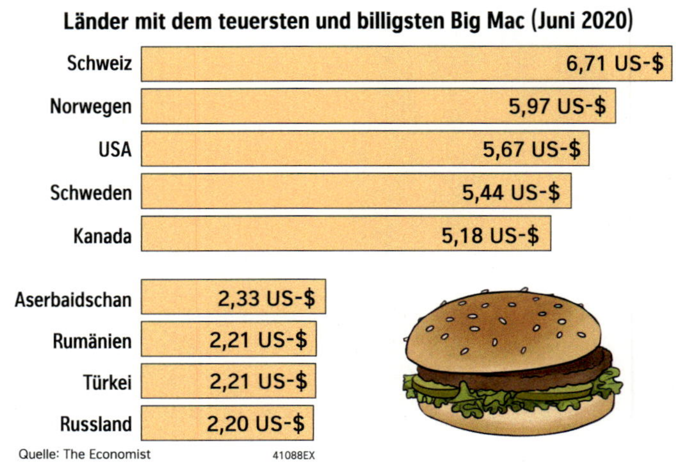

Ein viel verwendeter Indikator ist der Big-Mac-Index. Er vergleicht die Preise für einen Big Mac in verschiedenen Ländern und ermöglicht so Aussagen über die Kaufkraft der jeweiligen Währungen. Der Burger bietet sich an, weil er in den meisten Ländern als (weitgehend) identisches Gut angeboten wird.

M1 Der Big-Mac-Index

In der öffentlichen Diskussion existieren verschiedene Begrifflichkeiten für **Räume unterschiedlichen Entwicklungsstandes**. Wenig entwickelte Länder wurden früher im alltäglichen Sprachgebrauch oft als Dritte-Welt-Länder bezeichnet. Dieser Begriff enstand während des Kalten Krieges nach 1945. Dabei wurden Länder nach ihren Wirtschafts- und Gesellschaftssystemen gruppiert. So waren die westlich-kapitalistischen Länder die Erste Welt und die östlichen-sozialistischen Länder die Zweite Welt. Alle nicht diesen Blöcken angehörenden Länder wurden als Dritte Welt bezeichnet. Heute gilt der Begriff als überholt.

Bereits 1949 sprach die UN von Underdeveloped Countries. Aufgrund des negativen Klangs wurde diese Bezeichnung aber bald durch Less Developed Countries und später durch Least Developed Countries (LDC-Länder) ersetzt. Darüber hinaus weisen die Vereinten Nationen heute Länder aus, die durch ihre Binnenlage benachteiligt sind (Landlocked Developing Countries, LLDC).

Die Länder der Dritten Welt wurden auch als Entwicklungsländer bezeichnet. In den letzten Jahren ist dieser Begriff aber immer mehr in die Kritik geraten, vor allem da er Ausdruck einer eurozentrischen Sichtweise sei. Er wird daher in der geographischen Entwicklungsforschung immer mehr durch den neutraleren Begriff Länder des Globalen Südens ersetzt. Analog dazu werden die Industrieländer als Länder des Globalen Nordens bezeichnet. Sie zeichnen sich durch ein vergleichsweise hohes Pro-Kopf-Einkommen und damit einen relativ hohen Lebensstandard aus. Die Grundbedürfnisse sind meist befriedigt. Die Länder verfügen zudem über eine hohe Wirtschaftskraft und ein leistungsfähiges und effizientes Wirtschaftssystem, in der der tertiäre Wirtschaftssektor oft schon die größte Bedeutung erlangte.

M2 Basisinformation

Die Entwicklungsforschung untersucht den Zusammenhang zwischen räumlichen Strukturen, Entwicklungsprozessen und deren Ursachen. Mithilfe von **Entwicklungsindikatoren** sollen u. a. Aussagen über den Entwicklungsstand eines Landes gemacht werden. Diese Indikatoren sind Kennwerte, die statistisch erfassbar sind. Zur Analyse des Entwicklungsstandes von Räumen können verschiedene Indikatoren herangezogen werden:

- das Pro-Kopf-Einkommen (das durchschnittliche Einkommen aller Einwohner eines Raumes); Beispiel: Bruttonationaleinkommen (BNE) pro Kopf: alle von Inländern erwirtschafteten Einkommen pro Einwohner
- die Einkommensverteilung
- die Arbeitsproduktivität (Arbeitsvolumen, das notwendig ist, die Wirtschaftsleistung zu erbringen)
- die Arbeitslosenquote
- der Alphabetisierungsgrad
- der Ernährungs- und Gesundheitszustand (z. B. die Lebenserwartung, die Kindersterblichkeit, der Zugang zu sauberem Trinkwasser)
- die Infrastruktur (Verkehr, Kommunikation, Bildung, Gesundheit)
- die Wirtschaftsstruktur (der Anteil der Wirtschaftssektoren am BNE)
- die Export- / Importquote (Anteil des Exports / Imports am BIP) und Export- / Importstruktur (Zusammensetzung der Export- / Importgüter)
- das Lohnkostenniveau
- die Kaufkraft des Binnenmarktes
- die Staats- oder Auslandsverschuldung.

Hinzu kommen spezifische soziodemographische (z. B. Bevölkerungswachstum, Wanderungsbewegungen), ökologische (z. B. Umgang mit den natürlichen Ressourcen) und politische Merkmale (z. B. autoritärer oder demokratischer Staat, Korruption usw.).

M3 Wie Entwicklung gemessen werden kann

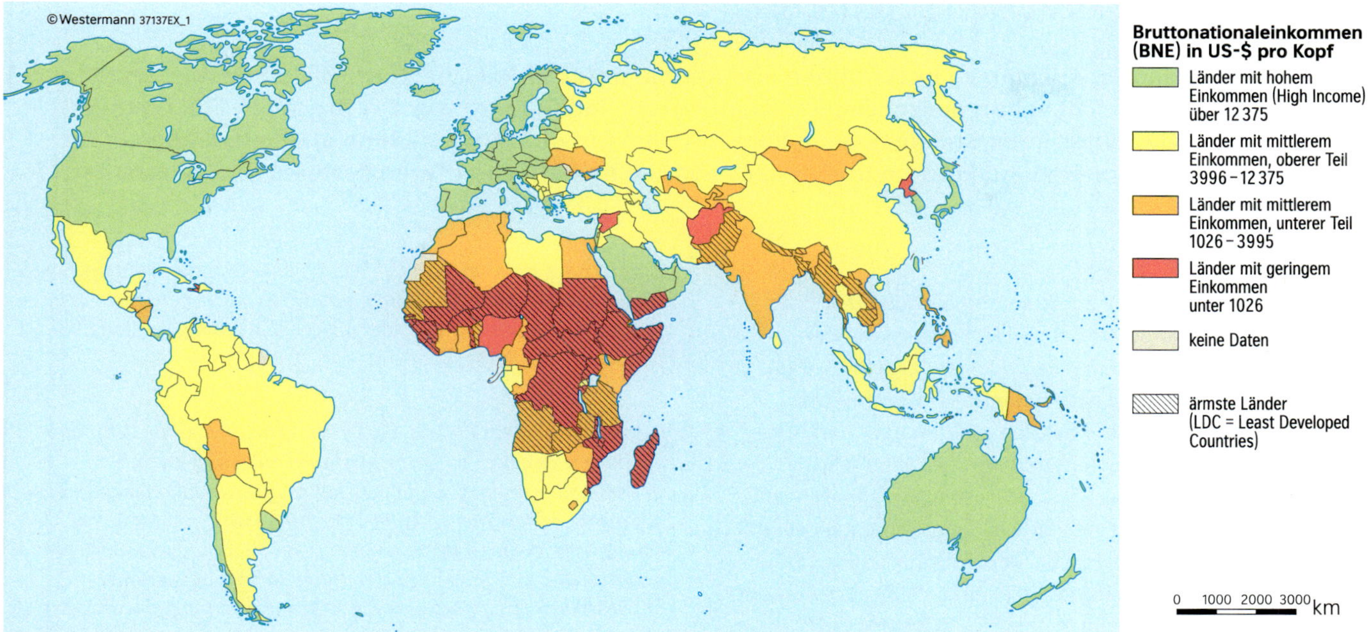

M 4 **Länderklassifikation der Weltbank: Bruttonationaleinkommen (BNE) im Jahr 2018 weltweit**

Least Developed Countries (LDC)
Bezeichnung für die „Ärmsten der Armen", die am wenigsten entwickelten Länder. Die UN vergeben den LDC-Status nach sozioökonomischen Kriterien:

- BNE weniger als 1025 US-Dollar
- Index der sozialen Merkmale (Anteil unterernährter Menschen, Kindersterblichkeitsrate, Alphabetisierungsrate Erwachsener, Einschulungsquote).
- Index der Verwundbarkeit der Volkswirtschaft (errechnet v. a. aus Zugänglichkeit des Landes, aus Exporten und Stabilität der Exporterlöse, aus der Stabilität des Agrarsektors und dessen BIP, dem Bevölkerungsanteil, der in tief gelegenen Küstenzonen lebt, und der Opferzahl bei Naturkatastrophen)
- Einwohnerzahl unter 75 Millionen.

Landlocked Developing Countries (LLDC)
Bezeichnung für die durch Binnenlage benachteiligen Länder

Small Islands Developing States (SIDS)
Bezeichnung für die durch den Klimawandel und vom Meeresspiegelanstieg besonders bedrohten Inselstaaten

M 5 **Kategorien wenig entwickelter Länder**

Newly Industrialized Countries (NIC)
Bezeichnung für sogenannte Schwellenländer. Es handelt sich um Länder, die typische ökonomische Merkmale von Entwicklungsländern überwunden haben und sich dem Take-off, dem Beginn der ökonomischen Eigenständigkeit, annähern bzw. diesen schon überschritten haben. Hilfreich in der Entwicklung waren dabei stets massive Investitionen in Bildung und Ausbildung sowie die Förderung einzelner Branchen und ausgewählter Standorte, um dort vor allem auch ausländische Investitionen anzulocken.

Mit überdurchschnittlichen Wachstumsraten, hoher Arbeitsproduktivität, niedrigem Lohnniveau und einer auf Export ausgerichteten, nachholenden Industrialisierung konnten die rund 30 Newly Industrialized Countries den Industrieländern in vielen Branchen (z. B. Textilien, Elektronik, Automobile) große Marktanteile abringen.

Vielfach hat dabei die gesellschaftliche und soziale Entwicklung mit der wirtschaftlichen aber nicht Schritt gehalten. Zu den aufstrebenden Volkswirtschaften im Rahmen der **Globalisierung** zählen die sogenannten BRICS-Staaten. Zu dieser Vereinigung gehört Brasilien, Russland, Indien, China und Südafrika.

M 6 **Staaten im Übergang – die Schwellenländer**

Land	Wirtschaft		Bevölkerung				Besitz	Umwelt
	BNE pro Kopf (in US-$)	Anteil der Landwirtschaft am BIP (in %)	Verstädterungsgrad (in %)	Lebenserwartung (in Jahren)	Kindersterblichkeit (pro 1000 Geburten)	Alphabetisierungsrate (in %)	Mobiltelefone (pro 100 Einwohner)	CO_2-Emissionen* (in t pro Kopf)
Portugal	21 960	2,1	65	80,5	4	98	116	4,9
China	9460	7,2	59	77,0	9	97	116	6,7
Deutschland	47 110	0,8	77	80,5	4	99	129	8,7
Mali	840	38,7	42	60,5	98	35	115	k. A.
Brasilien	9080	4,4	87	75,5	14	93	99	2,0
Mosambik	460	24,5	36	59,5	73	61	48	0,26
Türkei	10 420	5,5	75	78,5	11	96	97	4,71

* Werte von 2017; Quelle: Weltbank, IEA

M 7 **Ländervergleich (2018)**

Klassifizierung von Entwicklungsständen

Um die weltweiten Disparitäten zu beschreiben und Räume unterschiedlichen Entwicklungsstandes zu vergleichen, werden nicht selten ausschließlich ökonomische Indikatoren wie das Pro-Kopf-Einkommen herangezogen. Allerdings kommen diese beim Vergleich von Entwicklungsständen an ihre Grenzen. Welche mehrdimensionalen Indikatoren und Indizes können helfen, ein differenzierteres Bild zu erhalten?

1. Vergleichen Sie die Zitate zur Entwicklung (M1).
2. Charakterisieren Sie den Entwicklungsstand der einzelnen Staaten und Regionen der Erde (M3 – M5).
3. Erstellen Sie eine Liste, in der für den Zeitraum ab 1990 die fünf Länder mit den größten bzw. geringsten Entwicklungsfortschritten dargestellt sind (M4).
   ↗ *WES-101475-001*
4. a) Analysieren Sie den Entwicklungsstand ausgewählter Länder an dargestellten Indikatoren etc. (M6).
   b) Ordnen Sie begründet die Länder USA, Schweiz und Costa Rica den Buchstaben X, Y, Z in M6 zu.
5. Arbeiten Sie die Kritik am Entwicklungsbegriff heraus (M8).
6. Bewerten Sie den HDI als Index zur Analyse von unterschiedlichen Entwicklungsständen (M2, M3, M5, M7).

„Entwicklung meint in Wirklichkeit die Entwicklung der Menschen, Straßen und Gebäude. Steigerung landwirtschaftlicher Erzeugnisse und andere Dinge dieser Art sind nicht Entwicklung, sie sind nur Instrumente der Entwicklung."

„Entwicklung ist ein Prozess, der es den Menschen ermöglicht, ihre Fähigkeiten zu entfalten, Selbstvertrauen zu gewinnen und ein erfülltes und menschenwürdiges Leben zu führen. Entwicklung ist ein Prozess, der die Menschen von der Angst vor Armut und Ausbeutung befreit. Sie ist der Ausweg aus politischer, wirtschaftlicher oder sozialer Unterdrückung. Erst durch Entwicklung erlangt die politische Unabhängigkeit ihre eigentliche Bedeutung. Entwicklung ist daher gleichbedeutend mit wachsender individueller und kollektiver Eigenständigkeit."

Asit Datta (Hrsg.): Julius Nyerere. Reden und Schriften aus drei Jahrzehnten, Horlemann Verlag 2001

M1 Zitate zum Thema Entwicklung

Werden Länder nach ihrem Entwicklungsstand verglichen, ist es naheliegend, ökonomische Größen wie das Pro-Kopf-Einkommen oder das **Bruttonationaleinkommen (BNE)** zu betrachten. Allerdings sind deren Aussagekraft beschränkt. Selbst bei der Betrachtung von Ländern mit einem vergleichbaren Entwicklungsstand erlauben diese nur begrenzt Rückschlüsse auf eine Ungleichverteilung oder soziale **Disparitäten**. Noch problematischer ist ein solcher Entwicklungsindikator bei der Betrachtung von weniger entwickelten Ländern, da z. B. der von der Statistik nicht erfasste informelle Sektor (z. B. Straßenverkäufer) unberücksichtigt bleibt. Daher ist es notwendig, weitere Entwicklungsindikatoren einzubeziehen, um den Entwicklungsstand eines Landes zu analysieren.
Seit 1990 verwenden die Vereinten Nation (UN) den **Human Development Index (HDI)** als Maßstab für den Entwicklungsstand eines Landes. Er setzt sich aus drei Komponenten zusammen und kann Werte zwischen 0 (gar nicht entwickelt) und 1 (sehr hoch entwickelt) annehmen. Der HDI berücksichtigt zwar die ökonomische und soziale, nicht aber die ökologische Dimension. Aus diesem Grund wurde 2010 der **Human Sustainable Development Index (HSDI)** vorgestellt. Er erweitert den HDI um eine ökologische Komponente.
Die Gleichstellung der Geschlechter stellt der Gender Development Index (GDI) dar, indem er den Human Development Index (HDI) eines Landes nach Geschlechtern ermittelt und ins Verhältnis setzt. Ein Index, der die Entwicklungsländer betrachtet, ist der MPI (Multidimensional Poverty Index). Er gibt Auskunft über das Ausmaß von Armut und betrachtet dabei 10 Indikatoren in den Dimensionen Bildung, Gesundheit und Lebensstandard. Er kann einen Wert zwischen 0 und 1 annehmen. Bei einem Wert von mehr als 0,3 gilt eine Person oder ein Raum als multidimensional arm.
Ein weiterer Index ist der Happy Planet Index (HPI), der 2006 als alternativer Fortschrittsindikator zum Bruttoinlandsprodukt (BIP) entwickelt wurde. Er berücksichtigt die Lebenserwartung, das subjektive Wohlbefinden (Lebenszufriedenheit) und den ökologischen Fußabdruck.

M2 Basisinformation

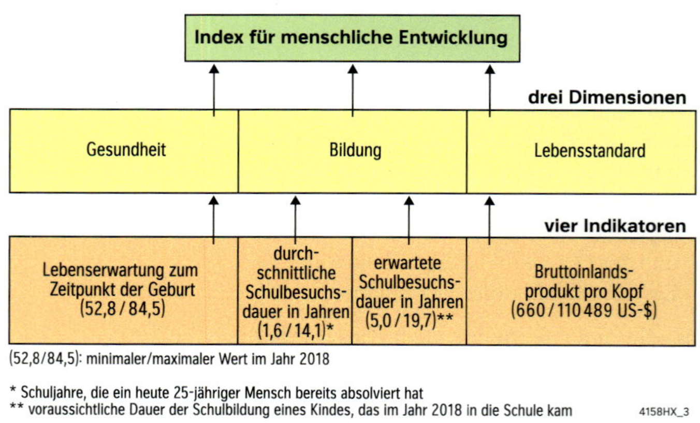

M3 Der Human Development Index (HDI)

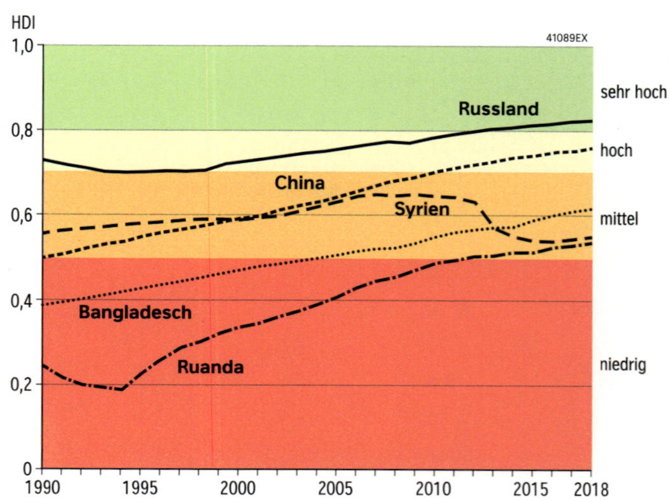

M4 Entwicklung des HDI in ausgewählten Ländern

www.diercke.de
100800-274-01

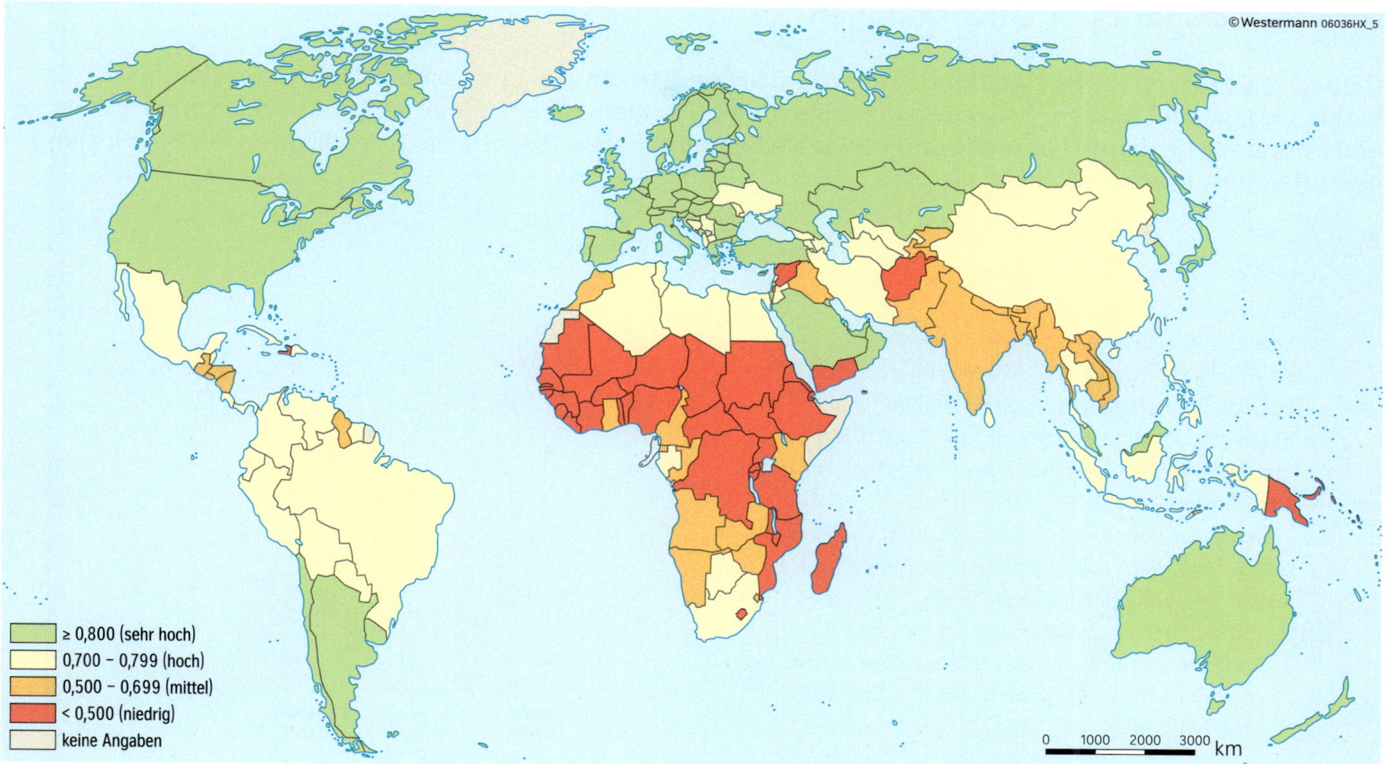

M 5 **Klassifikation der Welt nach dem Humand Development Index (HDI) im Jahr 2018**

Land	BNE / Kopf (in US-$)	HDI	Happy Planet Index * (Wert / Rang)	MPI **
Ägypten	2800	0,700	23,8 / 86.	0,019
Äthiopien	790	0,470	26,7 / 66.	0,489
Argentinien	12 390	0,830	35,2 / 19.	-
Bangladesch	1750	0,614	38,4 / 8.	0,198
Brasilien	9080	0,761	34,3 / 23.	0,016
China	9460	0,758	25,7 / 72.	0,016
Deutschland	47 110	0,939	29,8 / 49.	-
Frankreich	41 090	0,891	30,4 / 44.	-
Russland	10 230	0,824	18,7 / 116.	-
X	11 520	0,794	44,7 / 1.	-
Y	84 450	0,946	34,3 / 24.	-
Z	63 170	0,920	20,7 / 108.	-

* 2016, ** 2014 – 2019, Quellen: NEF, UN, Weltbank

M 6 **Länderdaten (2018)**

Wie schneidet also der Index für menschliche nachhaltige Entwicklung im Vergleich zum HDI ab? Die dramatischsten Veränderungen finden sich auf den oberen Rangplätzen. In den am wenigsten entwickelten Ländern sind die Veränderungen vernachlässigbar. Gasfresser wie die USA und Kanada stürzen aus den Top Ten. Einfach ausgedrückt ist ihr Lebensstil – basierend auf dem hohen Einsatz von Öl und Gas – nicht nachhaltig. Die USA befinden sich auf einer Achterbahnfahrt. In einem Jahr haben sie sich vom 13. auf den 4. Platz um neun Plätze in der HDI-Tabelle verbessert. Berücksichtigt man jedoch die CO_2-Emissionen, ändert sich das Bild: Die USA fallen um zwanzig Plätze auf den 24. Platz.

C. Togtokh, O. Gaffney: 2010 Human Sustainable Development Index. In: https://ourworld.unu.edu, 11 / 2010, übersetzt

M 7 **Der Human Sustainable Development Index (HDSI)**

Geographische Entwicklungsforschung hat ein Problem: [...] Ihre zentralen Begriffe „Entwicklung“ und „Entwicklungsländer“ werden meist nur in Anführungszeichen gesetzt, um sie dann gleich zu relativieren. Damit wird zum Ausdruck gebracht, dass diese Begriffe nicht unschuldig sind, dass sie eine problematische politische Geschichte besitzen – sie sind Teil eines mittlerweile kritisch hinterfragten Denkmusters geworden.

Es ist heutzutage erstens politisch unkorrekt, von „Entwicklungsländern“ zu sprechen, denn damit wird eine Hierarchisierung zwischen schon entwickelten und noch zu entwickelnden Ländern und Gesellschaften hergestellt. [Der deutsche Philosoph] Peter Sloterdijk formuliert dies so: „Entwicklung ist evidentermaßen nicht ohne Kränkung des zu Entwickelnden zu haben, denn wer entwickeln will, lässt sich zum Nicht-Entwickelten herab.“ Es ist zweitens empirisch problematisch, mit dem Begriff „Entwicklungsländer“ eine Art Sammelbegriff für so unterschiedliche Gesellschaften oder Länder wie etwa Somalia, Brasilien und Indien zu verwenden. Diese Gesellschaften durchlaufen eine Vielzahl unterschiedlicher Entwicklungspfade: Manche sind Emerging Economies geworden, andere zu Failes States zerfallen, manche werden durch autokratische politische Systeme regiert, manche haben den Durchbruch zu einer (teilweisen) Integration in den Weltmarkt geschafft, andere eher den Anschluss verpasst. Außerdem ist es drittens theoretisch fragwürdig, den Begriff „Entwicklung“ im Sinne eines teleologischen – das bedeutet, auf einen historischen Endzustand ausgerichteten – Pfades gesellschaftlichen Fortschrittes zu gebrauchen. Eine solche Teleologie sieht meistens den Westen als Maßstab für die Beurteilung und Einteilung in fortgeschrittene und rückständige Gesellschaften an. Unterschiedliche Gesellschaften werden so auf einen normativen Zeithorizont eingeordnet. Damit wird das Entwicklungsmodell des Westens jedoch unhinterfragt akzeptiert.

B. Korf, E. Rohtfuß: Nach der Entwicklungsgeographie. In: Humangeographie Kompakt, S.164 f., 2016

M 8 **Zum Entwicklungsbegriff**

Ursachen disparitärer Entwicklungen

Globale Disparitäten haben vielfältige Ursachen. Sie resultieren aus unterschiedlichen Entwicklungsbedingungen von Ländern. So weisen die Länder des Globalen Südens ähnliche Strukturmerkmale auf, es gibt aber entscheidende nationale und regionale Besonderheiten. Welche Faktoren fördern die Entwicklung eines Raumes, welche hemmen sie?

1 Analysieren Sie M1.

2 Erläutern Sie, weshalb Länder mit vergleichbaren Strukturmerkmalen einen unterschiedlichen Entwicklungsstand besitzen können (M2, M3).

3 Vergleichen Sie mit dem Programm Gapminder die Korrelation zweier von Ihnen ausgewählter Indikatoren und Länder (M4). ↗ *WES-101475-024*

4 Erstellen Sie eine Analysespinne (S. 135) von Mosambik und Botsuana mit fünf selbst gewählten Indikatoren (M4). Vergleichen Sie die Werte der Länder.

5 **a)** Entwickeln Sie Hypothesen, weshalb sich die Lebenserwartung und das BIP pro Kopf in Botsuana und Mosambik so unterschiedlich entwickelten (M4, M6, Atlas).
b) Überprüfen Sie Ihre Ergebnisse aus Aufgabe 5a (M2, M4 – M7).

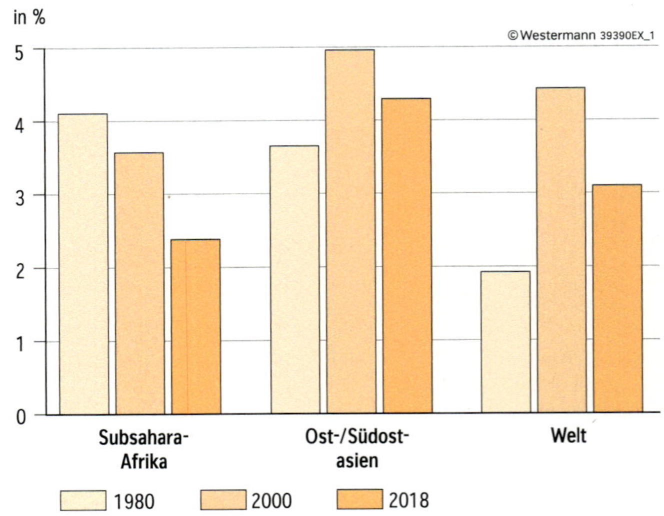

M 1 Wirtschaftswachstum ausgewählter Regionen auf der Welt

Der Entwicklungsstand eines Landes hängt von verschiedenen sozialen, ökonomischen, politischen und ökologischen Faktoren ab. Zum einen sind es endogene, also im Land angelegte Faktoren wie die naturräumliche Ausstattung oder die Demographie. Zum anderen haben exogene (externe) Faktoren wie die Weltmarktpreise oder die Veränderung der globalen Nachfragestrukturen Einfluss auf den Entwicklungsstand. Wie stark die einzelnen Faktoren die Entwicklung beeinflussen, ist häufig länderspezifisch.

Aber auch unter vergleichbaren Rahmenbedingungen und Voraussetzungen können sich Länder unterschiedlich entwickeln. Große Ölvorkommen haben beispielsweise in Katar oder den Vereinigten Arabischen Emiraten zu gesamtgesellschaftlichen Fortschritten geführt, während in Venezuela oder Nigeria nur ein kleiner Teil der Gesellschaft vom Rohstoffreichtum profitiert. Einer Reihe asiatischer Staaten, beispielsweise den sogenannten „kleinen Tigern" (auch Tigerstaaten genannt) Südkorea, Singapur, Taiwan und Hongkong, ist es in den vergangenen Jahrzehnten gelungen, große Fortschritte zu erzielen, während besonders in den Ländern südlich der Sahara noch zum Teil großer Entwicklungsbedarf besteht.

33 der 47 am wenigsten entwickelten Länder (Least Developed Countries, LDC) liegen in Afrika. Der Kontinent wird trotz einiger positiver Entwicklungen in der Vergangenheit von Kritikern immer wieder als abgehängter Kontinent bezeichnet. Nach dem Ende der Kolonialzeit und der Dekolonisation, ab Ende der 1950er-Jahre, gelang es wenigen Ländern Afrikas, vor allem südlich der Sahara, nach ihrer Eigenständigkeit, politisch, wirtschaftlich und sozial zu prosperieren. Trotz Rohstoffreichtum und Fortschritten im Bereich der Krankheits- und Armutsbekämpfung ist ihr Anteil am Welthandel gering. Zu den dafür verantwortlichen Entwicklungshemmnissen zählen unter anderem das hohe Bevölkerungswachstum, die ungünstigen Handelsstrukturen, zahlreiche Konflikte und Kriege sowie eine Staatsführung, die zum Teil durch Korruption und Vetternwirtschaft geprägt ist.

M 2 Basisinformation

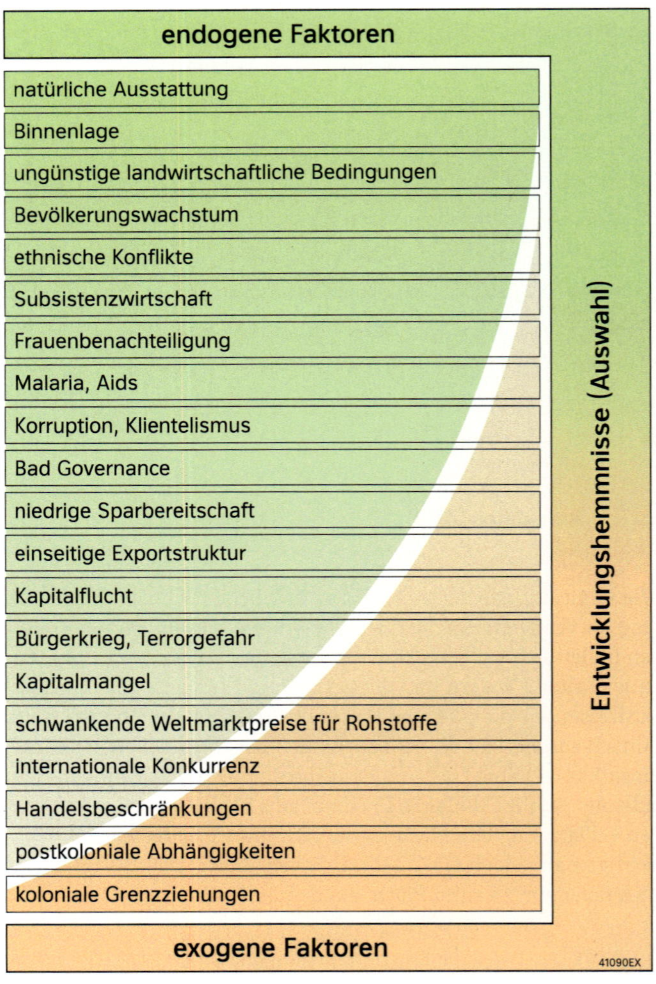

M 3 Entwicklungshemmnisse im Überblick

	Botsuana	Mosambik	Deutschland
Einwohner	2,2 Mio.	28,6 Mio.	83,0 Mio.
Fläche (in km²)	581 730	801 590	357 582
Lebenserwartung	69 Jahre	60 Jahre	81 Jahre
Fertilitätsrate *	2,9	4,9	1,6
Verstädterungsgrad	69 %	36 %	77 %
Säuglingssterblichkeit	25 ‰	28 ‰	2 ‰
Alphabetisierungsrate	77 % **	61 %	99 %
BNE pro Einw. (in US-$)	7750	460	47 110
BNE-Wachstum	0,5 %	3,4 %	1,0 %
Anteil Landw. am BIP	31,7 %	42,8 %	0,7 %
HDI-Wert (Rang)	0,717 (101.)	0,437 (180.)	0,939 (4.)

*Fruchtbarkeitsrate (Kinder pro Frau), ** 2013, Quelle: Weltbank

M 4 Strukturdaten ausgewählter Länder im Jahr 2018

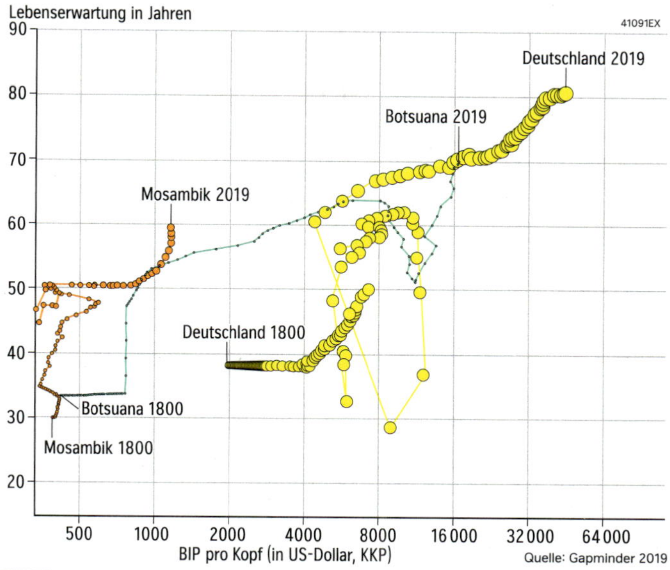

M 6 Entwicklung der Lebenserwartung und des Bruttoinlandsprodukts (BIP) pro Kopf im Vergleich (1800 bis 2019)

Bereits ein Jahr nach der Unabhängigkeit brach 1976 ein Bürgerkrieg in Mosambik aus. Dieser 16 Jahre währende Konflikt hat das Land verwüstet und eine Million Menschenleben gekostet. [...]
Als 1992 die Bürgerkriegsfraktionen einen Friedensvertrag unterschrieben, war der Staat ausgeblutet und das Land eines der ärmsten der Welt. Seitdem hat Mosambik – bis 2015 mit sichtbarem Erfolg – hart an seinem Wiederaufbau gearbeitet. Mit kontinuierlichen Wachstumsraten zwischen sieben und acht Prozent hatte Mosambik eine der am schnellsten wachsenden Wirtschaften Afrikas. Seit Ende 2015 befindet sich das Land jedoch erneut in einer Krise. Zum einen ist im Zentrum des Landes der militärische Konflikt [...] wieder ausgebrochen; zum anderen befindet sich die Wirtschaft durch den Rohstoffpreisverfall, die herrschende Dürre und durch die sogenannten Skandalkredite [...] in einer Krise. Insbesondere die Skandalkredite, für die, ohne Genehmigung durch das Parlament, Staatsgarantien gewährt wurden, haben zu einem tiefgehenden Vertrauensverlust geführt, so stellte der IWF [der Internationale Währungsfonds] sein Programm für Mosambik ein [...]. Alles in allem führte dies zu [...] einer hohen Inflation. [...]
Die durch die unterbrochenen Friedensgespräche [zwischen den Konfliktparteien] gekennzeichnete politische Unsicherheit im Land, Korruption und Bürokratie machen Mosambik zu einem unsicheren Partner für ausländische Investoren. Jedoch profitierte bereits vor der Krise ein Großteil der Bevölkerung nicht vom Wirtschaftswachstum. Die Zahlen sprechen für sich: Mehr als die Hälfte der Bevölkerung lebt unter der nationalen Armutsgrenze, 38 Prozent der Bevölkerung gelten als unterernährt. Die Lebenserwartung von 60 Jahren ist eine der niedrigsten der Welt. Mosambik gehört zu den 10 ärmsten Ländern der Welt und siecht auf Platz 180 von 188 des Human Development Indexes (2018) dahin. Naturkatastrophen haben das Land in seiner Entwicklung immer wieder zurückgeworfen. Während in Teilen des Landes Überflutungen jedes Jahr große Schäden an der Infrastruktur anrichten, sind andere Landesteile von Dürren betroffen. [Andererseits bieten] Rohstoffe wie Erdgas, Kohle und seltene Erden große Chancen für wirtschaftliches Wachstum. Die Rohstoffreserven des Landes sind so groß, dass Mosambik mittelfristig unabhängig von ausländischen Finanzierungen werden und Armutsbekämpfungsprogramme selber finanzieren könnte.

Deutsche Botschaft Maputo, Mosambik heute und sein Potential für Entwicklung, In: https://maputo.diplo.de, 02/2020, verändert

M 5 Mosambik – ein Land ohne Hoffnung?

Als Botsuana am 30. September 1966 unabhängig wurde, waren die Ausgangsbedingungen alles andere als optimal. Das Binnenland, das überwiegend aus Grasland und wüstenartiger Steppe besteht, zählte damals zu den ärmsten Ländern Afrikas. Heute wird Botsuana als die „Schweiz Afrikas“ bezeichnet. Mit einem kaufkraftbereinigten Pro-Kopf-Einkommen von rund 18 000 US-Dollar (2018) nimmt es nicht nur eine Spitzenstellung auf dem Kontinent ein. Es liegt damit auch vor aufstrebenden Schwellenländern wie Brasilien oder Südafrika. Die Lebenserwartung ist hoch, das Gesundheitssystem gut ausgebaut. Bei den Bildungsausgaben liegt es an der Weltspitze. Im Korruptionsindex 2019 von Transparency International wird das Land auf Rang 34 gelistet – und damit vor Südkorea und Italien. Die Liste ließe sich weiter fortsetzen. Während in vielen afrikanischen Staaten Stammesfehden, ethnische Konflikte und Bürgerkriege die Fortschritte über Jahre und Jahrzehnte behinderten, entwickelte sich Botsuana friedlich zu einer stabilen Demokratie mit einem funktionierenden Rechtsstaat.

Wie war diese Erfolgsgeschichte möglich? 1967, ein Jahr nach der Staatsgründung, wurden zwei riesige Diamantenfelder entdeckt. Botsuana ereilte aber nicht der „Fluch der Rohstoffe“. Anders als beispielsweise in Sierra Leone oder Nigeria erwiesen sich die Ressourcen nicht als Entwicklungshemmnisse. Die Regierung sorgte von Anfang an dafür, dass die Einnahmen aus dem Diamantenexport breiten Bevölkerungsschichten zugute kamen. Keine Region oder Bevölkerungsgruppe wurde bevorzugt. Mit den Exporterlösen wurden Investitionen in Bildung, Gesundheit und Infrastruktur getätigt. Lange waren die Schulbildung und die Gesundheitsversorgung kostenfrei.

Aber auch das Erfolgsmodell Botsuana hat Schattenseiten: Das Land weist eine hohe Zahl an HIV-Infizierten auf. Jeder fünfte Einwohner ist betroffen. Die Arbeitslosigkeit, besonders unter Jugendlichen, ist hoch. Der Staatshaushalt hängt im Wesentlichen von den Weltmarktpreisen von Diamanten ab. Und den Verantwortlichen ist bewusst: Die Edelsteinvorkommen werden eines Tages erschöpft sein. Deshalb müssen neue Wirtschaftszweige gefördert werden. So hat der Tourismus in den letzten Jahren immer mehr an Bedeutung gewonnen. Am Rande der Hauptstadt soll ein neues Technologie- und Innovationszentrum etabliert werden – bislang aber mit überschaubarem Erfolg.

M 7 Botsuana – eine afrikanische Erfolgsgeschichte?

Migration – Ursache und Folge disparitärer Entwicklungen

Obgleich Migration keine Erscheinung der Moderne ist, zählt sie gegenwärtig zu einer der größten globalen Herausforderungen. Trotz steigender Zahlen haben aber die meisten Migranten nicht Europa zum Ziel, vielmehr handelt es sich um ein weltweites Phänomen, bei dem ein Großteil der Migrantenströme innerhalb der Länder des Globalen Südens verlaufen. Migration entsteht aus dem Zusammenspiel verschiedener Faktoren. Welche Ursachen haben diese Wanderungsbewegungen und welche Auswirkungen hat die internationale Migration auf betroffene Länder?

1. Vergleichen Sie die Aspekte, die Ihnen zum Thema Migration einfallen, mit denen in Abbildung M1.
2. Vergleichen Sie Migrationsursachen von Menschen in entwickelten und weniger entwickelten Ländern (M3).
3. Charakterisieren Sie die globale Migration (M2, M4).
4. Erläutern Sie die positiven Auswirkungen von Migration (M5 – M7).
5. In der politischen Diskussion um (illegale) Zuwanderung aus Subsahara-Afrika wird oft von „Bekämpfung der Fluchtursachen" gesprochen. Beurteilen Sie diese Forderung (M2 – M6).
6. „Internationale Migration – Aderlass oder Entwicklungschance?" Erörtern Sie diese Frage (M5 – M7).

M1 Wortwolke zum Thema Migration

Wie in der gesamten Menschheitsgeschichte, so auch in der Gegenwart, prägen Wanderungen die menschliche Lebensweise. Disparitäten zwischen Staaten oder Regionen, politische oder religiöse Verfolgung, aber auch Konflikte und Kriege bewegen Menschen zur Abwanderung auf der einen und zur Zuwanderung auf der anderen Seite. Aber auch die beachtlichen Unterschiede im Bevölkerungswachstum zwischen unterschiedlich entwickelten Ländern oder Regionen sind nicht selten eine Ursache von Wanderungen. Aktuell gibt es auch immer mehr sogenannte Klimaflüchtlinge.

Für viele Menschen besteht die Möglichkeit, ihre Lebensverhältnisse und Chancen zu verbessern darin, aus der Heimat wegzuziehen. Erfolgt die Wanderung innerhalb eines Landes bzw. einer Region, wird dieser Prozess Binnenmigration genannt. Geht eine solche Wanderung über Staatsgrenzen hinweg, nennt man diesen Vorgang internationale **Migration**. Genau genommen besteht Migration sogar aus zwei Prozessen: der Auswanderung (Emigration) und der Einwanderung (Immigration). Man unterscheidet dabei zwischen temporärer, also zeitlich begrenzter, und permanenter Migration. Unterschieden werden muss auch zwischen freiwilliger und unfreiwilliger Migration, z. B. Vertreibung.
Flucht bezeichnet Wanderungen, die etwa durch Kriege, Verfolgung oder Umweltkatastrophen erzwungen werden. Nach Angaben der UN-Flüchtlingshilfe waren im Jahr 2018 70,8 Millionen Menschen auf der Flucht, 58,3 Prozent in ihrem eigenen Land. Die Grenzen zu freiwilliger Migration sind allerdings selten scharf zu ziehen, etwa wenn Migration angesichts von Armut und Perspektivlosigkeit zur Überlebensstrategie wird.

2019 lebten weltweit mehr als 272 Millionen Menschen in Staaten, in denen sie nicht geboren wurden. Davon lebte mehr als die Hälfte in nur zehn Staaten. Der Anteil der internationalen Migranten an der Weltbevölkerung ist zwischen 1970 und 2019 mit um die 2,2 bis 3,5 Prozent relativ stabil geblieben.

M2 Basisinformation

M3 Push- und Pull-Faktoren der Migration

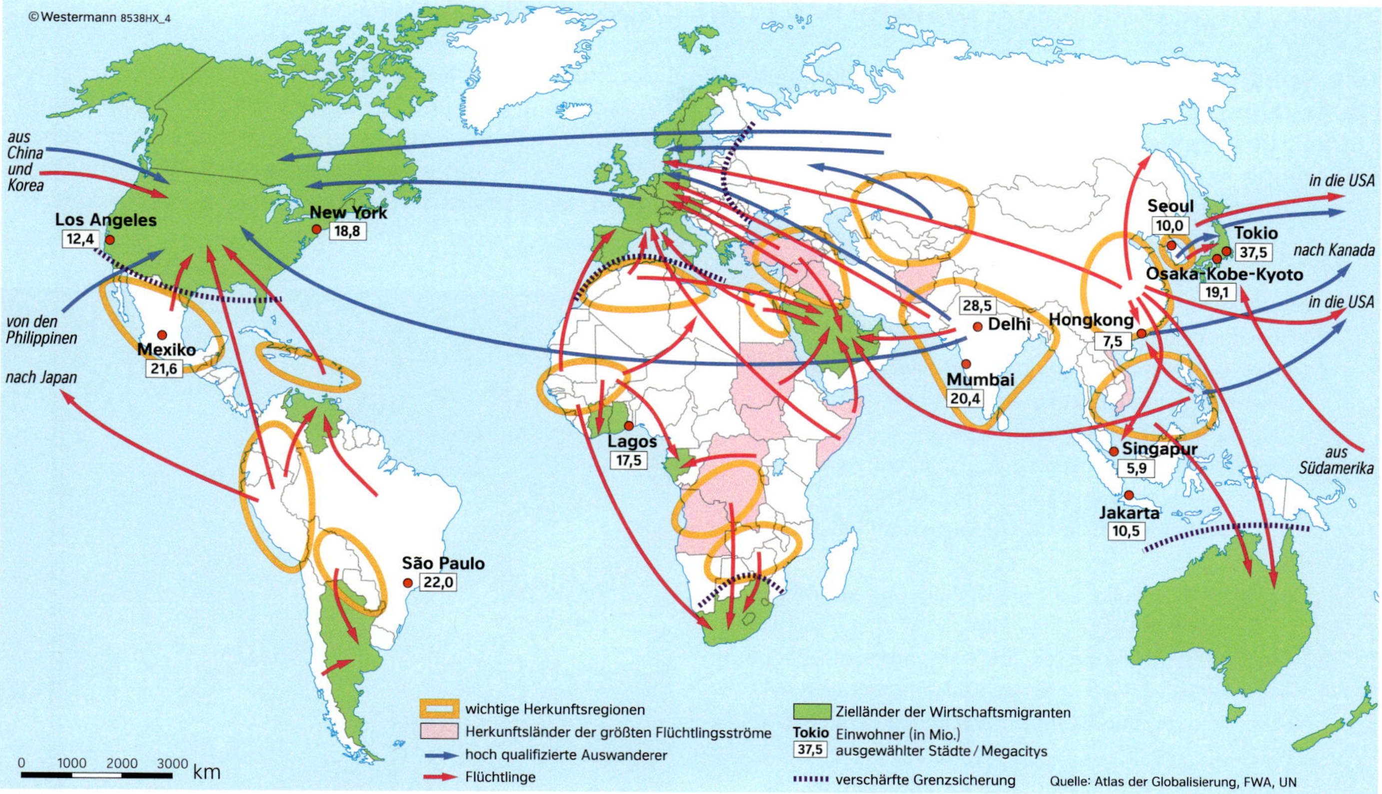

M 4 **Wichtige Migrationsströme seit 1990**

Die Debatte um die Frage des Zusammenhangs von Migration und Entwicklung bzw. ob und inwieweit Migration für die Gesellschaften des Globalen Südens Entwicklungspotenziale beinhaltet, brachte viele ambivalente Ergebnisse hervor. Sie hat beispielsweise deutlich gemacht, dass Geldüberweisungen von Migrantinnen und Migranten wegen ihres enormen Umfangs ein hohes Gewicht für die Herkunftsfamilien und -regionen haben, Armut bekämpfen, Bildungschancen eröffnen und für die Verbesserung der Gesundheitsversorgung sorgen. Allerdings können sie auch neue Ungleichheiten mit sich bringen, die Inflation befördern oder zu einer Fixierung auf Erwerbsmöglichkeiten andernorts führen, die Potenziale vor Ort vernachlässigt. Sie hat damit auch veranschaulicht, dass die Abwanderung gut und sehr gut qualifizierter Kräfte zu einem Brain Drain führen kann und mithin hohe Ausbildungskosten der Herkunftsgesellschaft nicht zum Tragen kommen können. Gerade für den Bildungs- und Gesundheitssektor im Globalen Süden sind vielfach solche Phänomene beschrieben. Allerdings können sich durch den Transfer von Wissen oder die Rückwanderung von Migranten, die neue Kenntnisse im Globalen Norden erworben haben, transformatorische Potenziale von Wirtschaft und Gesellschaft in den Herkunftsländern entwickeln.

Der Zusammenhang zwischen Migration und Entwicklung ist demnach ein äußerst komplexer Diskussionsgegenstand. Die Einsicht in diese Komplexität ist eine wichtige Voraussetzung für die Entwicklung von Konzepten und **Projekten**, die auf die Erschließung von Entwicklungspotenzialen in Gesellschaften des Globalen Südens durch Migration ausgerichtet sind. Bislang werden aber die Diskussionen über den Zusammenhang von Migration und Entwicklung vornehmlich im Globalen Norden geführt. Sie geben Sichtweisen aus dem Norden vor, was unter erwünschter bzw. unerwünschter Migration und Entwicklung verstanden wird.

Prof. Dr. Jochen Oltmer: Zusammenhänge zwischen Migration und Entwicklung, In: www.tdh.de, 07 / 2015, verändert

M 5 **Zusammenhänge zwischen Migration und Entwicklung**

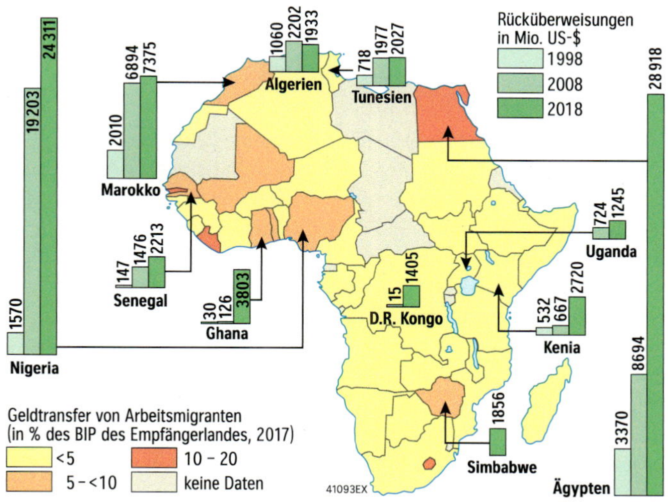

M 6 **Rücküberweisungen von Migranten**

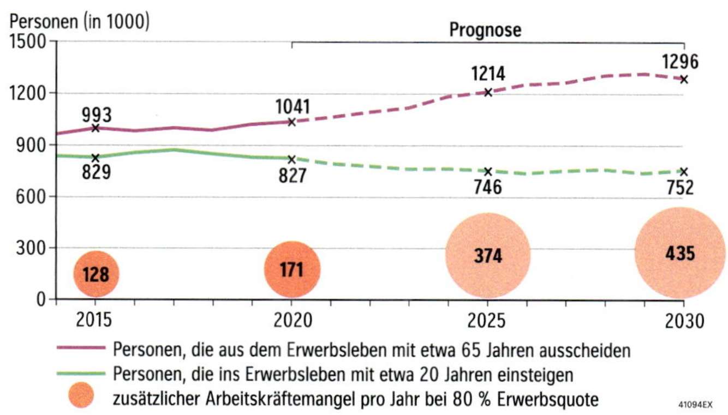

M 7 **Der Zuwanderungsbedarf in Deutschland**

Soziale Ungerechtigkeit – Ursache und Folge disparitärer Entwicklungen

Zum Selbstverständnis aufgeklärter Demokratien gehört das Bekenntnis zu den unveräußerlichen Menschenrechten. Gegenwärtig leben immer noch viele Menschen in Ländern, in denen Frauen diskriminiert, Kinder zur Arbeit gezwungen und Menschen wegen ihrer Religion, ethnischen Zugehörigkeit oder politischen Einstellung in ihren Rechten eingeschränkt oder gar verfolgt werden. Kann eine Verbesserung der Menschenrechtssituation und eine Ausweitung der Chancengerechtigkeit dazu beitragen, Disparitäten zu verringern?

1 Beschreiben Sie das Foto M1.

2 Erläutern Sie mithilfe geeigneter Quellen ausgewählte UN-Menschenrechtsabkommen (M3). ↗ *WES-101475-025*

3 Vergleichen Sie anhand selbstgewählter Besipiele Formen sozialer Ungerechtigkeit in entwickelten und weniger entwickelten Ländern (M2, M3).

4 **a)** Charakterisieren Sie das Problem der Kinderarbeit (M4 – M6).
b) „Kinderarbeit ist nicht gleich Kinderarbeit.“ Erklären Sie diese Aussage (M4 – M6)

5 Die Kindernothilfe betitelt eine Kampagne mit „Bildung ändert alles“. Erläutern Sie den Zusammenhang zwischen Bildung und Chancengerechtigkeit (M2, M4, M5, M7, M8).

Z 6 Gestalten Sie eine Präsentation (S. 140), mit der Sie ein konkretes Hilfsprojekt zur Verringerung der Kinderarbeit einer selbst gewählten (Nichtregierungs-)Organisation vorstellen.

M 1 **Kinderarbeit**

Am 10. Dezember 1948 wurde die Allgemeine Erklärung der Menschenrechte der Vereinten Nationen in Paris verkündet. Sie und die darauf aufbauenden Abkommen bilden den modernen internationalen Menschenrechtsschutz. Die Staaten sind verpflichtet, die **Menschenrechte** zu achten, zu schützen und zu gewährleisten. Die Vereinten Nationen (UN) überwachen die Einhaltung der Menschenrechte, sind aber darauf angewiesen, dass sich die Staaten an ihre völkerrechtliche Selbstverpflichtung halten, da die UN, anders als im nationalen Recht, keine Möglichkeiten haben, Menschenrechtsverletzungen zu bestrafen.
In autoritären Staaten und in Konflikt- und Kriegsregionen verzeichnen die Vereinten Nationen und Nichtregierungsorganisationen (NGO) wie Amnesty International oder Human Rights Watch immer wieder zum Teil schwere Menschenrechtsverletzungen.
Aber auch in demokratischen Staaten gibt es Beanstandungen beispielsweise bei der Integration von Migranten, den Bildungsmöglichkeiten von Kindern oder der tatsächlichen Gleichstellung von Mann und Frau.
Entwicklung wird erschwert, wenn Menschenrechtsverletzungen strukturell bedingt sind, etwa wenn das Rollenverständnis traditionell patriarchalisch geprägt oder Kinderarbeit eine sozioökonomische Notwendigkeit ist. Empirisch lässt sich für viele Länder ein Zusammenhang zwischen dem Entwicklungsstand und der Verwirklichung von **Chancengerechtigkeit** feststellen. Je geringer Herkunft, Geschlecht oder Einkommen Einfluss auf das individuelle Fortkommen haben, desto höher ist in der Regel die gesamtgesellschaftliche Wohlfahrt. Unbestritten ist der Wert der Bildung für eine positive Entwicklung. Die UNESCO sieht in der Bildung für alle Altersgruppen den Schlüssel für eine zukunftsfähige Entwicklung.

M 2 **Basisinformation**

grundlegende UN-Menschenrechtsabkommen	verabschiedet / in Kraft	Anzahl der Ratifikationen
Internationaler Pakt über wirtschaftliche, soziale und kulturelle Rechte	1966 / 1976	170
Internationaler Pakt über bürgerliche und politische Rechte	1966 / 1976	172
Internationales Übereinkommen zur Beseitigung jeder Form der Rassendiskriminierung	1966 / 1969	177
Übereinkommen zur Beseitigung jeder Form von Diskriminierung der Frau	1979 / 1981	189
Übereinkommen gegen Folter und andere grausame, unmenschliche oder erniedrigende Behandlung oder Strafe	1984 / 1987	169
Übereinkommen über die Rechte des Kindes	1989 / 1990	196
Internationales Übereinkommen zum Schutz von Wanderarbeitern und ihren Familien	1990 / 2003	55
Übereinkommen über die Rechte von Menschen mit Behinderung	2006 / 2008	181
Internationales Übereinkommen zum Schutz aller Menschen vor gewaltsamem Verschwinden	2006 / 2010	61

M 3 **Grundlegende Menschenrechtsabkommen (Stand: 2019)**

Kinderarbeit wird definiert als: Arbeiten, für die Kinder zu jung sind oder die gefährlich oder ausbeuterisch sind, die körperliche oder seelische Entwicklung schädigen oder die Kinder vom Schulbesuch abhalten. Sie beraubt Kinder ihrer Kindheit und verstößt gegen die weltweit gültigen Kinderrechte.
Man muss also unterscheiden zwischen normalen Aufgaben zum Beispiel im Haushalt, zwischen legaler Beschäftigung von Jugendlichen und zwischen Ausbeutung von Kindern. Für legale Beschäftigung haben die meisten Staaten per Gesetz ein Mindestalter zwischen 14 und 16 Jahren festgelegt. [...]
Zu den „schlimmsten Formen der Kinderarbeit" zählen die Vereinten Nationen: Sklaverei und sklavenähnliche Abhängigkeiten, Zwangsarbeit einschließlich des Einsatzes von Kindersoldaten, Kinderprostitution und Kinderpornografie, kriminelle Tätigkeiten wie den Missbrauch von Kindern als Drogenkuriere sowie andere Formen der Arbeit, die die Sicherheit und Gesundheit der Kinder gefährden können. [...]

Insgesamt gehen weltweit 218 Millionen Kinder und Jugendliche. [...] einer Arbeit nach, wenn man ausbeuterische Kinderarbeit und legale Beschäftigung zusammenzählt. Von ihnen sind 152 Millionen Mädchen und Jungen – fast jedes zehnte Kind – nach aktueller Schätzung der Internationalen Arbeitsorganisation (ILO) Kinderarbeiter – das heißt, sie müssen unter Bedingungen arbeiten, die sie ihrer elementaren Rechte und Chancen berauben.
Insgesamt arbeiten mehr Jungen (88 Millionen) als Mädchen (64 Millionen). Allerdings muss man dazu sagen, dass Mädchen häufig Arbeiten im Haushalt erledigen, die weniger augenfällig sind und deshalb nicht unbedingt in den Statistiken auftauchen.
Fast die Hälfte der Kinderarbeiter – 73 Millionen – leidet unter Arbeitsbedingungen, die gefährlich oder ausbeuterisch sind – zum Beispiel in Goldminen in Burkina Faso, als Textilarbeiter in Bangladesch, auf Kakaoplantagen in der Elfenbeinküste oder auf Farmen in Lateinamerika.

Ninja Charbonneau: Kinderarbeit weltweit: Die sieben wichtigsten Fragen und Antworten, In: www.unicef.de, 06 / 2020, gekürzt und verändert

M 4 Fakten zur Kinderarbeit

Ende der 1970er-Jahre haben sich erstmals in Lateinamerika arbeitende Kinder zu sozialen Bewegungen zusammengeschlossen. Seit den 1990er-Jahren entstehen auch in Afrika und in Teilen Asiens Zusammenschlüsse [...]. Gemeinsam wollten sie für bessere Arbeitsbedingungen, Respekt und Partizipation kämpfen. [...] Vor allem wenden sich die arbeitenden Kinder und Jugendlichen dagegen, ihre Arbeit zu verbieten und abschaffen zu wollen, weil sie dadurch in die Illegalität gedrängt und kriminalisiert werden. Stattdessen verlangen sie, Armut und Ausbeutungsverhältnisse ins Visier zu nehmen und die Kinder dabei zu unterstützen, bessere Arbeits- und Lebensbedingungen zu erreichen. Sie wollen in Würde und freier Entscheidung arbeiten können, ihre Gesundheit nicht gefährden und Zeit zum Spielen und für die Schule haben. Die Kinder – unabhängig, ob in Asien, Lateinamerika oder Afrika – wollen weiter ihre Familien unterstützen und eine anerkannte, aktive Rolle in ihrer Gesellschaft spielen. [...] In der Praxis findet man zwei verschiedene Formen von Kinderbewegungen: [...] Zum einen [gibt es] spontane Formen der Selbstorganisation arbeitender Kinder. [...] Zum anderen haben sich Organisationsformen entwickelt, die teilweise über landesweit angelegte Strukturen verfügen. Ihre Mitglieder sind meist zwischen 6 und 18 Jahre alt.

ProNATs e. V.: Bewegungen arbeitender Kinder und Jugendlicher, In: www.pronats.de, 12 / 2016, gekürzt und verändert

M 5 Kinder organisieren sich für ihre Rechte

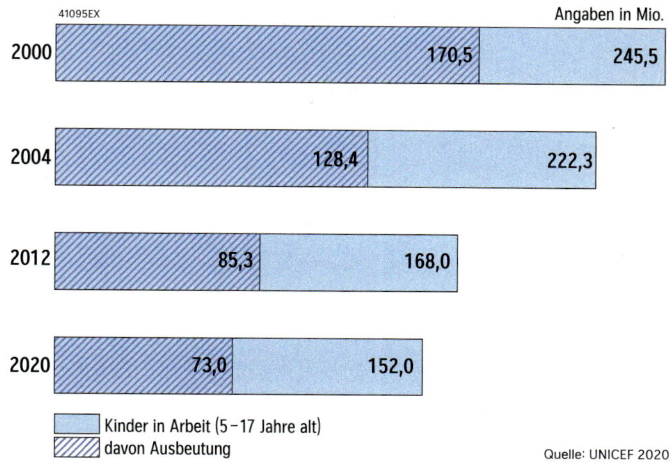

M 6 Entwicklung der Kinderarbeit und Ausbeutung von Kindern

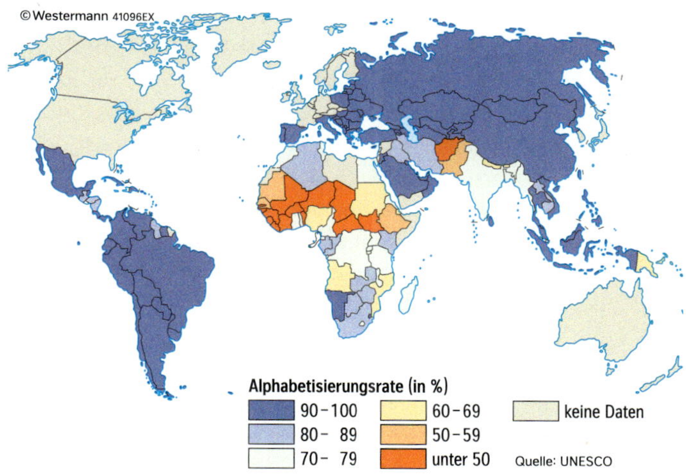

M 7 Alphabetisierungsrate bei Erwachsenen (Bevölkerung ab 15 Jahren) im Jahr 2018

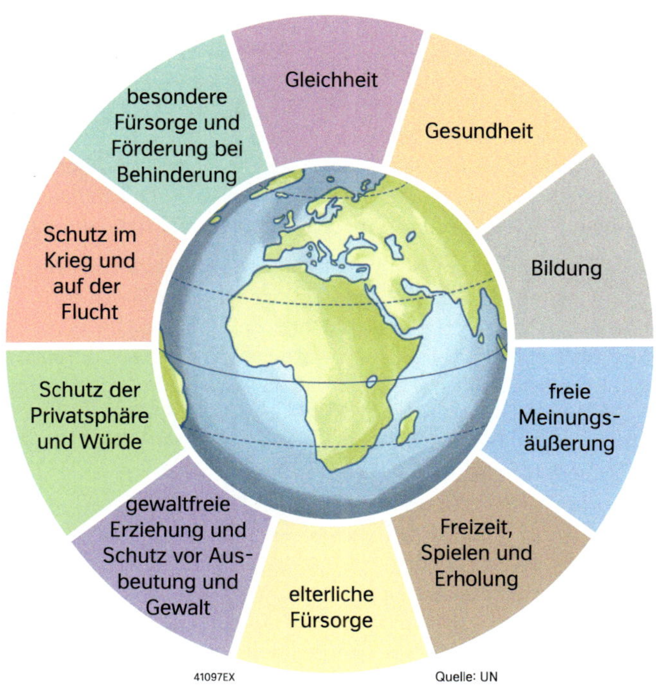

M 8 Elemente der UN-Kinderrechtskonvention (1990)

Land Grabbing – Folge disparitärer Entwicklung

Staatliche Akteure und private Investoren aus den Ländern des Globalen Nordens und Südens erwerben durch langfristige Pacht- oder Kaufverträge große landwirtschaftliche Flächen in den Ländern des Globalen Südens. Welche Motive stecken dahinter und welche Vorteile erhoffen sich Staaten wie Kenia von den Verpachtungen und Verkäufen?

1 Nennen Sie mögliche Gründe, warum kenianische Schulkinder protestieren (M1).
2 Erläutern Sie ausgehend von den Materialien M2 bis M4 Motive, warum landwirtschaftliche Flächen von Ländern wie Katar erworben werden.
3 Beschreiben Sie die globale Verteilung der Landkäufe (M4, Atlas).
4 Charakterisieren Sie den Entwicklungsstand Kenias und Katars mithilfe von M5.
5 a) Erstellen Sie ein Wirkungsgefüge, das die ökologischen, ökonomischen und sozialen Folgen des Land Grabbings für Kenia darstellt (M5, M6, M8, M9).
b) Erörtern Sie ausgehend von Ihrem Wirkungsgefüge aus Aufgabe 5a, ob Kenia vom Land Grabbing profitiert.
6 Entwickeln Sie ausgehend vom Wirkungsgefüge Maßnahmen, wie internationale Landkäufe „auf Augenhöhe" gelingen können (M7).

M1 **Kenianische Schulkinder**

Landnahme, internationale Landkäufe, **Land Grabbing** – vielfältige Begriffe umschreiben ein Phänomen, das seit 2008 präsenter wird, auch wenn es schon zuvor Landverkäufe auf internationaler Ebene gab. Doch seit der Finanz- und Wirtschaftskrise in den Jahren 2007 und 2008 und seit der verstärkten Nachfrage nach Rohstoffen rückt fruchtbares Ackerland immer stärker in den Fokus staatlicher, halbstaatlicher oder privater Käufer sowie internationaler Investoren. Diese schließen die Kauf- oder Pachtverträge mit Laufzeiten von bis zu 100 Jahren vorzugsweise mit Regierungen des Globalen Südens ab, um dort Nahrungs- oder Energiepflanzen für die eigene Versorgungssicherheit oder den Export anzubauen. In den Jahren 2000 bis 2020 kauften Investoren über 50 Millionen Hektar Ackerfläche, davon allein über 15 Millionen Hektar in Afrika. 2050 werden vermutlich über neun Milliarden Menschen auf der Erde leben, das bedeutet etwa eine Milliarde mehr als im Jahr 2020. Der weltweite Bedarf an Nahrungsmitteln wird demnach nochmal stark ansteigen.

Vorangetrieben werden die Investitionen im Land auch von den Regierungen des Globalen Südens, die sich auf diese Weise notwendige Investitionen in ihre Landwirtschaft erhoffen, die oftmals lange vernachlässigt wurde. Befürworter sehen darin im Idealfall große Vorteile für alle Beteiligten, da Landwirtschaftsförderung und ländliche Entwicklung wichtige Bestandteile von Entwicklungsstrategien seien, an denen kein Weg aus Unterentwicklung, Hunger und Armut vorbeiführe.
Gegner hingegen verwenden bewusst den Begriff des Land Grabbing (engl.: Land an sich reißen). Sie wollen damit auf die Missstände aufmerksam machen, die autoritären Regierungen manchmal gleichgültig sind: Sie verkaufen Land, um auf diese Weise sich selbst zu bereichern oder die Staatskasse aufzufüllen (Bad Governance). Dabei werden die Bedürfnisse von Minderheiten oder Schwachen vernachlässigt.

M2 **Basisinformation**

Akteursgruppen	Zweck
Industriestaaten (Energiekonzerne, Investmentfonds etc.)	Produktion von Agrarrohstoffen (z. B. Futtermittel, Agrartreibstoffe), Land als Spekulationsobjekt
bevölkerungsreiche Staaten mit hohem Bevölkerungswachstum (v. a. Indien, China, Vereinigte Arabische Emirate, Ägypten)	Produktion von Nahrungsmitteln, Futterpflanzen und Agrarrohstoffen für den eigenen Bedarf
Staaten mit stark begrenzten Land- bzw. Wasserressourcen und hoher Kapitalverfügbarkeit (u. a. Kuwait, Katar, Saudi-Arabien)	Verringerung der Abhängigkeit vom Weltmarkt bei Lebensmittelproduktion
nationale Unternehmen in Zielländern (häufig in Kooperation mit ausländischen Investoren)	Gewinnmaximierung

M3 **Investoren (Akteursgruppen) in Land-Grabbing-Verträgen**

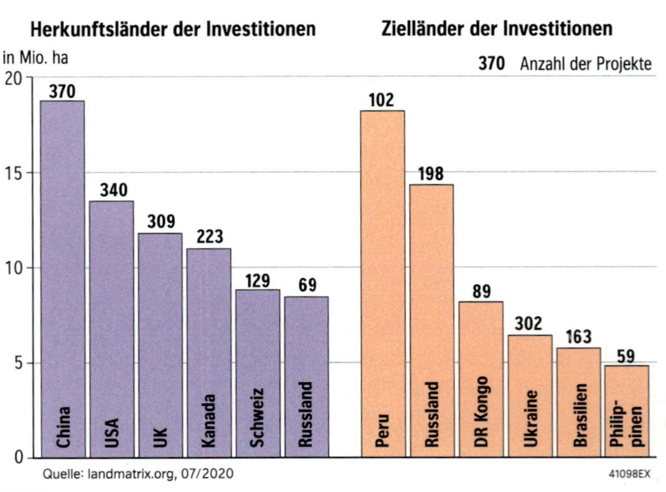

M4 **Die wichtigsten Herkunfts- und Zielländer des Land Grabbings**

	Katar	Kenia
HDI-Wert (Rang)	0,848 (41)	0,579 (147)
BIP / Einw. (in US-$)	69688	1998
Bruttowertschöpfung (in % des BIP)		6,6 (keine Angabe)
• Landwirtschaft	0,2	34,1
• Industrie	58,7	16,1
• Dienstleistung	41,1	43,2
Außenhandel (in Mrd. US-$)		
• Export	74,0	6,1
• Import	31,7	17,4
Exportgüter	Flüssiggas, Erdölprodukte, Kunststoff	Tee, Kaffee, Gewürze, Gartenprodukte
Importgüter	Maschinen, Nahrungsmittel	Erdölprodukte, Fahrzeuge, Maschinen
Lebenserwartung (Frauen / Männer)	80,0 / 77,6	69,7 / 64,9

Quelle: Statistisches Bundesamt, UN, WKO

M 5 Strukturdaten im Vergleich (2018 / 2019)

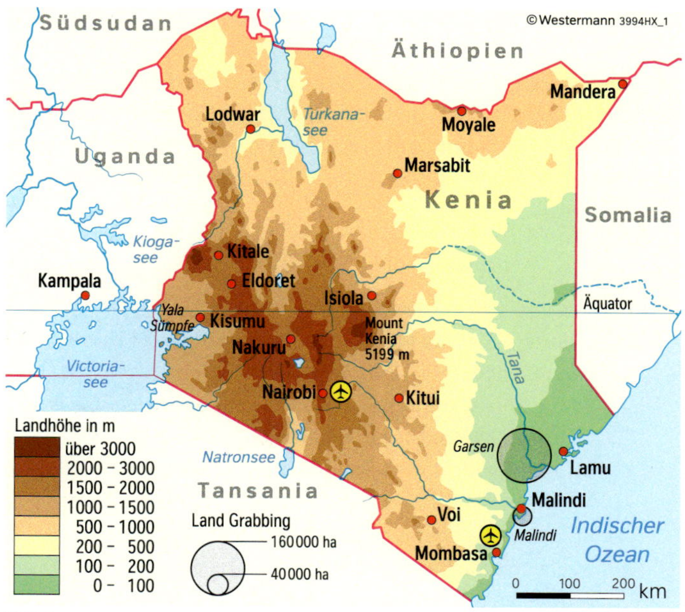

M 8 Die Lage Kenias in Afrika

Das Tana-Delta ist eine außergewöhnliche und artenreiche Landschaft. Sie verfügt über die fruchtbarsten Böden Kenias, welche seit Generationen den ansässigen Menschen zum Anbau von Mais, Bohnen, Gemüse und zum Fischfang dienen. Diese Landschaft rückt immer mehr in den Blick von in- und ausländischen Investoren, die landwirtschaftliche Nutzflächen pachten oder kaufen. So hat die Regierung Kenias dem Staat Katar eine 40 000 Hektar große Nutzfläche für den Lebensmittelanbau zur Verfügung gestellt. Katar versprach Kenia dafür eine Investition in Milliardenhöhe für den Ausbau des Hafens Lamu, etwa 250 Kilometer nördlich von Mombasa, der zweitgrößten Stadt Kenias. Der Hafen hat für Kenia eine große Bedeutung, denn darüber erhofft sich das Land den Anschluss an den Weltmarkt. Hinzu kommt das Versprechen eines Know-how-Transfers im Agrarbereich: Die Anwendung neuer und effizienter Produktionsverfahren soll Kenia ökonomisch voranbringen und auch die Ausbildung an den neuen Maschinen und in den Verfahren stärkt die Wirtschaft. Neue Arbeitsplätze sind möglich. Andere Investoren sind in Kenia zum Beispiel im Anbau von Zuckerrohr aktiv. Die Investitionen bedeuten jedoch oft auch, dass Kleinbauern, die seit Generationen z. B. im Tana-Delta lebten und ihre Ackerflächen bewirtschafteten, weichen müssen. Zudem benötigt z. B. der Anbau von Zuckerrohr in Monokultur viel Wasser sowie den Einsatz von Pestiziden und Düngemitteln, sodass es zur Verknappung und Verschmutzung von Süßwasser kommt. Das hat gravierende Auswirkungen auf das Ökosystem, die kleinbäuerliche Landwirtschaft der einheimischen Bevölkerung und den Gesundheitszustand der Menschen.

M 6 Land Grabbing im Tana-Delta Kenias

„Die Yala-Sümpfe im Nordosten des Viktoriasees sind mit einer halben Million Menschen ein dicht besiedeltes Gebiet. Dieses stellt für uns seit Generationen eine wichtige Nahrungs- und Einkommensquelle dar.
Aber viele der Bewohner haben keine schriftlichen Nutzungsrechte oder Dokumente für das bewirtschaftete Land, früher war das nicht wichtig. Heute ist es dagegen ein Problem, denn ein Investor beispielsweise pachtete hier für einen Zeitraum von über 20 Jahren eine Fläche von etwa 7000 Hektar. Es gibt sogar Pachtverträge, die über 99 Jahre gehen. Genau auf diesen Flächen befanden sich aber bisher Dörfer. Da aber nur wenige Familien einen Landtitel besaßen, bekamen auch nur wenige ein Kaufangebot. Alle anderen mussten weichen. Das waren über 400 Familien, die so vertrieben wurden. Dieser Umzug bedeutete auch für viele Kinder, dass sie nicht mehr zur Schule gehen konnten. Denn diese ist nun zu weit entfernt.

Meine Familie hat dagegen ein Nutzungsrecht und ich lehnte den Verkauf meines fruchtbaren Landes für etwa 10 Cent pro Quadratmeter ab. Plötzlich wurden die Dämme geöffnet und mein Land überflutet, sodass meine Tiere umkamen und die Ernte zerstört wurde. Viele haben den Investor im Verdacht. Und der Terror ging weiter. Der Investor sandte Schlägertruppen zur Einschüchterung. Was sollen wir machen? Ohne das Land kann ich meine Familie nicht mehr ernähren und ich kann auch meine Kinder nicht mehr zur Schule schicken. Wie lange ich dem Druck noch standhalte, kann ich nicht sagen? Und der Investor möchte seine Agrarflächen sogar noch ausweiten – auf über das Doppelte."

M 9 Klage eines Betroffenen

Die Rechte der Kleinbauern müssen gestärkt werden. Dafür bedarf es konkreter Maßnahmen: ein verbindliches Mitspracherecht der Bevölkerung bei Wirtschaftsprojekten, die Anerkennung von traditionellen Landrechten und die rechtlich verankerte Vergabe von Landtiteln. Eine wichtige Grundlage dafür bieten die „Freiwilligen Leitlinien für die verantwortungsvolle Verwaltung der Nutzung von Land, Fischgründen und Wäldern" vom Welternährungskomitee der Vereinten Nationen, die auf menschenrechtlichen Verpflichtungen aufbauen. Sobald diese Leitlinien in nationales Recht umgesetzt sind, sind die Staaten angehalten, die legitimen Landrechte zu schützen und Menschenrechte zu wahren. Sie müssen von Landraub Betroffene entschädigen und Investoren können für negative Auswirkungen ihres Tuns zur Rechenschaft gezogen werden, notfalls durch Klagen.
Besonders hilfreich ist eine verantwortungsvolle Regierungsführung (Good Governance), die effektiv und transparent die Meinung der gesamten Bevölkerung berücksichtigt, Menschenrechte respektiert und für Frieden und Rechtsstaatlichkeit einsteht.

M 7 Maßnahmen gegen Land Grabbing – wie können die negativen Auswirkungen vermindert werden?

Entwicklungstheorien – Erklärungen für unterschiedliche Entwicklungsstände

So verschieden die einzelnen Länder und Regionen sind, so unterschiedlich ist ihre Geschichte und sind ihre Entwicklungsverläufe. Auch wenn es Fortschritte gab, haben sich in den letzten Jahrzehnten vielfach die Entwicklungsunterschiede zwischen den Industriestaaten und den Ländern des Globalen Südens eher verstärkt. Welche Erklärungsansätze und Theorien für die disparitäre Entwicklung werden diskutiert?

1 Beschreiben Sie das Foto M1.
2 Erläutern Sie das Modell des Wirtschaftswachstums nach Rostow (M4), indem Sie:
   a) die Entwicklung selbst gewählter Raumbeispiele anhand des Modells nachvollziehen (S. 107, 113, Internet).
   b) den Entwicklungsstand ausgewählter Länder in das Modell einordnen.
3 Erläutern Sie die Fragmentierungstheorie (M3, M6).
4 Stellen Sie dar, welche Rolle die Globalisierung in den jeweiligen Erklärungsansätzen spielt (M3 – M6).
5 „Transnationale Unternehmen haben einen großen Anteil an den derzeit herrschenden globalen Disparitäten." Beurteilen Sie diese Aussage (M2 – M6).
Z 6 Gestalten Sie einen Dialog zwischen einem Vertreter der Modernisierungstheorie und der Dependenztheorie über eine geeignete Strategie zur Verringerung globaler Disparitäten (M2, M4, M5).

M 1 Fragmentierung innerhalb einer Stadt – Luanda (Angola)

Die Frage nach den Ursachen für ungleiche Entwicklungsstände zwischen dem Globalen Norden und dem Globalen Süden beschäftigt die Wissenschaft schon lange. Zu den ältesten Erklärungsansätzen zählen die geodeterministischen Theorien. Danach können zum Beispiel ungünstige Klima- und Bodenbedingungen, häufige Naturkatastrophen oder fehlende Rohstoffe Entwicklung verhindern oder bremsen. Viele Jahre wurde aber der wissenschaftliche Diskurs durch zwei Lager bestimmt, die **Modernisierungstheorie** und die **Dependenztheorie**.

Modernisierungs- oder Wachstumstheoretiker gehen davon aus, dass sich alle Länder allmählich von einer Agrar- zu einer Industriegesellschaft entwickeln. Die Entwicklung durchläuft dabei modellhaft einige Entwicklungsstufen. Modernisierungstheoretiker begründen die Unterentwicklung mit Problemen in den jeweiligen Ländern (**endogene Ursachen**).
Die Dependenztheorien sehen dagegen die Ursachen in einer fehlgeleiteten Entwicklung von außen (**exogene Ursachen**). Anhänger dieser Theorien verweisen auf koloniale oder nachkoloniale Ausbeutung und die dadurch zum Teil bis heute bestehende Fremdbestimmungen und Abhängigkeiten einzelner Länder.
Diese beiden **Entwicklungstheorien** werden seit Längerem als zu einseitig kritisiert. Eine wichtige Rolle spielen mittlerweile Ansätze, die besondere Ereignisse (z. B. Naturkatastrophen, Kriege) in den Mittelpunkt rücken und sich unter dem Begriff Vulnerabilitätsforschung zusammenfassen lassen. In jüngster Zeit verwies zudem der Geograph Fred Scholz mit seiner **Fragmentierungstheorie** auf die Einflüsse der Globalisierung. Nach seinem beschreibenden Ansatz profitieren von möglichen Entwicklungsimpulsen nicht ganze Länder, sondern nur Teilräume davon (Fragmente). Erhoffte Entwicklungen für die breite Bevölkerung (Trickle-Down-Effekte) bleiben oft aus. Nicht Staaten, sondern transnationale Unternehmen sind Hauptakteure der Weltwirtschaft.

M 2 Basisinformation

Die Betrachtungsweise der „Einen Welt" hat zunehmend den Blick darauf gelenkt, dass viele Industrieländer zum Teil mit ähnlichen Problemen zu kämpfen haben wie die Entwicklungsländer (z. B. Armut, regionale Disparitäten, Strukturschwäche).
Vor dem Hintergrund der Globalisierung versucht die Theorie der fragmentierenden Entwicklung daher, die Entwicklung unabhängig von Nationalstaaten darzustellen. Sie ist eine erklärende Analyse der Entwicklungsrealität, liefert im Gegensatz zu den älteren Theorien aber keine Strategien zur Überwindung von Entwicklungsdefiziten.

Sie geht dabei von einer global agierenden Wirtschaft aus, bei der die Nationalstaaten an Bedeutung verlieren. Transnationale Unternehmen und Institutionen haben ihren Sitz in den globalen Orten des Nordens und bestimmen von dort aus das Geschehen in den globalisierten Orten des Südens. Diese können nur reagieren und werden daher auch als „Scheingewinner" der Globalisierung beschrieben. Die globalisierten Orte und Regionen umfassen v. a. die Metropolen Lateinamerikas, Afrikas und Asiens sowie einzelne, oft küstennahe Regionen. Dort befinden sich auch Hightechdienstleistungen und Steuerparadiese, dort finden die Billiglohn- und Massenkonsumgüterproduktion statt, dort werden Bergbauprodukte und Agrarrohstoffe umgeschlagen. Alle diese Orte stehen in ständiger Standortkonkurrenz, nur sie sind in den globalen Wettbewerb eingebunden.
Der „Rest" der Weltbevölkerung kann von der Globalisierung nicht profitieren. Die Menschen in dieser neuen Peripherie spielen weder als Arbeitskräfte noch als Konsumenten oder Produzenten eine Rolle. Einzelne Regionen, Orte oder Stadtteile bilden daher Fragmente der Armut (Gettos, Hölle, No-go-Areas) oder des Reichtums (Zitadelle, Paradiese, No-Entrance-Areas). Es treten demnach an die Stelle armer oder reicher Länder Fragmente massenhafter und flächenhafter Armut sowie lokal begrenzter „Inseln des Reichtums".

M 3 Theorie der fragmentierenden Entwicklung nach Fred Scholz

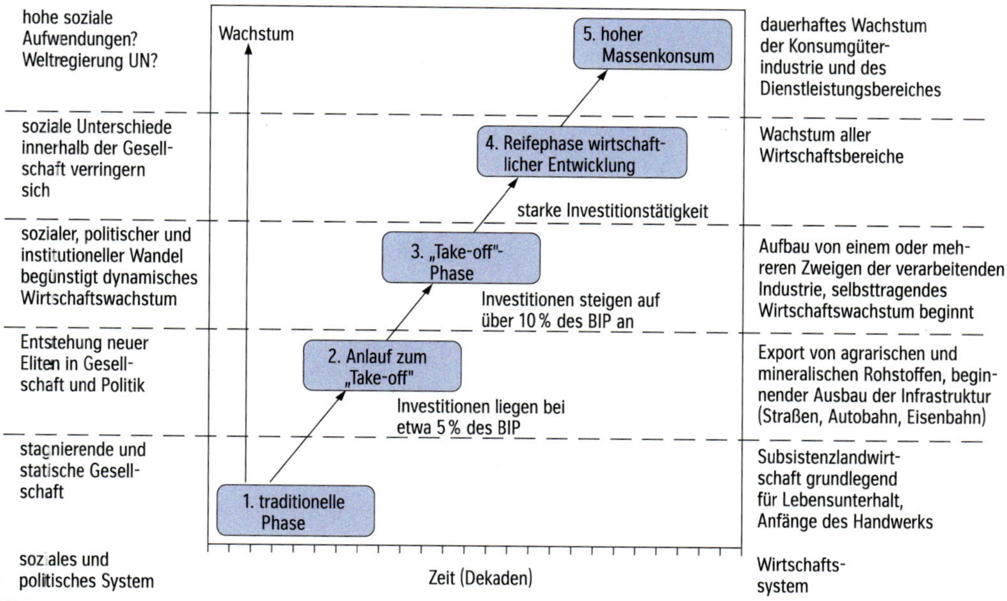

Das Wirtschaftsstufenmodell geht auf den US-amerikanischen Ökonom Walt W. Rostow (1916–2003) zurück und besteht aus fünf Stadien. Nach Rostow kann kontinuierliche Entwicklung eines Landes aber nur mit wirtschaftlichem Wachstum entstehen. Das Wachstumsmodell ist ein Klassiker der Modernisierungstheoretiker. Kritiker verweisen auf die zu große Ausrichtung auf westliche Gesellschaften. Darüber hinaus wird bezweifelt, dass ein solch modellhafter Entwicklungsverlauf in der modernen Welt realistisch ist.

M 4 **Modernisierungstheorie im Modell: Stufen wirtschaftlichen Wachstums nach Walt W. Rostow (Wirtschaftsstufenmodell)**

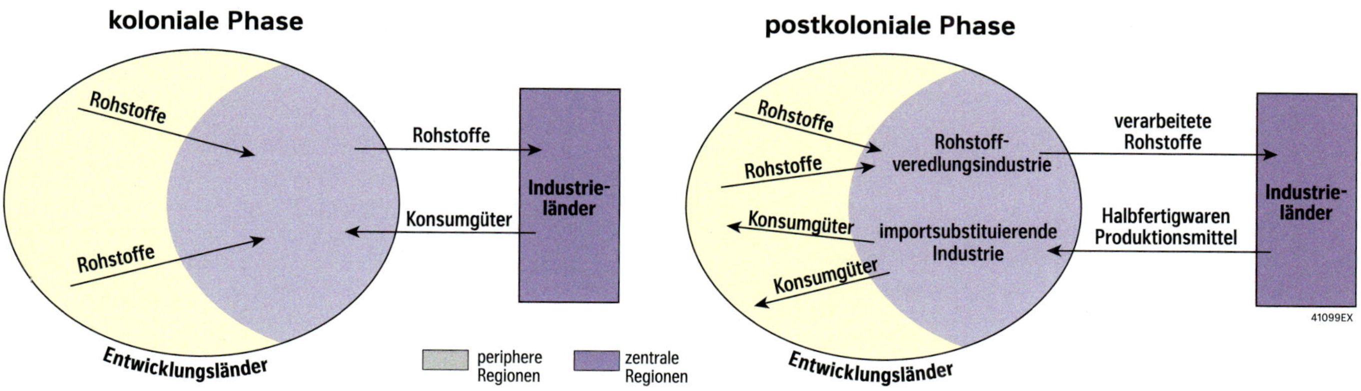

M 5 **Dependenztheorie im Modell: Zentrum-Peripherie-Modell nach J. Friedmann**

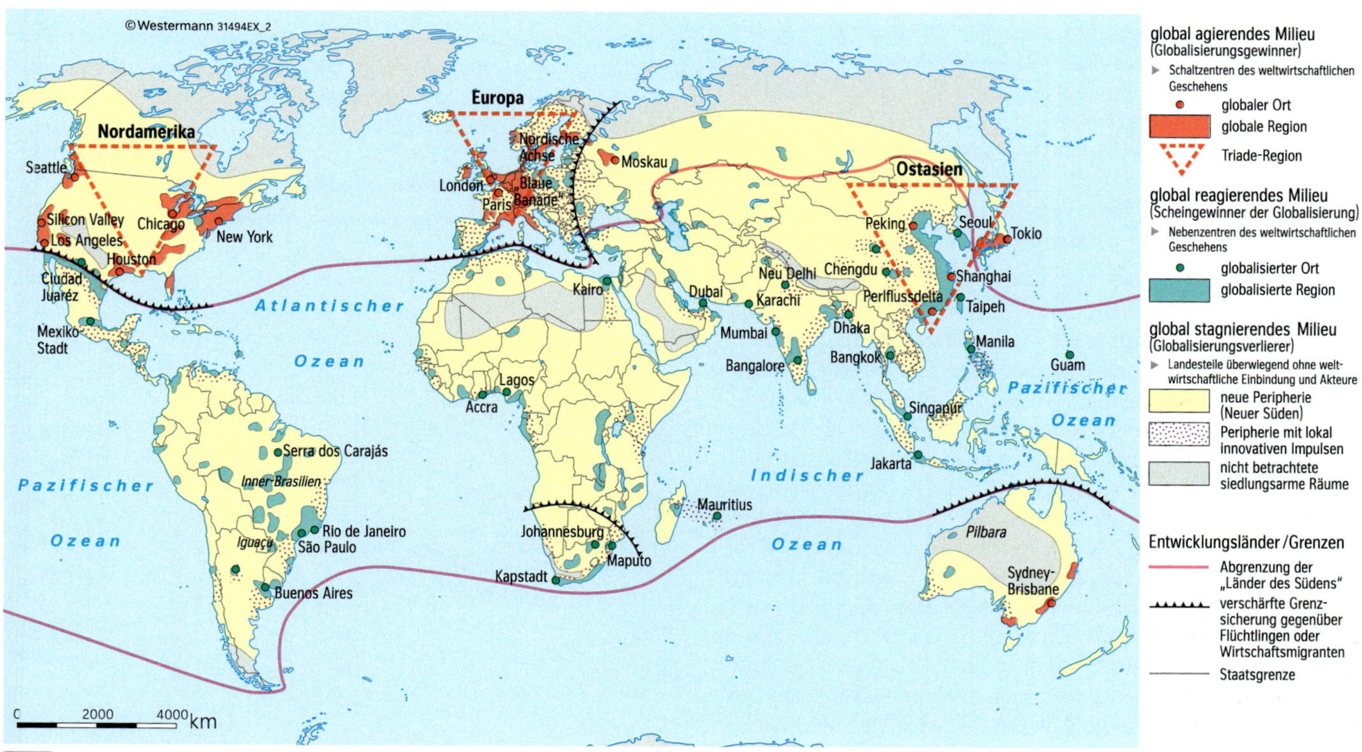

M 6 **Theorie der fragmentierenden Entwicklung nach F. Scholz**

Entwicklungsstrategien – Wege und Maßnahmen zur Überwindung globaler Ungleichheiten

Noch immer bestehen große Unterschiede zwischen den Ländern des Globalen Nordens und Südens. Ziel sollte es sein, die Lebensbedingungen in den Ländern des Südens so zu verbessern, dass möglichst viele der SDG erreicht werden. Wie sind vor diesem Hintergrund die bisher verfolgten Strategien einzuschätzen?

1. Analysieren Sie die Karikatur (M1) und entwickeln Sie eine geeignete Bildunterschrift.
2. Charakterisieren Sie die Begriffe Entwicklungspolitik, Entwicklungszusammenarbeit und Entwicklungshilfe (M2).
3. Analysieren Sie Akteure der Entwicklungspolitik (M2).
4. Begründen Sie, warum alle Beteiligten von einer nachhaltigen Entwicklungszusammenarbeit profitieren (M3).
5. **a)** Erstellen Sie eine Tabelle, in der Sie die Entwicklungsstrategien (M5) nach folgenden Aspekten voneinander abgrenzen: Zielsetzung / Leitbild, Maßnahmen, Erfolg / Misserfolg.
   b) Bewerten Sie ausgehend von Aufgabe 5a die verschiedenen Entwicklungsstrategien.
6. **a)** Vergleichen Sie die in M4 dargestellten Entwicklungsmodelle.
   b) Ordnen Sie die Entwicklungsstrategien (M5) den Entwicklungsmodellen (M4) begründet zu.

Seit über einem halben Jahrhundert werden im Rahmen der Entwicklungspolitik Lösungen für den Abbau von Entwicklungsunterschieden zwischen den Ländern des Globalen Nordens und Südens gesucht, um die Lebensbedingungen nachhaltig zu verbessern. Dabei haben sich in der Entwicklungspolitik Schwerpunkte und Zielsetzungen immer wieder verändert. Während jahrzehntelang der Wohlstand des Nordens als Entwicklungsziel galt, an dem man sich orientierte, steht nun die partnerschaftliche Gleichberechtigung unter Berücksichtigung der Nachhaltigkeit im Fokus. Dafür gibt es nicht nur eine **Entwicklungsstrategie**, die alle anderen ablöst, sondern eine gesamtheitliche Betrachtung innerhalb der **Entwicklungszusammenarbeit**, die angepasst, nachhaltig und als Hilfe zur Selbsthilfe ausgerichtet ist. Deshalb wurde der Begriff der „Entwicklungshilfe" aus der Anfangszeit deutschen Engagements gegen Unterentwicklung durch den Begriff „Entwicklungszusammenarbeit" ersetzt, der die Bedeutung der Partnerschaft zwischen den Industrieländern und den Ländern des Globalen Südens in Umsetzung der entwicklungspolitischen Ziele hervorhebt.

Entwicklungszusammenarbeit wird von einer Fülle von Organisationen, Gesellschaften und Einzelpersonen praktiziert. Dabei agieren staatliche und nichtstaatliche Organisationen auf der lokalen bis zur internationalen Ebene zunehmend enger. Akteure wie die Weltbank sind darum bemüht, Entwicklungsunterschiede mithilfe von Krediten und technischen Hilfen abzubauen. Der Internationale Währungsfond (IWF) hilft Währungen von Ländern zu stabilisieren, die in Not geraten sind. Nichtregierungsorganisationen (NGO), deren Zahl mit der Globalisierung stark zugenommen hat, agieren unabhängig und setzen sich zum Beispiel für Menschenrechte und humanitäre Hilfe oder Umweltschutz ein. Sie suchen oft den aktiven Dialog mit politischen Entscheidungsträgern. Bekannte NGO sind Greenpeace und Amnesty International. Auch kirchliche Hilfswerke wie Misereor oder Brot für die Welt erfüllen wichtige Funktionen.

M2 Basisinformation

M1 Karikatur

„[...] Afrika und Europa, Europa und Afrika brauchen einander dringend! [...] Es ist unser gemeinsames Interesse, dass der Kontinent in seiner Gesamtheit stark ist, weil er eine so wichtige Rolle für die Zukunft unseres Planeten spielt. [...] Wir verstehen heute auch in Europa besser, dass wir auf die globalen Herausforderungen nicht allein, nicht als einzelner Staat in Europa und auch nicht als Europa insgesamt reagieren können, sondern dass wir nur dann wirklich mit diesen Herausforderungen zurechtkommen, wenn wir gemeinsam mit den afrikanischen Ländern Antworten finden. Ich denke an die Erderwärmung, das Artensterben, oder an die Verschmutzung der Meere. Ich denke aber auch an das Thema Migration, das heute in Europa viele, manchmal zu viele Debatten über Afrika prägt [...]. Es ist verständlich, wenn sich Menschen auf der Suche nach einem besseren Leben auf den Weg machen. [...] Für die afrikanischen Länder kann es aber auch keine Lösung sein, wenn Menschen in großer Zahl und auf lebensgefährlichen Wegen den Kontinent verlassen, um in Europa Arbeit und ein besseres Leben zu finden, und damit natürlich auch in Afrika, in ihren Ländern fehlen. Umso wichtiger ist es, dass es uns gemeinsam gelingt, die Lebensperspektiven vor allem für die jungen Menschen in Ihren Ländern zu verbessern."

M3 Rede von Frank-Walter Steinmeier (Bundespräsident) am 29. Oktober 2018 bei der „Compact with Africa"-Konferenz

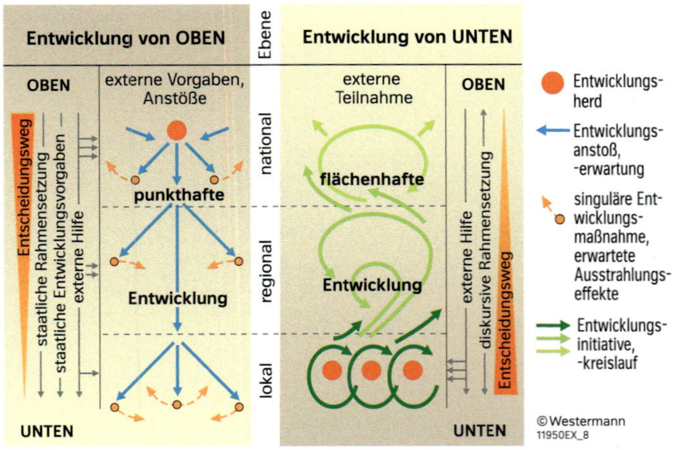

M4 Entwicklungsmodelle

ab etwa 1960

Strategie der nachholenden Entwicklung

Die Modernisierungstheorie geht davon aus, dass die Unterentwicklung eines Landes das Ergebnis eines wirtschaftlichen Rückstandes ist, sodass Entwicklung primär als wirtschaftliches Wachstum verstanden wird. Diese Strategie fördert somit Wachstumszentren in einem Land, damit deren Entwicklungsimpulse auf das Umland „durchsickern" (Trickle-Down-Effect). Maßnahmen hierfür sind u. a. der Aufbau von Industrie, die Verbesserung der Infrastruktur und Agrarreformen. Man erhofft sich durch wirtschaftliches Wachstum, finanzielle und technische Hilfen einen „Big Push", der den Anschluss an die Industrieländer erwirkt. Aber Wachstum lässt sich nur begrenzt von außen „verordnen" und der erhoffte „Durchsickerungseffekt" nach unten blieb auf ein paar wenige Take-off-Staaten (S. 115 M4) aus. Profitiert hat davon v. a. die wirtschaftliche und politische Elite eines Landes.

M 6 **Wandel der Entwicklungsstrategien**

Strategie der Dissoziation

Diese Strategie strebt die Loslösung vom Weltmarkt an, damit eine unabhängige Entwicklung erreicht wird. Durch die Entkopplung eines Landes sollen die negativen Folgen des Weltmarktes reduziert werden. Die Wirtschaft bekommt somit die Chance, sich unabhängig und binnenmarktorientiert zu entwickeln. Maßnahmen hierfür sind u. a. die Errichtung von Schutzzöllen, der Aufbau einer Grundstoffindustrie, die Nutzung einheimischer Ressourcen und die Entwicklung einer verarbeitenden Industrie. Kritiker führen an, dass ein Abkoppeln von Ländern ohne ausreichende Ressourcen kaum möglich sei und die Länder mit tatsächlich erfolgter Abkopplung (v. a. ehemals sozialistische Länder wie die nicht mehr existente UdSSR) wenig überzeugend seien. Hinzu kommt, dass auch die internen Strukturschwächen v. a. extern gesteuert sind, denn die wenigen Finanz- und Industriezentren sind mit dem Ausland und dem Weltmarkt enger verbunden als mit dem eigenen Hinterland.

ab etwa 1970

Strategie der Befriedigung der Grundbedürfnisse

Bei dieser Strategie steht der Zusammenhang zwischen Gesundheits- und Nahrungsversorgung der Bevölkerung im Vordergrund. Somit müssen zunächst die Grundbedürfnisse wie Ernährung, Gesundheit, sauberes Wasser, Wohnen, Kleidung und sanitäre Anlagen sichergestellt werden. Ziel ist die Bekämpfung der Armut, eine zunehmende Partizipation der Bevölkerung und eine gerechte Verteilung des Einkommens. Maßnahmen hierfür sind u. a. die Slumsanierung, die Gesundheitsversorgung von Kindern mit Vitaminen und Investitionen in die Landwirtschaft. Im Laufe der Zeit kam aber Kritik auf, weil diese Strategie keine wirklichen Entwicklungsperspektiven bot, sondern die Entwicklungsunterschiede der Länder des Globalen Südens verewigte, indem sie diese „erträglicher" machte, anstatt Programme für die Industrialisierung dieser Ländern zu fördern.

ab etwa 1990

Strategie der nachhaltigen Entwicklung

Hier wird eine Form der Entwicklung gefördert, die auch die Belange von nachfolgenden Generationen berücksichtig und eine globale Verantwortung aller Menschen in den Mittelpunkt stellt. Alle Maßnahmen werden somit nach den Gesichtspunkten der ökologischen Verträglichkeit, einer sozialen Gerechtigkeit und des wirtschaftlichen Wohlstandes geprüft. Maßnahmen hierfür sind u. a. der ökologische Anbau und die Unterstützung bäuerlicher Kleinbetriebe, indem diese unabhängig vom Weltmarktpreis wirtschaften können und einen Mindestpreis garantiert bekommen. Während deshalb einige Länder des Globalen Südens eine Vorreiterrolle bei klima- und ressourcenschonenden Technologien einnehmen, verändern Industrieländer wie Deutschland ihren Konsumstil nicht immer konsequent genug. Nötige Einschränkungen im Sinne der Nachhaltigkeit werden langsam und z. T. gar nicht umgesetzt.

M 7 **Zubereitung der Nahrung auf einem Solarkocher in Afrika**

ab etwa 2016

Sustainable Development Goals (SDG)

Am 1. Januar 2016 traten die nachhaltigen Entwicklungsziele als Fortführung der Strategie nachhaltiger Entwicklung in Kraft. Die Sustainable Development Goals umfassen 17 Ziele und 169 Unterziele. Die Jahre vor den SDG waren von einem Entwicklungsverständnis geprägt, das sich geographisch auf die Länder des Globalen Südens konzentrierte.

Die SDG gehen von einem multidimensionalen Entwicklungsbegriff aus, der sich an alle Länder richtet und auch alle Länder in die Verantwortung nimmt. Die Länder des Globalen Südens wie Nordens sind angehalten, ihre wichtigsten Ziele für die eigene Gesellschaft zu benennen und umzusetzen. Bedeutend ist dabei auch die Aufnahme von Entwicklungziel Nummer 16: Es bestimmt Gerechtigkeit, Frieden und starke Institutionen als bedeutende Bestandteile von Entwicklung.
Die Sustainable Development Goals geben der Gesellschaft weltweit soziale, wirtschaftliche, ökologische und politische Mindeststandards vor, sodass erkennbar wird, dass Armutsbekämpfung, Klimapolitik und nachhaltige Entwicklung zusammengedacht werden müssen. Die Gefahr bleibt aber, dass die Rolle und die Wirksamkeit dieser universellen Zielvorgaben überschätzt werden und sie am Ende in leeren Aktionsbekundungen verharren.
Doch die ambitionierte Zielsetzung lässt hoffen, denn die Zielvorgaben sind von allen Unterzeichnern anerkannt worden und jedes Land bestimmt die Art der Umsetzung, die im Zuge eines Monitorings transparent gemacht wird.

M 5 **Wandel der Entwicklungsstrategien**

4 HOCHWERTIGE BILDUNG

Das nachhaltige Entwicklungsziel 4 – hochwertige Bildung

Bildung ist die Voraussetzung, um Hunger, Armut und Ungleichheit zu überwinden und eine wichtige Entwicklungschance für jeden Einzelnen und die Gesellschaft. Auch wenn der Zugang zu Bildung in den letzten Jahren immer besser geworden ist, gibt es noch viel zu tun. Bildung zu fördern ist eine wichtige Aufgabe der Entwicklungszusammenarbeit. Welche Entwicklungsprojekte unterstützen diese Aufgabe?

1 Vergleichen Sie die Erklärung der Menschenrechte und die Fakten in Abbildung M1.

2 Vergleichen Sie die Schulausbildung des Jahres 1998 mit dem Jahr 2020 (M3).

3 Erklären Sie mögliche Ursachen eines niedrigen Bildungsniveaus und dessen Folgen (M6, M8).

4 Bewerten Sie, inwiefern die Beispiele zur Schulbildung und beruflichen Bildung (M6, M8) das Ziel 4 der Agenda 2030 unterstützen (M2, M4).

5 Stellen Sie dar, welche weiteren SDG durch hochwertige Bildung unterstützt werden (M2 – M8, S. 24 / 25).

Z 6 Gestalten Sie zu einer der Aussagen einen Kommentar:
- *„Mangelnde Bildung und Armut bilden eine entsetzliche Allianz. Diese gilt es mit allen Mitteln zu durchbrechen."*
- *„Mit Essensspenden macht ihr den Hungrigen satt, mit Bildung wird der Hunger beendet."*

Jeder hat das Recht auf Bildung. Die Bildung ist unentgeltlich, zum Mindesten der Grundschulunterricht und die grundlegende Bildung. Der Grundschulunterricht ist obligatorisch. Fach- und Berufsschulunterricht müssen allgemein verfügbar gemacht werden, und der Hochschulunterricht muss allen gleichermaßen entsprechend ihren Fähigkeiten offenstehen.

Artikel 26 (1) der Allgemeinen Erklärung der Menschenrechte

M 1 Fakten zum Thema Bildung

„Die Investition in die Bildung und die Stärkung des Bildungssektors sind die Schlüssel zur Entwicklung eines Landes und seiner Menschen."

Walter Hirche, Vorstandsmitglied der Deutschen UNESCO-Kommission und Vorsitzender des Fachausschusses Bildung, www.unesco.de, 2016

Global gesehen haben bis 2020 über 264 Millionen Kinder und Jugendliche zwischen 6 und 17 Jahren keinen Zugang zu Bildung. In allen Gebieten der Erde gibt es erhebliche Unterschiede bei den Bildungsmöglichkeiten und -ergebnissen. Bildung ist aber eine Voraussetzung für die erfolgreiche **Teilhabe** an einer komplexen Wirtschaft, für eine nachhaltige Entwicklung und für ein friedliches Zusammenleben. **Entwicklungszusammenarbeit** bedeutet in diesem Sinne, den Menschen den Zugang zu Bildung zu ermöglichen und die Bildungssituation weltweit zu verbessern. Die Fortschritte, die schon erreicht wurden, sind erkennbar. Das Entwicklungsziel (SDG) 4 der Agenda 2030 lautet: „Für alle Menschen inklusive, chancengerechte und hochwertige Bildung sowie Möglichkeiten zum lebenslangen Lernen sicherstellen." Um dies zu erreichen, müssen Maßnahmen umgesetzt und weitere ergriffen werden.

M 2 Basisinformation

Was soll erreicht werden?

- Alle Mädchen und Jungen sowie Erwachsene sollen lebenslangen Zugang zu Bildung erhalten.
- deutliche Erhöhung der fachlichen und beruflichen Qualifikationen von Mädchen und Jungen
- gleichberechtigter Zugang zu Bildung auch für Menschen mit Behinderung und indigene Völker
- Qualifikation der Lehrkräfte
- sichere, gewaltfreie, inklusive, effektive Lernumgebung für alle

Wie soll das Ziel erreicht werden?

- Bau und Ausbau von Bildungseinrichtungen
- internationale Zusammenarbeit der Lehrkräfte
- Vermittlung von Kenntnissen (u. a. zu den Menschenrechten, der Kultur des Friedens und der Gewaltlosigkeit, zur Wertschätzung kultureller Vielfalt) und Qualifikationen zur Förderung nachhaltiger Entwicklung

M 4 Zum nachhaltigen Entwicklungsziel 4 der Agenda 2030

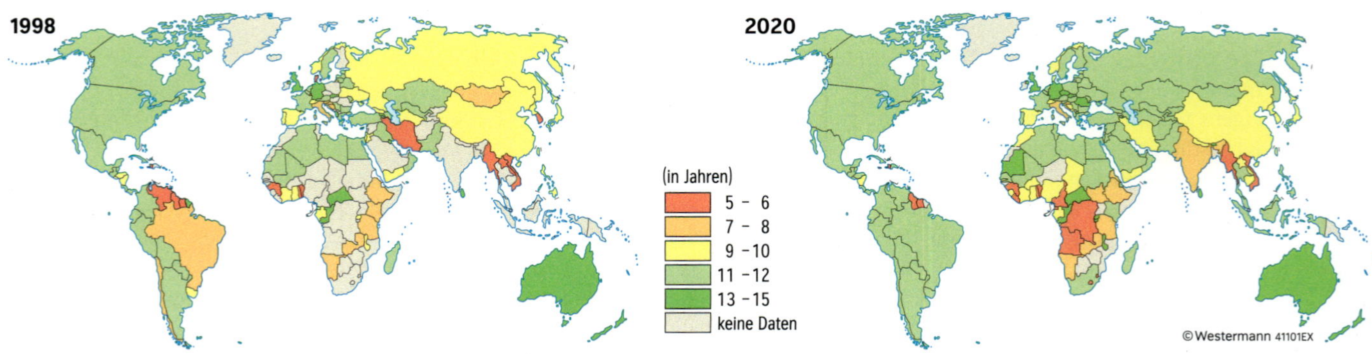

M 3 Rechtlich garantierte kostenlose Schulausbildung an Grundschulen und weiterführenden Schulen

www.diercke.de
100800-27-04

M 5 **Maya-Kinder in einer Schule im Dschungel von Guatemala**

M 7 **Berufsausbildung in Afrika**

Kinder und Jugendliche stellen fast die Hälfte der 16 Millionen Einwohner von Guatemala. Aber nur wenige davon haben eine Chance auf Schulbildung, die über die Grundschule hinausgeht. Stand 2019 beendeten mehr als 30 Prozent der Schüler ihre Schulbildung mit der sechs Jahre dauernden Grundschule. Nur drei Viertel davon erlangten einen Abschluss. Davon wiederum nehmen 40 Prozent den weiterführenden Bildungsweg wahr. Besonders betroffen sind Kinder und Jugendliche, die auf dem Land leben und als Ureinwohner dem Volk der Maya angehören. Denn hier gibt es nur wenige und mangelhaft ausgestattete weiterführende Schulen (Sekundarschulen) mit schlecht ausgebildeten Lehrern und veralteten Lehrplänen. Schuld daran ist u. a. die Bildungspolitik.
Eine gute Sekundarbildung ist aber wichtig, damit junge Menschen eine Perspektive haben und nicht gezwungen sind, gefährliche Jobs anzunehmen. Es gibt zudem über eine Million junge Menschen zwischen 19 und 29 Jahren, die nicht studieren oder arbeiten. Diese Jugend wandert aufgrund der Perspektivlosigkeit oft ab und auch das Gewaltpotenzial und die Kriminalität steigen an.

Die Deutsche Gesellschaft für Internationale Zusammenarbeit (GIZ) führt das Programm „EDUVIDA" in Guatemala durch, das drei Schwerpunkte hat: Die Schulverwaltung muss modernisiert werden, neue Lehrpläne werden entwickelt und die Lehrerausbildung wird verbessert. 15 Versuchsschulen testen die neuen Lehrmethoden und Bildungsinhalte. Da aber viele Kinder zu Hause auf dem Feld oder im Haushalt mithelfen müssen, um das Familieneinkommen zu verbessern, sollen die neuen Versuchsschulen einen Schwerpunkt auf den Erwerb praktischer Fähigkeiten legen, die helfen, das Einkommen ihrer Familien zu verbessern. Die Kinder werden angeleitet kleine, einkommensschaffende und ernährungssichernde Kleinprojekte zu entwickeln, beispielsweise eine Hühnerhaltung.

Alle Schulen müssen auch über eine notwendige Grundausstattung verfügen: regendichte Dächer, funktionierende Toiletten, Rollstuhlrampen und eine Küche, die kostenlose Mahlzeiten anbietet. Innerhalb von drei Jahren wurden in Guatemala ca. 8,5 Millionen Bücher an 27 000 Schulen verteilt: Sie sollen das Lesen unterstützen. Einige der Bücher sind zweisprachig, damit auch indigene Kinder, die die Landessprache Spanisch schlecht beherrschen, erreicht werden.
Zur Fortbildung der Lehrer wird seit 2016 eine E-Learning-Plattform errichtet, die für 120 000 Lehrkräfte zur Verfügung steht, um auf diese Weise auch alle ländlichen Gebiete zu erreichen. Wenngleich nur wenige einen Computer besitzen, gibt es in Guatemala auf dem Land genügend Internetcafes. In der Pilotphase wurden bisher 15 Prozent der Lehrkräfte erreicht – aber danach sollen alle 120 000 daran teilnehmen.

M 6 **Schulsituation und Entwicklungszusammenarbeit in Guatemala**

Berufliche Bildung kann positive Wirkungen entfalten. In vielen Ländern des Globalen Südens entspricht sie aber bisher nicht den Anforderungen des lokalen Arbeitsmarktes und der Gesellschaft. Das Ausbildungspersonal ist oft theorieorientiert und schlecht bezahlt, die Berufsschulen sind mangelhaft ausgestattet und die Abschlüsse z. T. gesellschaftlich gering angesehen. Die informelle Wirtschaft, die in Ländern des Globalen Südens eine wichtige Rolle einnimmt, stellt für viele Jugendlichen die einzige Möglichkeit dar, in die Arbeitswelt einzusteigen. Im Job erwerben sie die Fähigkeiten, die sie für weitere Beschäftigungen benötigen. Begleitende Bildungsangebote für diese Jugendlichen eröffnen ihnen bessere Chancen in der informellen Wirtschaft und erleichtern den Übergang in formelle Beschäftigungsverhältnisse. Doch diese Bildungsangebote fehlen häufig. Das hat zur Folge, dass vorhandene Arbeitsplätze aufgrund des Mangels an qualifizierten Fachkräften nicht besetzt werden können. Auch das starke Bevölkerungswachstum in Ländern des Globalen Südens überlastet das Ausbildungssystem.
Folgen dieser Gegebenheiten sind eine hohe Jugendarbeitslosigkeit verbunden mit Perspektivlosigkeit, die den Nährboden für innerstaatliche Konflikte bieten, den sozialen Frieden gefährden und den Migrationsdruck erhöhen. Junge Menschen verlassen die ländlichen Gebiete und enden in den Marginalsiedlungen der Megacitys oder verlassen das Land und machen sich auf den Weg in Industrieländer.

Äthiopien wird seit vielen Jahren von Deutschland in der praxisorientierten Berufsbildung unterstützt. Deutsche Experten beraten die Behörden und das Bildungsministerium, wie Kooperationen in der Wirtschaft geknüpft und ausgeweitet werden können. Auch das gesamte Berufsbildungssystem wird reformiert und an den Bedarf der lokalen Wirtschaft angepasst. So werden die Trainingszentren technisch angemessen ausgestattet, die Berufsschullehrer aus- und fortgebildet und die Lerninhalte werden auf Praxisbezug geprüft und verändert.
Durch diese Verbesserungen konnten über 350 000 Berufsschüler erreicht werden und mehr als 50 Berufsschulen boten praxisorientierte Aus- und Fortbildungen an. Bis zum Ende des Jahres 2016 wurden dafür 650 Berufsstandards entwickelt und 6100 Berufsschullehrer für die arbeitsmarktorientierte Berufsbildung qualifiziert. Über 100 Unternehmen wurden seitdem in die praxisnahe Berufsausbildung eingebunden und bis 2021 sollen noch mehr Absolventen von berufsbildenden Einrichtungen und Hochschulen Arbeitsplätze in der Industrie finden.

Seit Jahren ist es auch ein Ziel der Regierung, das Hochschulwesen auszubauen. Die Neugründungen von 13 Universitäten (durch das GIZ errichtet) sind das erste Ergebnis dieser Anstrengungen.

M 8 **Ein Beispiel für Entwicklungszusammenarbeit: berufliche Bildung in Ländern des Globalen Südens**

Das nachhaltige Entwicklungsziel 5 – Geschlechtergleichheit

Die Gleichstellung der Geschlechter ist ein universelles Menschenrecht und eines der nachhaltigen Entwicklungsziele. Dennoch werden weltweit Millionen von Frauen beim Zugang zu Gesundheitsversorgung, Bildung und in ihrem Alltag diskriminiert. Gleichzeitig schultern Frauen in vielen Lebensbereichen einen Großteil der Lasten, zu Hause, bei der Arbeit und in der Gemeinschaft. Wie kann sinnvolle Entwicklungszusammenarbeit Frauen unterstützen und Chancengleichheit ermöglichen?

1 Entwickeln Sie Hypothesen zu Auffälligkeiten in M1.
2 a) Arbeiten Sie die Bedeutung von Frauen für die Entwicklung eines Landes heraus (M2).
b) Erläutern Sie, inwiefern das Entwicklungsziel 5 eine Bedeutung für die Entwicklung einer Gesellschaft besitzt (M1 – M4).
3 Analysieren Sie die Weltkarte (M5).
4 Erklären Sie den GGG-Index Ruandas (M5, M6).
5 a) Entwickeln Sie eine Mindmap, aus der ersichtlich wird, welche Lebensbereiche durch die Frauenförderung profitieren (M2 – M7).
b) Bewerten Sie die Beispiele aus Ruanda und Nordvietnam, inwiefern sie Ziel 5 unterstützen (M3, M6, M7).
6 Stellen Sie dar, welche weiteren SDG durch Frauenförderung unterstützt werden (M2, M6, M7, S. 24 / 25).
7 Beurteilen Sie, inwiefern die Beispiele aus Ruanda und Nordvietnam auf andere Länder übertragbar sind.

	Rang
Island	1
Norwegen	2
Finnland	3
Ruanda	9
Deutschland	10
USA	53
Mosambik	56
Vietnam	87
Kenia	109
Saudi-Arabien	146
Jemen	153

Der Global Gender Gap Report ist ein vom Weltwirtschaftsforum seit 2006 jährlich erstellter Bericht, der in mittlerweile 153 Ländern den Gender Gap (engl.: Lücke, Kluft) in der Gleichstellung der Geschlechter analysiert. Der Report ist in die vier Bereiche, Bildung, Gesundheit, Politik und Wirtschaft untergliedert. Zur Quantifizierung der Geschlechterlücke wird der Global Gender Gap Index (GGGI) errechnet und den Staaten jeweils ein Rang von 1 bis 153 zugeordnet.

M 1 Der Global Gender Gap Index 2020

Frauen sind weltweit in weit stärkerem Maße von Armut bedroht als Männer. Insgesamt hat sich auch die Kluft zwischen den sich in Armut befindenden Männern und Frauen vergrößert, sodass von einer Feminisierung der Armut gesprochen wird. Laut UN Woman, ein Organ der Vereinten Nationen, besitzt nur ein Prozent der Frauen Land und der weibliche Anteil in Niedriglohnsektoren ist deutlich höher als der der Männer. Hinzu kommt, dass viele Mädchen und Frauen noch immer keinen oder nur einen eingeschränkten Zugang zu Gesundheitsleistungen, Bildungsprogrammen und Gütern haben, die sie aber benötigen, um gesund und leistungsfähig zu bleiben. Häufig ist die Sicht auf Frauen von traditionellen, religiösen und kulturellen Vorstellungen geprägt. Dies hat zur Folge, dass ihnen wichtige Rechte sowie Bildungs- und Berufsbereiche verwehrt bleiben. So dürfen Frauen in Saudi-Arabien erst seit 2018 Auto fahren.

Dabei ist die Bedeutung von Frauen für die Entwicklung eines Raumes groß. Neben Tätigkeiten im Haus, die die Versorgung und Erziehung der Kinder, das Verarbeiten von Nahrungsmitteln und die Beschaffung von Wasser und Brennholz umfassen, und Tätigkeiten als Hausmädchen in der Stadt, die eine wichtige finanzielle Unterstützung der Familie darstellen, ist die Arbeit im Agrarsektor ein weiterer Arbeitsbereich, in dem Frauen im Globalen Süden tätig sind. Dort leisten sie teilweise bis zu 75 Prozent der landwirtschaftlichen Arbeit und produzieren bis zu 80 Prozent der Grundnahrungsmittel. Auffällig ist, dass Länder deren Global Gender Gap Index hoch ist, durch bewusste Familienplanung geringere Bevölkerungszuwachsraten aufweisen. Frauenförderung unterstützt zudem die Weiterbildung und die Verbesserung der rechtlichen Stellung von Frauen sowie ihre Beteiligung an politischen Entscheidungsprozessen. Sie schafft ihnen die Möglichkeit, aus kulturellen und sozialen Zwängen auszubrechen und zu treibenden Kräften bei der Bekämpfung von Hunger und Armut zu werden. Davon profitieren alle.

M 2 Basisinformation

Was soll erreicht werden?

- Gewalt und Diskriminierung gegen Frauen und Mädchen überall auf der Welt beenden und Kinderehen verbieten
- gleicher Zugang zu Bildung, wirtschaftlichen und sozialen Ressourcen
- gleiche Bezahlung und geteilte Verantwortung innerhalb des Haushaltes
- Teilhabe von Frauen und ihre Chancengleichheit bei der Übernahme von Führungsrollen im politischen, wirtschaftlichen und öffentlichen Leben

Wie soll das Ziel erreicht werden?

- Nutzung von Grundlagentechnologien (v. a. Informations- und Kommunikationstechnologien) zur Förderung der Selbstbestimmung
- solide Politik, Reformen und durchsetzbare Rechtsvorschriften zur Förderung von Frauen auf allen Ebenen beschließen und verstärken

M 3 Zum nachhaltigen Entwicklungsziel 5 der Agenda 2030

M 4 Parlament von Ruanda (2018)

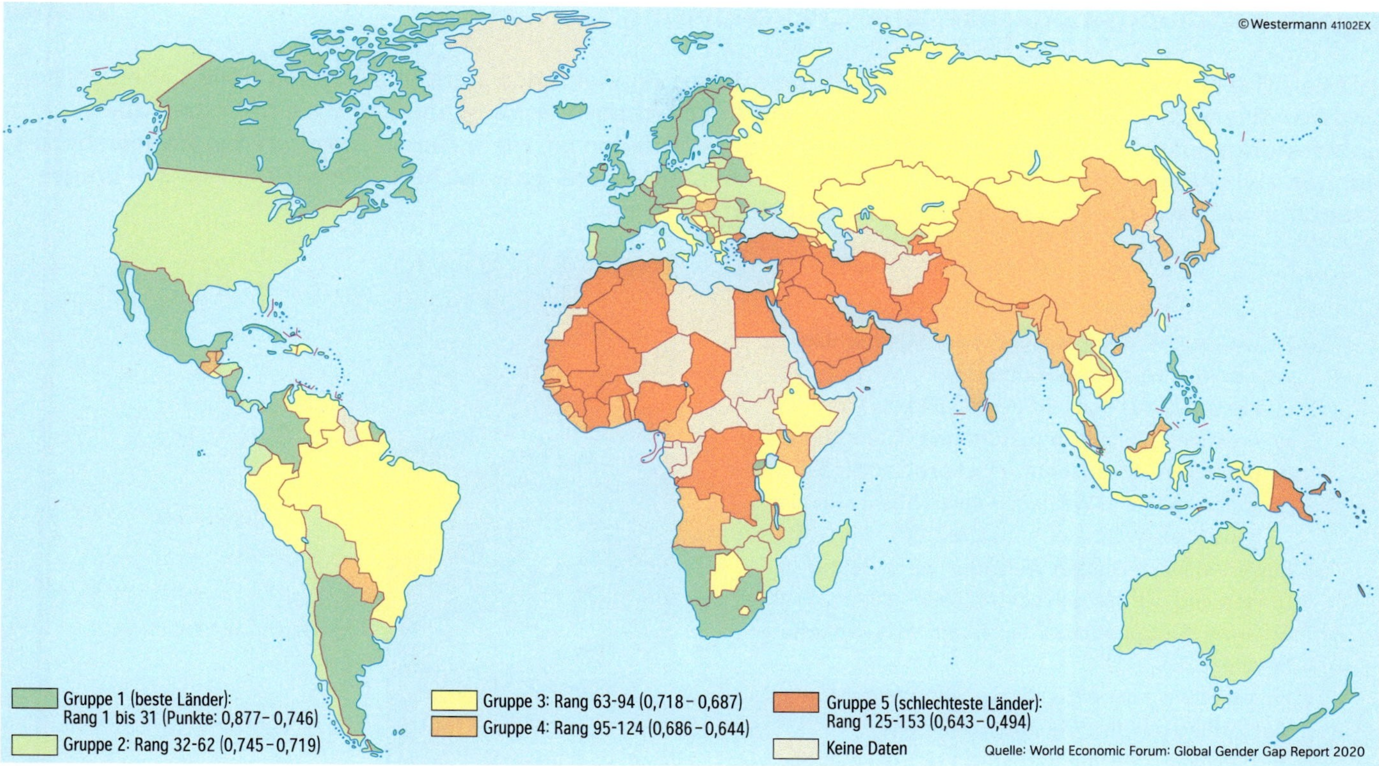

M 5 Der Global Gender Gap Index (GGGI) 2020 weltweit

Zu Beginn der 1990er-Jahre bekriegten sich die Volksgruppen der Tutsi und Hutu. 1994 kam es zum Völkermord an der Minderheit der Tutsi mit weitreichenden Folgen: Ungefähr eine Million Menschen wurden getötet, die meisten davon waren Männer, sodass 70 Prozent der Bevölkerung weiblich waren. Das veränderte die gesellschaftlichen Strukturen, schließlich lag es jetzt an den Frauen, das durch jahrelangen Krieg zerstörte Land wieder aufzubauen. 2003 bis 2005 bekamen Frauen und Männer die gleichen Rechte in der Verfassung und eine Frauenquote für Führungspositionen wurde eingeführt – auch auf Regierungsebene. Frauen dürfen in Ruanda seitdem Land besitzen, Geschäfte abschließen und Firmen leiten.
Die Berufstätigkeit gibt den Frauen die Möglichkeit, Nahrungsmittel zu kaufen und ihre Kinder in die Schule zu schicken. Der Frauenanteil im Parlament lag 2019 bei über 60 Prozent. Das Parlament „voller Frauen" setzte viele Neuerungen durch, wie beispielsweise Lohngleichheit, das Mindestalter von 21 Jahren bei Eheschließung, eine dreimonatige Mutterschaftsversicherung und die Legalisierung von Abtreibung.

Diese Veränderungen werden auch in den Strukturdaten Ruandas sichtbar. Das Bruttoinlandsprodukt betrug 2018 über 9 Milliarden US-Dollar, was einen Zuwachs von mehr als sechs Prozent zum Vorjahr bedeutete. Die Geburten pro Frauen nahmen innerhalb von 10 Jahren von etwa sieben auf vier im Jahr 2019 deutlich ab und der Analphabetismus reduzierte sich von 49 Prozent (2010) auf 44 Prozent (2015). Ruanda wurde 2017 vom „World Economic Forum" als ökonomisch effizientestes Land Afrikas eingestuft.
Und die Veränderungen gehen weiter. Die Nichtregierungsorganisation aus Ruanda „Rwanda Men's Resource Centre" (RWAMREC) setzt sich für Trainingsprogramme für Ehepaare ein. Ein Umdenken beim Mann soll erreicht werden, z. B. in Bezug auf Hilfe im Haushalt. Auch die Gewalt gegen Ehefrauen wird thematisiert.

Doch es gibt auch Schattenseiten in Ruanda. Menschenrechtsorganisationen beklagen, dass Ruanda bis heue, durch ein autoritäres Regime regiert wird, das jegliche Opposition mit Gewalt unterdrückt.

M 6 Frauenförderung und Entwicklung in Ruanda

Die Bewohner der Bergregionen Hoa Son in Nordvietnam, die hauptsächlich Volksminoritäten angehören, sind bis heute von der wirtschaftlichen Entwicklung des Landes weitgehend abgeschnitten und leben oft in großer Armut [...] und [...] fast ausschließlich von der Subsistenzwirtschaft. Der Staat stellt zwar den Schulbesuch der Kinder sicher, viele notwendige Gemeindeaufgaben wie Kindergärten, Kranken- und Altenversorgung werden jedoch nicht finanziert, wovon im Wesentlichen Frauen und Kinder betroffen sind.

Hilfe kam durch die Nichtregierungsorganisation „Materra" aus Freiburg über einen Fonds für landwirtschaftliche Kleinkredite, der vorzugsweise an Frauen vergeben wird. Die Kredite werden für die Tierzucht, den Reis- und Obstanbau sowie den Handel mit landwirtschaftlichen Produkten verwandt. [...] Eine Kreditnehmerin kann den Betrag von 50 US-Dollar erhalten und muss diesen nach etwa einem Jahr mit geringem Zins zurückzahlen. Sehr schnell haben von den 1091 Haushalten in Hoa Son 1052 Frauen einen Kredit erhalten [...]. Auch zuvor hatten sich diese Frauen Geld geliehen, um Investitionen zu tätigen. Doch bei den privaten Geldverleihern mussten sie deutlich höhere Zinsen (monatlich zehn Prozent) bezahlen als bei der Nichtregierungsorganisation (monatlich 1,5 Prozent). Schon seit [...] Jahren zahlen die Frauen den Kredit und die Zinsen pünktlich nach einem Jahr zurück. Aus den Zinsüberschüssen [...] konnte die gegründete Frauenunion die Kosten für den Unterhalt und das Personal von [...] Kindergärten in den Gemeinden sowie die Renovierung einer kleinen Gesundheitsstation finanzieren [...].
Durch Trainings, Workshops und Expertenberatung wurde den Frauen beim Kreditmanagement geholfen und bei Darlehens- und Spareinrichtungen beratend zur Seite gestanden. Die Initiative und die Leistungsfähigkeit der Frauenunion haben maßgeblich dazu beigetragen, dass dieser Kreditfond zur Finanzierung von Frauenaktivitäten und zur Verbesserung der Einkommenssituation der Familien dient. [...]

VENRO: Gewusst wie – Gender in der Entwicklungszusammenarbeit, Bonn 2006, S. 62

M 7 Frauenförderung und Entwicklung in Nordvietnam

Eigene Handlungsmöglichkeiten – „Fairänderung“ als Ziel

1973 eröffnete der erste deutsche Weltladen in Stuttgart. In Weltläden werden fair gehandelte Lebensmittel und Handwerksprodukte verkauft. Weltläden sind Ansprechpartner für Schulen und sie betreiben auch entwicklungspolitische Öffentlichkeitsarbeit. Ziel der Weltläden ist, mehr Gerechtigkeit in den Handelsbeziehungen zwischen Ländern des Globalen Südens und des Nordens zu erreichen. Wie wird dieses Ziel umgesetzt und wie kann dies jeder Einzelne mitgestalten?

1 Entwickeln Sie Ideen, was sich hinter den Schlagworten (M1) verbergen könnte.
2 Erläutern Sie das Konzept der Weltläden (M1 – M4).
3 a) Analysieren Sie die Strukturdaten Ghanas (M6).
b) Beurteilen Sie, ob fairafric-Schokolade als Verkaufsprodukt in Weltläden deren Ansatz für eine gerechtere Welt unterstützt (M2, M5 – M8).
4 Bewerten Sie, inwiefern Weltläden einen Beitrag zur Umsetzung der SDG leisten (M2, M5 – M8, S. 24 / 25).
5 Ergänzen Sie zu den fünf Aussagen (M1) konkrete Inhalte.
6 Erläutern Sie eigene Handlungsmöglichkeiten in Verbindung mit den Weltläden (M2 – M4).
Z 7 Recherchieren Sie im Internet, wo sich der nächste Weltladen in Ihrer Nähe befindet.

M 1 Ein Plakat der Weltläden

Die ersten **Weltläden** entstanden Anfang der 1970er-Jahre. Ihre Vision ist seit damals, die Welt nachhaltiger und gerechter zu gestalten. Dabei liegt ihr Augenmerk auf der Verbesserung der Lebens- und Arbeitsbedingungen der Menschen in den Ländern des Globalen Südens.

Das Konzept basiert auf drei Säulen:
1. Der Verkauf fair gehandelter Ware soll gerechte Einkommensmöglichkeiten für Produzenten ermöglichen.
2. Mithilfe von Bildungs- und Informationsarbeit soll auf die Ungerechtigkeit im Welthandel aufmerksam gemacht werden, sodass jeder Konsument Impulse erhält, um Handlungsoptionen abzuwägen.
3. Die Regeln des Welthandels sollen gerechter gestaltet werden: Im Dialog mit der Politik arbeiten Weltläden auf einen **fairen Handel** hin.

2020 gab es In Baden-Württemberg 232 Weltläden mit etwa 6000 Mitarbeitern. Bundesweit engagieren sich mehrere Zehntausend Menschen in rund 800 Weltläden und motivieren zum Mitmachen. Die Mitarbeiter sind ehrenamtlich tätig, sodass der Verkaufsgewinn und die Mitgliederbeiträge für Entwicklungs- und Unterstützungsprojekte im Globalen Süden eingesetzt werden können. In diesen Projekten werden dabei folgende Zielsetzungen verfolgt: Zahlung fairer Preise, Ausschluss von Kinder- und Zwangsarbeit, Gleichberechtigung, bessere Arbeitsbedingungen, Umweltschutz und bessere Chancen für wirtschaftlich benachteiligte Produzentinnen und Produzenten eröffnen.

Das Sortiment eines Weltladens umfasst zwei Bereiche: Der erste Bereich ist „Food“. Das sind Lebensmittel aus überwiegend biologischem Anbau, wie zum Beispiel Schokolade, Kaffee, Tee, tropische Trockenfrüchte, Obstsäfte und Weine. Der zweite Bereich umfasst „Non-Food-Produkte“. Dabei handelt es sich um handwerklich hergestellte Produkte wie Schmuck, Tücher, Spielwaren, Korbwaren und Kleidungsstücke.

M 2 Basisinformation

M 3 Weltladen als Ort des Lernens

Weltläden bieten viele Möglichkeiten, sich einzubringen. Auch junge Menschen können sich in Weltläden engagieren – zum Beispiel im Rahmen eines Praktikums oder eines Freiwilligendienstes, als Beauftragte für Social Media, bei politischen Straßenaktionen oder in der Bildungsarbeit.
Studierende können ihr Engagement auf die vorlesungsfreie Zeit beschränken oder einen Ladendienst nach der Vorlesung legen.
Auszubildende haben die Möglichkeit an zeitlich begrenzten Projekten mitzuarbeiten oder die **Weltläden** von zu Hause aus zu unterstützen. Dies ist beispielsweise über die Betreuung von Webseiten möglich. Zahlreiche Weltläden haben zudem Schülerinnen und Schüler dabei unterstützt, einen Schulweltladen auf den Weg zu bringen.
Grundsätzlich sind Weltläden aber Begegnungsstätten, wo Interessierte Näheres über die Zusammenhänge von Wirtschaft, Globalisierung und fairem Handel erfahren, sodass eine inhaltliche Auseinandersetzung mit diesen Themen möglich ist.

M 4 Engagement Weltladen

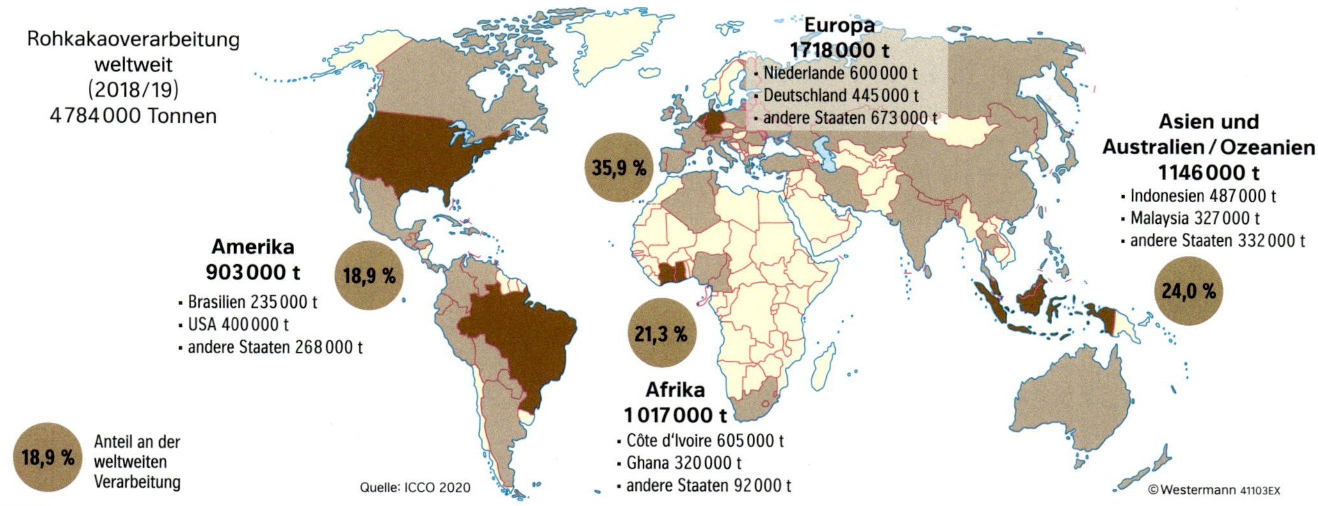

M 5 Rohkakaoverarbeitung weltweit (2018 / 2019)

Bevölkerung (in 1000)	30168
BIP je Einw. (in US-$)	2223
Human Development Index (HDI)	0,596 (Rang 142)
Armutsquote* (< 5,50 US-$ / Tag, in %)	56,9
Erwerbstätige nach Sektoren ** (in %)	Landwirtschaft: 40,7 produzierendes Gewerbe: 14,1 Dienstleistung: 45,2
Bruttowertschöpfung nach Sektoren** (in %)	Landwirtschaft: 19,7 produzierendes Gewerbe: 30,8 Dienstleistung: 42,4 keine Angabe: 7,1
Warenexport*** (in %)	Perlen, Edelmetalle, Edelsteine: 35,6 mineralische Brennstoffe und -öle: 30,6 Kakao / verarbeiteter Kakao: 19,0

* 2016, ** 2017, *** 2018 Quelle: LiPortal, Statistisches Bundesamt, Weltbank

M 6 Strukturdaten Ghanas (2019)

Ghana war 2018 der zweitgrößte Kakaoexporteur der Welt. Nach Erdöl und Gold ist Kakao das wichtigste Exportprodukt des Landes. Da aber der Weltmarktpreis für Kakao stark schwankt, variieren auch die Einkünfte des Landes. Denn der Rohstoff wird vor allem als Bohnen exportiert. Die lokale Wertschöpfung ist deshalb gering, denn die Schokoladenherstellung findet im Ausland statt.

Doch 2016 wurde die erste Tafel Schokolade von „fairafric" im westafrikanischen Ghana produziert. Sie wird unter diesem Label von der Bohne bis zur verpackten Schokoladentafel vollständig in Ghana hergestellt. Die fairafric-Schokolade unterscheidet sich zudem von vielen FairTrade-Lebensmitteln, da bei FairTrade-Produkten oft lediglich der Rohstoff in einem Land zu fairen Bedingungen produziert wird. Fairafric-Produkte werden dagegen mit Unterstützung von Produktionspartnern komplett in Ghana hergestellt. Auf diese Weise erhöhte sich die Wertschöpfung deutlich. Allein das Einstiegsgehalt für die Produktionsmitarbeiter betrug im Jahr 2019 etwa 225 US-Dollar pro Monat und lag somit deutlich über den ortsüblichen Gehältern. Die Kakaobauern erhalten zudem eine Prämie von 600 US-Dollar pro Tonne Kakaobohnen, die direkt an sie ausbezahlt wird. Diese liegt deutlich über den Prämien von FairTrade-Kooperationen. Der Konsument bezahlt etwa drei Euro für eine Tafel Schokolade.

M 7 Schokolade des Labels „fairafric"

Arbeitsplätze
Die Menschen erhalten die Möglichkeit auf einen Arbeitsplatz in der verarbeitenden Industrie. Die Löhne liegen weit über dem Landesdurchschnitt, Sicherheitskleidung wird gestellt, Überstunden und Wochenendarbeit werden extra bezahlt. Es gibt eine Betriebsrente und subventioniertes Essen.

$

Gesundheitsfürsorge
Notwendige Behandlungen werden nicht mehr wegen Geldmangel aufgeschoben. Durch den höheren Verdienst kann man sich eine Gesundheitsvorsorge leisten, die wiederum eine bessere Leistungsfähigkeit bedeutet.

\+

Bildung
Die Menschen verdienen genug Geld, um ihre Kinder zur Schule gehen lassen zu können. Denn Armut ist der Hauptgrund für Kinderarbeit. Zusätzlich stellt die Arbeit in einem Produktionsbetrieb eine berufliche Zusatzqualifizierung dar.

Gleichberechtigung
Die Hälfte des Vorstandes der Partnerkooperative ist mit Frauen besetzt. Das stärkt die Einkommenskraft der weiblichen Mitglieder nachhaltig.

♀

Wertschöpfung
Da die Rohstoffe in der Regel gleich exportiert werden, ist die Wertschöpfung gering. Wenn aber viele Unternehmen der Branche ihre gesamte Produktionskette nach Afrika verlegen, lockt das wiederum neue Unternehmen an und die Infrastruktur verbessert sich.

Nachhaltigkeit
Die Farmer werden unterstützt, die Felder nachhaltiger zu bewirtschaften. Gleichzeitig versucht das Unternehmen, die eigene Nachhaltigkeit zu optimieren. So wird seit Ende 2018 die Schokolade klimaneutral produziert.

M 8 Fairafric – warum made in Ghana?

17 PARTNERSCHAFTEN ZUR ERREICHUNG DER ZIELE

Eigene Handlungsmöglichkeiten – Freiwilligendienst

Viele Probleme auf der Welt scheinen fern, groß und zum Teil unlösbar. Dennoch sind es auch deutsche Akteure der Zivilgesellschaft, die weltweit dazu beitragen, dass viele Initiativen und Impulse in Sport, Bildung, Kunst und Kultur, im Umweltbereich oder in der Entwicklungszusammenarbeit überhaupt erbracht werden können. Was kann ein freiwilliges soziales Jahr bewirken?

1 Erläutern Sie, was Sie motivieren würde, ein freiwilliges soziales Jahr zu machen (M1).
2 Stellen Sie das Programm weltwärts in einem kurzen Steckbrief dar (M2 – M4)
3 Erläutern Sie mögliche Einsatzbereiche (M5).
4 a) Ordnen Sie die verschiedenen Beispiele für ein Engagement mit weltwärts möglichen nachhaltigen Entwicklungszielen zu (M2, M4 – M7, S. 24 / 25).
b) Bewerten Sie, inwiefern weltwärts einen Beitrag zur Umsetzung der SDG (S. 24 / 25) leistet.
5 Überprüfen Sie, inwiefern Ihr Handeln im Rahmen eines weltwärts-Projekts einen Beitrag zur Entwicklungszusammenarbeit leisten könnte?

M 1 Mit weltwärts in Namibia, im südlichen Afrika

Freiwilligendienste haben in Deutschland eine lange Tradition. So entstanden beispielsweise nach dem Zweiten Weltkrieg internationale Dienste für Versöhnung und Frieden. Zivilgesellschaftliche Organisationen (z. B. der Arbeitskreis Lernen und Helfen in Übersee e.V., die Gesellschaft für Internationale Zusammenarbeit) bieten seit über 70 Jahren jungen Menschen die Möglichkeit, sich zu engagieren, beispielsweise in einem freiwilligen sozialen oder ökologischen Jahr.

Ein Programm, das ebenfalls einen entwicklungspolitischen Freiwilligendienst anbietet, ist weltwärts. es besteht seit 2008 und unterstützt junge Menschen in ihrem entwicklungspolitischen Engagement. Bis zum Jahr 2020 waren über 40 000 Freiwillige in 80 Ländern Afrikas, Asiens, Lateinamerikas, Osteuropas und Ozeaniens aktiv. Die Auslanderfahrungen sind dabei abhängig von der Betreuung, den Bedingungen vor Ort und dem eigenen Engagement.
Weltwärts ist ein Gemeinschaftswerk des Bundesministeriums für wirtschaftliche Zusammenarbeit und Entwicklung (BMZ) und der Zivilgesellschaft. Es arbeitet mit rund 160 Entsendeorganisationen zusammen. Diese unterstützen benachteiligte Kinder und Jugendliche, Bildungs- und Gesundheitsprojekte, engagieren sich für Menschenrechte, den Umweltschutz oder in der Landwirtschaft. Parallel wird ein besonders Anliegen verfolgt: Weltwärts möchte bei jungen Menschen entwicklungspolitisches Engagement wecken und sie für Fragen von globaler Gerechtigkeit sensibilisieren.

Neben dem Freiwilligendienst wird auch die Rückkehrarbeit und der Partnerdialog gefördert, sodass Netzwerke gebildet werden und ein reger Erfahrungsaustausch stattfindet. Er soll zu einem Motor des globalen Lernens werden, um auch andere für Entwicklungsfragen zu sensibilisieren und zu interessieren. So kann ein Rückkehrer weiter für seine Entsendungsorganisation aktiv bleiben, in dem er Vorträge zu entwicklungspolitischen Themen hält oder sich in der Vorbereitung neuer Freiwilliger engagiert.
Dieser Erfahrungsaustausch wird seit einigen Jahren durch die „Süd-Nord-Komponente“ erweitert: Junge Menschen aus den Partnerländern erhalten durch weltwärts die Chance, einen Freiwilligendienst in Deutschland zu machen, um so auch interkulturelle Erfahrungen zu sammeln.

M 2 Basisinformation

- Ich bin zwischen 18 und 28 Jahre alt.
- Ich will andere Kulturen kennenlernen und etwas Sinnvolles tun.
- Ich bin teamfähig, lernbereit und offen für Neues.
- Ich möchte mich für eine gerechtere Welt einsetzen – auch nach meiner Rückkehr.
- Ich bin bereit, für mindestens sechs Monate in ein anderes Land zu gehen.
- Ich habe eine Berufsausbildung oder Abitur oder gleichwertige Erfahrungen.
- Ich habe die deutsche Staatsbürgerschaft oder ein dauerhaftes Aufenthaltsrecht.
- Ich bringe erste Fremdsprachenkenntnisse mit.

www.weltwärts.de, Stand: 09 / 2020

M 3 Persönliche Checkliste für einen Freiwilligendienst

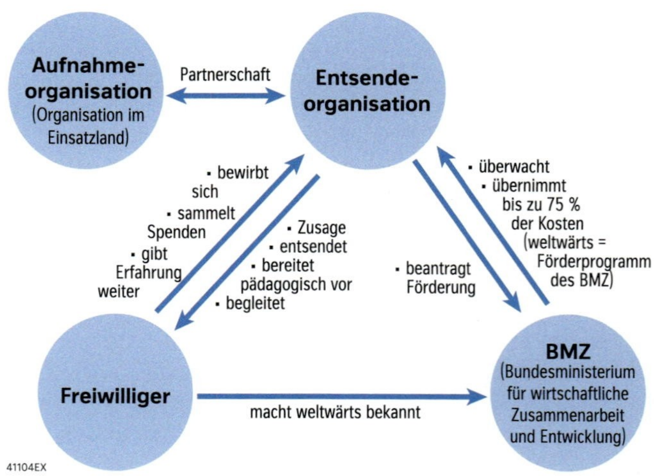

M 4 Das weltwärts-Prinzip

M 5 „Blitzlichter" auf einige weltwärts-Projekte

Ronja R. hat nach dem Abitur mit PanamaKreis e. V. (M8) einen weltwärts-Einsatz gemacht. Sie berichtet darüber auf dem Internetauftritt von weltwärts.

„Nur wenige Autostunden von Panama-Stadt entfernt, sind die Wege nur mit Allradwagen zu befahren. Dort leben Menschen in Lehmhütten mit Wellblech- oder Strohdächern, sehr häufig ohne Elektrizität, fließendes Wasser und sanitäre Anlagen, fernab von einer Schule oder einer Gesundheitsstation. […]
Am 5. September bin ich zum ersten Mal nach Ciruelar Arriba aufgebrochen. In dieser Bergregion ist die Schulbildung immer noch gering. Die Lehrkräfte werden nach dem Studium von der Regierung verschiedenen Schulen zugeteilt. Diese liegen teilweise sehr abgelegen und sind nur schwer zu erreichen. […] So haben einige Klassen nur dienstags, mittwochs und donnerstags Unterricht. Durch den mehrstündigen Schulweg können viele Kinder unregelmäßig oder überhaupt nicht zur Schule gehen. In der Regenzeit bleiben sie häufig zu Hause, da der lange Weg zu gefährlich ist und auch die Lehrkräfte die Schulen nicht erreichen.
In Ciruelar Arriba sollte die Schule ausgebaut werden, um allen Kindern eine wohnortnahe Beschulung zu ermöglichen. Der erste Klassenraum war im Vorjahr mit Unterstützung der deutschen Botschaft erstellt worden. In den ersten Wochen haben wir mit Lorenzo Vázquez, dem Bauingenieur von CEPAS, die Grundrisse vermessen und das Fundament gegraben. […]
Bei der Schulerweiterung in Ciruelar Arriba haben viele Eltern ohne Bezahlung mitgearbeitet. Dass der Anbau eines Klassenraums der Zukunft ihrer Kinder zugute kommt, war Motivation genug.

In unserer freien Zeit hatten wir viel Spaß mit den Kindern […]. Abends haben wir uns bei Kerzenschein oder dem Licht einer Taschenlampe unterhalten und mit den Kindern Hausaufgaben gemacht. Die Menschen waren sehr interessiert am Leben in Deutschland: Über meine Hobbys, die Familie, meine gesellschaftliche Stellung, aber auch über Themen wie Bildung und Politik haben wir uns häufig unterhalten.
Geschlafen habe ich im Haus einer der Familien. Es war für mich sehr spannend zu erfahren, mit welchen Pflichten, Aufgaben und Spielen sich die Kinder dort von morgens früh bis spätabends beschäftigen. […] Sie bauen ihr Spielzeug aus dem, was sie finden. Mit einem Ball, welcher aus Bändern, Steinen und Pflanzenfasern gebastelt wurde, wurde wochenlang gespielt und immer wieder neue Spiele erfunden. […]
Alle Menschen, denen ich begegnet bin, waren sehr offen und haben über ihre persönliche Lebenssituation berichtet. […] Hier ist die Produktion von Nahrung ein täglicher Überlebenskampf und Bildung nicht selbstverständlich. Oft musste ich mir vergegenwärtigen, dass eine Verbesserung nur in kleinen Schritten erreicht werden kann. Mein Dank geht an die Dorfgemeinden. […] Ich werde diese Zeit niemals vergessen!"

www.weltwaerts.de, Schulbildung für alle, Stand: 07 / 2020

M 6 Ein Erfahrungsbericht einer Teilnehmerin des Freiwilligendienstes

M 7 Gestaltung des neuen Klassenzimmers mit einer Weltkarte

Der PanamaKreis e. V. ist eine qualifizierte Entsendeorganisation von weltwärts. Dieser gemeinnützige Verein hat sich seit 1978 der Aufgabe verpflichtet, durch Projekte die sozialen, ökologischen und wirtschaftlichen Lebensumstände der indigenen Volksgruppe der Ngöbe-Buglé und kleinbäuerlicher Gemeinschaften in der Provinz Veraguas in Panama zu verbessern. Durch bedarfsgerechte Projekte in Kooperation mit dem Partner CEPAS (Centro de Estudios, Promoción y Asistencia Social) und den Dorfgemeinschaften in Panama unterstützt der Verein vorrangig Projekte im Bereich Bildung, nachhaltige Landwirtschaft und Trinkwasserversorgung.

M 8 Partnerorganisation PanamaKreis e. V.

Nachhaltige Entwicklungsziele – eine Zwischenbilanz

Einige Länder des Globalen Südens konnten in den letzten Jahren die Armut ihrer Bevölkerung reduzieren und ihren Entwicklungsstand verbessern. Das erreichten sie trotz der Verschärfung globaler Disparitäten, welche entgegen der Bemühungen unterschiedlicher Akteure in den vergangenen Jahrzehnten weltweit nicht abgenommen haben. Sind die Sustainable Development Goals der Vereinten Nationen als Impulsgeber für eine globalen Entwicklung geeignet, um Disparitäten nachhaltig abzubauen?

1 a) Stellen Sie Bereiche Ihres eigenen Konsumverhaltens dar, die Sie „in der entscheidenden Phase für die Rettung der Erde" im Sinne der Nachhaltigkeit verändern können (M1).
b) Erläutern Sie, welche SDG durch diese Veränderungen positiv beeinflusst werden (S. 24 / 25).

2 Analysieren Sie die Ergebnisse des SDG-Reports aus dem Jahr 2019 (M2, M3, M5).

3 a) Charakterisieren Sie Kenias Positionierung im SDG-Report im globalen Vergleich (M3, M6, M7).
b) Erstellen Sie ein Wirkungsgefüge, das zeigt, inwiefern das Programm „ProSolar" zur Verbesserung einzelner SDG beiträgt (M6, M7).

4 „Die Fokussierung auf einzelne Ziele muss überwunden werden, um die Agenda 2030 zu erreichen." Beurteilen Sie diese Aussage (M4).

Die von den Vereinten Nationen (UN) 2015 verabschiedete Agenda „Transformation unserer Welt: die Agenda 2030 für nachhaltige Entwicklung" soll dazu beitragen, die gesamte Welt – auch die Länder des Globalen Südens – nachhaltig zu verändern und zu verbessern.

Im Jahr 2019 kamen die Staatenchefs der UN-Staaten in New York zusammen, um ein erstes Resümee zu den 2016 in Kraft getretenen Sustainable Development Goals (SDG), den nachhaltigen Entwicklungszielen, zu ziehen. Diese Bilanz fiel ernüchternd aus. Es scheint, dass mehr geredet würde als gehandelt. Als ein Grund wurde die fehlende Verpflichtung zum nationalen Monitoring (Kontrolle) angesehen. Vor allem wurde die Rolle der Industrieländer kritisch betrachtet. Laut des SDG-Reports der Bertelsmann-Stiftung aus dem Jahr 2019 erfüllen zum Beispiel die Länder Nordeuropas mit Werten von bis zu 85,2 von 100 möglichen Punkten die UN-Vorgaben bereits in hohem Maße. Dennoch sorgen sie aufgrund ihres Konsumstils und hohen Lebensstandards für immense Kosten in den Bereichen Umwelt, Wirtschaft und Sicherheit in Drittländern. Nachhaltiger Konsum und Klimaschutz sind daher die zukünftigen Arbeitsfelder der Industrienationen.

Gleichzeitig gibt es global betrachtet zahlreiche Projekte, die sich auf lokaler Ebene für eine Verbesserung der Lebensumstände und vor allem des SDG 1, der Verringerung der absoluten Armut, erfolgreich einsetzen. Insgesamt sind zudem die Sterblichkeitsraten der unter 5-Jährigen sowie von Müttern nach der Geburt stark zurückgegangen und die globale Lebenserwartung, ebenso wie die weltweite Arbeitsproduktivität gestiegen.

Auch wenn die Wahl der Maßnahmen zum Erreichen der Ziele jedem Land selbst überlassen ist, bietet der integrative Ansatz der Sustainable Development Goals langfristig das Potenzial, wirksamer zu sein als bisherige, auf einzelne Bereiche fokussierte Strategien. Die Grundsatzfrage bleibt aber: Quo Vadis, Weltgemeinschaft?

M 2 Basisinformation

„Wir verpflichten uns, die Art und Weise, in der unsere Gesellschaften Güter und Dienstleistungen produzieren und konsumieren, grundlegend zu verändern.
Die Regierungen, die internationalen Organisationen, die Unternehmen und anderen nichtstaatlichen Akteure wie auch jeder Einzelne müssen zur Veränderung nicht nachhaltiger Konsum- und Produktionsmuster beitragen […]."

UN-Generalversammlung, Resolution der Generalversammlung, 09/2015

„Die nächsten Jahre sind eine entscheidende Phase für die Rettung der Erde und die Herbeiführung einer nachhaltigen, inklusiven menschlichen Entwicklung."

António Guterres, Generalsekretär der UN, 2019

M 1 Zitate zu den Sustainable Development Goals (SDG)

Rang	Land	Wert
1	Dänemark	85,2
6	Deutschland	81,1
54	Vietnam	71,1
116	Bangladesch	60,9
120	Botswana	59,8
122	Guatemala	59,6
125	Kenia	57,0
126	Ruanda	56,0
136	Mosambik	53,0
159	Nigeria	46,4
162	Zentralafrikanische Republik	39,1

M 3 Der Sustainable Development Index 2019

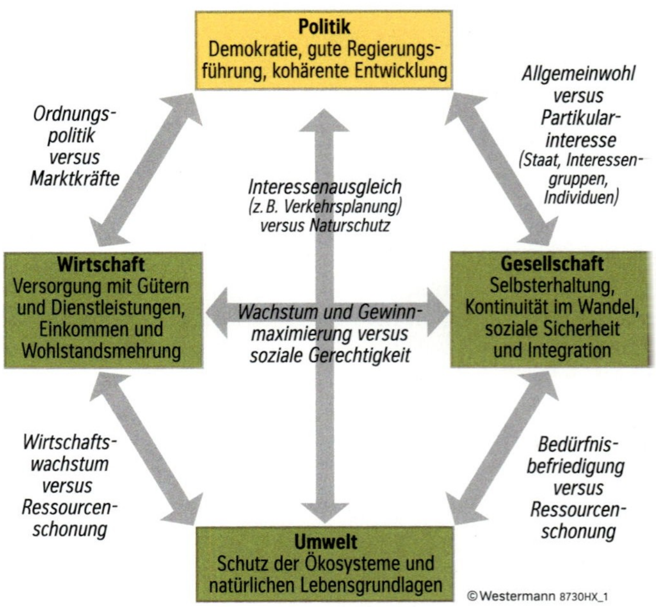

M 4 Zielkonflikte zwischen den Entwicklungsdimensionen

41107EX

	keine Armut	kein Hunger	Gesundheit und Wohlergehen	hochwertige Bildung	Geschlechtergleichheit	sauberes Wasser und Sanitäreinrichtungen	bezahlbare u. saubere Energie	menschenwürdige Arbeit u. Wirtsch.-wachstum	Industrie, Innovation u. Infrastruktur	weniger Ungleichheit	nachhaltige Städte und Gemeinden	nachhaltige/r Konsum und Produktion	Maßnahmen zum Klimaschutz	Leben unter Wasser	Leben an Land	Frieden Gerechtigkeit u. starke Institutionen	Partnerschaften zur Erreichung der Ziele
	1	2	3	4	5	6	7	8	9	10	11	12	13	14	15	16	17
Ost- und Südasien	↑	↗	↗	↗	→	↗	↗	↑	↗	●	↗	●	→	→	↓	↗	→
Osteuropa und Zentralasien	↑	↗	↗	↗	↗	↗	↑	↗	↗	●	→	●	→	→	→	→	↓
Lateinamerika und Karibik	↓	↗	↗	→	↗	↗	↑	→	↗	●	→	●	→	↗	→	→	↗
Mittlerer Osten und Nordafrika	↑	↗	↗	↗	→	↗	↗	↗	↗	●	→	●	→	→	→	→	●
Afrika südlich der Sahara	→	→	↗	↗	→	→	→	↗	↗	●	→	●	↑	↗	↗	↓	↗
Ozeanien	→	→	→	→	→	→	●	●	→	●	●	●	↑	→	●	●	●

↓ abnehmend → stagnierend ↗ moderat steigend ↑ auf dem richtigen Weg ● keine Daten

M 5 **Ergebnisse des Sustainable-Development-Goals-Report 2019 für einzelne Regionen auf der Erde im Durchschnitt**

Das Bundesministerium für wirtschaftliche Zusammenarbeit und Entwicklung (BMZ) fördert in einer Fallstudie, im Rahmen der Agenda 2030, den Ausbau von Solarenergie in Kenia. Ziele sind, die ländliche Armut zu bekämpfen, Landflucht einzudämmen und einen wirtschaftlichen Aufschwung voranzutreiben. Während städtische Räume häufig schon an Stromnetze angeschlossen sind, ist die Anschlussrate in ländlichen Regionen mit unter fünf Prozent noch extrem gering. Grund dafür sind unter anderem Finanzierungsschwierigkeiten durch das Land Kenia. Das Bestreben der kenianischen Regierung, das gesamte Land flächendeckend mit Elektrizität zu versorgen, vor allem über Solarenergie, wird vom BMZ durch das Programm „Förderung von Solar-Hybrid-Dorfstromanlagen (ProSolar)" unterstützt und beratend begleitet.

Im Fokus des Projekts stehen unter anderem die nördlichen Distrikte Turkana und Marsabit. Im Jahr 2019 lagen diese Regionen im Human Development Index (HDI) unter dem kenianischen Landesschnitt (0,579). Sie sind landwirtschaftlich geprägt und dürregefährdet, weswegen beispielsweise eine Sicherung der Wasserversorgung für die Landwirtschaft unabdingbar ist. Mithilfe von Solarenergie sollen daher Bewässerungsmöglichkeiten über Wasserpumpen geschaffen werden. Diese ermöglichen es den Bauern, während einer Dürreperiode effektiv Landwirtschaft zu betreiben.
Dazu sollen solarbetriebene „Inselnetze" errichtet werden, die, abweichend von Verbundnetzen, eine private Stromversorgung des ländlichen Raums dezentral gewährleisten. Neben der Stärkung des Privatsektors sprechen vor allem Kosteneffizienz und ökologische Aspekte für diese Art der Energieversorgung.

Zusätzlich zu der finanziellen Unterstützung werden im Rahmen des Programms Solartechniker und Solartechnikerinnen in Kenia durch Fachleute des BMZ ausgebildet. Diese sollen den Bau der Dorfstromanlagen beaufsichtigen und durchführen. Hierfür wurde ein Lehrplan erarbeitet und eine Werbekampagne organisiert, die vor allem Frauen zur Ausbildung aufrufen soll.

M 6 **Solarstrom für Kenia**

a

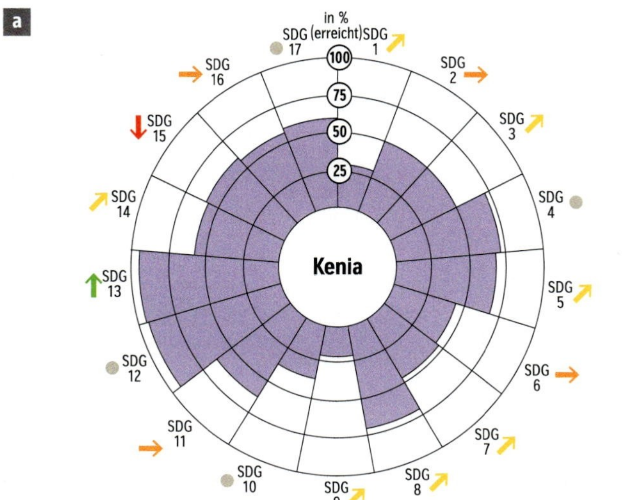

Trend zur Erreichung der SDG
↓ abnehmend
→ stagnierend
↗ moderat steigend
↑ auf dem richtigen Weg
● keine Daten
41106EX

b

größte Herausforderungen
bedeutende Herausforderungen
verbleibende Herausforderungen

Die Länderprofile des SDG-Reports der Bertelsmann-Stiftung kennzeichnen je nach Verfügbarkeit der Daten die durchschnittliche Leistung des Landes in den einzelnen Nachhaltigkeitszielen. Sie werden auf einer Skala von 0 bis 100 (a) bewertet. Der Trend zur Erreichung der SDG (Pfeile in a) und die derzeitige Bewertung des Ist-Zustands (b) wird in einem Ampelsystem dargestellt.

M 7 **Länderprofil Kenias im Sustainable-Development-Goals-Report 2019**

Das Wichtigste in Kürze

Disparitäten sind Unterschiede in der räumlichen, sozialen, politischen und ökonomischen Ausstattung zwischen Ländern, Regionen oder sogar einzelnen Ortsteilen. Sie sind Ausdruck ungleicher Arbeits- und Lebensbedingungen.
Mithilfe von Indikatoren kann ein Vergleich von Entwicklungsständen durchgeführt werden. Naheliegend sind zunächst ökonomische Indikatoren wie das Bruttonationaleinkommen (BNE). Gleichwohl ist die Berücksichtigung sozialer Indikatoren nötig, um den Entwicklungsstand beurteilen zu können. Dafür bieten sich mehrdimensionale Indikatoren an, zum Beispiel der Human Development Index (HDI) oder der Multidimensional Poverty Index (MPI). Neben solchen Indizes existieren eine Vielzahl von Kategorien oder Klassifikationen, die den Entwicklungsstand grob kennzeichnen, zum Beispiel: Länder des Globalen Südens, Least Developed Countries (LDC). Fachleute streiten darüber, ob fehlende Entwicklung eher im jeweiligen Land selber (endogen) oder eher von außen (exogen) zu begründen sei. Andere Theorieansätze, wie die der Fragmentierung, beziehen die Auswirkungen der Globalisierung in die Erklärungsmuster mit ein.
Ungleichheiten im sozialen und wirtschaftlichen Entwicklungsstand von Ländern und Regionen münden häufig in Konflikte und Migration (Binnen – bzw. internationale Migration). Das soziale Ungleichgewicht zeigt sich u. a. in der Verletzung von Menschenrechten, zum Beispiel denen von Kindern. Eine Folge disparitärer Entwicklungen ist aber auch das Land Grabbing. Vor allem Länder des Globalen Südens versuchen so an notwendiges Geld und Know-how zu kommen, um die Ungleichheiten abzumildern.
Seit Jahrzehnten wird in unterschiedlichen Foren von Politik, Kultur und Wissenschaft diskutiert, wie die globalen und regionalen Disparitäten und ihre Folgen zu beseitigen sind. Es gibt unterschiedliche Entwicklungsstrategien, zum Beispiel die der nachholenden Entwicklung oder die Befriedigung der Grundbedürfnisse. Seit Anfang der 1990er-Jahre findet eine Verlagerung hin zur Entwicklungszusammenarbeit statt, bei der eine nachhaltige Entwicklung (ökonomisch, ökologisch, sozial), geprägt durch die 17 nachhaltigen Entwicklungsziele (SDG), fokussiert wird: eine Selbstverpflichtung aller Länder der Welt. Verschiedene Strategien der Entwicklungszusammenarbeit können miteinander kombiniert werden und Projekte gleichzeitig mehrere SDG unterstützen. Doch auch jeder Einzelne kann seinen Beitrag dazu leisten, sei es durch ein freiwilliges soziales bzw. ökologisches Jahr oder die Unterstützung von Weltläden und dem fairen Handel.
Die Reduzierung von Disparitäten wird auch in den nächsten Jahren bzw. Jahrzehnten eine zentrale globale Herausforderung bleiben, zu der wirtschaftlicher Wohlstand, ökologisches Gleichgewicht und soziale Gerechtigkeit gehören.

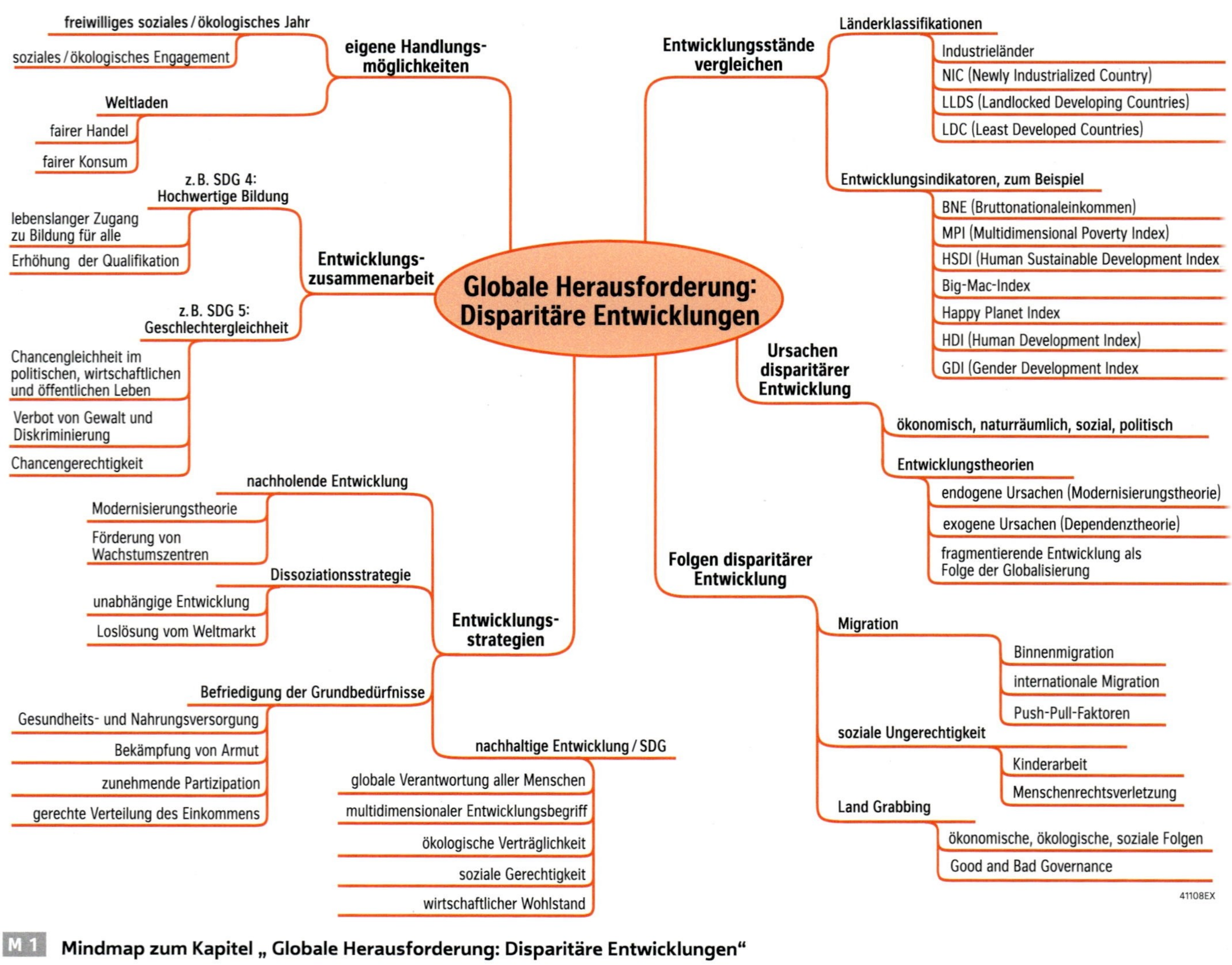

M 1 **Mindmap zum Kapitel „Globale Herausforderung: Disparitäre Entwicklungen“**

Prüfen Sie sich selbst!

Hier sind Kompetenzen, die Sie in diesem Kapitel erwerben konnten, aufgelistet. Überprüfen Sie selbst Ihren erreichten Stand der Kompetenzentwicklung.

Prüfen Sie sich selbst! Sie können ...	Überprüfen Seite / Aufgabe	kann ich	kann ich nicht	Seiten
... Länder unterschiedlichen Entwicklungsstandes mithilfe von Indikatoren analysieren.	102 / 5	↓	→	102 / 103
... den Entwicklungsstand unterschiedlicher Länder mithilfe ausgewählter Indikatoren analysieren.	104 / 2, 4a	↓	→	104 / 105
... Ursachen disparitärer Entwicklung erläutern.	106 / 2	↓	→	106 / 107
... Migration als Folge disparitärer Entwicklung erläutern.	108 / 4	↓	→	108 / 109
... soziale Ungerechtigkeit am Beispiel von Kinderarbeit als Folge disparitärer Entwicklungen charakterisieren.	110 / 4a	↓	→	110 / 111
... Land Grabbing als Folge disparitärer Entwicklungen erläutern.	112 / 2	↓	→	112 / 113
... verschiedene Entwicklungstheorien als Erklärung für unterschiedliche Entwicklungsstände vergleichen.	114 / 2a	↓	→	114 / 115
... verschiedene Entwicklungsstrategien zur Überwindung globaler Ungleichheit erläutern und bewerten.	116 / 4, 5	↓	→	116 / 117
... Beispiele hinsichtlich der Unterstützung des SDG 4 bewerten.	118 / 4	↓	→	118 / 119
... Beispiele hinsichtlich der Unterstützung des SDG 5 bewerten.	120 / 5b	↓	→	120 / 121
... bewerten, inwiefern Weltläden einen Beitrag zur Umsetzung der nachhaltigen Entwicklungsziele leisten.	122 / 4	↓	→	122 / 123
... überprüfen, inwiefern ein freiwilliges soziales / ökologisches Jahr einen Beitrag zur Umsetzung der nachhaltigen Entwicklungsziele leistet.	124 / 4a, 4b	↓	→	124 / 125
... die Wirksamkeit der nachhaltigen Entwicklungsziele (Sustainable Development Goals, SDG) analysieren.	126 / 2	↓	→	126 / 127

Basisbegriffe des Kapitels

Befriedigung der Grundbedürfnisse, Bruttonationaleinkommen, Chancengerechtigkeit, *Dependenztheorie*, Disparität, Dissoziationsstrategie, endogene Ursachen, Entwicklungsindikatoren, Entwicklungsstrategien, *Entwicklungstheorie*, Entwicklungszusammenarbeit, exogene Ursache, fairer Handel, *Fragmentierungstheorie*, freiwilliges soziales oder ökologisches Jahr, Globalisierung, Human Development Index, Human Sustainable Development Index, Land Grabbing, Menschenrechte, Migration, *Modernisierungstheorie*, nachhaltige Entwicklung, nachhaltige Entwicklungsziele / Sustainable Development Goals, nachholende Entwicklung, Projekt, Räume unterschiedlichen Entwicklungsstandes, Teilhabe, Weltladen

Die kursiv gedruckten Arbeitsbegriffe sind zusätzlich für den 5-stündigen Kurs.

WES-101475-026

Klausurtraining

Simbabwe war lange die Kornkammer Afrikas. Doch das Binnenland mit einst blühender Landwirtschaft und reichen Bodenschätzen steckt seit Jahren in einer wirtschaftlichen Krise. Das Land kann seine Bewohner nicht mehr mit Grundnahrungsmitteln versorgen – ein Drittel aller Kinder unter fünf Jahren leidet unter chronischer Mangelernährung und mehr als 5,5 Millionen Menschen in Simbabwe haben nach Angaben der Vereinten Nationen Anfang 2020 keinen ausreichenden Zugang zu Nahrungsmitteln.

1 Charakterisieren Sie das Klima (M1) und erläutern Sie die damit verbundenen Auswirkungen auf Vegetation, Wasserhaushalt und Landwirtschaft (Atlas).

2 **a)** Beschreiben Sie die Entwicklung der globalen und regionalen WHI-Werte (M2, M4).
b) Erläutern Sie die Position Simbabwes innerhalb dieser Entwicklung (M2, M3).

3 Überprüfen Sie die Aussagekraft der Analysespinne (M3) für den Entwicklungsstand Simbabwes unter Berücksichtigung vier formaler und vier inhaltlicher Aspekte.

4 **a)** Analysieren Sie die Bedingungen in Simbabwe (M5, M6, M8).
b) Arbeiten Sie begründet die Entwicklungsstrategie(n) der Welthungerhilfe für Simbabwe heraus.

5 Überprüfen Sie, inwiefern das Engagement der Welthungerhilfe in Simbabwe (M5, M6, M8) einen Beitrag zum SDG 2 und den anderen SDG darstellt (M7, M9).

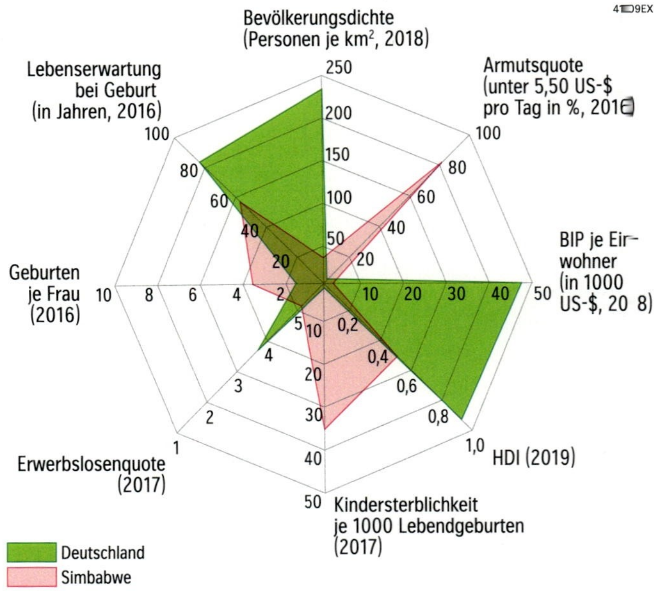

M3 Analysespinne

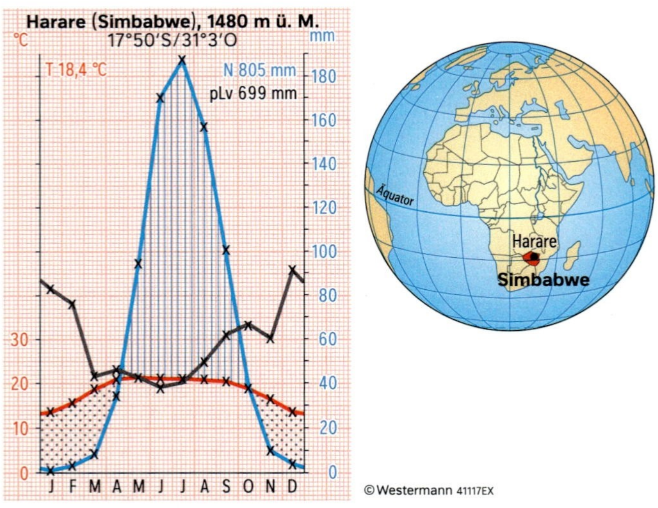

©Westermann 41117EX

M1 Lage und Klimadiagramm von Harare in Simbabwe

Der Welthungerindex (WHI) ist ein Instrument, mit dem jährlich die Hungersituation auf globaler, regionaler und nationaler Ebene erfasst wird. Der WHI soll zu einem klareren Verständnis und einer besseren Wahrnehmung der Hungersituation in der Welt führen. Dadurch wird die Aufmerksamkeit auf jene Länder und Regionen gelenkt, in denen die Hungerproblematik am größten ist und besondere Anstrengungen nötig sind, um den Hunger zu beenden.

Die WHI-Werte beziehen sich auf eine WHI-Schweregradskala von 0 bis 100, wobei 0 (kein Hunger) der beste und 100 der schlechteste Wert ist.

≤ 9,9 niedrig	10,0 – 19,9 mäßig	20,0 – 34,9 ernst	35,5 – 49,9 sehr ernst	≥ 50,0 gravierend

M4 Der Welthungerindex (WHI)

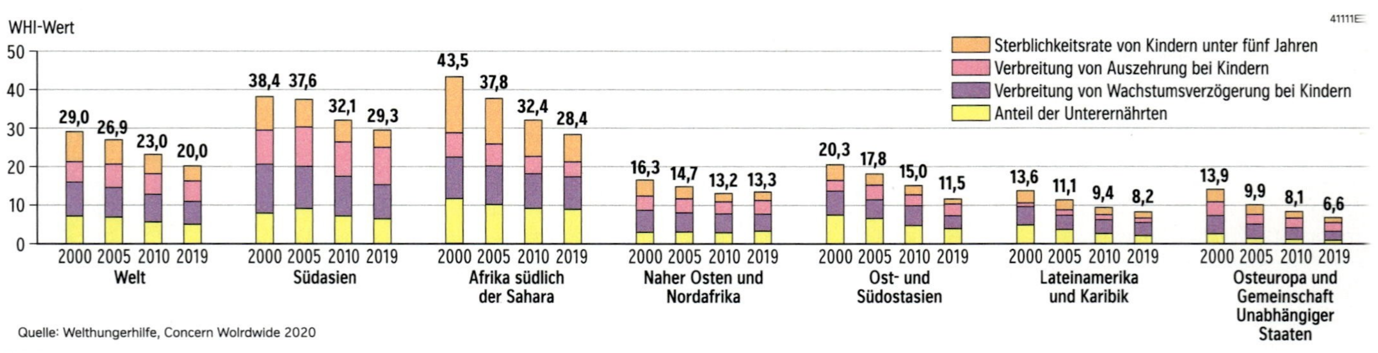

M2 Entwicklung der WHI-Werte global und regional sowie die Anteile der einzelnen Indikatoren

Fährt man durch den Westen Simbabwes, fällt auf, wie grün und üppig die Vegetation ist. Doch auf den Feldern sieht es nicht so vielfältig aus. Üblicherweise bauen die Bauernfamilien nur eine Feldpflanze wie Mais oder Hirse an. Diese Abhängigkeit wird für sie dann problematisch, wenn die Ernte durch ausbleibende Regenfälle oder Dürren infolge des Klimawandels ausfällt. Vielen Kleinbauern fehlt es an Wissen und Erfahrung, um effektivere und klimaangepasste Anbaumethoden anzuwenden. Sie haben kaum Zugang zu Infrastruktur, neuen Geräten oder Techniken und auch nicht zu Krediten, um zum Beispiel in qualitativ hochwertiges Saatgut zu investieren. [...] Im Zuge der Landreform Ende der 1990er-Jahre wurden viele Großfarmer enteignet, dadurch verloren Tausende von Landarbeitern ihren Arbeitsplatz und die Produktivität ging zurück, da die umgesiedelten Bauern, die die frei gewordenen Flächen bestellen sollten, die Herausforderung nicht stemmen konnten. Viele Ackerflächen liegen seitdem brach. [...]

K. Bandsom: Neustart mit Küken und Früchten, www.welthungerhilfe.de, Stand: 07/2020

M 5 Die Landwirtschaft im Westen Simbabwes

Alle Beteiligten in Projekten der Welthungerhilfe sind auch auf einen effektiven Informationsfluss angewiesen. Den gibt es nicht immer, insbesondere in Ländern mit schwacher Infrastruktur. In Simbabwe ändert das jetzt eine App fürs Smartphone. [...] Die App ist in den Sprachen Shona, Ndebele und Englisch verfügbar und enthält viele nützliche Features: speziell auf die Gegend abgestimmte Handbücher und Videos zu Anbaumethoden und Viehzucht, inklusive Muster für Finanzpläne, Informationen zu Wetter, Preisentwicklungen etc. Hinzu kommen Kontaktdaten von lokalen Großhändlern, Tierärzten, Regierungs- und Welthungerhilfe-Mitarbeitern – und die Möglichkeit, alle direkt aus der App heraus per WhatsApp, SMS oder Telefon zu erreichen. Auch übermittelt sie praktische Tipps zur Verbesserung von Nährstoffversorgung, Hygiene und Zusammenarbeit im Familienbetrieb.

Victoria Wenzelmann: Blog. Ab aufs Feld!, www.welthungerhilfe.de, 05/2017, Stand: 07/2020

M 6 Eine App als Hilfe für die Landwirte Simbabwes

M 7 Die 17 nachhaltigen Entwicklungsziele (SDG) der Agenda 2030

Zu den Gründen für den Hunger im Jahr 2020 in Simbabwe nennt das Welternährungsprogramm unter anderem die Folgen des Zyklon „Idai". Der wütete dort im Jahr 2019 und zerstörte einen Großteil der Ernte. Aber auch anhaltende Dürren und generell die Armut im Land mit rund 14,5 Millionen Einwohnern führen dazu, dass der Hunger Simbawe weiter prägt.

Doch es gibt auch Hoffnung: Gemeinsam mit dem lokalen Partner „Agricultural Partnerships Trust" unterstützt die Welthungerhilfe Kleinbauern in Gokwe, einem Distrikt südwestlich der Hauptstadt Harare, bei einem Neustart. Die Welthungerhilfe schult die Menschen in modernen Anbaumethoden, die die Böden schonen und dennoch höhere Erträge erzielen. Mithilfe von natürlichen Düngemitteln und ökologischem Pflanzenschutz wird die Umwelt langfristig geschützt. Kleinbauern lernen in den Schulungen dürreresistente Feldfrüchte kennen. Nun wachsen neben Mais und Hirse auch klimatisch angepasste Gemüsesorten wie Süßkartoffeln, Erdnüsse oder Tomaten auf ihren Feldern. So kann fast das ganze Jahr über geerntet werden und die Ernährung wird gesünder und vielfältiger. Kleinbauernfamilien erhalten Schulungen und Küken für den Start einer Hühnerzucht. Die Tiere bereichern die Ernährung, bringen Einkommen und damit Sicherheit. Damit sich die Gesundheit der Dorfbewohner nachhaltig verbessert, erfahren sie in Gemeindegesundheitsclubs Neues über gesunde Ernährung.

„Früher gab es häufig einen Wettlauf mit Ratten und Mäusen um die Vorräte", erinnert sich Bäuerin Lucy Marimirofa. Inzwischen schützen spezielle Getreidelager vor den Nagern. Die Ernte wird dort gemeinsam gelagert und verwaltet. So haben alle Familien auch für die nächste Aussaat genügend Saatgut und können Notlagen besser meistern.

Dass die Bauern sich in Gruppen zusammenschließen, hat auch bei der Vermarktung viele Vorteile: Sie erzielen bessere Preise auf dem Markt und haben leichteren Zugang zu Krediten, die sie über gemeinsame Spareinlagen finanzieren. Durch die besseren Ernten erzielen die Bauern Überschüsse zum Verkauf auf dem Markt und damit mehr Einkommen.

M 8 Das Engagement der Welthungerhilfe

Etwa jeder neunte Mensch auf der Erde hungerte 2019. Das sind über 820 Millionen Menschen. Besonders betroffen von Hunger sind Kinder, v. a. in Bezug auf Wachstum und kognitive Entwicklung. Die Ursachen für Hunger und Fehlernährung sind vielschichtig und komplex. Zentrale Herausforderungen sind fehlende Kompetenzen oder die Möglichkeiten, um in ausreichender Quantität und Qualität genug Nahrung zu produzieren, zu kaufen oder zuzubereiten. Darüber hinaus bedarf es Wissen und Kompetenzen über eine gesunde Ernährung. Die wichtigsten Unterziele von SDG 2 sind somit:

- ganzjährlicher Zugang zu ausreichend Nahrungsmitteln für alle Menschen
- für bessere, ausgewogene Ernährung sorgen
- höhere Produktivität und höhere Einkommen für Kleinbauern
- nachhaltige landwirtschaftliche Methoden anwenden
- genetische Vielfalt bewahren
- Investitionen in die Landwirtschaft
- Handelsbeschränkungen und -verzerrungen korrigieren und verhindern
- ein reibungsloses Funktionieren der Märkte gewährleisten.

M 9 Die wichtigsten Unterziele von SDG 2

WES-101475-027

Szenarien gestalten

Mithilfe der Szenariotechnik werden Zukunftsbilder (Szenarien) entwickelt. Dabei werden die als positiv oder negativ eingeschätzten Veränderungen unterschiedlicher Entwicklungsfaktoren umfassend beschrieben. Szenarien sind demnach keine datenbasierten Prognosen, sondern qualitative Einschätzungen, die aufgrund aktueller quantitativer Daten plausible, in sich stimmige Zukunftsbilder ergeben (M1).

Die extremen Witterungsverhältnisse der letzten Jahre haben alle Waldbaumarten in Baden-Württemberg erheblich geschädigt. ↗ *WES-101475-028*

1 Beschreiben Sie die Entwicklung der Niederschläge und Temperaturen in Baden-Württemberg (M2).

2 **a)** Erstellen Sie eine Tabelle, die den Einfluss des Klimawandels (M2) auf die Einflussfaktoren des Waldzustands (M3) zeigt.
b) Bewerten Sie die Einflussstärke der Faktoren.

3 Entwickeln Sie für die Szenarien des Klimawandels und vor dem Hintergrund ausgewählter Einflussfaktoren Szenarien für die Baumarteneignung (S. 57 M8).

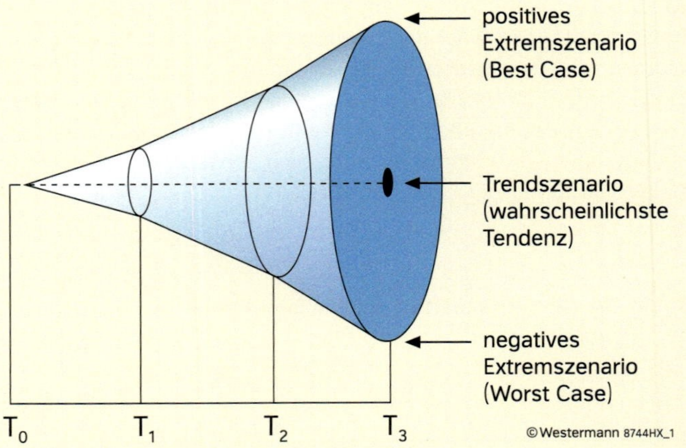

M 1 Szenariotrichter zum Zeitpunkt T0 – T3

Arbeitsschritte

1. Problemanalyse (Plenum)
- Legen Sie ein Thema fest, das ein gesellschaftliches Problem aufgreift und zu dem wissenschaftliche und / oder politische Lösungsansätze möglich sind.
- Analysieren Sie den Ist-Zustand. Grenzen Sie das Thema sachlich, zeitlich und räumlich ein und entwickeln Sie eine problemorientierte Leitfrage.
- Bestimmen Sie Art und Weise der Ergebnispräsentation.

2. Einflussanalyse (Plenum)
- Arbeiten Sie durch Materialanalyse oder Brainstorming Einflussfaktoren heraus, die auf das Problemfeld einwirken.
- Strukturieren und visualisieren Sie Ihre Ergebnisse (z. B. als Tabelle, Mindmap), auch wegen Wechselwirkungen.

3. Deskriptorenanalyse (Plenum)
- Arbeiten Sie die Einflussfaktoren heraus, die messbar sind (Deskriptoren), um den heutigen und zukünftigen Zustand und die Entwicklungen quantitativ und qualitativ zu bewerten (z. B. quantitative Deskriptoren: Temperatur- und Niederschlagsverhältnisse; qualitative Deskriptoren: Vergilbung der Baumkronen).

4. Szenarioentwicklung (Kleingruppen)
- Arbeiten Sie die messbaren Einflussfaktoren heraus, die sich stützen und verstärken und somit einen positiven bzw. negativen Entwicklungstrend abbilden.
- Erstellen Sie daraus Szenarien (Zukunftsbilder, M1), die Entwicklungen und Konsequenzen veranschaulichen.
- Präsentieren / überprüfen Sie im Plenum die Szenarien.

5. Strategien / Maßnahmen zur Problemlösung (Plenum)
- Entwickeln und erörtern Sie Strategien / Maßnahmen, um Entwicklungen zur Problemlösung zu verstärken und unerwünschten Zukunftsbildern entgegenzuwirken.
- Erstellen Sie eine Prioritätenliste als Handlungskatalog.

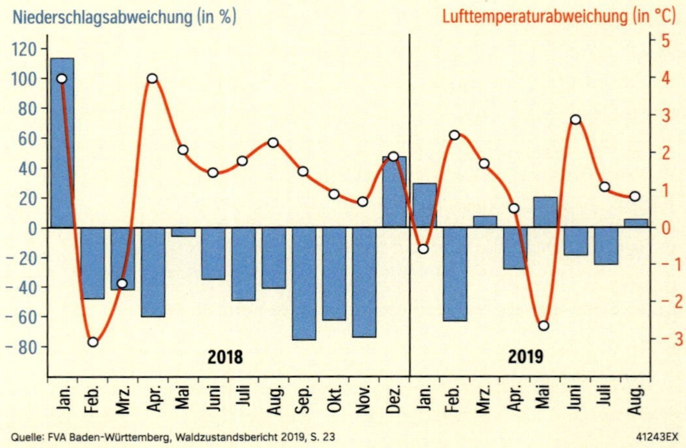

M 2 Niederschlags- / Temperaturabweichung Baden-Württemberg

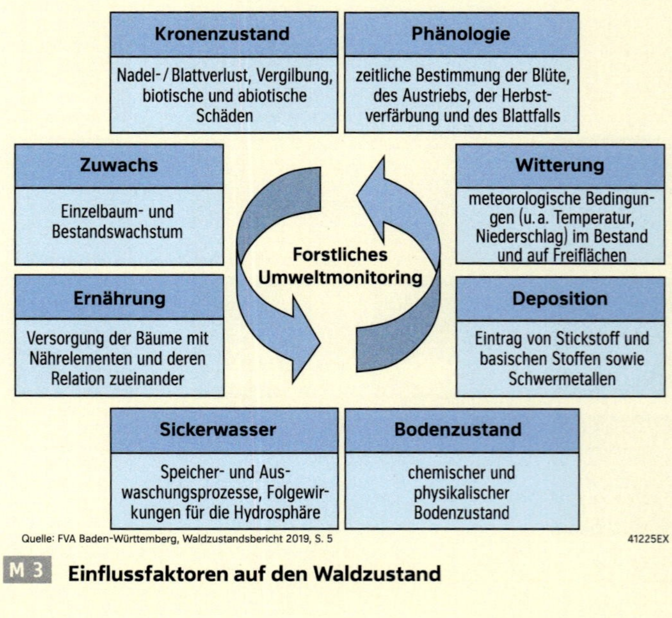

M 3 Einflussfaktoren auf den Waldzustand

Eine Zukunftswerkstatt gestalten

Die Methode der Zukunftswerkstatt ist eine Möglichkeit konstruktiver Mitwirkung an der zukünftigen Gestaltung der Wirklichkeit, zum Beispiel beim Bau eines neuen Stadtteils bzw. bei der nachhaltigen Umgestaltung einer Stadt gemäß der lokalen Agenda. Im Sinne einer Problemlöse- und Ideenfindungswerkstatt werden kreative Vorstellungen und Handlungsempfehlungen entwickelt und erörtert.

Freiburg im Breisgau ist eine Schwarmstadt. Seit Jahren verzeichnet die Stadt einen stetigen Einwohnerzuwachs. Es herrscht akuter Wohnungsmangel, sowohl neue als auch bezahlbare Wohnungen fehlen.

1 Beschreiben Sie das für den neuen Stadtteil vorgesehene Dietenbach-Gelände (M1, Google Earth).

2 Analysieren Sie die Planungsgrundlagen für den neuen Stadtteil Dietenbach (M2, Internet).

3 Gestalten Sie eine Zukunftswerkstatt zu unterschiedlichen Aspekten der Realisierung eines nachhaltigen Stadtteils.

Arbeitsschritte

1. Vorbereitungs- und Organisationsphase (Plenum)
- Klären Sie die Problemstellung, den Zeitrahmen, den Ablauf der Zukunftswerkstatt und die Art der Präsentation.
- Bereiten Sie die Räumlichkeiten und Materialien (Stellwände, Plakatbögen, Moderationskoffer, Quellen) vor.
- Bestimmen Sie einen Moderator und laden Sie eventuell Experten ein.

2. Kritikphase (Plenum)
- Stellen Sie als Moderator die Problemstellung, die Ziele und Arbeitsweise dem Plenum motivierend dar.
- Analysieren Sie den Ist-Zustand des Raumes sowie des Vorhabens und arbeiten Sie die Probleme heraus.
- Erstellen Sie Kärtchen mit Ihren Kritikpunkten. Hängen Sie diese auf und clustern Sie diese im Plenum, d. h., ordnen Sie die Kärtchen nach Thema und Bedeutung.
- Bilden Sie thematisch sinnvolle Kleingruppen.

3. Fantasie- oder Utopiephase (Kleingruppen)
- Entwickeln Sie in den Interessensgruppen Wünsche, Vorstellungen, Fantasien und Utopien zur Problemlösung.
- Arbeiten Sie einen Lösungsvorschlag heraus und visualisieren Sie diesen (z. B. Plakat, Erklärvideo).
- Präsentieren Sie Ihre Arbeitsergebnisse dem Plenum.

4. Realisierungs- oder Umsetzungsphase
- Überprüfen Sie die Zukunftsentwürfe mithilfe eigener Sachkenntnis und ggf. Experten auf ihre Realisierbarkeit.
- Entscheiden Sie sich für ein oder mehrere Projekte zur Problemlösung in Kleingruppen oder im Plenum.
- Entwickeln Sie Projektskizzen und Aktionspläne mit detaillierten Handlungsschritten, Zeitplänen und Personen.

5. Nachbereitung (Plenum)
- Reflektieren Sie die Ergebnisse der Zukunftswerkstatt.
- Präsentieren Sie Ihre Ergebnisse der Öffentlichkeit.

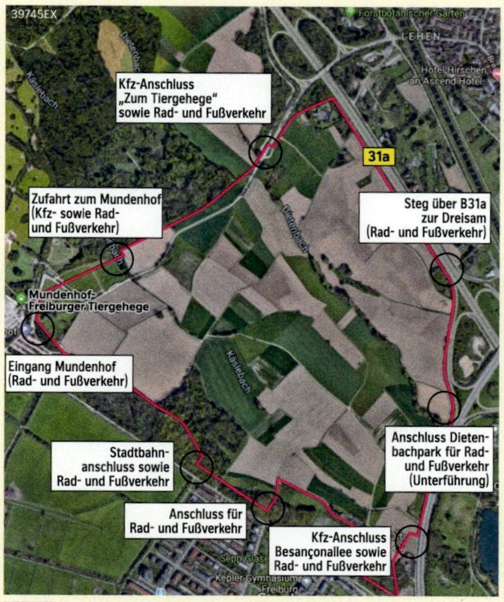

M 1 Dietenbach-Gelände (Google Earth 2019)

Ein Bürgerentscheid im Februar 2019 stimmte dem Bau eines neuen, klimaneutralen Stadtteils am Westrand von Freiburg zu. Der Stadtteil Dietenbach soll dem Konzept der „Stadt der kurzen Wege“ entsprechen. Der Dietenbach muss bis zum Beschluss des Bebauungsplans umgebaut werden. Dabei müssen Hochwasser- und Naturschutz berücksichtigt werden.

Merkmal	Größenordnung	Details
Gesamtfläche	ca. 1 290 000 m²	
Wohneinheiten	6500	
Einwohner	15 000	
Flächennutzung		
• Wohnen	540 000 m²	• 30 % Einzelhäuser / Doppelhäuser / Reihenhäuser • 60 % mehrstöckige Gebäude • 10 % mehrstöckige Gebäude mit gewerblicher Nutzung im Erdgeschoss
• Gemeindebedarf	68 000 m²	Stadtteiltreff, Jugend-, Familienzentrum, Pflegeheim, Haus der Kirchen, 18 Kitas, 4 Kindergärten, Grund-, Gemeinschaftsschule, Schulsport-, Freizeitanlagen, 2 Sporthallen
• Grünflächen	506 000 m²	2 Parks, öffentlicher Freiraum, Sportanlagen, Wald, Grünflächen (offene Landschaft, Abstandsflächen)
• öffentliche Verkehrsfläche	172 000 m²	Sammelstraßen, Wohnstraßen, Stadtbahn, zentraler Stadtteilplatz, 5 Quartiersplätze, Wege, 12 Quartiersgaragen

M 2 Projektgrundlagen für den Stadtteil Dietenbach

Eine Statistik analysieren

Eine Sammlung quantitativ erfasster Daten gleicher oder unterschiedlicher Sachverhalte wird in einer Statistik zusammengefasst. Eine häufig genutzte Darstellungsform ist die Tabelle, deren Informationen mithilfe ausgewählter Indikatoren für einen bestimmten Zeitpunkt bzw. Zeitraum ein Thema verdeutlichen. Die Zahlenwerte beschreiben einen Zustand oder eine Entwicklung in einem bzw. mehreren Räumen. Statistiken können durch die Auswahl der Daten und Zeiträume sowie die Skalierung der Werte manipulativ wirken.

Die Inselgruppe der Kapverden steht vor enormen gesellschaftlichen und wirtschaftsgeographischen Herausforderungen.

1 a) Arbeiten Sie die formalen und inhaltlichen Aussagen der Tabellen heraus (M1).
b) Beschreiben Sie die Lebens- und Wirtschaftsbedingungen auf den kapverdischen Inseln (M1).

2 Beurteilen Sie das wirtschaftliche Entwicklungspotenzial der Kapverden anhand von sechs Kriterien (M1).

3 Bewerten Sie den Informationsgehalt, den Aussagewert und die Darstellung der Tabelleninhalte (M1, M2).

Arbeitsschritte

1. Orientierung
- Analysieren Sie die Statistik auf formale Kriterien wie Überschrift (Thema, geographischer Raum), Quellen (Verlässlichkeit) und Aktualität (Erhebungsjahr).
- Arbeiten Sie die inhaltlichen Kriterien und Indikatoren der Spalten und Zeilen heraus. Achten Sie dabei auf:
  - Maßeinheiten
  - Zahlenarten (absolute Zahlen, relative Zahlen, Beziehungszahlen, z. B. zwischen unterschiedlichen Größen wie BNE pro Kopf, Indexzahlen)
  - gemessene Ist-Werte oder geschätzte Werte
  - Zeitreihen.

2. Eine Statistik beschreiben
- Analysieren Sie den Inhalt der dargestellten Statistik durch eine systematische Auswertung der Zahlenreihen.
- Arbeiten Sie Maximal- bzw. Minimalwerte, regelhafte Verläufe, Sprünge in den Wertereihen heraus, um Entwicklungen, Trends oder Veränderungen zu erkennen.
- Rechnen Sie ggf. absolute Zahlen in Prozentwerte um, um Entwicklungen zu verdeutlichen bzw. um besser mit Durchschnittswerten vergleichen zu können.
- Stellen Sie die zentralen Aussagen zum Thema dar.

3. Den Inhalt der Statistik erklären
- Stellen Sie Beziehungen zwischen den Daten dar.
- Erklären und begründen Sie mithilfe Ihrer Vorkenntnisse die Ursachen des Dargestellten.
- Entwickeln Sie in Bezug auf die Fragestellung eine abschließende Gesamtaussage.

4. Die Statistik bewerten
- Bewerten Sie die Aktualität, Vollständigkeit, Verlässlichkeit und Darstellungsform der Daten.
- Bewerten Sie die Sicherheit der Gesamtaussage.

a

Fläche	4033 km²
Einwohner	543 767
Kapverdier im Ausland	ca. 70 000 (v. a. in USA, Portugal, Niederlande)

Quelle: UN 2019

b

	2000	2010	2018
BNE / Kopf (KKP*, in US-$)	3020	5570	7280
Anteil am BIP (in %)			
primärer Sektor	15,9	9,1	5,6
sekundärer Sektor	25,6	20,8	22,6
tertiärer Sektor	58,5	70,1	71,8
Anteil Tourismus am BIP (in %)	10,9	23,3	26,1
Export (in Mio. US-$)	51,0	115,0	65,0
Hauptausfuhrprodukte	keine Angabe	Fisch, Bekleidung, Schuhe	Fisch, Bekleidung, Schuhe
Import (in Mio. US-$)	387,0	654,0	739,0
Haupteinfuhrprodukte		v. a. Nahrungsmittel	Nahrungsmittel, Industrieerzeugnisse, Mineralöl
Rücküberweisung (in Mio. US-$)	85,7	130,4	270,0
Jugendarbeitslosenquote (in % der 15- bis 24-Jährigen)	16,8	16,7	23,1
Armut (<1,90 US-$ / Tag) (in % der Bevölkerung)	16,2	8,1	3,2
Fertilitätsrate (Geburten / Frau)	3,5	2,6	2,3
Säuglingssterblichkeit (pro 1000 Lebendgeborene)	29,1	23,3	17,2
Zugang zu sauberem Wasser (in % der Bevölkerung)	82,4	88,9	87,1
HDI	0,523	0,632	0,651

*Vergleich der Ausgaben für einen Warenkorb im Ausland und im Inland, daraus errechnet sich ein Austauschverhältnis der Währungen, Quellen: FWA, Weltbank, UNDP

M 1 Strukturdaten der Kapverden

Bei der Analyse von Statistiken ist Vorsicht geboten. Zahlen als vermeintlich objektive Größen müssen stets kritisch hinterfragt werden. Denn Daten sind:
- teilweise nur geschätzt, weil es exakte Zählungen nur selten gibt.
- oft sehr präzise und täuschen damit eine überzeugende Scheingenauigkeit vor, die nur selten objektiv ist.
- nicht selten veraltet, weil aus Mangel an aktuellen Daten auf Zahlen vergangener Jahre zurückgegriffen wird.
- manipuliert, weil sie auf unaufrichtigen Stichproben basieren bzw. in grafischen Darstellungen irreführende Maßstäbe verwendet werden und sich somit ein verzerrtes Bild ergibt.
- aus unterschiedlichen bzw. verschiedenen Quellen, wobei es sich um Primärquellen, d. h. Originalquellen bzw. Sekundärquellen, d. h. bereits interpretierte und bewertete Primärquellen oder Tertiärquellen, d. h. Zusammenfassungen der erstgenannten Quellentypen, handeln kann.

M 2 Statistik – der Trick mit den Zahlen

Eine Analysespinne erstellen und analysieren

Die Analysespinne (auch: Netzdiagramm / Spinnendiagramm) ist ein Liniendiagramm, dessen Datenpunkte als Koordinaten um ein gemeinsames Zentrum angeordnet sind. Die zu einem Datensatz gehörenden Werte werden als eine geschlossene Netzlinie dargestellt, die ein Polygon (Vieleck) umschließt. Diese Diagrammform eignet sich sowohl für Vergleichsreihen eines Indikators mit gleicher Maßeinheit als auch für die vergleichende Darstellung mehrerer Indikatoren. Geeignet sind Analysesterne mit bis zu zehn Achsen.

Staaten unterschiedlichen Entwicklungsstandes lassen sich durch ausgewählte Indikatoren charakterisieren.

1 **a)** Erstellen Sie eine vollständige Analysespinne (M2), um die Altersstrukturen Südafrikas, Tansanias und Italiens zu vergleichen (M1).
b) Erstellen Sie eine aussagekräftige Analysespinne (M3) zum Entwicklungsstand der drei Staaten (M1).

2 Charakterisieren Sie den Entwicklungsstand von Südafrika, Tansania sowie Italien (M1 – M3).

3 Beurteilen Sie die Aussagekraft der ausgewählten Daten zum Entwicklungsstand der Staaten anhand der erstellten Analysespinnen (M2, M3).

	Südafrika	Tansania	Italien
Anteil Altersgruppe an Bevölkerung (in %)			
0 – 14 Jahre	27,9	42,7	13,5
15 – 24 Jahre	16,8	20,4	9,6
25 – 54 Jahre	42,4	30,3	40,9
55 – 64 Jahre	6,8	3,5	14,0
> 65 Jahre	6,1	3,1	22,0
Bevölkerung (in Mio.)	57 939,0	54 680,0	60 484,0
BNE pro Kopf (in US-$)	11 756,0	2805,0	36 141,0
durchschnittliche Schulbesuchsdauer (in Jahren)	10,2	6,0	10,2
Lebenserwartung (in Jahren)	63,9	65,0	83,4
Fruchtbarkeitsrate (Lebendgeburten je Frau)	2,3	4,7	1,4
Zugang zu sauberem Wasser (in % der Bevölkerung)	92,7	56,7	99,4

Quelle: UN 2019, CIA 2020

M 1 **Strukturdaten ausgewählter Staaten**

Arbeitsschritte

1. Vorbereitung des Materials
- Legen Sie Geodreieck / Lineal, Taschenrechner, Bleistift und verschiedene Farbstifte bereit.

2. Analysestern erstellen bzw. auswählen
- Analysieren Sie die Datengrundlage.
- Erstellen Sie mit dem Geodreieck gemäß der Anzahl der Werte eines Indikators bzw. der Indikatoren einen Analysestern (z. B. Winkel zwischen fünf Achsen: 360° : 5 = 72°) oder nutzen Sie die Vorlage.
- Bezeichnen Sie die Achsenenden mit den Maßeinheiten des Indikators (M2) bzw. der Indikatoren (M3).

3. Achsen skalieren
- Ein Indikator: Jede Achse erhält die gleiche Skala.
- Mehrere Indikatoren: Jede Achse erhält eigene Skala.
- Je nach Aussagekraft der Darstellung (z. B. hohe Lebenserwartung, geringe Fruchtbarkeitsrate) werden die Höchst- bzw. Tiefstwerte eines Indikators im Schnittpunkt der Achsen oder am Achsenende eingetragen.

4. Werte eintragen und Diagramm erstellen
- Tragen Sie die Werte eines Indikators bzw. unterschiedlicher Indikatoren einer Kategorie auf den Achsen ein.
- Verbinden Sie die Werte mit einer farbigen Linie.
- Wiederholen Sie die Schritte für weitere Polygone.
- Erstellen Sie zu den verwendeten Farben eine Legende.

5. Analysespinne analysieren
- Beschreiben bzw. charakterisieren Sie die Aussagen der Polygone im Vergleich.
- Begründen und erklären Sie die kausalen Zusammenhänge.
- Beurteilen Sie die Aussagekraft der Daten.

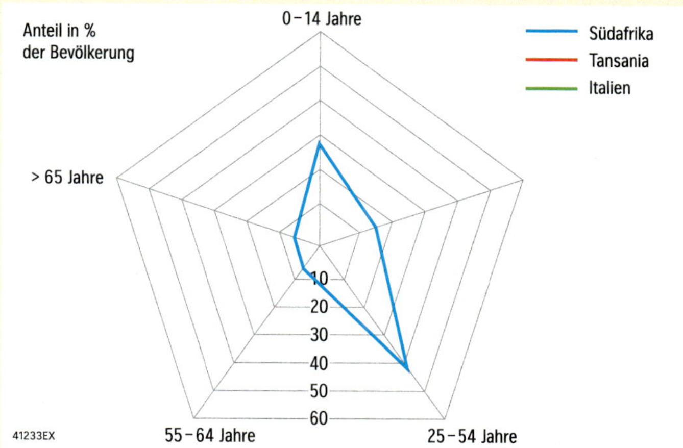

M 2 **Analysespinne mit gleichen Achsen zur Altersstruktur der Bevölkerung**

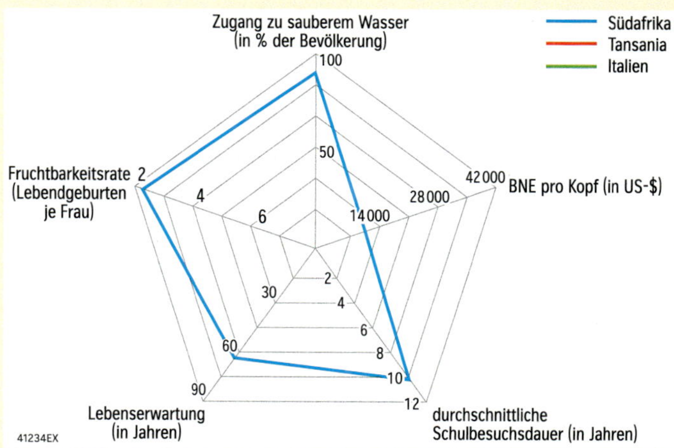

M 3 **Analysespinne mit ungleichen Achsen zum Entwicklungsstand der Staaten**

Eine thematische Karte analysieren

Thematische Karten beinhalten oft Gegebenheiten aus den Bereichen des Natur-, Wirtschafts-, Sozial- oder Kulturraumes. Grundlage der Karte ist meist eine vereinfachte topographische Basiskarte. Der abgebildete Sachverhalt wird in geeignetem Maßstab räumlich differenziert dargestellt und gilt für einen bestimmten Zeitpunkt oder Zeitraum. Somit haben thematische Karten immer einen Sach-, Raum- und Zeitbezug. Komplexe thematische Karten beinhalten mehrere Themenbereiche und verdeutlichen kausale Zusammenhänge.

Botsuana und Simbabwe im südlichen Afrika haben sich trotz naturgeographischer Gemeinsamkeiten unterschiedlich entwickelt.

1 a) Beschreiben Sie die Lebens- und Wirtschaftsbedingungen in Botsuana und Simbabwe (M1).
b) Erklären Sie den unterschiedlichen Entwicklungsstand von Botsuana und Simbabwe (M1 – M4).

2 Beurteilen Sie die Chancen und Risiken der wirtschaftlichen Entwicklung der beiden Staaten (M1 – M4).

3 Bewerten Sie den Informationsgehalt, den Aussagewert und die Darstellung der Karteninhalte M1.

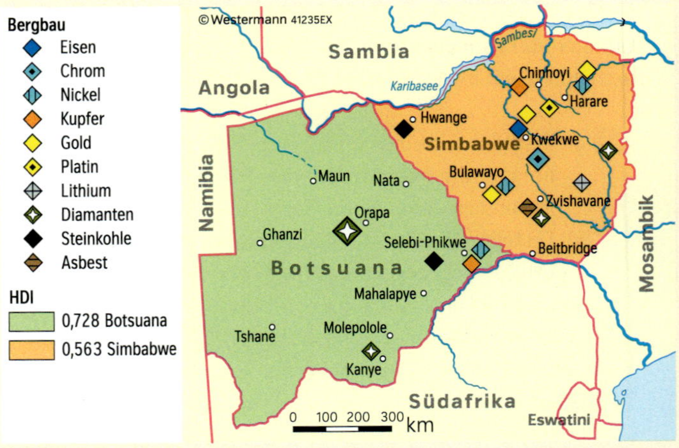

M 1 Botsuana und Simbabwe

Arbeitsschritte

1. Orientierung
- Analysieren Sie das Thema der Karte, den dargestellten Raumausschnitt, den Maßstab sowie die Legende.

2. Karte beschreiben
- Beschreiben Sie die räumliche Verteilung / Häufigkeit von Signaturen, Schraffuren, Rastern bzw. Farbflächen.
- Arbeiten Sie Strukturen und Prozesse heraus, indem Sie Elemente kausal und funktional in Beziehung setzen.

3. Karteninhalt erklären
- Erklären Sie die räumliche Verteilung von Elementen und deren Ursachen mit Hintergrundinformationen.

4. Karteninhalt bewerten
- Beurteilen Sie dargestellte Entwicklungen und Prozesse.
- Entwickeln Sie mögliche Prognosen.
- Bewerten Sie Informationsgehalt, Aussagewert und Darstellung der Karteninhalte (z. B. Quellen, Aktualität).

	Botsuana	Simbabwe
HDI (Wert / Rang)	0,728 / 94	0,563 / 150
Beschäftigte (in % der 15 bis 64-Jährigen)	59,3	79,4
qualifizierte Beschäftigte (in % der Bevölkerung)	34,0	13,0
Bruttowertschöpfung (in % des BIP)		
primärer Sektor	2,2	13,4
sekundärer Sektor	32,3	36,2
tertiärer Sektor	65,5	50,4
Erwerbstätige (in %)		
primärer Sektor	22,9	67,2
sekundärer Sektor	18,1	7,2
tertiärer Sektor	59,0	25,6
Hauptexportprodukte (in %)		
Edelmetalle, Schmuck	90,6	33,4
elektr. Erzeugnisse	2,1	k. A.
Tabak, Tabakersatzstoffe	k. A.	22,1
Zugang zu sauberem Wasser (in % der Bevölkerung)	90,3	64,1
Stadtbevölkerung (in % der Bevölkerung)	69,4	32,2

Quellen: Destatis, HD-Report, Weltbank, UNDP, UNDESA

M 2 Strukturdaten von Botsuana und Simbabwe (2019)

Strategien zur Reduktion der Komplexität:

- Lupenmethode
  Analysieren Sie die Einzelinhalte über ausgewählte Signaturen.
- Schichtenmethode
  Analysieren Sie die Themenfelder über thematische Schichten. Für die Fragestellung unnötige Schichten sind auszublenden.
- Fenstermethode
  Analysieren Sie einen Raumausschnitt über einen Kartenausschnitt. Das Auflegen eines Blatt Papiers mit einem „Fenster“ hilft.
- Zoommethode
  Analysieren Sie ein Fallbeispiel über einen vergrößerten Kartenausschnitt (Detailkarte).

M 3 Analysemethoden bei komplexen Karten

Botsuana und Simbabwe sind zwei Binnenstaaten im südlichen Afrika. Dornstrauch- bzw. Trockensavannen prägen den Naturraum beider Staaten. Der Reichtum an Bodenschätzen ist in beiden Regionen eine gute Voraussetzung für eine florierende Wirtschaft.

Doch die Entwicklung der Staaten verlief seit der Unabhängigkeit unterschiedlich. Botsuana, das seinen Reichtum in erster Linie den Diamanten verdankt, investierte vor allem in Verkehrsinfrastruktur, Wasserversorgung und Bildung. Wegen seiner politischen Stabilität und des erfolgreichen Kampfes gegen Armut gilt das Land als Vorbild in Afrika. Simbabwe hat wegen seines diktatorischen politischen Umfelds, Unruhen und Kriegsverwicklungen seine ehemals blühende Wirtschaft eingebüßt und steckt in einer tiefen Krise.

M 4 Länderkurzinformationen zu Botsuana und Simbabwe

Ein Profil erstellen und analysieren

Ein geographisches Profil ist eine zeichnerisch generalisierte Darstellung eines vertikalen Schnittes durch einen geowissenschaftlichen Sachverhalt, wie die Veränderung von Temperatur- oder Höhenverhältnissen entlang einer Profillinie. Ein Profil dient der Veranschaulichung eines Raummerkmals in seiner horizontalen und vertikalen Ausdehnung mithilfe des Längen- und Höhenmaßstabs.

Städte unterscheiden sich in vielen klimatischen Faktoren vom Umland. Aus stadtklimatologischer Sicht lassen sich anhand der Temperaturverhältnisse charakteristische Teilräume unterscheiden.

1 Erstellen Sie ein Temperaturprofil der Isothermenkarte (M1) von Punkt A nach B im Höhenmaßstab 1 cm : 1 °C.

2 Arbeiten Sie die Abschnitte wechselnder Bebauungsdichte heraus und ordnen Sie diese möglichen Flächennutzungen zu.

3 Begründen Sie die unterschiedlichen Temperaturverhältnisse in der Stadt und in ihrem unbebauten Umland.

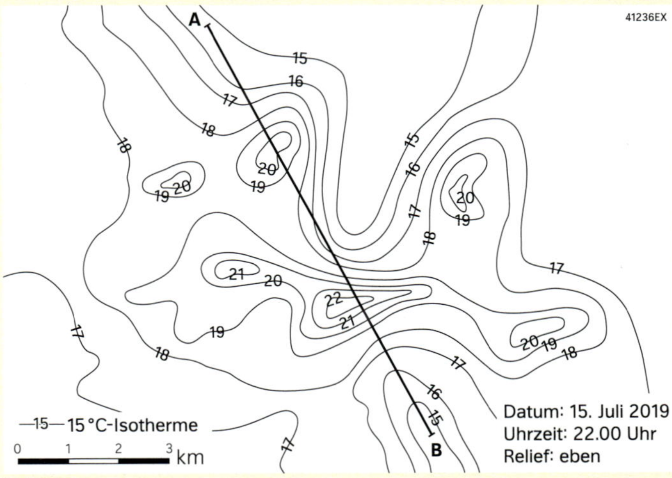

M1 **Isothermenkarte einer Stadt und ihres Umlands**

Arbeitsschritte

1. Vorbereitung des Materials
- Legen Sie Millimeterpapier, Geodreieck / Lineal, Bleistift / Fineliner und Papierstreifen bereit.

2. Orientierung
- Analysieren Sie die Kartengrundlage und ordnen Sie den Ausschnitt in einen Zusammenhang bzw. Raum ein.

3. Profilkoordinatensystem erstellen
- Zeichnen Sie x- und y-Achse auf das Millimeterpapier.
- Tragen Sie die Skalierung an den Achsen ein:
  - Längenmaßstab (x-Achse): Entfernung nach rechts
  - Höhenmaßstab (y-Achse): Höhen (z. B. Relief, Temperatur) äquidistant nach oben. Dabei eventuell eine Überhöhung anwenden. Überhöhung: Längenmaßstab durch Überhöhungsfaktor dividieren (z. B. 1 : 25 000; 5-fache Überhöhung: 250 m : 5 = 50 m).
- Tragen Sie die Achsenbeschriftungen ein.

4. Profilpunkte aus der Karte übertragen
- Legen Sie den Papierstreifen an die Profillinie und übernehmen Sie die Profilpunkte als Schnittpunkte der Isolinien aus der Karte auf den Papierstreifen. Beschriften Sie wichtige Angaben.
- Legen Sie den Papierstreifen an die x-Achse des Profils an und tragen Sie die Profilpunkte im rechten Winkel zum Papierstreifen entsprechend ihrer Höhe ein.

5. Profildiagramm erstellen
- Verbinden Sie die Punkte im Diagramm zu einer Linie.

6. Profilskizze beschriften
- Kennzeichnen / bezeichnen Sie Profilabschnitte und Himmelsrichtungen. Formulieren Sie eine Überschrift.

7. Profilskizze analysieren
- Beschreiben / erklären Sie kausale Zusammenhänge.

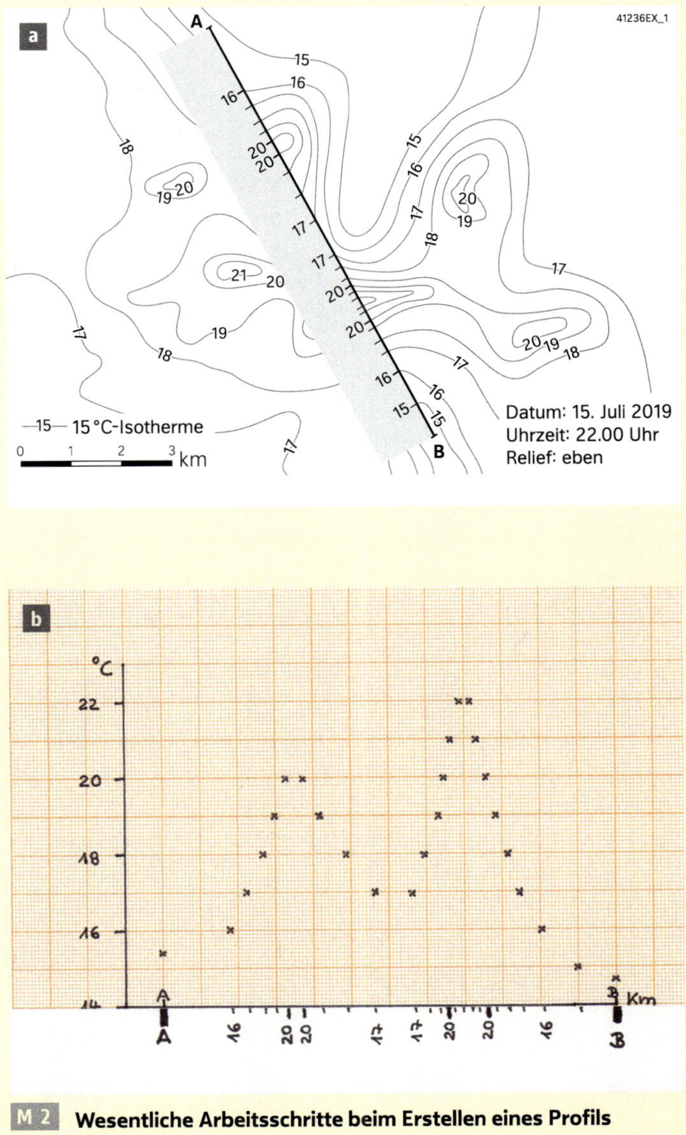

M2 **Wesentliche Arbeitsschritte beim Erstellen eines Profils**

Ein Wirkungsgefüge erstellen

Ein Wirkungsgefüge im geographischen Sinn ist eine Strukturskizze sachlogischer, in der Regel komplexer Zusammenhänge zwischen verschiedenen Elementen eines Systems oder Einzelaspekten eines Prozesses. Die funktionalen Beziehungen der einzelnen Einflussgrößen zeigen Ursache-Folge-Wirkungen auf. Somit werden Entwicklungen oder Rückkopplungen verdeutlicht und Wechselwirkungen aufgedeckt. Dadurch kann die Struktur und Dynamik geographischer Systeme erfasst und vernetzendes Denken geschult werden.

Namibia steht trotz guter wirtschaftlicher Voraussetzungen vor einem gesellschaftlichen und wirtschaftlichen Wandel, in dem sich im Zuge der Globalisierung auch ausländische Investoren engagieren.

1 Charakterisieren Sie den Entwicklungsstand Namibias (M1).

2 Erstellen Sie ausgehend von M1 und M2 ein Wirkungsgefüge, das die Ursachen sowie die ökonomischen, sozialen und ökologischen Folgen des Hafenausbaus von Walvis Bay zeigt.

3 Beurteilen Sie das Entwicklungsprojekt „Hafen Walvis Bay" aus namibischer und chinesischer Sicht (M2, Wirkungsgefüge).

Arbeitsschritte

1. Orientierung
- Analysieren Sie die Materialien hinsichtlich der Struktur und Komplexität des Themas.

2. Schlüsselbegriffe herausarbeiten
- Analysieren Sie den Inhalt auf wichtige Aspekte und Einflussgrößen. Markieren Sie diese Schlüsselbegriffe.
- Notieren Sie die Schlüsselbegriffe auf Kärtchen oder Haftnotizzetteln bzw. legen Sie digitale Textfelder an.
- Ordnen Sie die Schlüsselbegriffe nach Themenfeldern (Sach- / Problemfelder). Markieren Sie diese evtl. unterschiedlich. Ergänzen bzw. konkretisieren Sie weitere Schlüsselbegriffe mithilfe Ihres Vorwissens.
- Arbeiten Sie zentrale Schlüsselbegriffe heraus.

3. Struktur anlegen bzw. Strukturansatz ergänzen
- Platzieren Sie zentrale Schlüsselbegriffe an exponierten Stellen digital oder auf einem großen Bogen Papier.
- Ordnen Sie die zugehörigen Begriffe den zentralen Schlüsselbegriffen zu (Themen- / Sach- / Problemfelder).
- Im Falle eines vorgegebenen Strukturansatzes vervollständigen Sie diesen sachlogisch.

4. Wirkungszusammenhänge entwickeln
- Klären Sie die Wechselbeziehungen der Einflussgrößen:
  - einfacher Pfeil (→): Ursache-Folge-Wirkung beantwortet „Was wirkt worauf ein?" bzw. „Was führt wozu?"
  - Doppelpfeil (⇆): bei Rückkopplungen.

5. Wirkungsgefüge fertigstellen
- Heben Sie wesentliche Inhalte (z. B. zentrale Wirkungen) durch Markierungen hervor (z.B. mit Farben). Achten Sie auf eine klare, übersichtliche Darstellung.
- Entwickeln Sie eine passende Überschrift.

	Namibia	Deutschland
Einwohnerzahl (in Mio.)	2,6	82,4
BNE / Kopf (in US-$, KKP) *	11 102	53 075
Erwerbstätige (in %) primärer Sektor sekundärer Sektor tertiärer Sektor	 22,1 16,3 61,6	 1,2 27,0 71,8
Ausgaben Forschung & Entwicklung (in % des BIP)	0,3	3,0
Export (in Mrd. US-$)	5,1	1328
Import (in Mrd. US-$)	7,5	1105
durchschnittliche Lebenserwartung (in Jahren)	66	82
tatsächliche Schulbesuchsdauer (in Jahren)	6,9	14,1
Fruchtbarkeitsrate (Kinder pro Frau)	3,2	1,5
Säuglingssterblichkeit (je 1000 Lebendgeborene)	29,7	3,2
Anteil der erwachsenen Bevölkerung mit HIV-Infektion (in %)	11,8	0,1

*Daten 2018, Quellen: UN, IMF 2019

M1 Strukturdaten von Namibia und Deutschland (2019)

Namibia strebt an, bis 2025 das Transport- und Logistikdrehkreuz für das südliche Afrika zu sein. Im Rahmen des namibischen Wirtschaftsprogramms „Vision 2030" wird dafür der bestehende Tiefseehafen in Walvis Bay an der Atlantikküste, rund 30 Kilometer südlich der Stadt Swakopmund ausgebaut. Er soll bei der Entwicklung des Landes eine Schlüsselrolle einnehmen. Für den Umschlag von Containern wurde eine 40 Hektar große, künstliche Containerinsel gebaut, auf der mindestens 750 000 Container pro Jahr umgeschlagen werden können. Das ist die doppelte Kapazität zu vorher. Mit dem Nordhafen wird es auch einen neuen Hafen für den Umschlag von Rohstoffen, Stück- und Schüttgut sowie Kraftfahrzeugen geben. Von der neuen Anlegestelle für Passagierschiffe gibt es eine Promenade für Fußgänger sowie einen Radweg in die Stadt. Am alten Jachthafen entsteht eine neues Hafenviertel mit touristischer Infrastruktur und Buchungsmöglichkeiten für Rundreisen.
Am Stadtrand soll ein riesiger Industriepark Investoren für Vertriebszentren, Warenlager, Kühlhäuser und Leichtindustrie anlocken und die Transitfracht durch den Hafen auf 18 Mio. Tonnen (2025) steigern. Daneben sind Anlagen für Wartung und Reparatur von Schiffen und Erdölplattformen geplant. Um den Hafen mit dem Hinterland des südlichen Afrika zu verbinden, werden mehrere bestehende Transitrouten ausgebaut bzw. durch Schienenverbindungen ergänzt. Walvis Bay bietet die kürzeste Import- und Exportroute für Namibias benachbarte Binnenstaaten.
Den Auftrag für den Bau des Hafens gab die „China Harbour Engineering Company", die sich zugleich verpflichtete, zu einem Drittel namibische Arbeitskräfte einzusetzen. Die Finanzierung mit einem Investitionsvolumen von rund 8,1 Milliarden Euro erfolgt mithilfe der „Bank of Namibia".

M2 Der Hafen Walvis Bay – ein nachhaltiges Projekt?

Ein Wirkungsgefüge analysieren

Die Analyse eines vollständigen Wirkungsgefüges ist äußerst komplex und umfangreich. Um die Auswertung zu reduzieren, kann diese unter einer gezielten Fragestellung erfolgen oder die Schnappschussmethode angewandt werden. Einen Schnappschuss zu erstellen, bedeutet, einen Ausschnitt aus einem Wirkungsgefüge herauszugreifen, um einen Teilaspekt bzw. ein Teilsystem vor dem Hintergrund des komplexen Themengebiets bzw. Systems in seinen Einzelheiten zu analysieren, zu fokussieren und zu reflektieren.

Für die meisten Menschen der 2020 etwa 22,5 Millionen Einwohner zählenden Agglomeration São Paulo ist der tägliche Weg zur Arbeit ein Albtraum: Dauerstaus!

1. Charakterisieren Sie die im Schnappschuss enthaltene Herausforderung (M2).
2. Stellen Sie den Zusammenhang zwischen dem Verstädterungsprozess und der Neuordnung der Verkehrsinfrastruktur in Grundzügen dar (M2).
3. Erörtern Sie die Chancen und Risiken für eine neue urbane Mobilität in São Paulo (M1, M2).
4. Beurteilen Sie, ob die Lösungsansätze für nachhaltige Mobilität in der Megacity São Paulo sorgen können (M1, M2).

Seit Jahren setzt die Stadtverwaltung auf den Ausbau des Nahverkehrsnetzes. So wird das über hundert Kilometer lange Streckennetz der modernsten Metro Lateinamerikas weiter ausgedehnt. Da die Hälfte der Paulistanos täglich den Bus nutzt, wird auch die regionale Erreichbarkeit im Busnetz optimiert und die Fahrgeschwindigkeit auf bestimmten Strecken über eigene Busspuren erhöht. Um die verschiedenen Arten des ÖPNV besser zu koordinieren, führte die Stadt zudem ein zentralisiertes Verkehrsleitsystem ein. So wird die Verkehrslenkung zunehmend über ein intelligentes Ampelsystem gesteuert. Doch wer es sich leisten kann, fliegt von den fast 200 Heliports über das Verkehrschaos einfach hinweg. Zur Reduktion der hohen Treibhausgas- und Feinstaubemissionen steigen Busunternehmen auf Elektromobilität und Biokraftstoffe um. Steueranreize sollen alle Fahrzeughalter zur umweltfreundlicheren Mobilität bewegen. Geplant ist nach dem Mobilitätsplan bis 2030, dass 10 bis 15 Prozent der Fahrten mit dem Rad erfolgen.

M 1 Neue urbane Mobilität in São Paulo

Arbeitsschritte

1. Schnappschuss auswählen
- Analysieren Sie das Wirkungsgefüge im Überblick.
- Arbeiten Sie einen interessanten thematischen Ausschnitt (Schnappschuss) aus einem Wirkungsgefüge heraus.

2. Ausschnitt in Zusammenhang einordnen
- Charakterisieren Sie die im Schnappschuss enthaltenen Sachverhalte bzw. Prozesse.
- Stellen Sie kurz strukturiert den inhaltlichen Zusammenhang zwischen Ausschnitt und gesamtem Gefüge dar.

3. Ausschnitt analysieren
- Analysieren Sie den Ausschnitt im Detail: Erörtern Sie die mit dem „Schnappschuss" verbundenen Chancen und Risiken bzw. Vor- und Nachteile oder mögliche Probleme.

4. Ausschnitt im Wirkungszusammenhang beurteilen
- Beurteilen Sie Handlungs- und Lösungsmöglichkeiten zum Sachverhalt, wie z. B. hinsichtlich der Nachhaltigkeit vor dem Hintergrund der Inhalte des gesamten Wirkungsgefüges. Gestalten Sie ggf. sachlogische Szenarien.

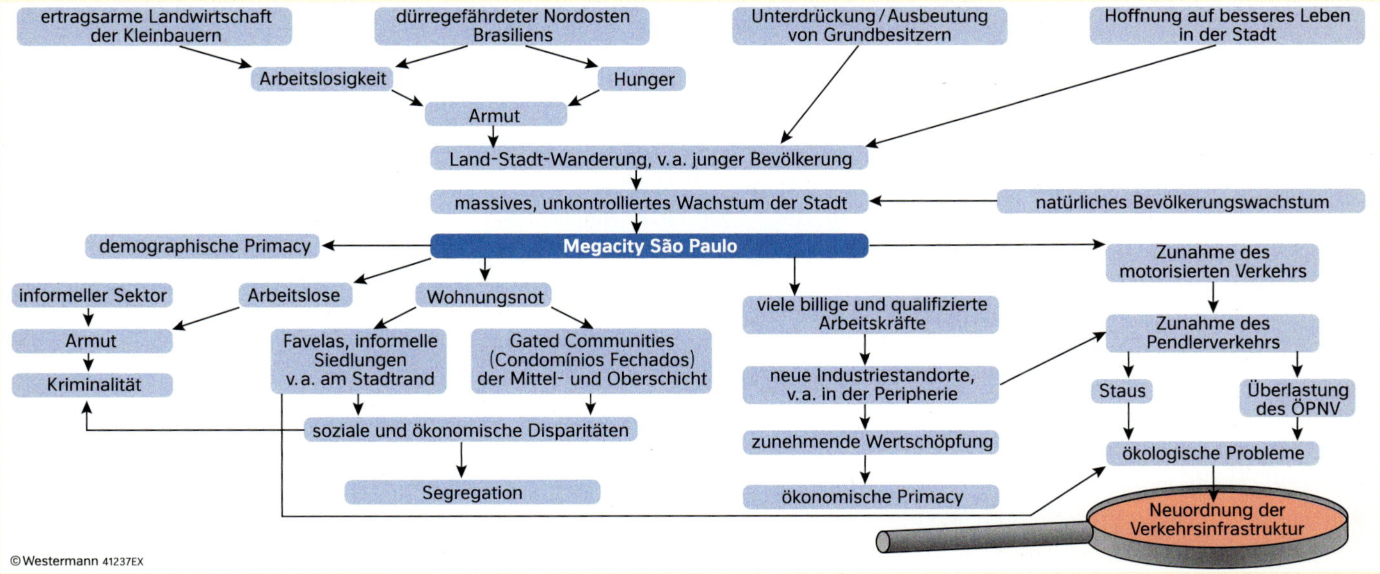

M 2 Wirkungsgefüge von São Paulo

Eine Präsentation gestalten (z. B. GFS, Referat, Seminararbeit, Arbeitsergebnisse)

Mithilfe einer Präsentation wird ein Publikum in strukturierter Darstellung zu einem Thema informiert. Im Fach Geographie orientiert sich der Vortrag an einer problemorientierten, zentralen Fragestellung, deren Erörterung es herauszuarbeiten, zu begründen und zu beurteilen gilt. Neben dem Inhalt sind die Körpersprache und Stimme des Präsentators bedeutsam. Das Interesse der Zuhörer wird durch geschickte Visualisierung geweckt. Wie kann das Ziel des Vortrags in der vorgegebenen Zeit erreicht werden?

Gleichwertige Feststellungen von Schülerleistungen (GFS) sind u. a. als Präsentationen in den ersten drei Halbjahren der Kursstufe in drei Fächern zu erbringen.

1 Arbeiten Sie Inhalte zu einem Thema (M1) heraus und bereiten Sie diese in einer Mindmap strukturiert auf.
2 Gestalten Sie den Vortrag als Folienpräsentation (M2).
3 Entwickeln Sie für das Fazit ein Wirkungsgefüge, das die Inhalte strukturiert zusammenfasst.

- Tipping Point Permafrost – wie kann Sibirien damit leben?
- Tropischer Küstenstaat Belize – kann das Naturparadies vor dem Untergang gerettet werden?
- Dubai – nachhaltige Stadtentwicklung in der Wüste?
- Smart City Singapur – grüne Utopie oder nachhaltige Stadt?
- China in Ghana – Entwicklungsengagement oder Eigennutz?
- Kenia – Tourismus als nachhaltige Chance zum Ausgleich der Disparitäten?

M 1 Beispiele für GFS-Themen

Arbeitsschritte

1. Eine Präsentation planen
- Planen Sie den Inhalt mithilfe von Kreativitätstechniken (z. B. Brainstorming) und Recherchen (z. B. Internet).
- Entwickeln Sie eine interessante Fragestellung.
- Entwickeln Sie den Programmablauf. Beachten Sie dabei Zeitrahmen und Raumausstattung (z. B. Medien).

2. Die Präsentation strukturieren
- Bereiten Sie die Inhalte sachlogisch strukturiert auf.
- Entwickeln Sie den „roten Faden“ des Vortrags:
  - Begrüßung: Nennen Sie Thema bzw. Fragestellung des Vortrags sowie Grobgliederung.
  - Einstieg: Problematisieren Sie das Thema durch einen spannenden Einstieg, der zur Fragestellung hinführt und beim Publikum Interesse weckt (z. B. Zitat, Bild).
  - Hauptteil: Erörtern Sie die Thematik mit geeigneten Überleitungen bzw. Rückbezügen.
  - Ausstieg: Entwickeln Sie ein zusammenfassendes Fazit (z. B. als Wirkungsgefüge) bzw. eine persönliche Position, um an die im Einstieg aufgeworfene Problemstellung anzuknüpfen. Enden Sie mit einer Schlusspointe und dem Dank für die Aufmerksamkeit.

3. Die Präsentation üben
- Trainieren Sie die „freie Rede“ und achten Sie dabei auf einen sprachlich und fachlich korrekten Vortrag, den Blickkontakt zum Publikum, freundliche Mimik, natürliche Gestik, freie Handhaltung, aufrechten Stand in entspannter Grundhaltung sowie gutes Zeitmanagement.
- Überprüfen Sie die Raum- und Medientechnik.

4. Die Präsentation durchführen
- Achten Sie auf ein gepflegtes Äußeres, einen respektvollen Umgang mit Zuhörern sowie alle Aspekte aus 3.

5. Die Präsentation nachbereiten
- Reflektieren Sie die Präsentation inhaltlich / methodisch in der Diskussion, beim Kolloquium bzw. Feedback.

Durch geeignete Visualisierung wird ein Vortrag optisch unterstützt. Medien wie z. B. Computer bzw. Dokumentenkamera mit Beamer, Tafel, Pinnwand oder Flipchart können eingesetzt werden, wobei folgende Prinzipien zu beachten sind:

1. Schrift

a) Schriftgröße
- Die Schrift sollte aus zwei Meter Entfernung gut lesbar sein.
- Schriftgrößen: mehr als 12-Punkt bei Dokumenten, mehr als 24- bis 40-Punkt bei PowerPoint-Folien bzw. mehr als 72- bis 100-Punkt bei Clusterkarten

b) Schriftart
- Groß- und Kleinbuchstaben
- eng und blockartig
- Druckschrift
- kurze Ober- und Unterlängen
- möglichst gerade schreiben

c) Schriftstil beibehalten (z. B. Arial)

2. Farben
- Farben begründet verwenden
  → Signalfarben (Rot, Orange), neutrale Farben (Grün, Blau)
  → Prinzipien einhalten (z. B. Überschriften hervorheben)
  → kontrastreiche Farben verwenden
- max. drei Farben pro Dokument, Folie oder Plakat verwenden

3. Layout
- Wichtiges zentralisieren
- Sonderelemente (z. B. Grafiken) eher rechtshälftig anordnen
- Texte strukturieren: Überschriften hervorheben, Stichworte bzw. kurze Sätze verwenden, Grundsatz: so viel wie nötig und so wenig wie möglich
- Tabellen systematisieren: klare Struktur der Vorspalte und Kopfzeile, Legende, maximal fünf bis sieben Spalten und Zeilen
- Dokument / Folien / Plakat / Abbildung mit Überschrift versehen

4. Quellen
- nicht selbst erstelltes Material mit Quelle ausweisen
- Quellenverzeichnis für abschließenden Überblick erstellen

M 2 Prinzipien wirkungsvoller Visualisierung

Die mündliche Abiturprüfung erfolgreich bestehen

Das Basisfach Geographie kann als mündliches Prüfungsfach gewählt werden. Die 20-minütige Prüfung geht von einer schriftlich vorgelegten Aufgabe aus, deren operationalisierte Teilaufgaben Leistungen aus allen drei Anforderungsbereichen einfordern. Dabei werden Inhalte aus unterschiedlichen Kurshalbjahren und unterschiedlichen Kompetenzbereichen thematisiert. Wie können derartige Prüfungsanforderungen zielführend vorbereitet werden?

Verstädterung ist ein globaler Prozess. Im Folgenden sollen typische Verstädterungsphänomene untersucht werden.

1 a) Charakterisieren Sie die Bevölkerungsentwicklung (M1).
b) Stellen Sie die Ursachen der Entwicklungen dar.

2 a) Vergleichen Sie die Bevölkerungsentwicklung in ausgewählten Städten der USA (M2).
b) Stellen Sie mögliche räumliche, wirtschaftliche und soziale Auswirkungen der Bevölkerungsentwicklungen dar.

3 Erörtern Sie anhand von M3, ob der Verstädterungsprozess in Cleveland aus ökonomischer, ökologischer und sozialer Sicht einer nachhaltigen Stadtentwicklung entspricht.

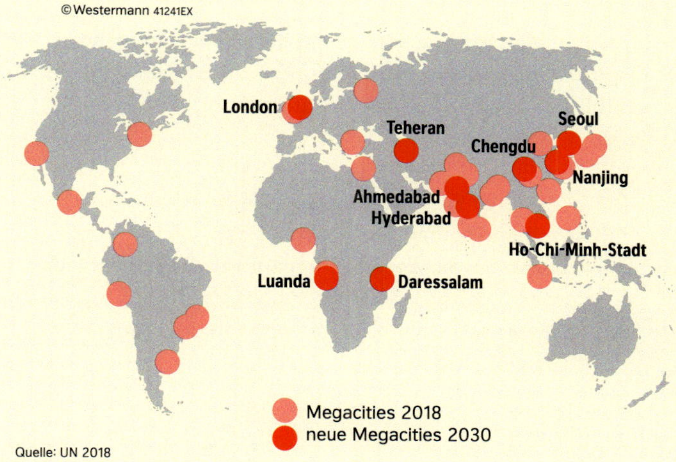

M 1 **Megacitys in den Jahren 2018 und 2030**

Arbeitsschritte

1. Die mündliche Prüfung vorbereiten
- Wiederholen Sie die Inhalte der Kursstufe, um neben fachlichem Wissen auch nachzuweisen, dass Sie es angemessen darstellen können: Sie reagieren auf Problemstellungen und verfügen über Orientierungs-, Analyse-, Urteils-, Handlungs- und Methodenkompetenzen.
- Trainieren Sie die Kommunikationsfähigkeit und die freie Rede eines zehnminütigen Vortrags (S. 140).

2. Die eigentliche Prüfung in 20 Minuten vorbereiten
- Analysieren Sie Aufgaben / Materialien (z. B. Diagramm, Tabelle, Karte, Text) und markieren Sie das Wesentliche.
- Nutzen Sie eventuell einen Atlas bzw. Taschenrechner.
- Entwickeln Sie die Lösungen der Aufgaben und den „roten Faden" des Kurzvortrags. Achten Sie dabei auf Operatorenanforderungen und korrekte Fachsprache.

3. Die Prüfung ablegen
- Begrüßen Sie die Prüfungskommission.
- Beschreiben Sie kurz den Inhalt der Aufgabenstellung.
- Präsentieren Sie die Aufgabenlösungen in einem 10-minütigen Vortrag, evtl. mit Dokumentenkamera.
- Beantworten Sie im kurzen Prüfungsgespräch die Rückfragen und / oder Erweiterungen der Aufgabe.

Ist Geographie **bilinguales Sachfach**, so ist eine in englischer Sprache verfasste Aufgabe zu bearbeiten. Wörterbücher sowie ein zweisprachiges Glossar für den Atlas können in der Prüfungsvorbereitungszeit genutzt werden. Das Prüfungsgespräch wird ebenfalls in der Fremdsprache durchgeführt.

Jahr	Einwohner Cleveland	Einwohner Seattle
1920	796 841	315 312
1930	900 429	365 583
1940	878 336	368 302
1950	914 808	467 591
1960	876 050	557 087
1970	750 879	530 831
1980	573 822	493 846
1990	505 616	516 259
2000	478 403	563 374
2010	395 890	610 639
2020	379 233	783 137

Quelle: World Population Review 2020

M 2 **Bevölkerungsentwicklung im Vergleich**

Im Jahr 2009 wurde die Initiative „Sustainable Cleveland 2019" mit dem Slogan „A Green City on a Blue Lake" gegründet. Mit dieser Vision der Stadtentwicklung sollte sich jeder Bürger identifizieren und an deren Umsetzung beteiligen. Die „Cleveland 2030 District-Initiative" zielt darauf ab, bis 2030 den Energie- und Wasserverbrauch sowie die CO_2-Emissionen um 50 Prozent zu reduzieren. Dazu konzentrierte sich die Stadt jährlich auf einen Schlüsselbereich:
- 2011: Energieeffizienzprüfungen bei Gebäuden
- 2012: regionale Ernährung mit regionalen Produkten
- 2013: vermehrte Nutzung regenerativer Energieträger
- 2014: „Zero Waste" – Abfallmanagement durch Recycling
- 2015: saubere Gewässer durch verbesserte Abwasserklärung
- 2016: nachhaltiges Verkehrssystem durch neue Radinfrastruktur
- 2017: Grünflächenkonzept mit neuen Parks und Alleen
- 2018: Kultur eines gemeinschaftlichen, nachhaltigen Lebensstils
- 2019: gemeinsam Zukunftsbilder und Projekte entwickeln.

Seit 2018 wird der neue „Climate Action Plan" in allen Nachhaltigkeitsbereichen umgesetzt. Ziel ist die verbesserte Resilienz gegenüber den Folgen des Klimawandels.

M 3 **Stadtentwicklung in Cleveland**

Eine Klausur und die schriftliche Abiturprüfung vorbereiten und erfolgreich bestehen

Schriftliche Leistungskontrollen dienen der Überprüfung inhaltlicher und methodischer Kompetenzen. Deren operationalisierte Aufgaben orientieren sich an den drei Anforderungsbereichen des Operatorenkatalogs (vgl. S. 144 / 145). Jeder Operator gibt an, was wie verlangt wird. Jede Aufgabe gibt Auskunft über den thematischen Hintergrund und enthält Zusatzinformationen wie Materialhinweise. Welche Strategien in der Vorbereitung und während der Bearbeitung schriftlicher Aufgaben unterstützen ein erfolgreiches Ergebnis?

Ein systematisches Klausurtraining gibt Hilfestellung die anspruchsvollen Klausuranforderungen zu erfüllen bzw. die schriftliche Abiturprüfung im Leistungsfach gezielt vorzubereiten.

1 Analysieren Sie M1 und stellen Sie die Inhalte der einzelnen Themen als Mindmaps dar.

2 Arbeiten Sie die wesentlichen Anforderungen der Operatoren heraus (S. 144 / 145).

3 Analysieren Sie die Arbeitsschritte im Umgang mit Klausuren sowie M2.

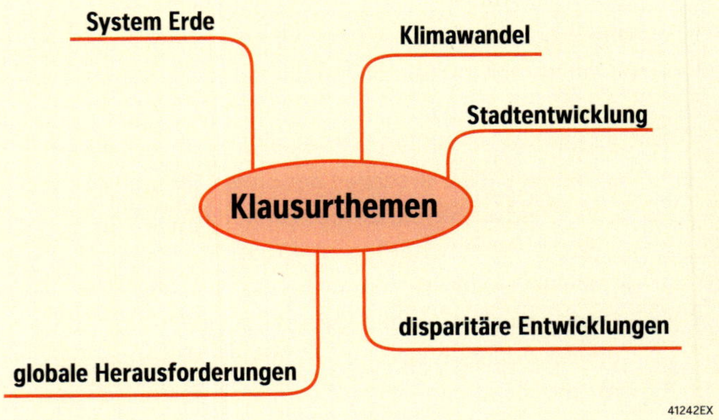

M 1 **Mögliche Klausurinhalte**

Arbeitsschritte

1. Eine Klausur vorbereiten
- Überprüfen Sie Ihre Inhaltskenntnisse mithilfe der Fachbegriffe (z.B. Begriffssammlung am Kapitelende).
- Nutzen Sie Ihre Mitschriften, die Unterrichtsmaterialien, den Seydlitz und den Atlas zur Wiederholung.
- Stellen Sie die inhaltlichen Zusammenhänge der Fachbegriffe als Mindmap dar. Vergleichen Sie diese mit den Kompetenzcheckseiten.
- Trainieren Sie die Methoden mit dem Seydlitz.

2. Eine Klausur bearbeiten
- Überprüfen Sie den Einleitungstext zur Aufgabe hinsichtlich Thema, Schwerpunkt und Raumbezug.
- Lesen Sie die Aufgaben und markieren Sie Operatoren, thematische und methodische Begriffe mit Farben.
- Ordnen Sie das Beispiel mithilfe des Atlas räumlich ein.
- Erstellen Sie eine Stichwortliste zu den Teilaufgaben.
- Analysieren Sie das Material. Behalten Sie die Aufgabenstellung der Teilaufgaben und den Zeitplan im Auge.

3. Die Klausur schriftlich ausarbeiten
- Gliedern Sie Ihre Ausführungen formal (Zwischenüberschriften, Absätze, nummerierte Aufzählungen, Leerzeilen, Seitenzahlen, Quellen verwendeter Atlaskarten).
- Entwickeln Sie eine Einleitung zur Gesamtaufgabe (z. B. topographische Einordnung) sowie zu jeder Teilaufgabe.
- Stellen Sie im Hauptteil den Zusammenhang zwischen Vorwissen, Untersuchungsraum und Material her. Geben Sie Materialverweise an.
- Kennzeichnen Sie wörtliche Übernahmen aus Quellen als Zitate.
- Schließen Sie jede Teilaufgabe mit einem kurzen Fazit.
- Kontrollieren Sie Ihre Lösungen z. B. auf Rechtschreibung.

4. Nachbereitung der Klausur
- Arbeiten Sie inhaltliche und methodische Defizite auf.

1. Planen Sie für Wiederholungen und Übungen mehrere Tage ein.
2. Bereiten Sie sich zeitweise in Kleingruppen vor.
3. Bringen Sie notwendige Hilfsmittel mit: Bleistift, Radiergummi, Lineal, Farbstifte, Textmarker, Taschenrechner (WTR), Uhr.
4. Verschaffen Sie sich einen Überblick über die Anforderungen und Materialien. Markieren Sie Auffälligkeiten.
5. Legen Sie einen groben Zeitplan fest. Pro Verrechnungspunkt können Sie zur Bearbeitung etwa vier Minuten Zeit investieren.
6. Lesen Sie die Aufgaben sorgfältig durch. Wählen Sie gegebenenfalls in der Abiturprüfung die Ihnen passend erscheinende Aufgabe aus. Notieren Sie spontane Anmerkungen.
7. Überprüfen Sie den Atlas nach geeigneten Karten.
8. Geben Sie den Namen des Atlas und sein Erscheinungsjahr über den Aufgabenlösungen an.
9. Bearbeiten Sie die Teilaufgaben möglichst in der vorgegebenen Reihenfolge, da sie in der Regel aufeinander Bezug nehmen.
10. Achten Sie beim Formulieren Ihrer Lösung auf das Anforderungsniveau der Operatoren.
11. Entwickeln Sie sachlogisch strukturierte Lösungen ausschließlich in ganzen Sätzen, um die Zusammenhänge darzustellen.
12. Verlieren Sie bei der schriftlichen Ausarbeitung niemals die Aufgabenstellung aus dem Auge.
13. Verwenden Sie die korrekte Fachsprache.
14. Vermeiden Sie stets unspezifische, pauschale Aussagen.
15. Verwenden Sie beim Erstellen von Zeichnungen, Diagrammen bzw. Tabellen Lineal und Farbstifte. Arbeiten Sie exakt, beschriften Sie hinreichend und entwickeln Sie eine Überschrift.
16. Streichen Sie Falsches deutlich durch.
17. Erklären Sie die nicht gebräuchlichen Abkürzungen einmalig.
18. Planen Sie am Ende ausreichend Zeit zur Durchsicht ein.

M 2 **Tipps zur Klausur**

Klausuraufgaben und Lösungsstrategien

Bangladesh ist mit über 1000 Einwohnern / km² eines der am dichtesten besiedelten Länder der Erde. Trotz großer ökologischer und sozialer Herausforderungen hat sich das Land in den vergangenen Jahrzehnten dynamisch entwickelt.

1. Analysieren Sie die Entwicklung Bangladeshs anhand einer von Ihnen erstellten und vervollständigten Analysespinne (M2) unter Verwendung aller Daten von M1. 12VP
2. a) Überprüfen Sie, ob in Bangladesh Verstädterung und Metropolisierung stattfinden (M3 – M5). 10 VP
   b) Stellen Sie mithilfe von Atlaskarten dar, weshalb Chittagong besonders vulnerabel ist. 10 VP

- In den Aufgaben z. B. Inhalte mit grüner Farbe markieren, Operatoren mit Gelb und Methoden mit Orange.
- Einleitungstext gibt Informationen zum Raum (Bangladesh) und zu den Themen (Herausforderungen, Entwicklung).
- Punktezahlen geben Hinweise auf Bearbeitungsintensität: 12 VP bzw. 10 VP entsprechen etwa 48 bzw. 40 Minuten.
- Operator analysieren: Materialien oder Sachverhalte systematisch untersuchen und auswerten
- Operator überprüfen: Aussagen [...] an Sachverhalten auf ihre sachliche Richtigkeit hin untersuchen und ein begründetes Ergebnis formulieren
- Operator darstellen: Sachverhalte strukturiert und zusammenhängend verdeutlichen

Entwicklungs-indikator	2005	2010	2015	2018
Fertilitätsrate (Kinder pro Frau)	2,7	2,4	2,2	2,2
Lebenserwartung (in Jahren)	69,5	71,4	72,9	73,7
BNE * pro Kopf (in US-$)	436	839	1325	4057
Alphabetisie-rungsgrad (in %)	51,6	57,7	65,1	73,9
Anteil sekundärer Sektor am BIP ** (in %)	23,3	25,0	26,8	28,5
Zugang zu Sani-täranlagen (in % der Bevölkerung)	32,4	39,2	45,7	61,0

* Bruttonationaleinkommen, ** Bruttoinlandsprodukt
Quellen: Weltbank, UNDESA, UNDP

M 1 Strukturdaten der Entwicklung Bangladeshs

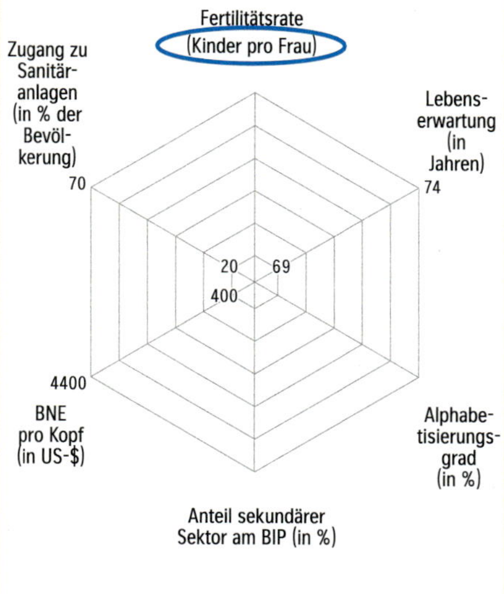

M 2 Analysespinne zur Entwicklung Bangladeshs

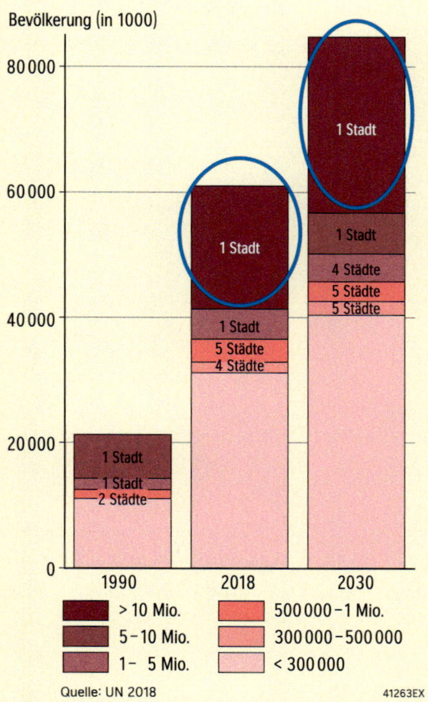

M 3 Städtische Bevölkerung Bangladeshs nach Stadtgrößen

Stadt	Bevölkerungszahl (in 1000)	
	2020	2030
Dhaka	20006	28076
Chittagong	5020	6393

Quelle: UN 2019

M 4 Entwicklung der Bevölkerungszahl der beiden größten Städte Bangladeshs

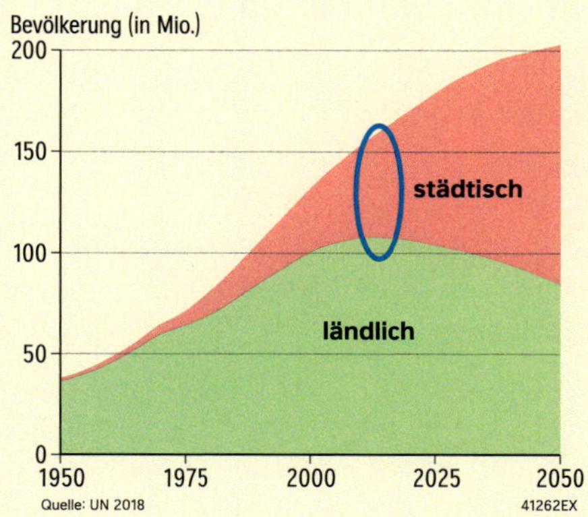

M 5 Bevölkerungsentwicklung Bangladeshs

Hinweise:

- *Aufgabe 1 (M1 / M2): hoher Entwicklungsstand außen → Achtung: Kinder pro Frau, Überschrift formulieren*
- *Aufgabe 2a (M3): Verstädterung und Metropolisierung, sogar Megapolisierung (M4 Dhaka)*
- *Aufgabe 2a (M4): Dhaka mit demographischer und funktionaler Primacy als Hauptstadt, Index of Primacy 3,99*
- *Aufgabe 2a (M5): Abnahme der ländlichen Bevölkerung seit 2014, 2050 ca. zwei Drittel der Bevölkerung in Städten*
- *Aufgabe 2b (Atlas): Küstenstadt am Golf von Bengalen → Sturmflut durch tropische Zyklone, Sturzflut nach Starkregen → Schlammlawinen, Klimawandel → Meeresspiegelanstieg*

Anforderungsbereich I

umfasst das Wiedergeben und Beschreiben von Inhalten und Materialien.

beschreiben
Sachverhalte schlüssig wiedergeben

bezeichnen
Sachverhalte (insbesondere bei nichtlinearen Texten wie zum Beispiel Tabellen, Schaubildern, Diagrammen oder Karten) begrifflich präzise formulieren

nennen
Sachverhalte in knapper Form anführen

Anforderungsbereich II

umfasst das selbstständige Erklären, Bearbeiten und Ordnen bekannter Sachverhalte sowie das angemessene Anwenden gelernter Inhalte und Methoden auf andere Sachverhalte.

analysieren
Materialien oder Sachverhalte systematisch untersuchen und auswerten

begründen
Aussagen (zum Beispiel eine Behauptung, eine Position) durch Argumente stützen, die durch Beispiele oder andere Belege untermauert werden

charakterisieren
Sachverhalte mit ihren typischen Merkmalen und in ihren Grundzügen bestimmen

darstellen
Sachverhalte strukturiert und zusammenhängend verdeutlichen

ein- / zuordnen
Sachverhalte schlüssig in einen vorgegebenen Zusammenhang stellen

erklären
Sachverhalte schlüssig aus Kenntnissen in einen Zusammenhang stellen (zum Beispiel Theorie, Modell, Gesetz, Regel, Funktions-, Entwicklungs- und / oder Kausalzusammenhang)

erläutern
Sachverhalte mit Beispielen oder Belegen veranschaulichen

erstellen
Sachverhalte (insbesondere in grafischer Form) unter Verwendung fachsprachlicher Begriffe strukturiert aufzeigen

herausarbeiten
Sachverhalte unter bestimmten Gesichtspunkten aus vorgegebenem Material entnehmen, wiedergeben und / oder gegebenenfalls berechnen

vergleichen
Vergleichskriterien festlegen, Gemeinsamkeiten und Unterschiede gewichtend einander gegenüberstellen sowie ein Ergebnis formulieren

Die Arbeitsanweisungen im Seydlitz

Der Seydlitz möchte Sie bei Ihrer Arbeit im Geographieunterricht unterstützen. Deshalb gibt es im Buch ausschließlich operationalisierte, d. h. mit Arbeitsanweisungen versehene Aufgaben. Damit Sie genau wissen, was Sie zu tun haben, werden die Operatoren hier „übersetzt“.

Arbeitsanweisungen gibt es zu drei Anforderungsbereichen:

Anforderungsbereich I: Reproduktionsleistungen
Anforderungsbereich II: Reorganisations- und Transferleistungen
Anforderungsbereich III: Reflexion und Problemlösung.

Die Anforderungsbereiche sind voneinander wechselseitig abhängig. Das bedeutet, dass der Anforderungsbereich III die Anforderungsbereiche I und II, der Anforderungsbereich II den Anforderungsbereich I einschließt.

Die Operatoren können sowohl mit als auch ohne Materialvorgabe angewendet werden. Sollte ein Operator nur mit oder nur ohne Materialvorgabe angewendet werden, wird dies in der Definition des Operators (vgl. Anforderungskästen I bis III) explizit angeführt.

Und jetzt viel Erfolg beim Lösen der Aufgaben!

Anforderungsbereich III

umfasst den reflexiven Umgang mit neuen Problemstellungen, eingesetzten Methoden und gewonnenen Erkenntnissen, um zu Begründungen, Urteilen und Handlungsoptionen zu gelangen.

beurteilen
Aussagen, Vorschläge oder Maßnahmen untersuchen, die dabei zugrunde gelegten Kriterien benennen und ein begründetes Sachurteil formulieren

bewerten
Aussagen, Vorschläge oder Maßnahmen beurteilen, ein begründetes Werturteil formulieren und die dabei zugrunde gelegten Wertmaßstäbe offenlegen

entwickeln
zu einer vorgegebenen oder selbst entworfenen Problemstellung einen begründeten Lösungsvorschlag entwerfen

erötern
zu einer vorgegebenen These oder Problemstellung durch Abwägen von Pro- und Kontra-Argumenten ein begründetes Ergebnis formulieren

gestalten
zu einer vorgegebenen oder selbst entworfenen Problemstellung ein Produkt rollen- beziehungsweise adressatenorientiert herstellen

überprüfen
Aussagen, Vorschläge oder Maßnahmen an Sachverhalten auf ihre sachliche Richtigkeit hin untersuchen und ein begründetes Ergebnis formulieren

Absorption (S. 32)
Prozess des in sich Aufnehmens von Wellen (z. B. Strahlung) in Körper / Stoffe

Adaption (S. 14)
Fähigkeit von Lebewesen oder Gesellschaften, je nach Umständen alternativ zu reagieren und sich veränderten Gegebenheiten anzupassen

Aerosole (S. 32)
feinste Partikel, die in der Luft schweben

***Agglomeration** (S. 66)
räumliche Konzentration bzw. Verdichtung von Bevölkerung, Siedlungen bzw. Wirtschaftsunternehmen. Damit geht oft eine Erweiterung der an die Stadt gebundenen Siedlungsfläche einher. Eine Agglomeration (Verdichtungsraum, Ballungsgebiet) besteht aus einer oder mehreren großen Städten mit ihren Stadt-Umland-Verflechtungsbereichen.

Albedo (S. 33)
Reflexionsvermögen: Anteil diffus reflektierter Strahlung beim Auftreffen auf eine nicht spiegelnde, nicht selbst leuchtende Fläche, wie die Erdoberfläche. Sie kann Werte zwischen 0 und 1 annehmen und ist umso größer, je heller die Oberfläche.

***Anpassungsstrategie** (S. 48)
deutsche Anpassungsstrategie an den Klimawandel (2008). Es werden Klimaveränderungen sowie Anpassungsmaßnahmen an den Wandel aufgeführt.

****anthropogener Treibhauseffekt** (S. 34)
durch den Menschen verursachte Verstärkung des natürlichen Treibhauseffekts durch Emission von Treibhausgasen wie Kohlenstoffdioxid (CO_2) oder Methan (CH_4). Trägt wahrscheinlich maßgeblich zur globalen Erwärmung bei.

***Anthroposphäre** (S. 8)
der vom Menschen gestaltete Raum.

***Anthropozän** (S. 12)
vorgeschlagenes, aktuelles Erdzeitalter, in dem die Einflüsse des Menschen auf die Umwelt eine mit den Gewalten der Natur vergleichbare Dimension erreicht haben und damit einen neuen Abschnitt der jüngsten Erdgeschichte markieren. Als Merkmale gelten z. B. Klimawandel, globaler Wandel und das sogenannte sechste Massenaussterben.

***Atmosphäre** (S. 9)
die etwa 1000 km mächtige Lufthülle der Erde. Sie besteht aus einem Gemisch verschiedener Gase. Die wichtigsten Bestandteile sind Stickstoff (77 %), Sauerstoff (21 %), Wasserdampf und Argon.

***Befriedigung der Grundbedürfnisse** (S. 117)
Strategie der Befriedigung der Grundbedürfnisse. In dieser Entwicklungsstrategie liegt der Fokus auf der Sicherstellung der Grundbedürfnisse wie der Zugang zu sauberem Wasser.

***Bevölkerungswachstum** (S. 72, 74)
absolute Zunahme der Bevölkerung eines Raumes infolge Geburtenüberschuss bzw. Zuwanderung

Biokapazität (S. 22)
Fähigkeit von Ökosystemen, dauerhaft wirtschaftlich verwertbare Materialien zur Verfügung zu stellen und den entstehenden Abfall dauerhaft aufzunehmen

***Biosphäre** (S. 9)
Teil der Landschaftshülle der Erde, der von lebenden Organismen bewohnt wird

Bottom-up (S. 58)
„von unten“: Bewegung aus der Bevölkerung. Hier: Maßnahmen gegen den Klimawandel müssen auch aus der Bevölkerung kommen, nicht nur von der Gesetzesebene (Gegenteil: Top-down).

***Bruttonationaleinkommen** (S. 104)
BNE. Gesamtwert aller Waren und Dienstleistungen, die von den Bewohnern eines Staates (im In- und Ausland) in einem Jahr produziert werden.

***Chancengerechtigkeit** (S. 110)
gerechte Chancen für alle ohne Rücksicht auf Herkunft oder soziale Verhältnisse

City (S. 68)
Zentrum einer größeren Stadt, geprägt durch Dienstleistungen wie Banken und Behörden sowie kulturelle Einrichtungen und Handel. Hier gibt es viele Arbeitsplätze, aber kaum Wohnungen.

****Citybildung** (S. 69)
durch Abwanderung der Wohnbevölkerung und Umwandlung der Wohngebäude in Standorte des tertiären Wirtschaftssektors kommt es zur Ausbildung einer City

Degradierung (S. 43)
negative Veränderung, z. B. eines Ökosystems oder eines Bodens

Dekarbonisierung (S.)
Abkehr der (Energie-)Wirtschaft von der Nutzung fossiler, kohlenstoffhaltiger Energieträger wie Kohle, Erdöl, Erdgas

****Dependenztheorie** (S. 114)
Diese Theorie sieht die Unterentwicklung eines Raumes als Folge einer fehlgeleiteten Entwicklung von außen an (z. B. durch koloniale Ausbeutung).

Desertifikation (S. 14)
Vordringen der Wüste in trockene Gebiete. Die Desertifikation wird zum Teil durch falsche oder zu starke Nutzung der Wüstenrandgebiete durch den Menschen ausgelöst.

Desurbanisierung (S. 70)
Prozess der Entstädterung, bei dem Einwohner und Beschäftigtenzahlen im städtischen Ballungsraum zurückgehen. Dieser Prozess findet z. B. in einigen altindustrialisierten Räumen in Westeuropa und den USA statt.

***Disparitäten** (S. 18, 104)
beschreibt die Unterschiede in der Entwicklung von Staaten bzw. Regionen hinsichtlich Lebenserwartung, Lebenschancen, Lebensstandard, Lebensqualität und Lebensstil ihrer Bevölkerung

***Dissoziationsstrategie** (S. 117)
Entwicklungsstrategie, welche die Loslösung vom Weltmarkt und eine Fokussierung auf den Binnenmarkt anstrebt, um eine unabhängige Entwicklung der Wirtschaft zu erreichen.

endemisch (S. 42)
Tier- und Pflanzengeographie: in einem begrenzten Raum einheimisch

***endogene Ursachen** (S. 114)
Probleme innerhalb eines Landes (z. B. Unterentwicklung), verursacht im Land selbst

Entlastung der Bürger und der Wirtschaft (S. 55)
Um eine finanzielle Belastung durch die CO_2-Bepreisung zu vermeiden, werden beispielsweise Stromkosten gesenkt, um so die Bürger und auch die Wirtschaft wieder zu entlasten.

 Arbeitsbegriffe mit *: für den 2-stündigen Kurs; **Arbeitsbegriffe mit **:** für den 5-stündigen Kurs

***Entsorgung** (S. 82)
im Rahmen der Abfallwirtschaft Beseitigung von festen Abfallstoffen (z. B. Müllverbrennungsanlage), Abwasser (z. B. Kläranlage) und Abgasen

***Entwicklungsindikatoren** (S. 102)
bewerten den sozialen und wirtschaftlichen Entwicklungsstand eines Landes, im Vgl. zu anderen Ländern (z. B. HDI).

***Entwicklungsstrategien** (S. 116)
verschiedene Strategien zur Entwicklung einzelner Länder (z. B. Befriedigung der Grundbedürfnisse)

****Entwicklungstheorie** (S. 114)
Es gibt verschiedene Theorien, um die unterschiedlichen Entwicklungen und den damit einhergehenden unterschiedlichen Entwicklungsstand der verschiedenen Regionen der Erde zu erklären (z. B. Dependenztheorie).

***Entwicklungszusammenarbeit** (S. 116)
partnerschaftliche Maßnahmen zur Unterstützung des wirtschaftlichen Wachstums und der sozialen Entwicklung in den Entwicklungsländern

***exogene Ursachen** (S. 114)
Probleme innerhalb eines Landes (z. B. Unterentwicklung), verursacht durch fehlgeleitete Entwicklungen von außen

***fairer Handel** (S. 122)
Handelsbewegung, die sich hauptsächlich auf den Export von Waren aus Entwicklungsländern in Industrieländer konzentriert. Die Preise für die gehandelten Produkte sind hierbei über dem jeweiligen Weltmarktpreis angesetzt, sodass dem Produzenten ein höheres und verlässlicheres Einkommen ermöglicht werden kann.

***Feinstaubbelastung** (S. 85)
Die Feinstaubbelastung wird durch direkte Emissionen von Feinstaub wie (Diesel-)Ruß, Reifenabrieb sowie aufgewirbeltem Staub verursacht. Über die Emission gasförmiger Schadstoffe wie Ammoniak, Schwefeldioxid und Stickstoffoxide kann sogenannter sekundärer Feinstaub entstehen.

****Flurwind** (S. 85)
schwache bodennahe Luftströmung, die vom kühleren Freiland in die wärmere Stadt weht

***Fragmentierung** (S. 76)
auch Zergliederung. In der Stadtforschung beschreibt der Begriff oft die räumliche Trennung sozial bzw. ethnisch unterschiedlicher Bevölkerungsgruppen.

****Fragmentierungstheorie** (S. 114)
Diese Theorie versucht die Entwicklung einzelner Regionen unabhängig von Nationalstaaten vor dem Hintergrund der Globalisierung zu erklären.

***freiwilliges soziales oder ökologisches Jahr** (S. 124)
einjähriger sozialer oder ökologischer Freiwilligendienst im In- oder Ausland. Wird meist von jungen Erwachsenen nach dem Abitur ausgeübt.

Förderprogramme (S. 55)
In der Europäischen Union gibt es verschiedene Förderprogramme. Aus der Gemeinschaftskasse werden zum Beispiel Projekte finanziert, die der CO_2-Einsparung dienen.

***Gated Community** (S. 76)
geschlossene Wohnanlage der Ober- oder Mittelschicht, die z. B. durch Sperrzäune und Wachdienste vom Rest der Siedlung abgetrennt ist. Oftmals ist der Grund dieser Abschottung die Angst vor Verbrechen. Man findet Gated Communities häufig in den großen Städten der Entwicklungsländer, aber zum Teil auch in den Industrieländern.

***Gentrifizierung** (S. 70)
Einkommensstarke Bevölkerungsgruppen ziehen nach aufwendiger Sanierung älterer Häuser in die Innenstädte und verdrängen dort einkommensschwächere.

***Geoengineering** (S. 47)
zusammenfassende Bezeichnung für planmäßige und großräumige Eingriffe mit technischen Mitteln in die geophysikalischen und geobiochemischen Prozesse des Erdsystems mit dem Ziel, die Entwicklungen der globalen Erwärmung zu verhindern oder zu verlangsamen.

****geographischer Stadtbegriff** (S. 66)
wird durch eine Vielzahl quantitativer und qualitativer Merkmale charakterisiert: z. B. Mindestgröße, Geschlossenheit der Ortsform, Mehrstöckigkeit der Gebäude, hohe Wohn- und Arbeitsplatzdichte, Einpendlerüberschuss, Zuwanderung, Dominanz des sekundären und tertiären Wirtschaftssektors, funktional und sozial bestimmte innere Gliederung, Mindestmaß an Zentralität (d. h. Bedeutungsüberschuss von Funktionen gegenüber dem Umland), Verkehrsknotenpunkt.

Geosphäre (S. 8)
geographische Hülle; der dreidimensionale Landschaftsraum der Erdoberfläche mit seinen Funktionsbeziehungen zur Atmosphäre, Hydrosphäre und Lithosphäre

****Gesundheit** (S. 84)
Zustand des körperlichen und / oder geistigen subjektiven Wohlbefindens des einzelnen Menschen

****Global City** (S. 72, 78)
Metropole höchstrangiger Hierarchie mit starker Konzentration von Hauptquartieren international operierender Unternehmen sowie höchstrangigen unternehmensorientierten Dienstleistungen (quartärer Sektor) und somit Kontrollfunktion über die Produktion und Märkte in einem weltweiten Netz von Städten

****globale Durchschnittstemperatur** (S. 32)
über den Globus gemittelte Temperatur. Ihre Ausweisung ist umstritten, da u. a. kein gleichmäßig über die Erde verteiltes Netz an Messstationen existiert.

***globale Herausforderungen** (S. 18)
Unter anderem durch eine immer höhere Bevölkerungszahl setzt der Mensch die Erde und die Ökosysteme zunehmend unter Druck. Die globale Herausforderung der Zukunft wird es sein, die Wirtschaft besser in einen ökologischen und sozialen Rahmen zu integrieren, der eine nachhaltige Entwicklung ermöglicht.

***Globalisierung** (S. 72, 103)
Prozess der intensiven Vernetzung weltweiter u. a. wirtschaftlicher, kultureller und sozialer Bereiche. Es bilden sich mächtige internationale Akteure heraus (z. B. transnationale Unternehmen und Wirtschaftsbündnisse wie die EU).

***Green City** (S. 88)
nachhaltige Stadt, deren Konzept die Lebensqualität im urbanen Raum verbessern möchte. Projekte und Initiativen zur Umsetzung der Nachhaltigkeitsziele umfassen die Bereiche Stadtgestaltung, Energie, Bildung, Mobilität und Good Governance.

Holozän (S. 12)
jüngste, erdgeschichtliche Epoche.Sie umfasst in etwa die letzten 11 700 Jahre bis heute.

***Human Development Index** (S. 104)
auch HDI. Vergleichsmaßzahl zwischen 0 und 1, mit der man den Entwicklungsstand einer Gesellschaft oder eines Landes bewertet. Er berücksichtigt die Bereiche Bildung, Lebensstandard und Lebensbedingungen.

***Human Sustainable Development Index (HSDI)** (S. 104)
Erweiterung des HDI um eine ökologische Komponente

***Hydrosphäre** (S. 9)
die Wasserhülle der Erde. Sie macht ca. 71 % der Erdoberfläche aus. Zu der Hydrosphäre gehören u. a. die Ozeane, die Festlandsgewässer und die Wassermassen, die in Eis und Schnee an den Polen und in den Gletschern gebunden sind.

****Industrialisierung** (S. 75)
Prozess der Ausbreitung der Industrie und damit der Form des rationellen, arbeitsteiligen Wirtschaftens mit einem hohen Grad der Mechanisierung und Automation bzw. Serien- und Massenfertigung in Fabriken für einen überregionalen Markt. Damit einher gehen gesellschaftliche Veränderungen und die Entwicklung einer Industriegesellschaft.

***innere Differenzierung** (S. 68)
innerstädtische, räumliche Differenzierung nach merkmalsgleichen oder ähnlichen funktionalen und soziostrukturellen Raumnutzungen

Innertropische Konvergenzzone (ITC) (S. 43)
Tiefdruckrinne, in der die Passate zusammenströmen. Die ITC wandert mit dem Sonnenhöchststand nördlich oder südlich des Äquators. Kennzeichen sind starke Wolkenbildung und Niederschläge.

IPCC (S. 37)
Intergovernmental Panel on Climate Change (Weltklimarat): von den Vereinten Nationen gegründete Organisation mit der Aufgabe, die Forschungsergebnisse zum Klimawandel in regelmäßigen Abständen darzustellen und zu bewerten

Jetstream (S. 39)
Zonen starker Winde in der Atmospäre in 9 bis 14 km Höhe. Sie wehen im Bereich der planetarischen Frontalzonen, wo sie durch starke Luftdruckgefälle hervorgerufen werden.

Kastenwesen (S. 77)
religiös begründetes System, das im Hinduismus die Rangstellung einzelner Berufsgruppen in der Gesellschaft regelt. Das hinduistische Kastenwesen geht nicht von dem Standpunkt aus, dass alle Menschen gleich sind.

***Kippschalter** (S. 38)
siehe Tipping Point

Klimamodell (S. 36)
mathematisches Hilfsmittel zur Vorhersage künftiger klimatischer Entwicklungen des globalen Klimas für Zeiträume von Jahrzehnten bis Jahrhunderten

***Klimaneutralität** (S. 44)
Ausgleich aller Treibhausgasemissionen. Ab dem Jahr 2050 wird Klimaneutralität angestrebt.

***Klimaschutz** (S. 44, 48)
Maßnahmen zum Schutz der Atmosphäre vor Emissionen. Vor allem geht es um die Reduktion der Emission von Treibhausgasen.

****Klimaszenario** (S. 37)
verschiedene Klimaprognosen, wie z. B. die RCP, die aus dem IPCC hervorgehen.

***Klimawandel** (S. 18, 30)
Begriff, der die Veränderungen des globalen Klimas zusammenfasst

***Klimaziel** (S. 44, 46)
Ziel der Klimapolitik im Sinne des Klimaschutzes

***Kohlenstoffdioxidsenke** (S. 36, 42)
Reservoir, das CO_2 aufnimmt und speichert (z. B. Vegetation, Ozeane)

***Lage** (S. 72)
die topographische Lage ist die durch Angabe der Koordinaten und der Höhe über dem Meeresspiegel bestimmbare Position auf der Erdoberfläche. Die geographische Lage gilt für einen Erdraumausschnitt und wird im wesentlichen durch die Landschaft bestimmt, z. B. Küstenlage einer Stadt.

***Land Grabbing** (S. 112)
großflächiger Kauf oder Pachtung von agrarischen Nutzflächen in Ländern des Globalen Südens bis zu 100 Jahre. Käufer / Pächter sind meist wirtschaftlich oder politisch durchsetzungsstarke Akteure, die „Land an sich reißen“. Somit steht das Land nicht mehr den Bürgern vor Ort zur Nahrungsmittelsicherung zur Verfügung.

Landlocked Developing Countries (LLDC) (S. 103)
Binnenstaaten ohne Meereszugang

Least Developed Countries (LDC) (S. 103)
am wenigsten entwickelte Länder

***Lebensqualität** (S. 82)
Sammelbegriff für physische, psychische, soziale und wirtschaftliche Faktoren wie Gesundheit, Bildung, sozialer Status, materieller Lebensstandard, welche die Lebensbedingungen in einer Gesellschaft für deren Mitglieder ausmachen. Sie beeinflussen individuelles Glücksempfinden und Lebenszufriedenheit.

***Lithosphäre** (S. 9)
Gesteinshülle der Erde. Zur Lithosphäre gehören die Erdkruste und die obere, feste Schicht des Erdmantels. Die Lithosphäre besteht aus Erdplatten, die sich auf einer zähflüssigen Schicht bewegen.

***Lokale Agenda 21** (S. 56, 88)
kommunales, an Nachhaltigkeit orientiertes Handlungsprogramm für eine nachhaltige Entwicklung einer Gemeinde / Region. Die Grundlage dafür wurde 1992 von der UN-Konferenz in Rio als globales Programm verabschiedet (Agenda 21).

***Marginalisierung** (S. 76)
sozialer Abstieg, bei dem Bevölkerungsgruppen an den „Rand der Gesellschaft“ gedrängt werden und dadurch nur wenig am wirtschaftlichen, kulturellen und politischen Leben teilnehmen können

****Marginalsiedlung** (S. 76)
oft illegal errichtetes Armenviertel aus provisorisch errichteten Hütten am Rande einer Stadt in Ländern des Globalen Südens

***Meeresspiegelanstieg** (S. 86)
globaler Anstieg des Meeresspiegels seit Mitte des 19. Jahrhunderts infolge globaler Erwärmung von Ozeanen und Atmosphäre durch menschliche Aktivitäten. Dadurch wird die Vulnerabilität städtischer Lebensräume verstärkt.

****Megacity** (S. 72)
Großstadt mit mehr als 10 Mio. Einwohnern. Sie ist in der Regel in der Funktion eines politisch-ökonomischen Zentrums sowie ein Knotenpunkt von Verkehrs- und Informationsströmen.

****Megapolisierung** (S. 72)
Vermehrung, Ausdehnung oder Vergrößerung von Städten nach Zahl, Fläche oder Einwohnern, meist unter Zunahme funktionaler Bedeutung, aber auch infrastruktureller, sozioökonomischer und ökologischer Überlastungen

***Menschenrechte** (S. 110)
Rechte, die einem Menschen von Natur aus zustehen, z. B. das Recht auf Leben, auf persönliche Freiheit, auf Glaubens- und Gewissensfreiheit

***Metropolisierung** (S. 72)
Verstädterungsprozess, der meist in den Ländern des Globalen Südens mit einer überproportionalen Zunahme der Einwohnerzahlen in wenigen großen Zentren verknüpft ist und eine Primatstruktur des Städtesystems begünstigt (demographische bzw. funktionale Primacy)

***Migration** (S. 74, 108)
Wanderungsbewegungen von Menschen mit dem Ziel, woanders zu siedeln

Milanković-Zyklen (S. 33)
Die Strahlungsenergie der Sonne, die auf der Erde ankommt, variiert mit den Milanković-Zyklen (Streckung und Schrumpfung der Erdbahn, Erdachsenneigung, Präzession der Erdachse).

Mitigation (S. 14)
Maßnahmen, die dazu geeignet sind, die Folgen einer Katastrophe zu lindern bzw. ein zukünftiges Extremereignis in seinen Auswirkungen auf Gesellschaften und ihre materielle Struktur abzuschwächen

****Modell** (S. 68)
im geographischen Sinn, die Darstellung eines Sachverhaltes unter einem theoretisch relevanten Gesichtspunkt

****Modernisierungstheorie** (S. 114)
diese Theorie geht davon aus, dass sich alle Länder allmählich von einer Agrar- zu einer Industriegesellschaft entwickeln. Unterentwicklung wird dabei mit Problemen innerhalb des Landes begründet.

Monitoring (S. 55)
systematische Dauerbeobachtung von Prozessen oder Phänomenen

***nachhaltige Entwicklung** (S. 20, 117)
Entwicklung, die den Bedürfnissen der jetzigen Generation entspricht, ohne die Möglichkeiten künftiger Generationen zu gefährden, ihre eigenen Bedürfnisse zu befriedigen. Sie umfasst ökologische, soziale und ökologische Aspekte. Englisch: Sustainable Development.

***nachhaltige Entwicklungsziele** (S. 25, 117)
von allen Mitgliedern der Vereinten Nationen verabschiedete politische Zielsetzungen, die 2016 in Kraft traten und bis 2030 gültig sind. Ziel ist die Sicherung einer nachhaltigen Entwicklung in ökonomischer, sozialer und ökologischer Hinsicht. Die SDG umfassen 17 Oberziele, die durch weitere 169 Unterziele erläutert und konkretisiert werden. Kern der Agenda 2030.

***nachhaltige Stadtentwicklung** (S. 80, 88)
zukunftsfähige Entwicklung von Städten unter Berücksichtigung der Nachhaltigkeitsziele (SDG) in allen Dimensionen der Nachhaltigkeit (Ökonomie, Ökologie, Soziales, Politik).

***nachholende Entwicklung** (S. 117)
Ansicht der Modernisierungstheorie, dass Länder des Golbalen Südens sich nur zeitverzögert zu den Ländern des Globalen Nordens entwickeln

nationales Emissionshandelssystem (S. 55)
ab 2021 als Ergänzung zum europäischen Emissionshandelssystem in Kraft tretendes System zur CO_2-Bepreisung

****natürlicher Treibhauseffekt** (S. 32)
siehe Treibhauseffekt

Newly Industrialized Countries (NIC) (S. 103)
Länder an der Schwelle vom wenig entwickelten Land zum hochentwickelten Land (ehem. Schwellenländer genannt)

***ökologischer Fußabdruck** (S. 22)
Konzept, welches den Flächenbedarf ermittelt, der den individuellen oder gesellschaftlichen Lebensstil ermöglicht

Ökosystem (S. 11)
eine aus Lebewesen und ihrer Umwelt bestehende Einheit, die sich im Gleichgewicht befindet

Oszillation (S. 43)
kleinere Schwankungen (z. B. des Meeresspiegels, der Eisrandlagenbewegungen oder des Klimas)

***Pedosphäre** (S. 9)
Bereich der Erdoberfläche, in dem sich Atmosphäre, Biosphäre, Hydrosphäre und Lithosphäre durchdringen. In der Pedosphäre finden die Prozesse statt, die zur Bodenbildung führen.

persuasive Ansätze (S. 58)
freiwillige und individuell aus Überzeugung ergriffene Maßnahmen

pH-Wert (S. 31)
logarithmische Maßzahl für die Wasserstoffionenkonzentration in Lösungen. Der pH-Wert kennzeichnet die basische, neutrale oder saure Reaktion von Bodenlösungen oder Wässern. Dabei gilt 7 als neutral und 14 als basisch.

Primärproduktion (S. 38)
Menge der Biomasse, die von den grünen Pflanzen aus anorganischen Verbindungen während einer bestimmten Zeitspanne aufgebaut wird

***Problemlösungsorientierung** (S. 24)
auf die Lösung eines Problems ausgerichtet

problemlösungs- und zukunftsorientierte Kernbotschaften (S. 24)
fünf formulierte Kernbotschaften (unter den fünf Aspekten Mensch, Planet, Wohlstand, Frieden und Partnerschaft zusammengefasst), die den 17 Zielen der SDG vorausgehen

***Projekt** (S. 109)
zielgerichtetes, einmaliges und zeitlich begrenztes Vorhaben hoher Komplexität

***Push- und Pull-Faktoren** (S. 74)
auslösende Ursachen für die Wanderung von Menschen zwischen Räumen mit unterschiedlicher Attraktivität.

***Quartärisierung** (S. 78)
wachsender Anteil des quartären Sektors an der Wirtschaft und der Erwerbstätigkeit. Der quartäre Sektor beinhaltet Forschung und Entwicklung, Banken und Versicherungen, Steuer-, Rechts- und Unternehmensberatung, Bildung sowie Medizin.

***Räume unterschiedlichen Entwicklungsstandes** (S. 102)
Viele Räume auf der Erde sind unterschiedlich weit entwickelt. Der Entwicklungsstand von Räumen kann anhand mehrerer Kriterien beurteilt und anhand dessen in verschiedene Kategorien zusammengefasst werden (z. B. Least Developed Countries).

***Reduktion der Treibhausgase** (S. 44)
Auf verschiedenen Ebenen wird eine Reduktion der Treibhausgase angestrebt, um zu versuchen, den voranschreitenden Klimawandel zu verlangsamen.

***Reliefsphäre** (S. 9)
äußere Begrenzung der Lithosphäre. In ihr ausgelöste Kräfte und Prozesse sind an der Herausbildung des Georeliefs beteiligt.

Repräsentative Konzentrationspfade (RCP) (S. 37)
vier verschiedene Szenarien aktueller Klimamodelle zum globalen CO_2-Ausstoß; hervorgegangen aus dem IPCC

***Ressourcenknappheit** (S. 18)
Ressourcen sind nicht unendlich verfügbar und können bei einem nicht nachhaltigen Wirtschaften verknappen

***Reurbanisierung** (S. 70)
Phase der Stadtentwicklung mit größerer Bevölkerungszunahme in der Kernstadt als im suburbanen Raum

Rückkopplungseffekt (S. 37, 40)
Rückwirkung der Veränderungen von Teilkomponenten, z. B. des Klimasystems, auf andere (Feedbackmechanismus). Rückkopplungen können selbstverstärkend (positive Rückkopplung) oder selbstregulierend (negative Rückkopplung) wirken.

Satellitenstadt (S. 77)
wirtschaftlich weitgehend eigenständige Stadt mit zahlreichen Industrie- und Gewerbebetrieben, Einkaufszentren und kulturellen Einrichtungen am Rande von Großstädten. Sie dienen zur Entlastung von Großstädten.

***Segregation** (S. 76)
Trennung von Bevölkerungsgruppen nach bestimmten Merkmalen wie Einkommen oder Ethnizität in verschiedenen Wohnvierteln einer Stadt

***Shrinking City** (S. 80)
schrumpfende Städte, die aufgrund von Deindustrialisierung die Abwanderung der Bevölkerung und somit einen erheblichen Bevölkerungsverlust zu verzeichnen haben. Folgen sind sinkende Steuereinnahmen und demzufolge fehlende Investitionen in Infrastruktur sowie Leerstand von Gebäuden, schließlich u. a. der Rückbau von Infrastruktur.

Small Islands Developing States (SIDS) (S. 103)
vom Meeresspiegelanstieg besonders bedrohte Inselstaaten

Sonnenfleckenzyklus (S. 33)
Sonnenflecken sind unstetige, große, fleckige Gebilde von im Mittel etwa 2000 – 50000 km Durchmesser auf der Sonnenoberfläche. Es sind elektromagnetisch stark aktive Gebiete mit gegenüber der normalen Oberfläche der Sonne etwas erniedrigter Temperatur und somit als dunkle Flecken sichtbar, in denen Materie nach außen strömt. Die Sonnenfleckenhäufigkeit schwankt stark in einer Periode von etwa 11 Jahren und wird deswegen als Zyklus bezeichnet.

Spurengase (S. 32)
alle Gase, die in der Luft in sehr geringen Anteilen vorkommen. Alle zusammen machen 0,1 % der Atmosphäre aus. Es zählen z. B. Edelgase wie Neon, Helium und Krypton sowie Methan, Stickoxide, Ozon oder Kohlenstoffdioxid dazu. Ihr Anteil wird in ppm / ppb (parts per million / billion) angegeben.

***Stadt** (S. 66)
größere, verdichtete Siedlung und gemäß dem geographischen Stadtbegriff mit spezifischen Funktionen. Die administrative Einheit Stadt umfasst z. B. in Deutschland mehr als 5000 Einwohner.

***Stadtentwicklung** (S. 18)
Genese einer Stadt von ihren Anfängen bis zur Gegenwart oder während einer bestimmten Epoche. Aufgrund der Stadtentwicklung lassen sich historisch-genetisch Stadttypen definieren.

***Stadtklima** (S. 85)
gegenüber dem Umland durch Bebauung und anthropogene Emissionen (z. B. Luftschadstoffe, Abwärme) verändertes Klima von Städten und Ballungsräumen. Klimatische Einflussfaktoren sind z. B. Eigenschaften von Baustoffen bezüglich Wärmespeicherung und Reflexion von Sonnenstrahlung, Versiegelung des Bodens, Fehlen von Vegetation.

***städtisches Ökosystem** (S. 82)
Lebensgemeinschaft von Menschen, Tieren und Pflanzen im Lebensraum Stadt, wobei der Mensch permanent tiefgreifende Eingriffe und Veränderungen in seinem Lebensraum vornimmt, sodass sich die anderen Lebewesen immer wieder darauf einstellen oder weichen müssen

***städtische Wärmeinsel** (S. 84)
typisches Merkmal des Stadtklimas. Sie wird durch die Lufttemperaturdifferenz zwischen der wärmeren Stadt und ihrem kühleren Umland charakterisiert, wobei ihr Maximum von bis zu 10 Kelvin während der Nacht erreicht wird .

***Suburbanisierung** (S. 70)
durch die Stadtflucht verursachte Expansion der Städte in ihr Umland und die damit verbundene innerregionale Verlagerung des Wachstumsschwerpunktes von Bevölkerung, Produktion, Handel und Dienstleistungen aus der Kernstadt in das städtische Umland

***Sustainable Development Goals** (S. 117)
siehe nachhaltige Entwicklungsziele

***Teilhabe** (S. 118)
Teil von etwas sein, an etwas teilhaben. Hier bedeutet es, ein Teil der globalen Wirtschaft sein.

***Tertiärisierung** (S. 81)
Verringerung der Arbeitsplätze in der Produktion bei einer gleichzeitigen Zunahme der Beschäftigungen in den Bereichen Lagerhaltung, Transport, Organisation, Verkauf usw. In Bezug auf den Raum beinhaltet der Prozess eine Umwandlung von Wohn-, Gewerbe- oder Industrieflächen im Zuge der Cityentwicklung und den damit verbundenen

Funktionswandel zu tertiärwirtschaftlich genutzten Flächen im Dienstleistungssektor.

****Theorie** (S. 67)
eine durch Denken gewonnene Erkenntnis, die sich auf logisch miteinander verbundene widerspruchsfreie Hypothesen stützt, mehrere unabhängige Aussagen enthält und Allgemeingültigkeit besitzt.

Theorie der Global Citys (S. 78)
Diese Lehre beschreibt ein globales Städtesystem aus Metropolen gobaler Primacy, in dem u. a. die „Fäden" der globalisierten Wirtschaft, des Handels, des Finanzsystem, des Verkehrs und des Know-hows zusammenlaufen.

thermohaline Zirkulation (S. 38)
globales, marines Zirkulationssystem, das durch Unterschiede der Temperatur und des Salzgehaltes im Wassers angetrieben wird

***Tipping Point** (S. 38)
kritischer Punkt, ab dem es kein Zurück mehr gibt. In komplexen Systemen ist oftmals unklar, wie weit eine Umwelt verändert werden kann, bis sie zu einem Kippschalter gelangt.

Top-down (S. 58)
„Von oben": u. a. Gesetzgeber bestimmen etwas und erwarten die Umsetzung dessen von der Bevölkerung. (Gegenteil: Bottom-up)

Transformationsprozess (S. 14)
Umwandlungsvorgang z. B. eines politischen Systems in ein anderes und die damit einhergehenden Veränderungen der sozialen, wirtschaftlichen, politischen und kulturellen Prägungen einer Gesellschaft

Transpiration (S. 42)
Verdunstung von Wasser über die Spaltöffnungen an den Blättern von Pflanzen

***Treibhauseffekt** (S. 33)
Erwärmungseffekt der Atmosphäre. Kurzwellige Sonnenstrahlung wird an der Erdoberfläche in langwellige Wärmestrahlung umgewandelt. Diese wird nach Abstrahlung in Richtung Weltall teilweise von Treibhausgasen in der Atmosphäre wie CO_2 absorbiert. Ein Teil gelangt als Gegenstrahlung zur Erdoberfläche zurück. Dadurch steigt die Mitteltemperatur am Boden (natürlicher Treibhauseffekt). Als anthropogenen Treibhauseffekt bezeichnet man eine zusätzliche Temperaturerhöhung durch den künstlichen Treibhausgasausstoß der Menschheit.

***Treibhausgas** (S. 32)
Gas in der Erdatmosphäre, das die Wärmestrahlung der Erde aufnehmen und wieder zur Erde abstrahlen kann. So entweicht die Strahlung nicht komplett in den Weltraum. Treibhausgase wie Kohlenstoffdioxid (CO_2) und Methan (CH_4) tragen so zur Erwärmung der Atmosphäre und der Erdoberfläche bei.

Troposphäre (S. 34)
unter Schicht der Atmosphäre, die an den Polen bis 8 km, am Äquator bis 18 km Höhe erreicht. Die Troposphäre wird auch Wetterschicht genannt, da sich in diesem Atmosphärenbereich das Wetter abspielt.

Urban Gardening (S. 90)
Gartenbau auf kleinen Flächen in der Stadt in Form von Nutzgärten oder auch auf Dachflächen

****Urbanisierung** (S. 66)
Prozess der zunehmenden Konzentration der Bevölkerung in städtischen Gebieten. Im engeren Sinne wird darunter auch die Verbreitung der städtischen Lebens- und Verhaltensweisen der Bevölkerung verstanden. Merkmale sind z. B. berufliche Differenzierung im sekundären und tertiären Sektor.

***Ursachen** (S. 74)
vorhergegangene Sachverhalte, die den jetzigen Sachverhalt hervorgerufen haben

***Vernetzung** (S. 8)
Grad der Verknüpfung verschiedener Parameter eines Systems

***Versorgung** (S. 82)
Leistungen, welche die Lebensgrundlage der Bevölkerung sichern, z. B. Energie-, Trinkwasser-, Nahrungsmittel-, Rohstoffversorgung

****Verstädterungsgrad** (S. 72)
prozentualer Anteil der Stadtbevölkerung an der Gesamtbevölkerung eines Landes

****Verstädterungsrate** (S. 72)
prozentuales Wachstum der städtischen Bevölkerung an der Gesamtbevölkerung eines Landes

***Vulnerabilität** (S. 86)
Neigung oder Prädisposition einer Person, einer Region oder eines Systems, nachteilig betroffen zu sein (z. B. von den Folgen des Klimawandels). Dies hängt von der Empfindlichkeit (Sensitivität) oder Anfälligkeit gegenüber einer Schädigung und von der Resilienz, d. h. Widerstandsfähigkeit zu deren Bewältigung und Anpassung ab.

***Wassermangel** (S. 86)
fehlende Wasserressourcen, um den vorhandenen Wasserbedarf zu decken. Urache sind z. B. vermehrte Dürren aufgrund der globaler Erderwärmung.

Weltklimakonferenz (S. 48)
jährlich stattfindende Konferenz der Vertragsstaaten der Klimarahmenkonvektion

***Weltladen** (S. 122)
Laden, der hauptsächlich Essen aus biologischem Anbau sowie handwerklich hergestellte Produkte aus Ländern des Globalen Südens verkauft. Sein Erlös wird in Entwicklungs- und Unterstützungsprojekte wieder im Globalen Süden investiert.

Wertschöpfung (S. 56)
ein Maß für die Leistungsfähigkeit z. B. eines Unternehmens oder einer Kommune. Gibt die wertmäßig erfasste Differenz zwischen Output und Input einer wirtschaftlichen Tätigkeit an.

zentrales Steuerungselement (S. 55)
wesentliches Hilfsmittel zur Umsetzung eines wirtschaftlichen Prozesses

***Zentralität** (S. 66)
Bedeutungsüberschuss eines Ortes gegenüber seinem Umland. Die Stadt bietet für das Umland Arbeit, Versorgung, Kultur- und Bildungseinrichtungen, Innovationen und ist Sitz ökonomischer und / oder politischer Machtzentren.

***Zukunftsorientierung** (S. 24)
Orientierung an in der Zukunft liegenden Ereignissen. Eigene Ziele werden daran ausgerichtet.

****Zukunftswerkstatt** (S. 88, 138)
Mehrphasige Methode, um mit konstruktiven Ideen Lösungen für gesellschaftliche Probleme zu entwickeln, z. B. bei der nachhaltigen Umgestaltung bzw. beim Bau eines neuen Stadtteils.

Bildquellenverzeichnis

|Alamy Stock Photo, Abingdon/Oxfordshire: Africa Media Online 125.6; Bell, Guy 24.1; Dagnall, Ian 88.2; Deco Images II 12.1; Des, Willie 110.1; Firn 68.1; Forstner, Oliver 95.3; Fried, Robert 31.1; guatebrian 119.1; Halsal, Sheila 95.1; Hettrich, Arnulf 92.4; Klepo 94.4; Masterton, Iain 70.1; Matthews, Jenny 91.1; Moviestore Collection Ltd: THE DAY AFTER TOMORROW (2004) POSTER DAFT 001-07 36.2; Pacific Press Media Production Corp. 86.1; Pictorial Press Ltd 8.1; Plock, Fabian 114.1; Pulsar Imagens 77.1; Quillien, Andre 125.5; robertharding 67.2; Schtok, Horst 91.2; SOPA Images Limited 48.1; Sprague, Sean 125.7; Steve Hawkins Photography 91.3; Stock Connection Blue 43.2; Tack, Jochen 3.4, 28.1; ton koene 119.2; West, Jim 81.2. |Alamy Stock Photo (RMB), Abingdon/Oxfordshire: David R. Frazier Photolibrary Inc. 76.1; Imaginechina Limited 74.1. |Alfred-Wegener-Institut (AWI)/Helmholtz-Zentrum für Polar- und Meeresforschung, Bremerhaven: Horvath, Esther 40.1. |Baaske Cartoons, Müllheim: Mohr, Burkhard 116.1. |BIG - Bjarke Ingels Group, Valby, Copenhagen: Dragor Luftfoto 95.2. |Bundesministerium für Verkehr, Innovation und Technologie, Wien: 93.1. |Climate Central, Princeton, NJ: 38.1. |Der Spiegel, Hamburg: © DER SPIEGEL 33/1986 36.1. |Dessel, Jochen, Sprockhövel: T. Gaupp 117.2. |Deutsches Museum, München: Archiv 14.1. |dreamstime.com, Brentwood: Minh Tang 7.1; Samrat35 1[illegible]7.1. |Engagement Global gGmbH, Bonn: 125.2, 125.4; Copyright: Louis Klauke 124.2. |Englert, Wolfgang, Freiburg: 45.3. |Fairhead, Laurent: 36.3. |Forstliche Versuchs- und Forschungsanstalt Baden-Württemberg, Freiburg: 57.1. |fotolia.com, New York: Krautwald, Sven 17.1. |GEOMAR Helmholtz-Zentrum für Ozeanforschung Kiel, Kiel: 47.1. |Getty Images, München: Pugliano, Bill 81.1. |Glaser, Rüdiger, Freiburg: 15.1. |Google Germany GmbH, Hamburg: 133.1. |Güttler, Peter - Freier Redaktions-Dienst (GEO), Berlin: 83.1. |Haitzinger, Horst, München: 54.2. |Image & Design - Agentur für Kommunikation, Braunschweig: 145.1. |IPCC, Geneva 2: 37.3, 37.4, 37.5, 37.6, 37.7, 37.8. |iStockphoto.com, Calgary: Adrian Catalin Lazar 3.3; ansonmiao 74.2; claffra 10.1; Davel5957 80.1; guvendemir 3.1, 6.1; lucky-photographer 78.1; PhotoLondonUK 82.1; Thurtell 77.2. |Karto-Grafik Heidolph, Dachau: 33.1, 68.2, 75.2, 104.1. |Kartographie Michael Hermes, Hardegsen Hevensen: 9.1, 11.2, 13.1, 19.1, 19.2, 21.1, 21.2, 21.3, 23.1, 26.1, 27.1, 30.2, 31.2, 31.3, 31.5, 33.3, 34.1, 34.2, 35.1, 35.2, 37.1, 37.2, 42.1, 43.1, 44.2, 44.3, 45.1, 45.2, 46.2, 46.3, 47.2, 52.2, 52.3, 54.3, 54.4, 55.2, 57.2, 58.3, 58.4, 58.5, 59.1, 62.1, 63.2, 66.1, 69.2, 69.3, 72.1, 73.1, 74.3, 75.1, 79.1, 80.2, 82.2, 86.2, 87.1, 88.3, 89.1, 89.2, 93.2, 93.3, 94.5, 96.1, 98.1, 98.2, 99.1, 99.2, 102.1, 104.2, 107.1, 108.1, 109.1, 111.1, 112.2, 115.1, 118.2, 123.1, 123.2, 123.3, 123.4, 123.5, 123.6, 124.3, 127.1, 127.2, 128.1, 130.1, 130.2, 130.3, 132.1, 132.2, 135.1, 135.2, 137.1, 137.2, 139.1, 142.1, 143.1, 143.2, 143.3. |Kietz, Felix, Riegel: 53.1. |Mithoff, Stephanie, Gehrden: 11.1, 35.3, 40.2, 58.2, 90.5, 111.2. |OKAPIA KG - Michael Grzimek & Co., Frankfurt/M.: Natures Images/Photo Researchers 31.4. |Picture-Alliance GmbH, Frankfurt/M.: AP Photo 41.1; dpa/Haid, Rolf 56.2; Ndegeya, Cyril 120.2; REUTERS/Hanschke, Hannibal 30.1; ROPI/Toniolo, Mirco 63.1; Youchang, Liang 18.1. |Schmidt, Marianne, Teningen: 137.3. |Schönauer-Kornek, Sabine, Wolfenbüttel: 20.1. |Shutterstock.com, New York: Dai Kurokawa/EPA 112.1; Laprise, Alexandre 125.3; Moomusician Titel; vchal Titel; Zamfir, Cristian 3.5, 64.1. |Stadt Arnis, Arnis: www.stadt-arnis.de 67.1. |stock.adobe.com, Dublin: @nt 32.1; Nery, Andre 125.1; Petair 55.1; Rukhlenko, Dmitry 100.1; vectorfusionart 125.8. |United Nations - UNRIC Verbindungsbüro in Deutschland, Bonn: 127.3, 131.1. |United Nations/Department of Global Communications, New York, NY: https://www.un.org/sustainabledevelopment/ „The content of this publication has not been approved by the United Nations and does not reflect the views of the United Nations or its officials or Member States“ 25.1, 25.2, 25.3, 25.4, 25.5, 25.6, 25.7, 25.8, 25.9, 25.10, 25.11, 25.12, 25.13, 25.14, 25.15, 25.16, 25.17, 44.1, 46.1, 52.1, 54.1, 56.1, 58.1, 88.1, 90.1, 90.2, 90.3, 90.4, 92.1, 92.2, 92.3, 94.1, 94.2, 94.3, 118.1, 120.1, 122.1, 124.1, 156.1, 156.2, 156.3, 156.4, 156.5, 156.6, 156.7, 156.8, 156.9, 157.1, 157.2, 157.3, 157.4, 157.5, 157.6, 157.7, 157.8, 157.9. |vario images, Bonn: Baumgarten, Ulrich 3.2, 16.1. |Veranstaltungsmanagement Andernach.net GmbH, Andernach: @90Grad Photography/Hilger & Schneider GbR 91.4. |Visum Foto GmbH, München: Steinmetz, Marc 33.2. |WAGO Kontakttechnik GmbH & Co. KG, Minden: 69.1. |WELTLADEN Darmstadt, Darmstadt: Schefzyk, Petra 122.3. |Weltladen-Dachverband e.V., Mainz: Kreuzberg, Michael 122.2.

Wir arbeiten sehr sorgfältig daran, für alle verwendeten Abbildungen die Rechteinhaberinnen und Rechteinhaber zu ermitteln. Sollte uns dies im Einzelfall nicht vollständig gelungen sein, werden berechtigte Ansprüche selbstverständlich im Rahmen der üblichen Vereinbarungen abgegolten.

1 KEINE ARMUT
2 KEIN HUNGER
3
6 SAUBERES WASSER UND SANITÄR-EINRICHTUNGEN
7 BEZAHLBARE UND SAUBERE ENERGIE
8
11 NACHHALTIGE STÄDTE UND GEMEINDEN
12 NACHHALTIGE/R KONSUM UND PRODUKTION
13
16 FRIEDEN, GERECHTIGKEIT UND STARKE INSTITUTIONEN
17 PARTNER-SCHAFTEN ZUR ERREICHUNG DER ZIELE